ANTOCIANINAS

EXPLORANDO CORES, REAÇÕES QUÍMICAS, ESTABILIDADE, EXTRAÇÃO, BIODISPONIBILIDADE E BENEFÍCIOS À SAÚDE

Catalogação na Fonte
Elaborado por: Dayanne Leal Souza
Bibliotecária CRB 9/2162

S918a
2025

Stringheta, Paulo Cesar
Antocianinas: explorando cores, reações químicas, estabilidade, extração, biodisponibilidade e benefícios à saúde / Paulo Cesar Stringheta, Paulo Anna Bobbio (in memoriam). – 1. ed. – Curitiba: Appris, 2025.
443 p. ; 23 cm. – (Multidisciplinaridade em saúde e humanidades).

Inclui bibliografias.
ISBN 978-65-250-7637-9

1. Antocianinas. 2. Antioxidantes. 3.Compostos bioativos. I. Bobbio Paulo Anna. II. Título. II. Série.

CDD – 581

Livro de acordo com a normalização técnica da ABNT

Editora e Livraria Appris Ltda.
Av. Manoel Ribas, 2265 – Mercês
Curitiba/PR – CEP: 80810-002
Tel. (41) 3156 - 4731
www.editoraappris.com.br

Printed in Brazil
Impresso no Brasil

Paulo Cesar Stringheta
Paulo Anna Bobbio (*in memoriam*)

ANTOCIANINAS

EXPLORANDO CORES, REAÇÕES QUÍMICAS, ESTABILIDADE, EXTRAÇÃO, BIODISPONIBILIDADE E BENEFÍCIOS À SAÚDE

Appris editora

Curitiba, PR
2025

FICHA TÉCNICA

COMITÊ CIENTÍFICO DA COLEÇÃO MULTIDISCIPLINARIDADES EM SAÚDE E HUMANIDADES

À minha esposa, Ângela Cristina, aos meus filhos, João Pedro e Bruno, e ao meu neto, Mateo, razão das minhas maiores alegrias.

AGRADECIMENTOS

À Universidade Federal de Viçosa, pela oportunidade da formação e pelo privilégio do trabalho. Ao Departamento de Tecnologia de Alimentos da UFV, por me abrigar durante todos esses anos, e aos meus colegas professores e funcionários pelo convívio. Ao CNPq, à Fapemig e à Capes, pelo suporte financeiro aos projetos e pelas bolsas de mestrado e doutorado disponibilizadas aos meus orientados.

Ao Prof. Franco Maria Lajolo da Faculdade de Ciências Farmacêuticas da USP, pelo convívio sadio e generoso e pelas inúmeras oportunidades, fundamentais na minha trajetória acadêmica. À Prof.ª Glaucia Maria Pastore da Unicamp, pelo incentivo e pelas inúmeras cobranças para a produção do livro do "Prof. Bobbio", como ela sempre referenciava.

Um agradecimento especial *in memoriam* ao coautor deste livro, Prof. Paulo Anna Bobbio, meu orientador de doutorado na Unicamp, um exemplo de dignidade e profundo conhecimento científico que despertou em mim o gosto pela ciência e o interesse maior pelas antocianinas.

PREFÁCIO

Recebi com imensa satisfação o honroso convite para fazer o Prefácio deste importante livro, convite esse feito pelo querido professor doutor Paulo Stringheta, colega de muitos anos de trabalho e desenvolvimento de pesquisas, colega do curso de pós-graduação da Unicamp e a quem gostaria de agradecer essa imensa honraria.

Especialmente por se tratar de um livro de grande fonte de pesquisa e porque homenageia todo o trabalho e toda dedicação do nosso professor Paulo Anna Bobbio, professor emérito da Unicamp e um dos mais entusiastas do estudo de pigmentos das plantas brasileiras, portanto um cientista pioneiro no estudo da química e aplicação de pigmentos naturais.

O livro abrange todos os tópicos importantes que dão uma ideia da grandiosidade da área de estudo, desde a estrutura química das Antocianinas até métodos de extração, biossíntese, biodisponibilidade e propriedades físico-químicas, trazendo ainda aspectos inovadores da ação das antocianinas para a saúde.

O livro traz uma contribuição original e muito significativa para a Área de Alimentos, em especial a Ciência de Alimentos, tanto para o ensino como para a pesquisa e pós-graduação, também para as áreas correlatas, tais como Farmácia, Nutrição, Medicina e Engenharia Química.

A importância deste livro transcende o que se espera de um livro técnico científico e vem induzir, num momento muito atual e importante do país, ao estudo da sua biodiversidade tão decantada, fazendo-se necessário o entendimento científico abrangente e profundo. Não poderíamos ter em momento melhor material tão significativo que precisamos.

Professor Paulo Stringheta, autor desta obra, se tornou uma referência para os que querem seguir o caminho de pesquisa e desenvolvimento de novos alimentos in natura ou processados que tragam qualidade e benefícios à saúde.

Assim a publicação deste livro coincide com um momento muito significativo em que os pesquisadores da área de alimentos, o setor industrial de alimentos, o setor de saúde, o setor governamental e as organizações mundiais estão coligados na busca de soluções aos grandes desafios da sociedade moderna, tais como: prevenção de doenças, em especial as degenerativas, sustentabilidade e segurança alimentar.

Parabenizo os autores desta obra, Paulo Cesar Stringheta e Paulo Anna Bobbio (*in memoriam*), cuja publicação vem trazer conhecimento de alto nível e gerar entusiasmo em novos cientistas.

Prof.ª Dr.ª Glaucia Maria Pastore
Professora titular de Bioquímica de Alimentos
Coordenadora do Laboratório de Bioaromas e Compostos Bioativos
FEA – Unicamp

APRESENTAÇÃO

O conteúdo de um livro pode justificar-se por si só, pois, quanto mais evidente for esse conteúdo, menos argumentos serão necessários para a sua apresentação. Acreditamos que essa é a característica de um livro sobre antocianinas. O livro foi construído em 10 capítulos, que se iniciam com um conjunto de informações sobre as definições da cor, dos sistemas de medidas colorimétricas, estrutura e reações químicas, estabilidade, métodos de extração, fontes, biodisponibilidade, capacidade antioxidante e funções das antocianinas na saúde. O livro é um projeto pessoal, na realidade um compromisso assumido com o meu orientador de doutorado, Prof. Paulo Bobbio, que sempre me incentivou a escrever um livro sobre as antocianinas, cujo tema era a razão da maioria das suas pesquisas. Como um razoável discípulo, fiz das antocianinas a minha razão profissional, orientando algumas dezenas de dissertações e teses de doutorado e quase uma centena de artigos em periódicos científicos com essa classe de corantes naturais. Assim, esta obra é como um documento de uma história docente, longe das justificativas convencionais pelo resultado, mas pela abordagem e pela construção de algo que reflete a dedicação e a experiência pessoal sobre o tema, bem como um reconhecimento aos ensinamentos, à competência e ao comprometimento moral de um grande professor, meu orientador, a quem devo a minha opção pela dedicação às antocianinas. As informações contidas no livro, pela sua abrangência, poderão ser úteis nas instituições de ensino e pesquisa, assim como aos profissionais das indústrias de alimentos que buscam o desenvolvimento de alimentos mais saudáveis, uma demanda crescente do consumidor mais consciente quanto ao consumo de alimentos que contenham, na sua formulação, compostos bioativos benéficos à saúde, como é o caso das antocianinas. Gostaria de agradecer às minhas alunas e aos meus alunos, muitos deles hoje professores e professoras de diferentes instituições, pela leitura e pelas sugestões feitas de forma generosa e competente na revisão dos diferentes capítulos deste livro. O meu agradecimento ao engenheiro de alimentos Philipe Vasconcellos da Silva, pela leitura final do livro, pela elaboração de figuras, pelas correções e padronização dos textos, e, acima de tudo, pelas palavras de incentivo em todos os momentos, que me trouxeram energia e disposição para finalizar o "meu" livro de antocianinas.

SUMÁRIO

1

ANTOCIANINAS E COR

Introdução

A cor é um dos sentidos mais importantes da visão[1], capaz de nos guiar nos mais diversos campos, desde o mais primitivo, como a escolha de alimentos, aos mais sutis, como a apreciação de uma obra de arte. Seu conceito e seu entendimento foi objeto de estudo de matemáticos, físicos, biólogos e filósofos ao longo da história, podendo-se citar nomes como Platão, Descartes, Newton, dentre outros[2].

Dentro do universo da física, a cor é definida como a sensação produzida quando a luz de diferentes comprimentos de onda atinge a retina do olho humano. Sendo assim, a percepção da cor é limitada pela existência de uma fonte de luz que pode ser refletida, transmitida, absorvida ou refratada pelo objeto que está senso iluminado. Quando praticamente toda a energia radiante do espectro visível é refletida por uma superfície opaca, o objeto é visto branco. Se a luz é parcialmente absorvida, de forma homogênea através de todo espectro visível, o objeto é visto cinza. Se a absorção é praticamente completa, o resultado é um objeto negro. Se, no entanto, a energia radiante é absorvida em certo comprimento de onda de forma mais pronunciada que em outros, o observador humano vê o que popularmente é conhecido como cor, ou fisicamente como o comprimento de onda dominante[3].

Fisiologicamente, a percepção da cor é a resposta dos bastonetes e cones, células localizadas na retina e responsáveis pela fotopercepção, à radiação refletida na chamada região do visível do espectro eletromagnético, faixa compreendida entre 400 e 700nm[4]. No entanto, a percepção da cor e a assimilação das informações captadas é um processo bem mais complexo. A luz refletida de uma superfície para o olho humano muda ao longo do espaço e tempo, de acordo com a seleção dinâmica e amostragem de luz ordenados por movimentos da cabeça e dos olhos, além das particularidades característica da retina de cada indivíduo[5], fazendo com a percepção das cores no momento seja uma sensação única e intransferível.

Para além dos fatores físicos e fisiológicos relacionados à percepção das cores, não se pode deixar de citar as suas conotações sociais. As cores nos permitem distinguir e descrever objetos, sendo fatores de interação social e comunicação relevantes[5]. É também a primeira propriedade sensorial percebida nos alimentos, a ponto de desempenhar um papel fundamental nas escolhas dos consumidores[4]. Estudos apontam que cerca de 90% da percepção dos alimentos captada pelos humanos é feita pela visão e os outros 10% são divididos entre a audição, olfato, paladar e tato[6]. Por esse motivo, a indústria de alimentos vem utilizando corantes para manter atraente a cor dos alimentos, mesmo após o seu processamento e, ou para reforçar a coloração natural[7].

A importância da cor nos alimentos

A cor é um elemento visual vívido, carregado de afeto e memórias e, como tal, uma importante ferramenta de comunicação. Carrega significados simbólicos e informações associativas sobre a categoria, qualidade e sabor de um produto[8]. Acredita-se ainda que a cor dos alimentos pode alterar a percepção do seu sabor por consumidores, tais como intensidade de doce, salgado, por exemplo. Em alimentos naturais, as cores podem ser associadas ao conteúdo calórico percebido, tanto por humanos quanto em outros primatas[9,10].

Velasco *et al.* (2016)[11] descrevem em seu trabalho o experimento desenvolvido pelo chef de cozinha Jozef Youseff, chamado de "Os quatro sabores". No qual foram preparadas quatro amostras de diferentes cores (vermelho, verde, marrom e branco) e posteriormente apresentadas a provadores, os quais receberam a orientação de associar as amostras aos sabores amargo, azedo, doce e salgado, antes de provar. Os resultados mostraram que, em média, houve 70% de correspondência entre a cor da amostra e a associação de sabor, sendo que as amostras vermelhas eram na maioria das vezes associadas ao sabor doce, as amostras marrons associadas ao sabor salgado e azedo, verdes relacionadas a azedo ou amargo e brancas à percepção de salgado. Esse estudo comprova a relação que existe entre a percepção de cor e sabor, chamada de correspondência *crossmodal*, palavra que representa associações, geralmente inesperadas, que as pessoas fazem entre características, atributos ou dimensões.

A intensidade da cor também é outro importante atributo a ser avaliado. Há relatos que o aumento da adição de cor vermelha a uma bebida tem efeito significativo na percepção do sabor doce pelo avaliador. A cor também obteve efeito na percepção da doçura de bebidas de laranja, além de afetar a intensidade do sabor típico da fruta[12,13].

A inegável necessidade da utilização de corantes em alimentos processados vem, no entanto, sendo repensada pela preocupação com o tipo de corante utilizado. Os corantes sintéticos, largamente utilizados desde o século XIX, passaram a ser indesejados pelos consumidores devido a sinais de intolerância, reações alérgicas e mesmo toxicidade relacionados ao seu consumo prolongado. Assim, os corantes naturais passam a ser preferidos por ser alegadamente mais saudáveis e seguros para o consumo[14].

Dentre os diversos pigmentos naturais com potencial para a utilização como corantes alimentícios estão os carotenoides, betalaínas e as antocianinas.

As antocianinas

As antocianinas são um dos principais grupos de compostos fenólicos, responsáveis pelas cores vermelha, azul e roxo de diversos vegetais. São pigmentos hidrossolúveis amplamente distribuídos na natureza sendo encontrados em flores, frutos e demais tecidos de plantas superiores. São substâncias inócuas, metabolizadas pela flora intestinal a dióxido de carbono e vários ácidos fenólicos, nenhum deles com riscos para a saúde. Pelo contrário, a alta reatividade da molécula de antocianina a torna um potente antioxidante, com reconhecidos efeitos positivos à saúde, tais como redução de riscos de algumas doenças crônicas não transmissíveis, pela redução do estresse oxidativo[1,15].

A palavra "antocianina" é originária do grego, para a qual "anto" significa flor e "cianina" é um derivado de "ciano", que significa azul. A origem da palavra é um bom indicativo da importância das antocianinas na coloração de produtos naturais, estando presentes no cotidiano, alimentação e terapêutica do homem desde tempos remotos[16].

Quimicamente as antocianinas são glicosídeos polihidroxilados, polimetoxilados ou acilglicosídeos de antocianidinas. Sua estrutura fundamental é o cátion-2- fenilbenzopirilium, conhecido como cátion flavilium (Figura 1). A antocianidina (aglicona), é constituída por um anel aromático ligado a um anel heterocíclico de carbono, contendo um oxigênio carregado positivamente, e a um terceiro anel aromático através de uma ligação carbono-carbono. As antocianidinas são encontradas unidas a um ou a vários açúcares, que podem ser acilados com diferentes ácidos orgânicos. A presença desses grupos hidroxil nos anéis, assim como uma ou várias moléculas de açúcar, faz desses compostos muito solúveis em água, etanol ou metanol[16,17,18].

Figura 1 – Estrutura básica do cátion flavilium

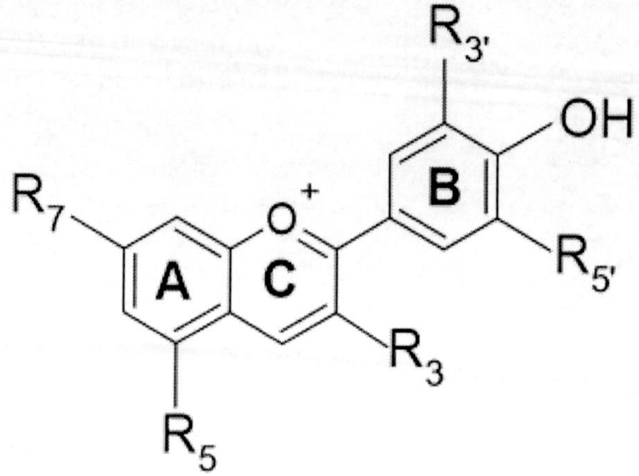

Fonte: Rigolon *et al* (2021) [19]

A cor característica das antocianinas é resultante da excitação da molécula pela luz visível, dada a alta ressonância contida na molécula, sendo que a facilidade com a qual a molécula se excita é dependente da mobilidade relativa dos elétrons da sua estrutura. As ligações duplas são excitadas mais facilmente e sua presença é essencial para a cor. Assim, como as antocianinas são modificadas por hidroxilação, metilação, glicosilação e/ou acilação, cada tipo de modificação irá adicionar versatilidade às cores das moléculas resultantes.

Quando o número de grupos hidroxila no anel B aumenta, a cor da antocianina torna-se mais azul. A metilação, por sua vez leva a um desvio para o vermelho. O aumento de substituintes na molécula resulta em cores mais profundas, fenômeno conhecido como efeito batocrômico, em que a banda de absorção da luz no espectro visível varia do violeta para o vermelho. Por outro lado, a glicosilação leva a uma reação hipsocrômica, efeito oposto ao batocrômico. A presença de acilação aromática (ácidos hidroxicinâmicos ou hidroxibenzoicos) e acil alifáticos (ácido malônico, acético ou succínico) também pode acarretar mudança na coloração, sendo que a acilação aromática leva a uma mudança de cor para o azul[16,20].

Além das estruturas químicas, o pH do meio onde estão inseridas também acarreta mudança na coloração das antocianinas, por meio de mudanças parcialmente reversíveis nas moléculas. O cátion flavílico (vermelho) é formado predominantemente em condições de acidez (pH < 4,0). Em pH de 5,0 a 6,0, duas estruturas incolores (pseudobase carbinol e chalcona) são formadas. Com o aumento do pH são formados a anidrobase quinoidal de coloração azul-roxa (pH 6,0 a 8,0) e a chalcona amarela ou incolor (pH > 8,0)[21].

Outros fatores que alteram a coloração bem como a estabilidade das antocianinas são os fenômenos de copigmentação, nos quais as antocianinas podem se auto associar ou formar complexos, por meio de ligações não-covalentes, com copigmentos. Esse mecanismo pode aumentar a intensidade da cor, aumentar a estabilidade, pela proteção do cátion flavílio do ataque nucleofílico e aumentar as propriedades antioxidantes das moléculas. Os copigmentos são geralmente incolores, ocorrendo com moléculas como fenólicos, aminoácidos, alcaloides e ácidos orgânicos[22,23,24].

Sendo assim, as antocianinas, devido a inúmeras possibilidades de conformação molecular e de complexação podem apresentar uma extensa gama de coloração, objeto de muitos estudos por pesquisadores na atualidade.

Análise da cor

Dada a subjetividade da avaliação da cor de maneira sensorial, a importância da cor na avaliação e aceitação dos alimentos e à grande gama de coloração possíveis de apresentação das antocianinas, fez-se necessário o desenvolvimento de muitos sistemas visuais de caracterização da cor. Com o desenvolvimento das ciências da física e eletrônica, tornou-se possível desenvolver instrumentação para duplicar as respostas de cor do olho humano.

Como discutido anteriormente, conforme vista pelo olho, a cor é uma interpretação do cérebro do caráter da luz proveniente de um objeto. É possível definir a cor num sentido puramente físico, em termos dos atributos físicos do alimento, mas esta aproximação tem sérias limitações quando se tenta usar a medição da cor como uma pesquisa ou instrumento de controle de qualidade em processamento de alimentos ou comercialização.

Existem diversos métodos para análise de cor em alimentos, porém os mais utilizados em laboratórios e indústrias são a colorimetria e a espectrofotometria. A colorimetria é a ciência da medida de cores que estuda e quantifica como o sistema visual humano percebe a cor, na tentativa de especificá-la numericamente visto que estímulos diferentes são percebidos de formas semelhantes por observadores. Os colorímetros usam sensores que simulam o modo como o olho humano vê a cor e quantificam diferenças de cor entre um padrão e uma amostra. Utilizam para isso sempre a mesma fonte de luz e método de iluminação, para que as condições de medida nunca mudem[25].

Assim, a colorimetria pode ser definida como o ramo da ciência que aborda a grande complexidade do sistema de visão humano por meio da classificação da sensação da cor[26], substituindo a subjetividade de respostas como "azul claro" e "amarelo ouro" por um sistema numérico objetivo[27]. O seu estabelecimento se deu por meio da Comissão Internacional em Iluminação (Comission Internationale de l'Eclairage CIE), em 1931 e, desde então, ela trouxe diversos avanços no estudo da cor para os negócios, ciência e indústria[5]. A tal ponto que hoje, do ponto de vista científico, a ideia de cor confunde-se com a colorimetria, na forma de um hábito incorporado à prática científica cotidiana[25].

O sistema CIELab é o mais utilizado para a descrição de cor em alimentos. É baseada em três coordenadas, na qual é possível descreve a tonalidade de um objeto utilizando apenas quatro cores: vermelho, verde, amarelo e azul. Quando analisadas em conjunto com branco e preto, elas formam um grupo de seis propriedades de cor que podem ser agrupadas em três pares oponentes: branco/preto, vermelho/verde e azul/amarelo. O quanto a amostra é vermelha ou verde pode ser representada pela localização em uma coordenada única onde o vermelho está em uma extremidade e o verde em outra. De forma similar, o azul e o amarelo estão em extremidades opostas em um eixo secundário, perpendicular ao anterior. O terceiro eixo varia do branco ao preto e situa-se no plano normal aos outros dois[26]. Na Figura 1 está representado o diagrama do espaço de cores do sistema CIELab.

Figura 2 – Diagrama do espaço de cores do sistema CIELab

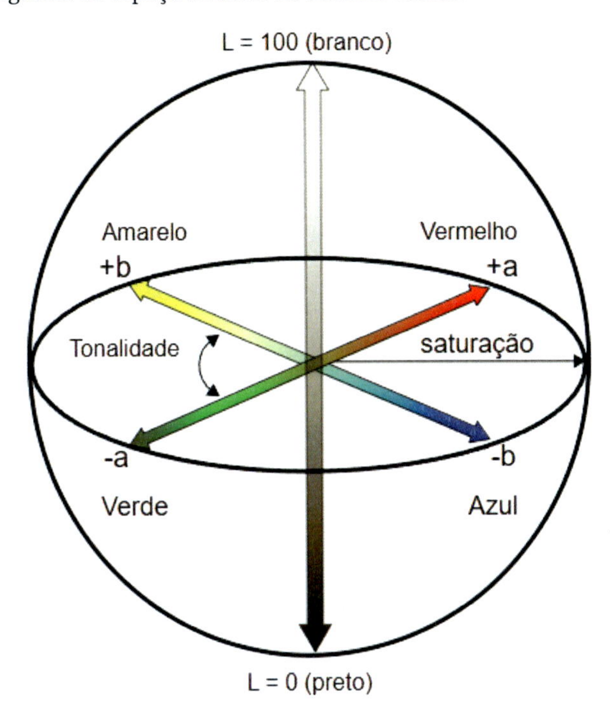

Fonte: LY *et al*. (2020)[28]

A partir dos valores das coordenadas de L^*, a^* e b^* é possível calcular a tonalidade (H^*) e o saturação (C^*) do objeto observado. O primeiro parâmetro e um atributo qualitativo da cor, fornecendo a sua localização do espectro de cores. Já a saturação é um atributo quantitativo e representa a distância do eixo de luminosidade. A tonalidade e a saturação são calculadas por meio das equações a seguir:

$$H^* = tan^{-1}\left(\frac{b^*}{a^*}\right)$$

$$C^* = \sqrt{(a^{*2}) + (b^{*2})}$$

As cores percebidas pelos olhos humanos são dependentes de três variáveis básicas: a natureza da iluminação, as propriedades ópticas do objeto observado e a resposta do olho humano. Em relação à natureza da luz incidente sob o objeto, foi estabelecida a padronização desse fator pela CIE, havendo inicialmente três padrões de iluminação, A, B e C. O padrão A representa uma lâmpada incandescente de filamento de tungstênio, temperatura de cor de 2856K. Os padrões B e C são produzidos pela filtragem da luz produzida pela fonte A, para produzir a representação da luz do sol do meio-dia (B) ou luz média do dia (C). Mais recentemente a CIE recomendou a série de padrões D que representam a luz do dia em diversas fases. A D65 é a referência para iluminação recomendada para a colorimétrica atualmente e representa a média da luz do dia, apesar de não ser uma condição alcançada na prática[26].

Os parâmetros do observador, por sua vez, foram padronizados com funções matemáticas, chamados de observador padrão 2° e 10°. As funções foram derivadas de experimentos em que os observadores combinaram a cor do alvo a partir de mistura de diferentes luzes monocromáticas. O observador padrão 2° representa a percepção média do olho humano ao visualizar as cores a 50cm de distância em um campo de visão pequeno (1,7 cm de diâmetro). Já o observador padrão 10° representa a avaliação visual a partir de um campo de visão maior (8,8 cm) e fornece melhor correlação com a visão de cores humana, sendo a recomendada para uso em colorimetria[27].

A espectrofotometria, embora não forneça uma caracterização da cor, como a colorimetria, também é uma ciência bastante utilizada na caracterização de produtos alimentícios. Além disso, é uma das técnicas analíticas mais empregadas em diversas áreas, em função da robustez, baixo custo e grande número de aplicações[29]. Na Ciência e indústria de alimentos, é utilizada na quantificação de analitos como ácidos graxos, proteínas, compostos fenólicos, vitaminas, álcoois, dentre outros. Auxiliando nos processos de investigação de qualidade e autenticidade dos produtos[30].

A espectrofotometria é fundamentada na lei de Labert-Beer, na qual é afirmado que a luz absorvida ou transmitida por uma determinada solução depende da concentração do soluto e do caminho óptico, que é a distância percorrida pelo feixe de luz através da amostra[28]. Sendo assim, as análises são realizadas em comprimentos de onda únicos, no qual o analito em questão tem maior absortividade, e a absorbância da amostra é relacionada à concentração de analito, seguindo metodologias específicas para cada tipo de análise.

Em alimentos naturalmente coloridos, como vinhos, por exemplo, a espectrofotometria auxilia na caracterização das bebidas, sendo realizadas leituras nos comprimentos de onda de 420, 520 e 620 nm e os resultados compõem as grandezas qualitativas de tonalidade e composição da cor[31].

As antocianinas totais em amostras são facilmente quantificadas por espectrofotometria por meio de diversos métodos analíticos, tais como pH único e diferencial[32,33] e o método de descoloração por dióxido de enxofre[34], que determinam as antocianinas totais e polimerizadas.

Considerações finais

A cor, como um dos sentidos fundamentais da visão, desempenha um papel crucial não apenas na nossa percepção do mundo, mas também nas interações sociais e escolhas cotidianas. Ao longo da história, diversos campos do conhecimento, desde a matemática até a filosofia, se debruçaram sobre o conceito e a influência da cor, refletindo sua importância multifacetada. Fisiologicamente, a cor é percebida por meio da interação entre a luz e a retina, um processo que vai além da simples identificação de comprimentos de onda.

Além dos aspectos físicos e fisiológicos, as cores carregam conotações sociais significativas. Elas são elementos-chave na comunicação e na interação social, influenciando a percepção e a escolha dos alimentos. Estudos demonstram que a cor dos alimentos pode alterar a percepção do sabor, importante na decisão do consumidor. Essa influência é evidente na indústria alimentícia, onde a utilização de corantes é uma prática comum para atrair e satisfazer as expectativas dos consumidores.

Ao mesmo tempo, a conscientização sobre os efeitos dos corantes sintéticos na saúde tem levado a uma mudança em direção a alternativas naturais. Corantes naturais, como carotenoides, betalaínas e antocianinas, estão surgindo como opções preferidas devido à sua percepção de segurança e menor risco de reações indesejáveis à saúde. Esse movimento reflete uma preocupação crescente com a saúde e o bem-estar dos consumidores, promovendo práticas mais seguras e sustentáveis na indústria alimentícia.

Referências

1 CÖMERT, E. D.; MOGOL, B. A.; GÖKMEN, V. Relationship between color and antioxidant capacity of fruits and vegetables. **Current Research in Food Science**, v. 2, p. 1-10, 2020.

2 PROVENZI, E. Geometry of color perception. Part 1: structures and metrics of a homogeneous color space. **Journal of Mathematical Neuroscience**, v. 10, n. 1, 2020.

3 KRAMER, A.; TWIGG, P. A. **Fundamentals of quality control for the food industry**. 3. ed. Westport, Connecticut: AVI Publishing Company, Inc., 1986. v. 1.

4 CAIRONE, F. *et al.* Reflectance colorimetry: a mirror for food quality — a mini review. **European Food Research and Technology**, v. 246, n. 2, p. 259-272, 2020.

5 WITZEL, C.; GEGENFURTNER, K. R. Color Perception: Objects, Constancy, and Categories. **Annual Review ofVision Science**, v. 4, p. 475-499, 2018.

6 STRINGHETA, P. C. Corantes. **Revista Food Ingredients**, p. 14-25, 2006.

7 RIGOLON, T. C. B. *et al.* Colorimetria aplicada aos corantes naturais. Em: STRINGHETA, P. C.; FREITAS, P. A. V. DE (ed.). **Corantes Naturais**: do laboratório ao mercado, Viçosa, MG, p. 61-98, 2021.

8 GARBER, L. L.; HYATT, E. M.; STARR, R. G. The Effects of Food Color on Perceived Flavor. **Journal of Marketing Theory and Practice**, v. 8, n. 4, p. 59-72, 2000.

9 FORONI, F.; PERGOLA, G.; RUMIATI, R. I. Food color is in the eye of the beholder: The role of human trichromatic vision in food evaluation. **Scientific Reports**, v. 6, 14, 2016.

10 SPENCE, C. *et al.* Does food color influence taste and flavor perception in humans? **Chemosensory Perception**, v. 3, n. 1, p. 68-84, mar. 2010..

11 VELASCO, C. *et al.* Colour–taste correspondences: Designing food experiences to meet expectations or to surprise. **International Journal of Food Design**, v. 1, n. 2, p. 83-102, 2016.

12 BAYARRI, S. *et al.* Influence of Color on Perception of Sweetness and Fruit Flavor of Fruit Drinks. **Food Science and Technology International**, v. 7, n. 5, p. 399-404, 2001.

13 ZELLNER, D. *et al.* The effect of wrapper color on candy flavor expectations and perceptions. **Food Quality and Preference**, v. 68, p. 98-104, 2018.

14 SILVA, I. DE M. *et al.* Obtenção de corante natural de antocianinas extraídas de capim-gordura (Melinis minutiflora P. Beauv.) e estudo da aplicação em iogurtes. **Research, Society and Development**, v. 11, n. 3, p. e9811326230, 2022.

15 GIUSTI, M. M.; WROLSTAD, R. E. Acylated anthocyanins from edible sources and their applications in food systems. **Biochemical Engineering Journal**, v. 14, n. 3, p. 217-225, 2003.

16 SILVA, I. M.; NEVES, N. A. Antocianinas: Estrutura química, estabilidade e extração. **Ciência e Tecnologia de Alimentos: Pesquisas e Avanços**, 2021.

17 ESCRIBANO-BAILÓN, M. T.; SANTOS-BUELGA, C.; RIVAS-GONZALO, J. C. Anthocyanins in cereals. **Journal of Chromatography A**, v. 1054, n. 1-2, p. 129-141, 2004.

18 KONG, J. M. *et al.* Analysis and biological activities of anthocyanins. **Phytochemistry**, v. 64, n. 5, p. 923-933, 2003.

19 RIGOLON, T. C. B. *et al.* Colorimetria aplicada aos corantes naturais. Em: STRINGHETA, P. C.; FREITAS, P. A. V. DE (ed.). **Corantes Naturais**: do laboratório ao mercado, Viçosa, MG, p. 61-98, 2021.

20 ALAPPAT, B.; ALAPPAT, J. Anthocyanin pigments: Beyond aesthetics. **Molecules**, v. 25, n. 23, 2020.

21 RAWDKUEN, S. *et al.* Application of anthocyanin as a color indicator in gelatin films. **Food Bioscience**, v. 36, p. 100603, 2020.

22 GENÇDAĞ, E. *et al.* Copigmentation and stabilization of anthocyanins using organic molecules and encapsulation techniques. **Current Plant Biology**, v. 29, 2022.

23 HOUGHTON, A.; APPELHAGEN, I.; MARTIN, C. Natural blues: Structure meets function in anthocyanins. **Plants**, v. 10, n. 4, 2021.

24 TAN, C. *et al.* Combination of copigmentation and encapsulation strategies for the synergistic stabilization of anthocyanins. **Comprehensive Reviews in Food Science and Food Safety**, v. 20, n. 4, p. 3164-3191, 2021.

25 CARRILHA, F.; GUINÉ, R. Avaliação da cor de peras secadas por diferentes métodos. **Livro de Resumos e CD-Rom das Actas do 1o Encontro Português de Secagem de Alimentos**, p. 1-9, 2010.

26 RIZZI, A. Colour after colorimetry. **Coloration Technology**, v. 137, n. 1, p. 22-28, 2021.

27 LINDON, J. C.; TRANTER, G. E.; HOLMES, J. L. **Encyclopedia of Spectroscopy and Spectrometry**. Academic Press, 2000. v. 2.

28 LY, B. C. K. *et al.* Research Techniques Made Simple: Cutaneous Colorimetry: A Reliable Technique for Objective Skin Color Measurement. **Journal of Investigative Dermatology**, v. 140, n. 1, p. 3-12, 2020.

29 ROCHA, F. R. P.; TEIXEIRA, L. S. G. Estratégias para aumento de sensibilidade em espectrofotometria UV-VIS. **Quim. Nova**, v. 27, n. 5, p. 807-812, 2004.

30 ALEIXANDRE-TUDÓ, J. L. *et al.* Bibliometric insights into the spectroscopy research field: A food science and technology case study. **Applied Spectroscopy Reviews**, v. 55, n. 9, p. 873-906, 2020.

31 RIBÉREAU-GAYON, P. *et al.* Handbook of enology. **The Chemistry of wine, stabilization and treatments**, Wiley, v. 2, 2002.

32 FULEKI, T.; FRANCIS, F. J. Quantitative Methods for Anthocyanins. 2. Determination of Total Anthocyanin and Degradation Index for Cranberry Juice. **Journal of Food Science**, v. 33, n. 1, p. 78-83, 1968a.

33 FULEKI, T.; FRANCIS, F. J. Quantitative Methods for Anthocyanins. 1. Extraction and Determination of Total Anthocyanin in Cranberries. **Journal of Food Science**, v. 33, n. 1, p. 72-77, 1968b.

34 RIBÉREAU-GAYON, P.; STONESTREET, E. Le dosage des anthocyanes dans les vins rouges. **Bulletin de la Société de Chimie**, v. 9, p. 2649-2652, 1965.

2

ESTUDO DA COR E COLORIMETRIA

Introdução

Os três principais aspectos para aceitação dos alimentos são a cor, o sabor e a textura. Muitos estudiosos acreditam que a cor é mais importante porque se um produto não tem boa aparência, pode ocorrer que o consumidor nunca julgará os outros dois aspectos. Todavia, a cor é um dos muitos aspectos da aparência, tais como o brilho, o tamanho das partículas, o estado físico, a iluminação, mas, ela pode muito bem ser a mais importante[1,2].

Os dados de julgamento da cor remontam à Antiguidade em razão do óbvio impacto de objetos e cenas coloridas na história. A importância psicológica da cor levou ao desenvolvimento de muitos sistemas visuais de caracterização da cor. Com o desenvolvimento das ciências da física e eletrônica, tornou-se possível desenvolver instrumentação para duplicar as respostas de cor do olho humano. Pesquisas em fisiologia da cor demonstraram que o olho humano poderia, teoricamente, diferenciar entre 10.000.000 de cores[2].

A cor não é um atributo físico, como um ponto de fusão ou tamanho de partícula. Conforme vista pelo olho, a cor é uma interpretação, pelo cérebro, do caráter da luz proveniente de um objeto. É possível definir a cor num sentido puramente físico, em termos dos atributos físicos do alimento, mas esta aproximação tem sérias limitações quando se tenta usar a medição da cor como uma pesquisa ou instrumento de controle de qualidade em processamento de alimentos ou comercialização. Uma aproximação mais satisfatória consiste em definir a cor num sentido físico tão objetivamente quanto possível e interpretar a maneira de como os olhos veem a cor[3].

A medição da cor nos alimentos, atualmente, é um procedimento desenvolvido e pode-se facilmente medir a cor de quase todas as coisas. É possível estimar, rigorosamente, os estímulos físicos recebidos pelo olho humano, porém, infelizmente, isto não é verdadeiro para as reações fisiológicas. Os estímulos iniciais pelos quais o olho humano percebe a cor foram bem descritos e documentados pela literatura[2,4,5].

Sistema visual humano

O olho tem dois tipos de células sensíveis na retina, os bastonetes e os cones. Os bastonetes são sensíveis à claridade e escuridão, e os cones à cor. Há três tipos de cones dentro da retina, um sensível ao vermelho, outro ao verde, e o terceiro ao azul. Há cem anos, sabe-se que deveriam ser três tipos, mas, somente recentemente foi possível demonstrar anatomicamente. Mais recentemente ainda, pelo menos nove genes foram demonstrados controlar a formação dos cones e dois produzem cones ligeiramente diferentes sensíveis ao vermelho; portanto, é provável que os indivíduos difiram pelo modo com que eles veem a cor[4].

A cor existe na forma essencialmente de energia com um determinado comprimento de onda, mas a sensação de cor, só é possível devido ao sistema visual. O sistema visual humano é composto por uma rede de sensores sensíveis a luz, que enviam sinais elétricos para o cérebro, que por sua vez nos possibilita perceber o mundo a nossa volta.

Quando os alimentos refletem os raios luminosos, eles irão incidir na córnea e serão refratados. A íris é um diafragma presente atrás da córnea, que é perfurada por um orifício (pupila), sendo que seu diâmetro é regulado através da intensidade dos raios luminosos. Atrás da íris encontra-se o cristalino, uma lente, na qual incidem os raios luminosos refratados pela córnea. O cristalino projeta os raios luminosos na retina, onde se encontram dois tipos de fotorreceptores, denominados cones e bastonetes, os quais irão converter a cor e a intensidade da luz recebida pelos impulsos nervosos. Estes impulsos, por sua vez, serão enviados ao cérebro, onde serão interpretados como imagens, através do nervo ótico (Figura 1)[5].

Figura 1 – Fisiologia do olho humano, ilustrando a distribuição dos cones e bastonetes na retina

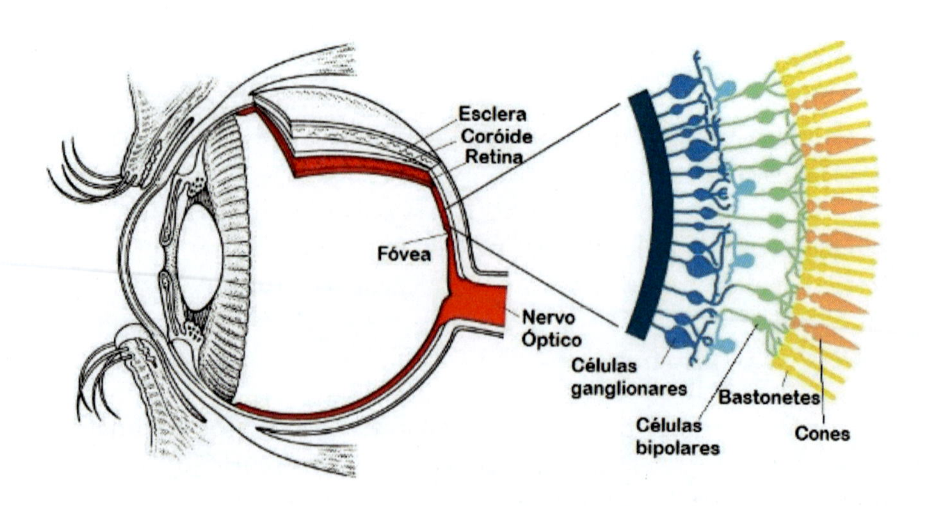

Fonte: Inled (2016)[5]

Fazendo um breve paralelo, o olho humano é como uma câmera fotográfica que possui lente (cristalino), uma camada sensível a luz (retina) e um diafragma (íris e pupila) que controlam a intensidade da luz, e o cérebro se encarrega de codificar e corrigir a imagem[6].

No interior da retina, existem cones e bastonetes, que são responsáveis por transformar os fótons absorvidos da luz em impulsos nervosos, e enviá-los ao cérebro. Há cerca de 7 milhões de cones em cada olho e estão localizados primeiramente na fóvea, que é a parte central da retina. Existem três tipos de cones, cada um deles possui sensibilidade distinta a comprimentos de onda do espectro visível. Dessa forma, existem cones sensíveis à luz na faixa do azul (cones tipo β), do verde (cones tipo γ) e do vermelho (cones tipo ρ), sendo que estas faixas se sobrepõem em alguns pontos, o que torna os cones sensíveis a outros comprimentos de onda (Figura 2 e Tabela 1). Como consequência, são responsáveis pela distinção das cores e detalhamento de imagens. Os bastonetes, são cerca de 120 milhões, com comprimento de 60 µm e espessura de 2 µm, aproximadamente, e atuam apenas captando a informação relativa à intensidade da cor detectada pelos cones. Este modelo de percepção é denominado modelo tricomático ou teoria dos triestímulos para o olho humano, e foi desenvolvido pelo físico Thomas Young (1773-1829), constituindo a base para todos os sistemas de quantificação numérica da cor [7].

Na Figura 2, é possível verificar que os fotorreceptores são capazes de responder à luz em uma faixa extensa de comprimentos de onda, no entanto, a probabilidade de que os diferentes pigmentos contidos em cada um dos tipos de cone reajam à luz varia bastante ao longo do espectro[8].

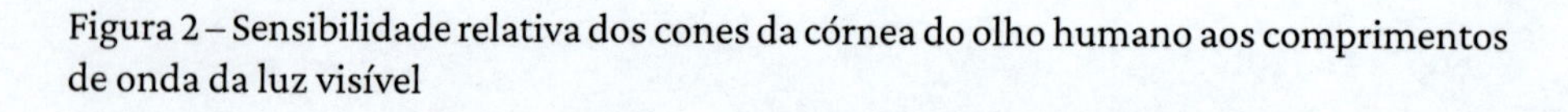

Figura 2 – Sensibilidade relativa dos cones da córnea do olho humano aos comprimentos de onda da luz visível

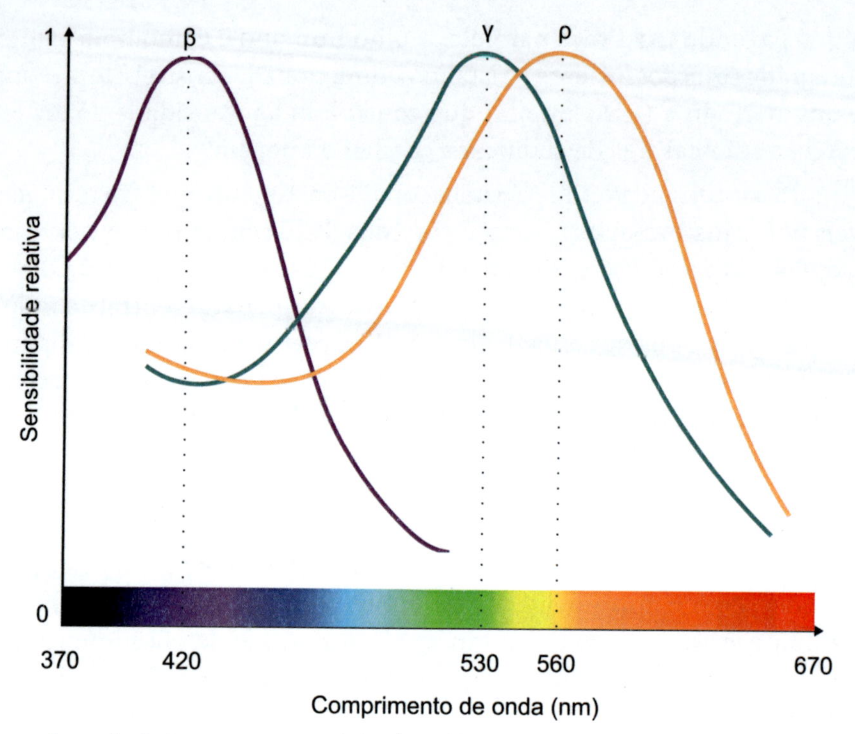

Fonte: adaptado de Bagnato e Pratavieira (2015)[8]

Observa-se na Tabela 1 que o número de cones ρ existentes na retina é quase o dobro do número de cones do tipo γ. O número de cones do tipo β é muito inferior ao número de cones de quaisquer outros dois tipos[9].

Tabela 1 – Distribuição relativa dos três tipos de cones da retina, gamas detectadas e características dos comprimentos de onda de absorção máxima

Tipo de Cone	**Cor principal**	**Distribuição relativa (%)**	**Gama detectada (nm)**	**γ da maior sensibilidade (nm)**	**Fração de luz absorvida a γ max (%)**
β	Azul	4	350-550	440	2
γ	Verde	32	400-660	540	20
ρ	Vermelho	64	400-700	580	19

Fonte: adaptado de Lopes (2013)[9]

O olho humano não é peculiar somente por ser um sistema refletivo com base em apenas três sensores, mas também por apresentar características tais como tendências a criar ilusões de ótica e por possuir doenças que afetam a percepção das cores (daltonismo, por exemplo). Ademais, a sensibilidade do sistema de visão humano se altera com o passar do tempo e com o meio no qual a pessoa vive. Tais peculiaridades evidenciam a dificuldade de se criar testes objetivos de cor com relação satisfatória com avaliações sensoriais[10].

As diferenças entre os indivíduos são muito pequenas, tanto que, em 1931, um grupo internacional denominado "Commission Internationale d'Eclairage" (CIE) conseguiu definir um "observador padrão". Essencialmente, ele representa a resposta média de 92% da população com visão de cor normal. As variações nas respostas individuais são acentuadamente pequenas em vista da variação nas respostas individuais de gosto e odor[1].

Os cones enviam um sinal para o cérebro, que estabelece uma resposta em termos de pares opostos. Um par é verde-vermelho, e o outro é amarelo-azul. Essa é a razão pela qual há indivíduos que são cegos para a cor verde-vermelho ou amarelo-azul e há indivíduos cegos para a cor verde-azul ou amarelo-vermelho. A interpretação dos sinais no cérebro é um fenômeno muito complexo e é influenciada por uma variedade de aspectos psicológicos. Um desses aspectos é a constância da cor, pois uma folha de papel branco parece branca à luz brilhante do sol e também quando ela está sob as folhas verdes de uma árvore. Em cada caso, os estímulos físicos são obviamente bastante diferentes, mas o cérebro sabe que o papel deve ser branco. Um segundo aspecto ocorre quando uma grande extensão da cor surge mais brilhante do que a mesma cor numa pequena área[3].

O olho humano não é peculiar somente por ser um sistema refletivo com base em apenas três sensores, mas também por apresentar características tais como tendências a criar ilusões de ótica e por possuir doenças que afetam a percepção das cores (daltonismo, por exemplo). Ademais, a sensibilidade do sistema de visão humano se altera com o passar do tempo e com o meio no qual a pessoa vive. Tais peculiaridades evidenciam a dificuldade de se criar testes objetivos de cor com relação satisfatória com avaliações sensoriais.

Desenvolvimento dos sistemas de cores

Os sistemas de cores são modos para descrever a cor. Tais sistemas incluem designações verbais ou numéricas para combinação das cores, e termos matemáticos usados com instrumentação[1].

Existem inúmeros sistemas de classificação de cores, dos quais o *Munsell Color System* é um dos mais importantes. Desde que esse sistema foi criado em 1915, ele foi adotado em todo o mundo industrial devido à sua facilidade de uso, estabelecendo uma base científica de especificações das cores aprimorada[11].

O entendimento da proposta de Munsell e o uso do sistema desenvolvido por ele ajudaram principalmente artistas e designers, a trabalhar com as cores em busca de composições harmônicas, para isso foi publicado o Atlas do Sistema Munsell em 1915[12]. E, de fato, é um instrumento importante, que permite, através da conceituação dos atributos de matiz (o nome da cor: vermelho, azul, verde etc.), valor (claridade ou escuridão) e croma (pureza ou diferença do cinza neutro), bem como de seu Sistema de Cores (Figura 3), a melhoria dos processos de combinação de cores[13].

Figura 3 – Sistema Munsell de cores

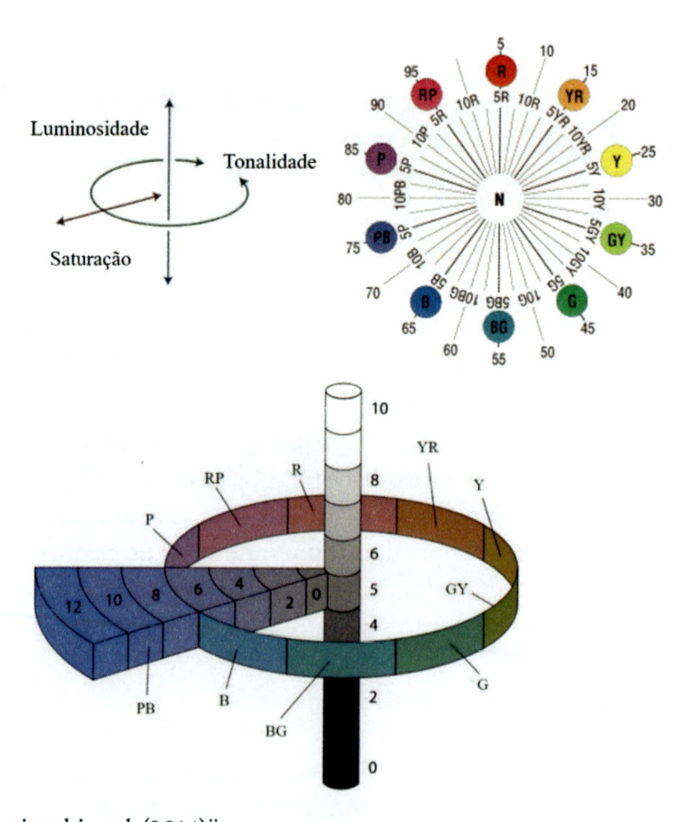

Fonte: Horiguchi *et al.* (2014)[11]

Ele comparou seu sistema ao sistema musical, em que cada som é definido em termos de seu tom, intensidade e duração. Da mesma forma, seu sistema de cores pode ser baseado em termos de tonalidade, saturação e luminosidade. Ele estabeleceu essas três dimensões de cores e cada uma era medida mediante uma escala apropriada, no qual utilizou pastilhas de papel colorido, classificadas de acordo as seguintes características:

Tonalidade ou matiz

Grandeza que caracteriza a qualidade da cor, permitindo diferenciá-la entre verde, vermelho ou azul, por exemplo. Ela é representada pelo símbolo h (do inglês, *hue*) e está associada aos comprimentos de onda do espectro visível.

Saturação

Define a intensidade ou quantidade de uma tonalidade, indicando a proporção em que ela está misturada ao branco, preto ou cinza. Pode ser denotada como pureza da cor e é a qualidade que nos permite diferenciar cores fortes ou fracas, ou cores vivas ou opacas. Baixos valores de saturação denotam cores pálidas ou acinzentadas, enquanto altos valores denotam cores saturadas. É representada pelo símbolo C (do inglês, *Chroma*).

Luminosidade

Caracteriza o grau de claridade da cor, indicando se é clara ou escura. Ela varia de preto a branco e diz respeito à forma com que vemos as diferenças relativas à presença de luz branca, não tendo relação com o tipo de fonte ou intensidade de luz empregada. É representada pelo símbolo L (do inglês, *lightness*) e também pode ser referida como *value*.

O sólido de cores criado por Munsell é mostrado na Figura 3. Ele tem um eixo principal que representa as cores que vão desde branco até preto, representando a luminosidade. Perpendicularmente a esse eixo, no plano horizontal, o módulo do vetor, dado pela distância do eixo principal até a borda, indica a saturação da cor e o tom é dado pelo ângulo desse vetor com o eixo das coordenadas. Para simplificar, Munsell dividiu o círculo cromático em 100 partes, sendo essas partes divididas em 10 tonalidades básicas, as quais são as cores identificadas com as letras iniciais: R – *Red* (vermelho), YR – *Yellow-red* (amarelo-vermelho), Y – *Yellow* (amarelo), GY – *Green-yellow* (verde-amarelo), G – *Green* (verde), BG – *Blue-green* (azul-verde), B – *Blue* (azul), PB – *Purple-blue* (púrpura-azul), P – *Purple* (púrpura) e RP – *Red-purple* (vermelho-púrpura). Essas cores foram espaçadas em 10 graus e, inicialmente, no sistema original, a luminosidade variava de 1 a 9, sendo o branco representado pelo 1 e o preto pelo 9. No entanto, mais tarde essa denominação foi alterada para uma escala de 0 a 10, sendo o primeiro o preto e o segundo o branco.

A representação da cor por esse sistema é dada por uma combinação "letra inicial da cor número de tonalidade, luminosidade/saturação". Por exemplo, a denominação R10 2/12 representa a cor vermelha, que tende para o amarelo vermelho, com luminosidade 2 e saturação[11].

Embora Munsell tenha usado ferramentas científicas sobre cor, ele se absteve de definir suas amostras de cores por comprimento de onda, pigmentos ou análises introspectivas sobre cores, ou seja, é um sistema baseado na visão humana, que não quantifica a cor de forma objetiva. Em vez disso, ele trabalhou apenas dentro das definições de seu próprio sistema, que podem ter ajudado a criar umas das primeiras e mais precisos sistemas psicofísicos de cores[14]. Todavia o sistema de Munsell foi muito importante para a época, pois os instrumentos de medição tornaram-se disponíveis apenas em 1928, 23 anos após o seu desenvolvimento, e ele é utilizado até os dias atuais.

Os primeiros métodos instrumentais para medição da cor foram baseados na espectrofotometria de transmissão ou reflexão.

A Figura 4 mostra o diagrama (RGB) em mais detalhes. Nesse caso, a quantidade de azul é obtida subtraindo-se a quantidade de vermelho e verde da unidade. Todas as cores do triângulo podem ser especificadas matematicamente pela quantidade de vermelho, verde e azul. Infelizmente, o vermelho, o verde e o azul não são particularmente bons estímulos para uso, pois, nem todas as cores podem ser combinadas com eles. Quando solicitados a escolher um conjunto de coordenadas que fossem mais apropriadas, os primeiros pesquisadores escolheram *XYZ*. Elas não podem ser reproduzidas no laboratório, pois, elas são apenas conceitos matemáticos. Se alguém deseja uma referência visual crua, pode pensar em X como vermelho, Y como verde, e Z como azul[15].

Figura 4 – Cores plotadas num triângulo vermelho, verde, azul

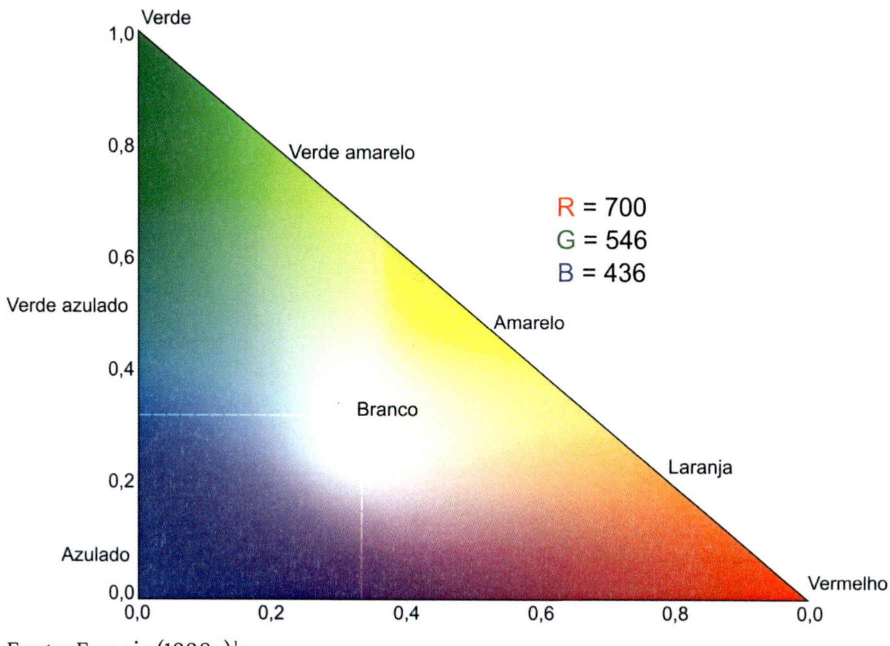

Fonte: Francis (1998a)[1]

Com o objetivo de aprimorar problemas apresentador pelos sistemas anteriores, em 1931 a Comissão Internacional de Iluminação (CIE, do francês *Commission Internationale de L'Eclairage*), uma organização internacional independente, interessada em luzes e cores, adotou um novo sistema como norma internacional, o chamado CIE XYZ que determina as cores em um espaço tridimensional com base nas funções de correspondência de cores, com a inexistência de um conjunto finito de cores primárias que produza todas as cores visíveis possíveis[16].

1. Para esse modelo as três cores do padrão são expressas na Figura 5 individualmente, com aspectos senoidais, representando os valores da resposta espectral C para o comprimento de onda l. A cor azul expande-se pelo eixo l, com valores significativos entre 350 e 550 nm, com ponto máximo próximo a 445 nm. Esse sistema apresenta características lineares, não possuindo valores negativos, assim sendo, não é relevante para expor fielmente o modelo de percepção humano, já que esse necessita de valores negativos para a componente vermelha[17].

Figura 5 – Curvas de correspondência de cores do sistema CIE 1931, com respectivos comprimentos de onda de X, Y e Z

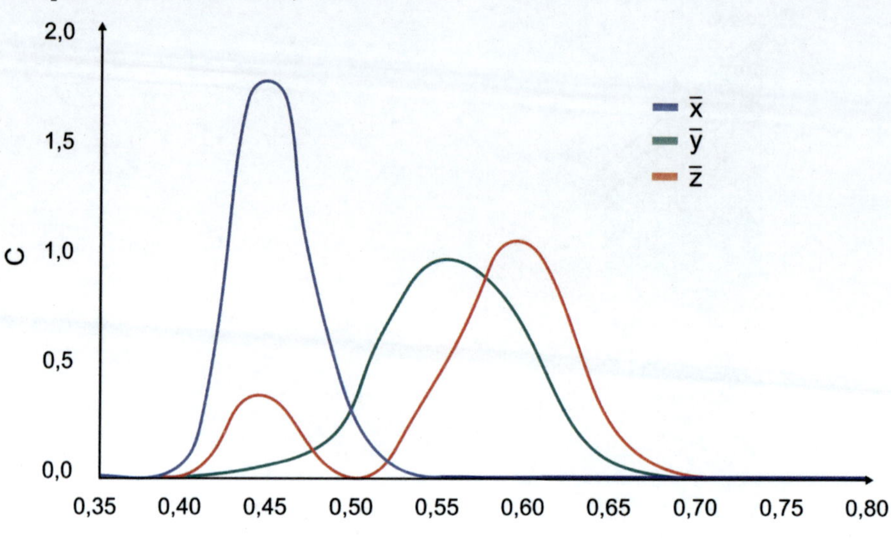

Fonte: Murata, Hidehiko, Saitoh, Kotaro e Sumida (2018)[18]

Nesse sistema as cores podem ser expressas pela equação 2:

$$C = xX + yY + zZ \qquad (2)$$

Em que C é a cor medida, X, Y e Z são as coordenadas de cromaticidade em um espaço tridimensional[18]. A normalização dessa quantidade em relação à luminância possibilita a caracterização de qualquer cor. Além disso, os valores triestímulos XYZ foram matematicamente convertidos aos valores de x, y e z, que podem ser calculados por meio das equações representadas a seguir:

$$x = \frac{X}{(X+Y+Z)} \; y = \frac{Y}{(X+Y+Z)} \; z = \frac{Z}{(X+Y+Z)}$$

Em que x + y + z = 1. Logo, qualquer cor pode ser definida apenas pelas quantidades de x e y, pois z pode ser deduzida delas. As cores dependem apenas do matiz e da saturação, x e y. Assim, a cor pode ser descrita em termos das coordenadas de cromaticidade e pelo valor de um dos três estímulos originais, normalmente o Y, que denota a informação da luminância. Essa descrição possibilita o cálculo dos demais estímulos.

Esse sistema é formado por cores imaginárias, definidas matematicamente. O que resolve os problemas relacionados as combinações de valores negativos e à seleção de um conjunto de cores primárias reais. As coordenadas de cromaticidade podem ser representadas no diagrama da Figura 5, no qual os pontos que representam as cores puras no espectro são rotulados de acordo com seus comprimentos de onda ao longo da curva, que vai desde a cor vermelha até a violeta. A linha reta que liga a cor vermelha à violeta é chamada de linha púrpura e não faz parte do espectro. Para melhor entendimento é possível inferir que o interior da área em forma de ferradura demarca o alcance visível para a visão dos humanos e as cores correspondem aproximadamente às coordenadas de cromaticidade. O exterior curva corresponde a cores puras (monocromáticas) e a área próxima ao ponto (x, y) = (1/3, 1/3) correspondem a cor branca[18].

Sistemas HunterLab

Tomando como base a teoria de cores de Hering, que diz que as resposta do cone vermelho, verde e azul se misturam novamente em seus codificadores opostos, Hunter desenvolveu em 1948, o Sistema L,a,b. Ele possui uma superfície uniforme de cor definida por três coordenadas retangulares: L (Luminosidade) em que 0 é o preto e 100 é o branco; a (vermelho-verde), valores positivos para vermelho, negativos para verde e 0 neutro, e b (eixo amarelo-azul), nos quais valores positivos conferem a cor amarela, negativos azul e 0 neutro (Figura 6). A velocidade de resposta desse sistema supôs sua aparição no mercado de colorímetros com três estímulos, frente aos espectrofotômetros convencionais, ajudando na ampla difusão desse sistema[19].

Figura 6 – Escala de cores HunterLab

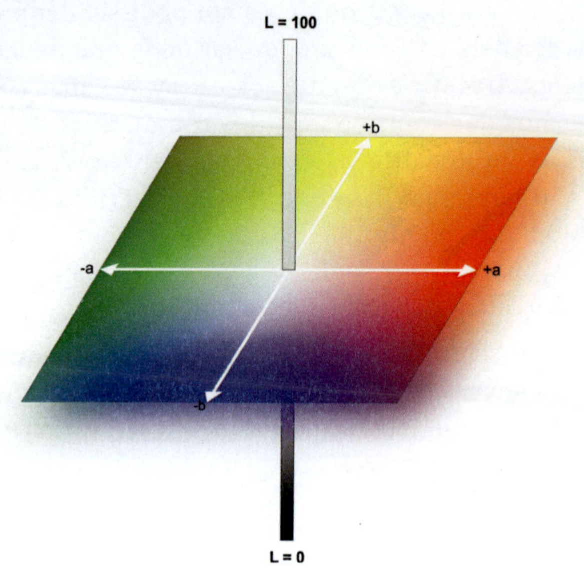

Fonte: Adaptado de Francis *et al.* (1998a)[1]

Os parâmetros colorimétricos da escala HunterLab são obtidos de derivações matemáticas dos valores triestímulos do sistema Cie (XYZ), para aproximar o sólido de cor gerado matematicamente do sistema determinado por Munsell. Eles são calculados a partir das equações 4, 5 e 6:

$$L = 100.\sqrt{Y/Y_n} \qquad (4)$$

$$a = k_a.\left[\frac{X/X_n - Y/Y_n}{\sqrt{Y/Y_n}}\right] \qquad (5)$$

$$b = k_b.\left[\frac{Y/Y_n - Z/Z_n}{\sqrt{Y/Y_n}}\right] \qquad (6)$$

Nas quais X, Y e Z são os valores triestímulos do sistema CIE para a amostra; X_n e Z_n são os valores triestímulos do sistema CIE para o iluminante (tabelados); $Y_n = 100$ e k_a e k_b são os coeficientes de cromaticidade para o iluminante (tabelados).

No ano de 1976, a CIE desenvolveu e recomendou o uso do espaço de cores conhecido como CIELab. A principal vantagem desse sistema reside na semelhança com a uniformidade da percepção visual humana, onde distâncias equitativas no sistema representam aproximadamente distâncias iguais comparadas a interpretação humana.

O sólido colorido nesse sistema é obtido por transformações não lineares do Sistema CIE XYZ- 1931. Esse espaço então é definido com as coordenadas retangulares possuindo uma componente axial L* (luminosidade), e os eixos horizontais a* (índice do vermelho) e b* (índice do amarelo), que vão do verde ao vermelho e azul ao amarelo, respectivamente (Figura 7)[20].

Figura 7 – Espaço de cor CIE L* a* b*

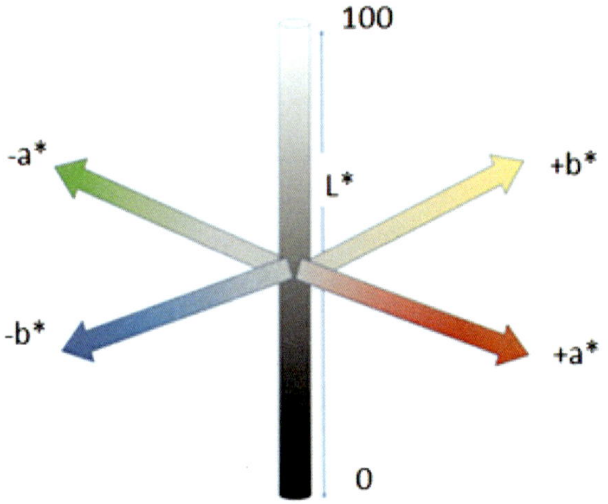

Fonte: adaptado de Ferreira e Spricigo (2017)[20]

Ambas as escalas são utilizadas atualmente para medida de cores, sua única diferença é a sensibilidade quanto ao espaço de cores, no qual a escala HunterLab mede mais azuis que amarelos e a CIELab mede mais amarelos que azuis e cores escuras.

Assim como na escala HunterLab, os parâmetros de cor da escala CIELab são obtidos de derivações matemáticas dos valores triestímulos X, Y e Z. O cálculo desses parâmetros é realizado por meio das equações 7, 8 e 9.

$$L^* = 116.\sqrt[3]{Y/Y_n} - 16 \quad (7)$$

$$a^* = 500.\left(\sqrt[3]{X/X_n} - \sqrt[3]{Y/Y_n}\right) \quad (8)$$

$$b^* = 200.\left(\sqrt[3]{Y/Y_n} - \sqrt[3]{Z/Z_n}\right) \quad (9)$$

Essas equações são válidas para X/Xn, Y/Yn e Z/Zn > 0,008856. Para os demais valores, são utilizadas outras equações. Onde X, Y e Z são os valores triestímulos do sistema CIE para a amostra; X_n e Z_n são os valores triestímulos do sistema CIE para o iluminante (tabelados); $Y_n = 100$.

A escala CieLab possibilitou a comparação de amostras com padrões em relação aos seus parâmetros de cor. Calculando-se a diferença total de cor entre um padrão e uma amostra é possível dizer, por exemplo, se a amostra é mais clara ou escura que o padrão, ou até mesmo mais esverdeada ou avermelhada. No entanto, criou-se um único parâmetro, que avaliasse a diferença total de cor e fosse responsável, no controle de qualidade referente às cores, pela aceitação ou reprovação da amostra. Ele foi chamado de diferença total de cor e é denotado por ΔE*. Pode ser calculado da seguinte forma:

$$\Delta E^* = \sqrt{(\Delta L^*)^2 + (\Delta a^*)^2 + (\Delta b^*)^2} \quad (10)$$

Geralmente, valores de ΔE* maiores que 5,0 podem ser facilmente detectáveis pelo olho humano e valores acima de 12,0 implicam em diferença de cor absoluta, detectáveis por julgadores não treinados.

Ao reportar os resultados determinados pela escala CIELab, os parâmetros colorimétricos devem ser denotados como L, a e b. Se a escala escolhida for a HunterLab, os parâmetros devem ser denotados seguidos de asterisco, como L*, a* e b*. Além disso, o ângulo de tonalidade hue, na escala Hunter pode ser representado pelo símbolo teta (θ).

Embora o espaço de cores do CIELab tenha a mesma configuração que o sistema Munsell, ele apresenta algumas vantagens: O cálculo das coordenadas é muito mais simples e as unidades das escalas nas quantidades do laboratório CIE são quase as mesmas. Comparado ao sistema HunterLab, os espaços de cores dos ambos são semelhantes, pois medem a luminosidade, o grau de vermelho-verde e o de amarelo-azul, embora com diferentes magnitudes, e como visto são calculados da mesma forma[21].

Sistema CIELCh

No diagrama de cromaticidade do sistema CIELab, a disposição da amostra é feita através de uma representação gráfica de coordenadas retangulares a* e b* em seus respectivos eixos. No entanto a forma pontual de representação desses valores deve ser substituída pela forma vetorial, de forma a facilitar a compreensão dos conceitos utilizados na análise desses parâmetros. Sendo assim surge uma nova representação polar do sistema, a escala CIE L*C*h, que numericamente descreve a cor tridimensionalmente em luminosidade (L*), saturação (C*) e tonalidade (h*) ou hue; no entanto, por ser obtida matematicamente da escala CIELab, a escala CIE L**h* apresenta uniformidade visual similar à do sistema de coordenadas retangulares como é mostrado na Figura 8 [21].

Figura 8 – Sistema tridimensional de sólido colorimétrico CIELCh

Fonte: Rigolon (2017)[34]

A Figura 9 mostra outra representação gráfica do sistema CIELCh.

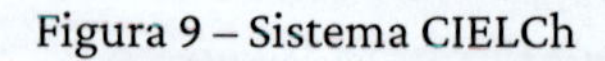
Figura 9 – Sistema CIELCh

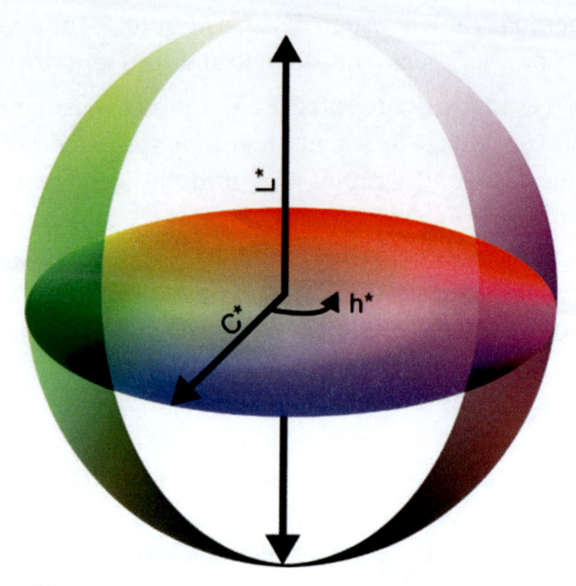

Fonte: Cesar (2018)[14]

O valor de Chroma (índice de saturação) é zero no centro e aumenta de acordo com a distância do centro. O hue (ângulo de tonalidade) é o ângulo definido como começando no eixo +a e é expresso em graus. Esses índices são calculados utilizando as equações 11 e 12:

$$C^* = \sqrt{(a^*)^2 + (b^*)^2} \qquad (11)$$

$$h^* = arctan(b^*/a^*) \qquad (12)$$

A saturação está ligada à concentração do elemento que fornece cor. Já a tonalidade permite comparar uma amostra a um padrão e saber se eles possuem o mesmo tom. Com relação à tonalidade, o ângulo hue é dado por intervalos, sendo 330-25° o vermelho, de 25-70° laranja, 70-100° amarelo, 100-200° verde, 200-295° azul e 295-330° violeta.

Com relação ao ângulo de tonalidade, o resultado da equação acima estará em radianos, e para avaliar o resultado, deve-se converter esse valor para graus. Quando convertido, o valor da equação estará situado no intervalo de $-90° < h^* < 90°$, e a posição da amostra no sólido não poderá ser determinada apenas pelo resultado de hue. O ângulo obtido pela equação será adjacente ao eixo do índice de vermelho-verde (a*), e com isso, o valor numérico correto do índice h* nem sempre será o fornecido pela equação. Por isso, é importante avaliar hue juntamente aos valores de a* e b*. Se a* é negativo, a amostra se encontra no segundo ou terceiro quadrante do sólido, e, para se obter um ângulo que permita interpretar as diferenças de tonalidades, é necessário somar 180 ao valor de h*. De forma análoga, quando a amostra se encontra no quarto quadrante (a* positivo e b* negativo), soma-se 360 ao valor de h* para se ter a correção do ângulo de tonalidade para um valor positivo.

2. Em muitos casos, a medida das diferenças entre cores pode ser mais útil do que uma medida do valor absoluto da cor. A diferença de cor ΔE_{ab}^* é definida pela distância euclidiana entre as coordenadas de dois estímulos no espaço de cores do CIELab, como mostra a equação 13[22].

$$\Delta E_{ab}^{\;*} = \sqrt{(\Delta L^*)^2 + (\Delta a^*)^2 + (\Delta b^*)^2} \qquad (13)$$

3. Essa diferença cor (ΔE_{ab}^*) é aplicada com parâmetros de padronização de diversas colorações, sendo utilizada industrialmente para controle de qualidade, como por exemplo, formulação e correção entre amostras com o padrão industrial. Visualmente consegue-se perceber a diferença de cor, e até determinar a direção da mudança (mais clara, menos brilhosa etc.), mas visualmente não se consegue medir a magnitude da diferença[23]. Uma das grandes questões acerca da avaliação de diferença de cor, em termos de (ΔE_{ab}^*), é estabelecer um valor de referência para a avaliação de resultados de medições. Em outras palavras, em casos de estudos de determinadas diferenças de (ΔE_{ab}^*), é importante compreender se está diferença pode ser percebida pelo olho humano e, em caso afirmativo, se essa diferença pode ser considerada relevante. Para melhor entendimento, um estudo

em alimentos desenvolvido por Obón *et al.* (2009) [24] verificou que valores ΔE_{ab}* de 0 a 1,5 podem ser considerado pequenos e quase idênticos para observação visual, no intervalo de 1,5 a 5 a diferença na cor pode ser distinguida, enquanto a diferença na cor é evidente para ΔE_{ab}* maior que 5 [24].

Iluminantes e observador padrão

A percepção das cores é geralmente influenciada, ou determinada por três fatores cruciais: a luz (radiação), o objeto e o observador (sensação). De fato, aspectos como a iluminação (incidência de luz) afetam a apreciação visual (observador padrão), e como consequência pode haver classificações e julgamentos inconsistentes (Figura 10). Se formos considerar um observador humano, outros fatores influenciaram ainda mais as classificações como diferença cultural regional, diferença de idade, entre outros[25].

Figura 10 – Como as cores alcançam os olhos

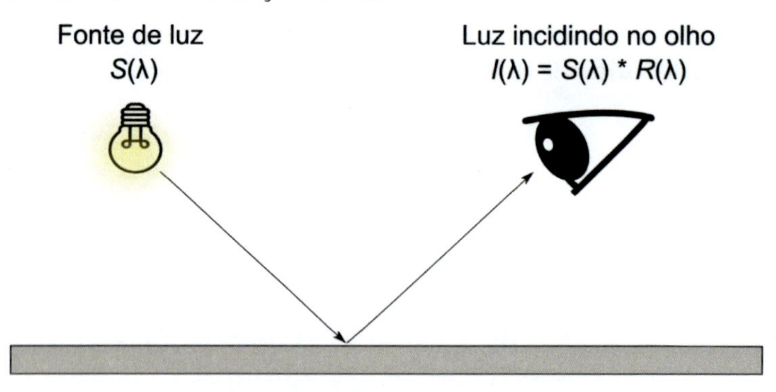

Fonte: Lindon, Tranter e Koppenaal (2016)[26]

A natureza da iluminação pode ser bem caracterizada pela distribuição espectral de energia da fonte de luz, pela relativa intensidade da iluminação em cada comprimento de onda no espectro visível. O objeto reflete certa fração da luz incidente, e isso pode ser caracterizado pelo espectro de refletância. A intensidade da luz que entra no olho é o produto desses termos. Assim, para medir e especificar a cor por números é necessário especificar cada um desses três componentes do trio de cores (iluminação, objeto e observador)[26].

Em 1931, a CIE recomendou iluminantes padrão para uso em dados publicados por colorimetria que representam o observador padrão e recomendou geometrias ópticas padrão para uso em instrumentos de medição de cores, que são as fontes padrão de iluminantes (A, B e C)[26]. O iluminante A, para luz emitida por lâmpada de tungstênio e temperatura de cor de 2856 K; iluminante B para lâmpadas incandescentes, correspondendo a luz solar média do céu ao meio dia, com temperatura de cor de 4870 K; e o iluminante C para luz média diurna com céu encoberto (dia nublado) com temperatura de cor de 6770 K. Mais recentemente, a CIE recomendou a série D com iluminantes representando a luz do dia em várias fases, na qual se destaca o iluminante D65, que representa a luz do dia média com uma temperatura de cor correlacionada de aproximadamente 6500 K. Uma série adicional de lâmpadas fluorescentes, a série F, também foi definida. O iluminante F2 representa a luz da lâmpada fluorescente branca fria com uma temperatura de cor média de 4230 K, a Figura 11 mostra um exemplo dos iluminantes A e D65 e tabela 2, expõe os principais iluminantes padrão com suas características, aplicações e temperatura.

Figura 11 – Cabine de luz simulando iluminante A (I) e D65 (II)

Fonte: adaptado de Bertolini (2010)[25]

Os iluminantes-padrão foram inseridos no diagrama de cromaticidade da CIE, estando distribuídos na curva de localização da radiação do corpo negro, que apresenta a posição das temperaturas de cor em função das coordenadas cromáticas x e y (Figura 12).

Figura 12 – Diagrama de cromaticidade da CIE

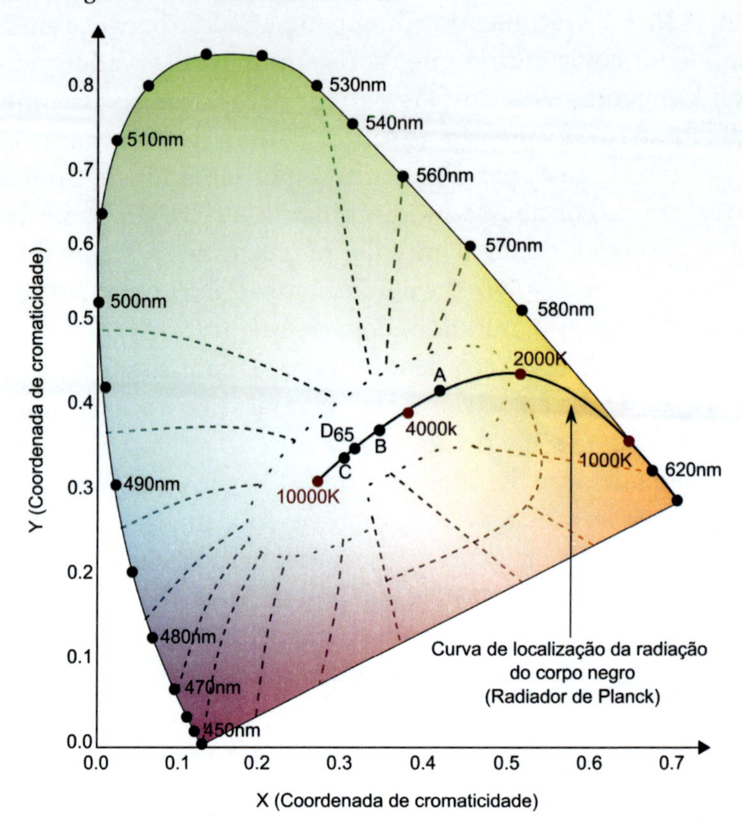

Iluminante	Coordenadas	Simulação	Temperatura
A	(0,4476 ; 0,4074)	Fonte incandescentes	2856 K
B	(0,3484 ; 0,3516)	Luz indireta	4870 K
C	(0,3101 ; 0,3162)	Dia nublado	6770 K
D_{65}	(0,3128 ; 0,3292)	Luz do dia	6500 K

Fonte: Gargalaca (2012)[27]

Se duas amostras de cores aparentam ser iguais quando observadas por um determinado iluminante e se tornam diferentes com a utilização em outro iluminante, ocorre o fenômeno conhecido como metamerismo. Esse é um fenômeno indesejável, que demonstra a importância dos iluminantes na análise objetiva ou subjetiva da cor.

As fontes de luz e os iluminantes também podem ser caracterizados por sua temperatura de cor, identificada a partir da equivalência com corpos negros de temperaturas variadas (expressa em graus Kelvin). Um corpo negro é teoricamente perfeito, este absorve toda energia e a emite como energia radiante de modo que sua temperatura está diretamente relacionada à cor da energia radiante, sem a contribuição de qualquer outro processo ou reação física ou química. A temperatura absoluta do corpo negro é referida como temperatura de cor.

Quando o corpo negro apresenta pouco aquecimento, gera vibrações visíveis de baixas energias, com grandes comprimentos de onda, o que corresponde a faixas da região do vermelho. Nas temperaturas entre 3000 e 4000 K, existem substânciais contribuições do extremo azul do espectro e a cor da luz muda do vermelho forte para laranja, e então para o amarelo. Em 5000 K, a potência é distribuida uniformente com um pico em torno de 550 nm, de modo que a cor é branca amarelada. Em temperaturas mais elevadas (acima de 9000 K), predomina a emissão de energia de comprimentos de onda curtos, produzindo uma luz com tonalidade mais azulada.

Normalmente consideramos a "luz do dia" como uma iluminação de referência nominal. Entretanto, diversos iluminantes foram padronizados para uso nas avaliações colorimétricas.

Equipamentos

A indústria e fabricantes preocupados em produzir produtos com a cor exata, em determinado momento usam equipamentos que especificam as cores de forma exata e precisa, esses são os colorímetros, espectofotômetros, usados para determinar qualidade, ignorando totalmente a necessidade de se fazer a avaliação visual humana[27].

Um colorímetro é um instrumento criado para a análise de cor objetiva. No equipamento a luz refletida pelo objeto é conduzida através de filtros (vermelho, azul e verde) com a mesma sensibilidade do olho humano, e projetada em uma fotocélula. Por meio de um computador os dados são convertidos em coordenadas numéricas. A calibração do equipamento é alcançada usando peças padrão no início da operação.

Esse instrumento é comumente utilizado na indústria de alimentos, devido a simples operação, menor tamanho e principalmente por ser portátil. Como utiliza a medida de análise de cor objetiva, são utilizados nas áreas de produção e inspeção. Diferentemente dos espectrofotômetros, que podem avaliar a cor de forma mais complexa e com elevada precisão.

Os espectrofotômetros são utilizados para comparar a potência radiante que sai do objeto, com o padrão de referência em cada comprimento de onda. O equipamento pode funcionar no modo de transmissão, no qual a amostra e o padrão são colocados entre a fonte de luz e o detector; e no modo de reflexão, no qual a luz cai na superfície da amostra e do padrão e as luzes refletidas são direcionadas ao detector. Por determinar o espectro de reflectância da amostra, os espectrofotômetros são mais versáteis e devido ao avanço da tecnologia foram desenvolvidos equipamentos pequenos e facilmente transportáveis.

Tanto os colorímetros quanto os espectrofotômetros fornecem dados de transmissão ou reflectância no mesmo intervalo de comprimentos de onda (cerca de 400 a 700 nm), entretanto eles podem tratar esses dados de maneira diferente. As principais diferenças dos equipamentos estão listadas na Tabela 2.

Tabela 2 – Principais diferenças entre colorímetros e espectrofotômetros

Colorímetros	Espectrofotômetro
Fornece medidas que se relacionam com a percepção do olho humano (valores triestímulos X, Y, Z; ou outros atributos como L, A*, b*, etc)	Usado para análises físicas fornecendo a curva espectral e a partir desta curva pode-se calcuar o resultado em X, Y, e Z triestímulos, bem como os índices específicos
Consiste em um sensor e um processador de dados simples	Consiste em um sensor mais um processador de dados ou computador com softaware adequado
São limitados na especificação da Iluminação Padrão e Observador Padrão	Muitas combinações de iluminantes/ observadores podem ser usadas para cálculos de dados triestímulos e índice de metamerismo
Isola uma ampla faixa de comprimentos de onda usando filtros de absorção de triestímuloss	Isola uma faixa estreita de comprimentos de onda usando um prima, filtro de rede ou interferência
Mais simples, de menor tamanho e mais barato que espectrofotômetro	É versátil e finciona bem para formulação de cores, medição de metamerismo, e sob iluminação/ condições de observador variáveis

Fonte: Mcmenamin (2017)[28]

Um fator importante na análise colorimétrica é a geometria do instrumento. O ângulo pelo qual a amostra é iluminada ou detectada pode afetar sua curva de reflectância. A geometria padronizada destina-se a garantir que as medições são confiáveis e reprodutíveis.

O arranjo de geometria direcional possui ângulos de iluminação/detecção de 0°/45° ou de 45°/0° (Figura 13) e a reflexão especular é excluída na medição. Isso fornece medições que correspondem às mudanças visuais na aparência da amostra devido a alterações na cor do pigmento ou textura da superfície.

Figura 13 – Esquematização do arranjo de geometria direcional

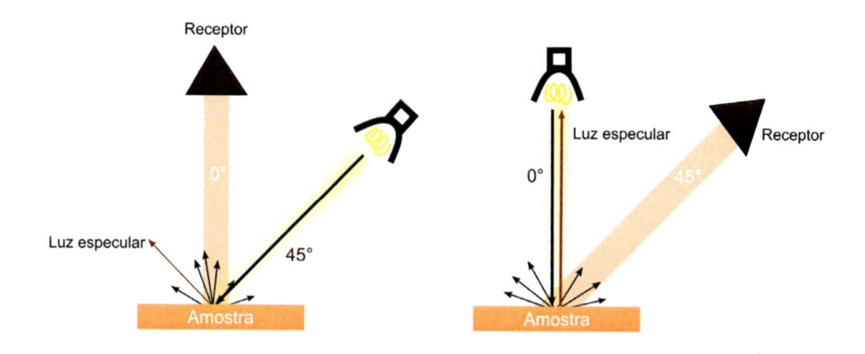

Fonte: adaptado de HunterLab (2012)[29]

O arranjo de geometria difusa utiliza um sistema de iluminação difusa com uma esfera de integração. Essa esfera de integração é internamente pintada de branco, ou revestida com filme de óxido de magnésio ou sulfato de bário, para que a luz permaneça difusa de modo uniforme em todas as direções para iluminar a amostra. As medições de um instrumento de esfera são feitas com um ângulo de 8° (d/8°) e podem ser feitas com a reflexão especular incluída (SCI, do inglês *Specular Componente Included*) ou excluída (SCE, do inglês *Specular Componente Excluded*). Quando a luz especular é excluída, utiliza-se uma armadilha para que esta luz não seja medida, isto permite uma mensuração da cor por uma perspectiva sensorial, como na geometria direcional (Figura 14).

Figura 14 – Esquematização do arranjo de geometria difusa com reflexão especular incluída e excluída

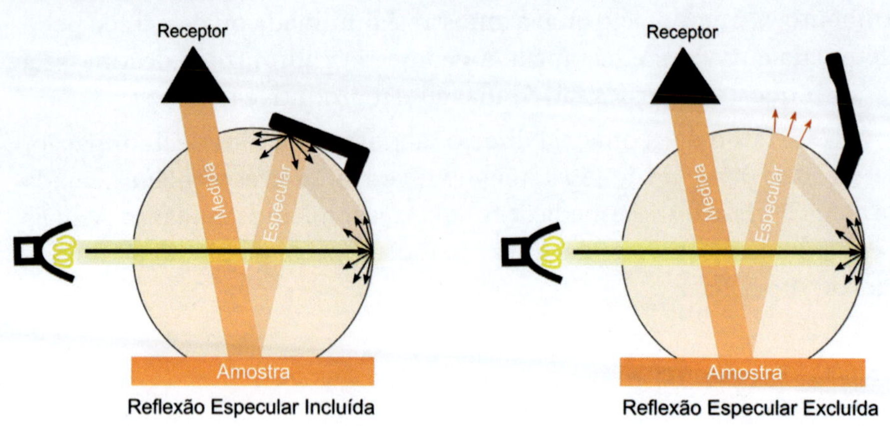

Fonte: adaptado de HunterLab (2012)[30]

A visão computacional é a ciência que desenvolve bases teóricas e algorítmicas para extrair e analisar automaticamente informações úteis sobre um objeto ou cena de uma imagem observada. A elevada resolução espacial permite à visão computacional analisar cada pixel de toda a superfície, calcular a média e o desvio padrão da cor, isolar e especificar a aparência, medir formas e cores não uniformes e selecionar uma região de interesse. Ela utiliza um processamento e análise de imagem, resultando na obtenção de medições de cores rápidas e sem contato.

Pace *et al.* (2013)[28], ao analisarem a cor de cenouras por colorímetro e sistema de visão computacional (CVS), observaram que em superfícies onde a coloração era uniforme, os valores fornecidos por ambos os equipamentos eram muito semelhantes. Por outro lado, onde a cor das cenouras era irregular, os resultados obtidos pelo colorímetro eram significativamente afetados pela capacidade subjetiva do operador e pela dimensão da área homogênea. Assim, o CVS forneceu uma medição mais consistente e confiável da cor das superfícies observadas.

Perspectivas futuras para o desenvolvimento de dispositivos eletrônicos portáteis acessíveis (como scanners de mesa, câmeras digitais etc.) estão sendo estudadas para medir a cor por meio da colorimetria digital. As principais vantagens do scanner em estudos colorimétricos são a disponibilidade, facilidade de uso e o baixo custo. Em laboratórios é fácil padronizar as condições a realização de análises colorimétrica em condições extras laboratoriais.

Smartphones são uma ótima plataforma para medidas de colorimetria, devido ao seu baixo custo, portabilidade e qualidade de imagem. Entretanto, como em qualquer outro sistema colorimétrico baseado na imagem, a luz ambiente e diferenças nos dispositivos podem gerar erros que precisam ser compensados. Pensando nisso, Nixon, Outlaw e Leung (2020)[30] desenvolveram uma consistente metodologia baseada em uma calibração em um estágio, utilizando cartões de cores, para suprimir a variabilidade resultante do modelo de celular, e subtração da luz ambiente com pares de imagens (com e sem flash) para lidar com o problema da luz ambiente. A metodologia desenvolvida se mostrou eficiente, permitindo a captura de imagens usando vários dispositivos em diferentes ambientes. A capacidade de processamento necessária é baixa, e todo o sistema pode ser integrado a um aplicativo, facilitando sua aplicação em ambientes remotos ou com poucos recursos.

Um trabalho publicado por Pereira (2019)[31] apresentou uma nova ferramenta como alternativa de substituição de espectrofotômetros, já que, por vezes limitam pesquisas por terem alto custo de aquisição. Trata-se de um espectrofotômetro compacto que pode ser incorporado a um smartphone. Ele detém a tecnologia de impressão em 3D (3D-printer), que pode ser acoplado a um suporte, com um bloco de diodo emissor de luz (largura de banda espectral) permutável em espectro estreito (LED) que pode ser usado em conjunto com o sensor de luz ambiente, que smartphones possuem, para executar a espectrofotometria. Também é apresentada uma versão Lego com um bloco de LED intercambiável. Os resultados do espectrofotômetro para smartphone em comparação com os espectrofotômetros disponíveis comercialmente demonstraram funcionalidade, e o modelo pode ter muitas aplicações, especialmente em espectrofotometria indireta[32].

Aplicação da colorimetria para análise de alimentos

A cor desempenha um papel dominante na orientação das escolhas do consumidor, sendo assim, a utilização de um método, como a análise colorimétrica, que auxilie na padronização desse parâmetro é essencial. A Tabela 3 contém algumas das diversas utilizações da análise colorimétrica para alimentos nos últimos anos.

Tabela 3 – Exemplos relatados na literatura da aplicação da análise colorimétrica em alimentos

Alimento	Obteto de investigação	Análise colorimétrica
Limão	Entender a relação que existe entre as alterações de cor da casca da fruta e o teor de pigmento	CIELab
Vinho	Efeito de copigmentação de antocianinas	CIELab CIELCh
Carne	Correlação da cor com deterioração	CIELab
Leite	Correlação da cor e diferentes composições de bebidas á base de leite	HunterLab CIE Lab
Diversos	Indicador de pH adjunto com embalagens inteligentes incorporado com antocianias da cenoura	HunterLab
Tomate	Aceitação ou intenção de compra de acprdp com parametros de cor	CIELab CIELCh
Plantas	Correlação de carotenoides e cores	CIELab
Iorgurte	Propriedades de iogurte preparado a partir e leite bovino combinado com leite de camelo	HunterLab
Milho	Associação da cor do grão de milho com dureza e teor de carotenoides	HunterLab
Opúncia	Diferença na coloração de amostras de diferentes cultivares e tempo de colheita	CIELab
Ovos	Coloração da gema de ovos, obitidos de galinhas submetidas a diferentes dietas alimentares	CIELab

Fonte: o autor

Em estudos pós-colheita, a aferição da cor na qualidade de frutas e hortaliças é de grande aplicabilidade. Ela é utilizada para fins de classificação em relação ao estágio de maturação de frutas e para verificar a influência de tratamentos com etileno sobre o desenvolvimento da coloração. Além disso, a qualidade do produto pode ser verificada pela alteração na coloração, como, por exemplo, a intensidade das cores verde e azul de grãos de café são relacionadas com o armazenamento; o escurecimento de frutos, devido ao tratamento térmico empregado para manutenção da coloração; modificação da coloração devido à aplicação de tratamentos para controlar a podridão; alteração da coloração devido a tratamentos com radiação ultravioleta para conservação de frutas; entre outras. É importante salientar que a análise de colorimetria não é destrutiva e não utiliza reagentes, além de ser rápida e fácil de ser realizada.

Também utilizando análise colorimétrica a partir de imagens obtidas com dispositivo do tipo *smartphone,* Whongthanyakram, Harfield e Masawat (2019)[32] (Figura 15) desenvolveram metodologia para determinação de curcumina em açafrão. A metodologia proposta permite a leitura em microplacas de 96 poços, otimizando análises que envolvam grande número de amostras. As imagens obtidas foram processadas e analisadas em relação ao espaço de cores RGB, para extrair valores de cores que estariam relacionados à concentração de curcumina. O método foi validado por meio da comparação dos resultados com medidas obtidas em leitor de microplacas que utiliza o espectro UV-Vis e por cromatografia líquida de alta eficiência (HPLC), não sendo observadas diferenças significativas entre os resultados obtidos.

A indústria de bebidas também utiliza de análise colorimétrica para avaliação da qualidade. Para vinho, a mensuração de cor é indicativa da qualidade e variedade. A claridade do vinho, por exemplo, pode ser um indício de segurança e higiene da vinícola, ou ainda se o vinho foi ou não filtrado. A cor também é avaliada durante o processamento para advertir sobre possíveis defeitos de conservação.

Figura 15 – Esquema de colorímetro digital utilizando smartphone

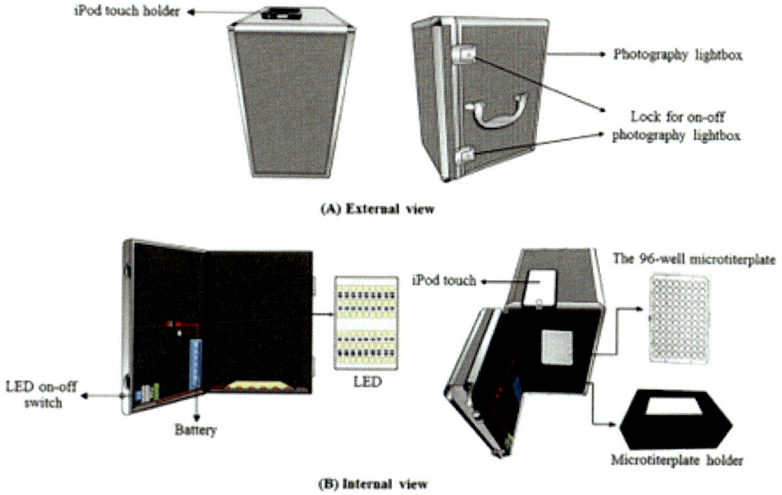

Fonte: Whongthanyakram, Harfield e Masawat (2019)[33]

A indústria de bebidas também utiliza de análise colorimétrica para avaliação da qualidade. Para vinho, a mensuração de cor é indicativa da qualidade e variedade. A claridade do vinho, por exemplo, pode ser um indício de segurança e higiene da vinícola, ou ainda se o vinho foi ou não filtrado. A cor também é avaliada durante o processamento para advertir sobre possíveis defeitos de conservação.

O desenvolvimento de coberturas comestíveis e embalagens também utiliza a colorimetria como parâmetro de qualidade, pois estas não podem alterar a coloração característica dos produtos que as contêm. Assim como a área de processamento de alimentos, que utiliza a colorimetria na otimização dos seus processos, evitando alterações na coloração quando se altera os parâmetros de produção dos alimentos.

O colorímetro tem se tornado um equipamento promissor na área de predição de compostos bioativos. Ele tem sido utilizado para predizer o conteúdo de corantes naturais e sua capacidade antioxidante, por meio de equações matemáticas lineares, utilizando apenas os parâmetros colorimétricos determinados por análise das amostras no colorímetro. Rigolon (2017)[33] obteve excelentes resultados para a predição de conteúdo de antocianinas, compostos fenólicos totais e capacidade antioxidante, utilizando as metodologias de ABTS, DPPH e FRAP, em amora, mirtilo e casca de jabuticaba. Já Pereira (2002)[34] avaliou o conteúdo de carotenoides, utilizando predição por meio de parâmetros colorimétricos, obtendo ótimos resultados para diferentes variedades de cenoura.

Os antigos espectrofotômetros forneciam um espectro de reflexão ou transmissão, e os dados de XYZ tinham de ser calculados manualmente. Isso era muito cansativo, de forma que foram desenvolvidos integradores mecânicos que mais tarde foram substituídos por integradores eletrônicos. Entretanto, esses instrumentos eram, usualmente, complicados e caros, o que estimulou o desenvolvimento dos colorímetros de triestímulos[16].

A definição do observador padrão levou ao desenvolvimento de colorímetros projetados para duplicar a resposta do olho humano. O conceito é muito simples, necessita-se de uma fonte de luz; três filtros de vidro com espectros de transmitância que duplicam as curvas de X, Y e Z; e uma fotocélula. Com este arranjo, pode-se conseguir uma leitura de XYZ que representa a cor da amostra (Figura 16). Hoje, todos os colorímetros de triestímulos dependem desse princípio com refinamentos individuais na resposta da fotocélula, estabilidade, sensibilidade e reprodutibilidade[16].

Figura 16 – Componentes essenciais de um colorímetro de triestímulos

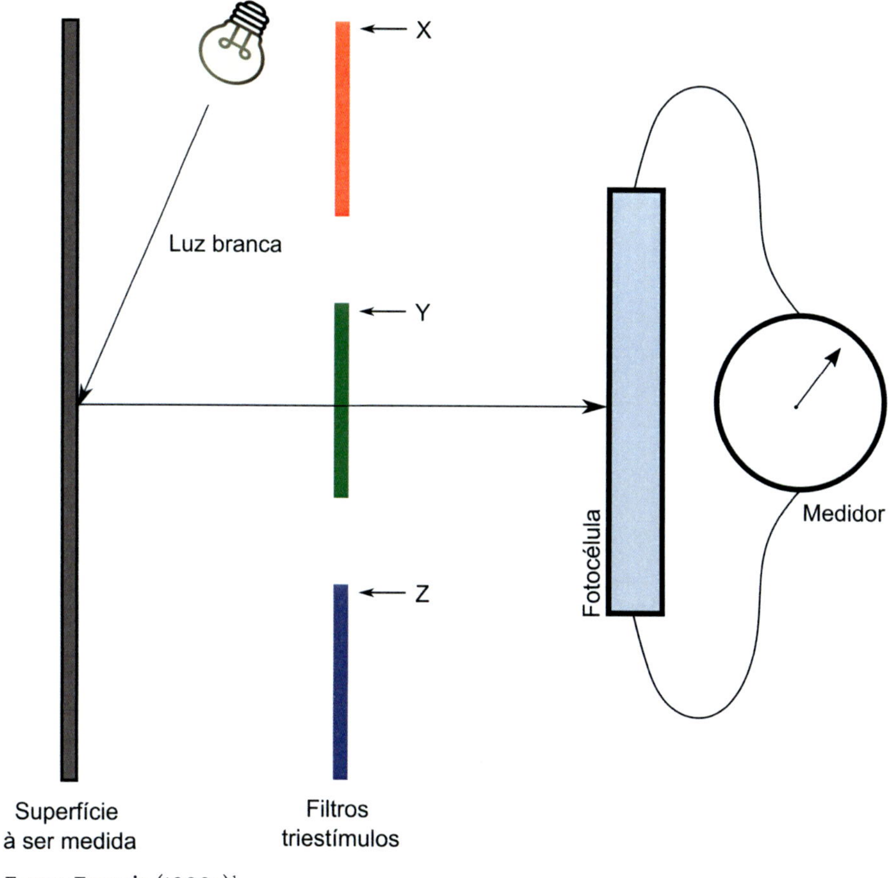

Fonte: Francis (1998a)[1]

Um dos sistemas de cor instrumental é o sistema Hunter (Figura 17), que representa um sólido de cor onde L luminosidade ou escuridão, +a estado ou qualidade de vermelho, -a estado ou qualidade de verde, +b estado ou qualidade de amarelo, e -b estado ou qualidade de azul.

Figura 17 – **Sólido de cor de Judd-Hunter**

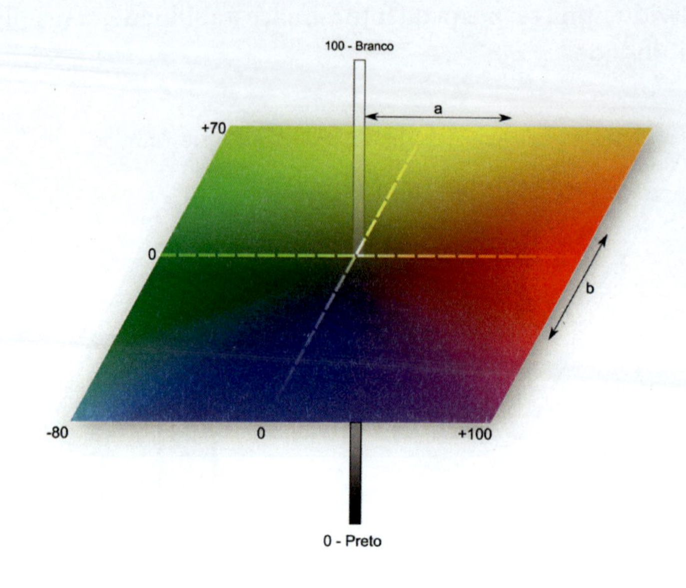

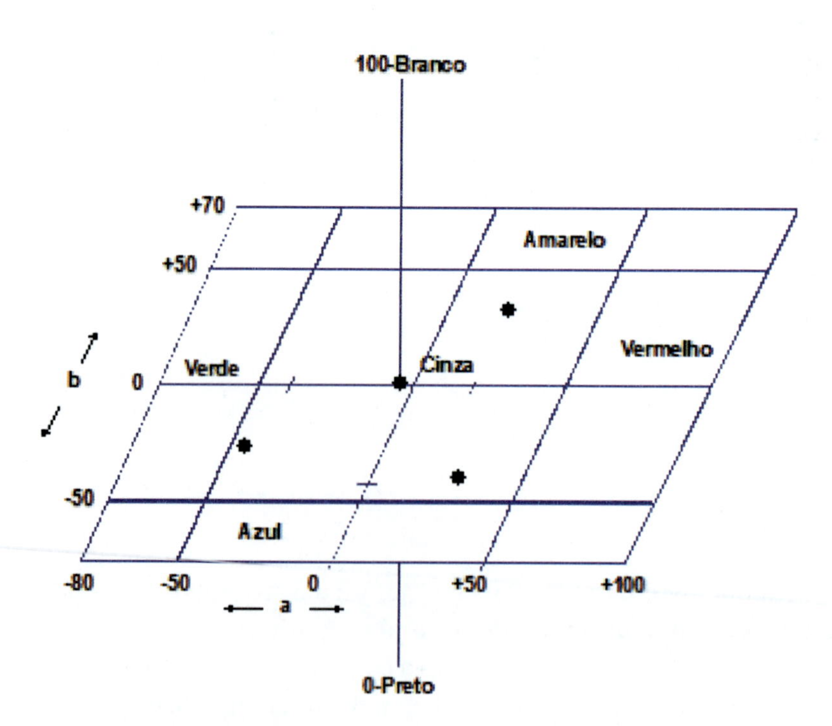

Fonte: adaptado de Francis (1998a)[1]

Um segundo sistema é o CIELAB com os parâmetros L*, a*, b*. Uma terceira escala é conhecida como sistema CIE-XYZ e uma quarta escala é o sistema CIELCH com os parâmetros L*, C*, H*. O segundo e terceiro sistemas foram desenvolvidos principalmente para produzir um sistema que fosse visualmente mais uniforme através do sólido de cor como um todo. O quarto é um sistema polar com ênfase primária nas tolerâncias de cor. Outro sistema denominado CIELUV foi designado primeiramente para uso com iluminação e televisão e não encontrou muita aplicação para alimentos[1].

O sucesso dos colorímetros de triestímulos levou a uma grande expansão na pesquisa sobre medição de cores, assim como sobre a fabricação de um número de diferentes colorímetros. Demandas desenvolveram-se para que a análise racional reduzisse os dados de cor para uma ou duas dimensões, e uma série de instrumentos especializados foi desenvolvida. Um dos primeiros foi o colorímetro do tomate de Hunter e Yeatman (1961)[35] projetado para medir a cor do suco de tomate. O ímpeto para o desenvolvimento deste instrumento foi no sentido de pagamentos de incentivos para que os produtores entregassem tomates mais intensamente coloridos para os processadores[26].

O desenvolvimento do colorímetro do tomate fornece um interessante modelo. As amostras de tomates, representando a extensão das amostras comerciais, foram classificadas pelos inspetores da USDA em graus A, B e refugos. O suco foi, então, extraído dos tomates e medido num colorímetro de triestímulos. Estabeleceu-se, então, uma relação entre a decisão do classificador para os tomates crus e a cor do suco. De fato, a equação representando como os classificadores visualizaram a cor dos tomates foi estabelecida no espaço da cor, de acordo com Hunter e Yeatman (1961)[36], citados por Francis, 1998a [1].

Nessa aplicação, a cor do tomate (TC) foi representada por:

$$TC = 2.000\ cos(\mathrm{q})/L$$

Em que: , e as unidades L, a, b estão no sistema Hunter.

Esse instrumento tornou-se conhecido como "USDA Tomato Colorimeter" (Colorímetro de tomate do USDA). Ele provou ser um instrumento útil, e logo foi modificado para ler a cor do suco de tomate processado, de acordo com a equação:

$$Color\ score = bL/a$$

A mesma aproximação foi usada para desenvolver o "Citrus Colorímeter" para medir a cor do suco de laranja. Foram desenvolvidos instrumentos especializados para mel, açúcar, chá, maçãs, salmão, vinho, cor interna da carne bovina e suína etc. Pode-se dizer que todos os instrumentos mediram a cor como tal, desde que eles estavam todos voltados para o aspecto geral de qualidade, mas a cor era o fator principal[36].

A proliferação de instrumentos especializados levou a certa insatisfação, pois, por exemplo, os fornecedores não desejavam o suficiente para encher um quarto de equipamento especializado. Quando os dados de uma amostra são coletados, em unidades triestímulos ou espectrofotométricas, eles podem ser lidos em quaisquer unidades desejadas por um simples microprocessador na unidade ou um programa de computador. Por exemplo, as escalas para suco de tomate cru e processado podem ser lidas a partir do mesmo instrumento com um circuito extra. Essa tendência tem desencorajado o acúmulo de dados em outras unidades além das fundamentais, tais como as quatro listadas previamente. O projeto dos instrumentos para medir a cor deu uma volta completa[1].

Os primeiros instrumentos foram espectrofotômetros, mas o trabalho de cálculo era tão grande que foram desenvolvidos os colorímetros de triestímulos. Hoje, a maioria dos instrumentos de medição da cor é colorímetros de triestímulos[1].

A corrente instrumentação varia de instrumentos relativamente simples com uma variedade de exposição e de medidas para diferentes aplicações a sofisticados colorímetros acoplados a um computador. Os últimos podem gerar dados em quatro sistemas de observação, reflectância de 400 a 700 nm, sete escalas de cores, 15 escalas especializadas, seis aparelhos de iluminação, qualquer memória conceptível, estágio de leitura e saída de impulsos desejada. Todos os instrumentos usam mecanismos computadorizados para minimizar as flutuações do curso da fonte de luz, impulso e inclinação[1].

Considerações finais

A cor dos produtos está ligada à percepção visual da luz, e não podemos falar em análise de cor sem antes explicar como a luz interage com o material, os meios de sua propagação e o espectro visível. Além disso, é muito importante que se entenda o sistema visual humano e a subjetividade na percepção das cores. Esses assuntos serão tratados com mais detalhes ao longo do capítulo.

Diversos pesquisadores estudaram a luz e as cores, descrevendo-as inicialmente com base na física, depois de muitos anos, em termos das propriedades dos fotorreceptores humanos e, atualmente, elas são descritas utilizando métodos científicos. Esses métodos são baseados em sistemas de cores, onde valores medidos são transformados em cores utilizando coordenadas colorimétricas. Com isso, há que se levar em consideração tipos de iluminantes e observadores padrões para uma medida objetiva da cor.

Para realizar essas medidas, é claro, utilizam-se equipamentos próprios e com ótima resolução, precisão e repetibilidade. Esses equipamentos são apresentados neste capítulo, com suas vantagens e desvantagens de utilização. Por fim, o capítulo aborda a aplicação desta análise fascinante, que é a colorimetria, aos corantes naturais e seus avanços tecnológicos.

Referências

1 FRANCIS, F. J. Color measurament and interpretation. *In:* FUNG, D. Y. C. (ed.). **Instrumental methods for quality assurance in foods.** New York: Marcel Dekker, 1998a. p. 524-544.

2 CLYDESDALE, F. M. Color as a factor in food choice. **Crit. Rev. Food Sci. Nutr.,** v. 33, n. 1, p. 83-101, 1993.

3 BOYNTON, R. M. **Human Color Vision Holt.** New York: Rhinehart, and Winston, 1979.

4 WRIGHT, W. D. **The measurament of color.** New York: Van Nostrand Reinhold, 1971. 434 p.

5 INLED. **Luminária LED de alto brilho versus lâmpadas de Vapor de Sódio.** Disponível em: http://www.inled.ind.br/. Acesso em: 17 abr. 2020.

6 VARANDA, C. M. **Análise Crítica do Gerenciamento de Cores Aplicado a Sistemas de Impressão,** v. 11, n. 2, p. 10-14, 2011.

7 GONZALEZ, R. C.; WOODS, R. C. **Processamento Digital de Imagens.** 3. ed. São Paulo: Pearson Prentice Hall, 2010.

8 BAGNATO, V. S.; PRATAVIEIRA, S. Luz para o progresso do conhecimento e suporte da vida. **Rev. Bras. Ensino Fís.**, v. 37, p. 4206-1-4206–8, 2015. Disponível em: http://dx.doi.org/10.1590/S1806-11173732037. Acesso em: 1 jun. 2023.

9 LOPES, J. M. B. Cor e Luz. **Instituto Superior Técnico - Universidade Técnica de Lisboa**, v. 1, n. 1, p. 45, 2013.

10 RAMOS, E. M.; GOMIDE, L. A. M. **Avaliação da qualidade de carnes -** Fundamentos e Metodologias. Editora UFV, 2017.

11 HORIGUCHI, S.; IWAMATSU, K. From Munsell color system to a new color psychology system. **Color Research & Application**, v. 43, n. 6, p. 827-839, dez. 2018.

12 KIRILLOVA, N. P. *et al.* New perspectives to use Munsell color charts with electronic devices. **Computers and Electronics in Agriculture**, v. 155, p. 378-385, dez. 2018.

13 CESAR, J. C. de O. Chromatic harmony in architecture and the Munsell color system. **Color Research & Application,** v. 43, p. 865-871, dez. 2018.

14 COCHRANE, S. The Munsell Color System: A scientific compromise from the world of art. **Studies in History and Philosophy of Science Part A**, v. 47, p. 26-41, set. 2014.

15 FRANCIS, F. J. Color Analysis. *In:* NIELSEN, S. S. ed. **Food analysis.** 2. ed. Maryland: Aspen Publishers, 1998. p. 599-612.

16 KOREN, D. *et al.* How to objectively determine the color of beer? **Journal of Food Science and Technology**, v. 57, n. 3, p. 1183-1189, 9 mar. 2020.

17 HUNTERLAB. Hunter L, a, b vs Cie L*, a*, b*. **HunterLab Aplicattions Note,** AN 1005.00, 2012.

18 MURATA, Hidehiko; SAITOH, Kotaro; SUMIDA, Yasuhiko. **True Color Imagery Rendering for Himawari**-8 with a Color Reproduction Approach Based on the CIE XYZ Color System. 2018.

19 NIXON, M.; OUTLAW, F.; Leung, T. S. Accurate device-independent colorimetric m easurements using smartphones. **PLoS ONE,** v. 15, e0230561, 2020.

20 FERREIRA, M. D.; SPRICIGO, P. C. Colorimetria: Principios e aplicações na agricultura. **Instrumentação em frutas e hortaliças**, p. 209-220, 2017.

21 OLIVEIRA, I. R. N. DE *et al.* **Corantes e medidas colorimétricas em alimentos**, n. May, p. 20, 2017.

22 JOINER, A.; LUO, W. Tooth colour and whiteness: A review. **Journal of Dentistry**, v. 67, p. S3-S10, dez. 2017.

23 HUANG, Z. *et al.* Light dominates colour preference when correlated colour temperature differs. **Lighting Research & Technology**, v. 50, n. 7, p. 995-1012, 6 nov. 2018.

24 OBÓN, J. M. *et al.* Production of a red–purple food colorant from Opuntia stricta fruits by spray drying and its application in food model systems. **Journal of Food Engineering**, v. 90, n. 4, p. 471-479, fev. 2009.

25 BERTOLINI, C. Sistema para medição de cores utilizando espectrofotômetro. **Bc.Furb.Br**, p. 96, 2010.

26 LINDON, J. C.; TRANTER, G.; KOPPENAAL, D**. Encyclopedia of Spectroscopy and Spectrometry,** p. 2016, 2016.

27 PACE, B. *et al.* Multiple regression models and Computer Vision Systems to predict antioxidant activity and total phenols in pigmented carrots. **J. Food Eng.**, v. 117, p. 74-81, 2013.

28 Mcmenamin, E. The lie of the eyes: spectrophotometers and colorimeters take the guesswork out of color measurement. *Quality* **56**, 18–21 (2017).

29 HUNTERLAB. Hunter L, a, b vs Cie L*, a*, b*. **HunterLab Aplicattions Note,** AN 1005.00, 2012.

30 NIXON, M.; OUTLAW, F.; LEUNG, T. S. Accurate device-independent colorimetric measurements using smartphones. **PLoS ONE,** v. 15, n. 3, e0230561, 2020.

31 PEREIRA, V. R.; HOSKER, B. S. Low-cost (<€ 5), open-source, potential alternative to commercial spectrophotometers. **PLoS Biology,** v. 17, e3000321, 2019.

32 WONGTHANYAKRAM, J.; HARFIELD, A.; MASAWAT, P. A smart device-based digital image colorimetry for immediate and simultaneous determination of curcumin in turmeric. **Computers and Electronics in Agriculture**, v. 166, aug. 2019.

33 RIGOLON, T. C. B. **Predição do conteúdo de antocianinas, fenólicos totais e capacidade antioxidante dos frutos de amora (*Rubus* sp.), mirtilo (*Vaccinium* sp.) e casca de jabuticaba (*Plinia jaboticaba*) usando parâmetros colorimétricos.** Mestrado (Dissertação em Ciencia e Tecnologia de Alimentos) Universidade Federal de Viçosa, 2017.

34 PEREIRA, A. S. **Teores de carotenóides em cenoura (Daucus Carota L.) e sua relação com a coloração das raízes.** Tese (Doutorado) – Universidade Federal de Viçosa, 2002.

35 HUNTER, R. S.; YEATMAN, J. N. Direct reading tomato colorimeter. ***J.* Optic. Soc. Amer.,** v. 52, n. 1, p. 1-2, 1961.

36 WENZEL, F. W.; HUGGERT, R. L. Instruments to solve problems with citrus products. **Food Technol.,** v. 23, p. 147-150, 1969

3

ESTRUTURA E REAÇÕES QUÍMICAS

Introdução

As antocianinas pertencem a um dos maiores grupos de pigmentos do reino vegetal e são estudadas como agentes de coloração natural, sendo responsáveis pelos tons compreendidos desde a cor vermelha até a cor azul. Com o propósito de substituir o colorido sintético e o potencial risco que tais corantes podem fornecer aos consumidores, o uso das antocianinas em alimentos, produtos farmacêuticos e cosméticos vem aumentando.

As antocianinas são estruturas moleculares que estão presentes em praticamente todas as plantas. Desde o surgimento, essas moléculas apresentam elevada importância na natureza. As antocianinas fornecem grande parte da pigmentação de flores, frutos e vegetais, sendo um atrativo visual para vários animais polinizadores de sementes.

No entanto, a utilização de antocianinas como corantes naturais é restrita, devido à pouca estabilidade desses pigmentos. As antocianinas são sensíveis à luz, oxigênio, pH do meio em que se encontram e à presença de certas substâncias da matriz do alimento. Essas substâncias podem degradar as antocianinas, como por exemplo o ácido ascórbico ou interagir com elas de forma a causar autoassociação ou copigmentação, alterando a coloração. Dessa forma, a utilização dos corantes durante o processamento e armazenamento dos alimentos se torna desafiadora.

Estrutura química

A antocianinas são compostos fenólicos pertencentes ao grupo mais amplo dos flavonoides, sendo encontradas nos antocianoplastos dos tecidos das plantas[1]. Dependendo da estrutura e do sistema em que estão presentes nas plantas ou em soluções, podem exibir diferentes cores. Muitas frutas, hortaliças, folhas e flores devem sua atrativa coloração a estes pigmentos, que se encontram dispersos nos vacúolos celulares.

Quimicamente as antocianinas são glicosídeos polihidroxilados, polimetoxilados ou acilglicosídeos de antocianidinas. Têm como estrutura básica o cátion flavilium (2- fenilbenzopirilium), representado na Figura 1. Por substituições de H por OH ou por O-CH_3 na molécula do cátion flavilium temos as antocianidinas ou agliconas. Todas as antocianinas são compostas da estrutura básica, a aglicona (antocianidina), o açúcar, glicosilado em R3 e, frequentemente, um radical acila ligado ao açúcar[2].

Figura 1 – Estrutura do cátion flavilium

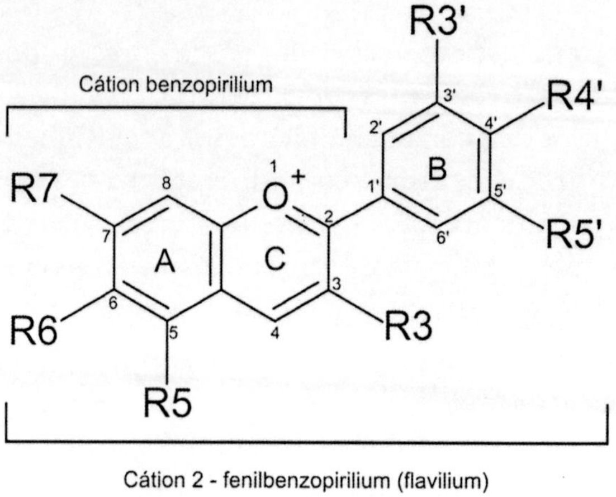
R3'
Cátion benzopirilium
R4'
B
R7
O+
A
C
R5'
R6
R3
R5
Cátion 2 - fenilbenzopirilium (flavilium)

Fonte: Mazza e Brouillard (1987)[2]; Bobbio e Bobbio (2001)[3]

As antocianidinas são as estruturas básicas das antocianinas, constituem em um anel aromático ligado a um anel heterocíclico de carbono, que contém um oxigênio e é ligado a um terceiro anel aromático através de uma ligação carbono-carbono. As antocianinas são heteroglicosídeos, isto é, sua estrutura é completada por uma ou mais moléculas de açúcar ligadas em diferentes posições hidroxiladas da estrutura básica. Em vista a existência de ligações duplas conjugadas, a carga é deslocalizada em todo o ciclo, que é estabilizado por ressonância. A deficiência de elétrons do cátion flavilium (Figura 1) faz com que as agliconas livres (antocianidinas) sejam altamente reativas, e assim não ocorram naturalmente[4].

Sob o ponto de vista teórico, a carga positiva do íon flavilium não estaria localizada no oxigênio, mas distribuída em diferentes átomos das moléculas num processo de ressonância, representado na Figura 2[3].

Figura 2 – Estruturas de ressonância do íon flavilium

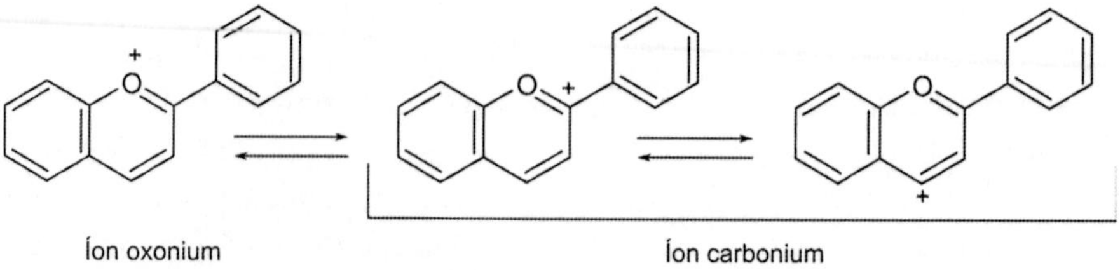
Íon oxonium
Íon carbonium

Fonte: Bobbio e Bobbio (2001)[11,3]

A estrutura química das antocianinas, glicosídeos de antocianidinas, mostrada na Figura 3, pertencentes à família dos flavonoides, apresenta dois anéis aromáticos (A e B), unidos por uma cadeia de três carbonos que forma um anel heterocíclico (C), que contém oxigênio. Assim, quando as antocianidinas encontram-se na sua forma glicosídica (ligado a uma porção de açúcar) são conhecidos como antocianinas[5,6,7].

O íon flavilium, estrutura básica das antocianinas, pode possuir hidroxilas combinadas em diferentes posições, sendo que nas posições 3, 5 e 7 ocorre a ligação com glicosídeos (Figura 3), que são facilmente hidrolisados por aquecimento com HCl 2N, em açúcares e agliconas, denominadas antocianidinas[8].

Figura 3 – Estrutura química das antocianinas

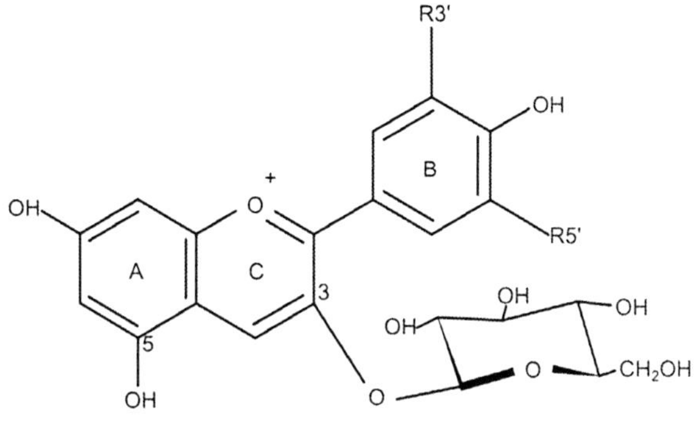

Aglicona (anel B)		Substituição glicosídica na posição 3 e 5		Esterificação das hidroxilas do açúcar (acilação)	
R1 = R2 = H	Pelargonidina	D-glicose	Rutinose	Ácido cinâmico	Acético
R1 = OH R2 = H	Cianidina	D-galactose	Sofonose	P-cumário	Malônico
R1 = R2 = OH	Delfinidina				
R1 = OCH_3 R2 = H	Peonidina	D-xilose	Sambubiose	Ferúlico	Succínico
R1 = OCH_3 R2 = OH	Petunidina	D-ramnose	Gentiobiose	Ácido alifático	Caféico
R1 = R2 = OCH_3	Malvidina	D-arabinose			

Fonte: adaptada de Malacrida e Motta (2006)[9]

Há uma grande variedade de antocianinas encontradas na natureza, cuja diferença principal nas estruturas químicas consiste no número de grupos hidroxilas, na natureza e no número de açúcares ligados, os carboxilatos alifáticos ou aromáticos ligados ao açúcar e a posição das ligações destes grupamentos na estrutura básica (Figura 4)[5]. Os grupamentos de R1 a R7 identificam os diferentes tipos de antocianidinas. Variações na estrutura do anel B (R5 e R7) resultam nas seis principais antocianidinas encontradas na natureza, e de ocorrência em alimentos: cianidina (Cy), delfinidina (Dp), malvidina (Mv), pelargonidina (Pg), peonidina (Pn) e petunidina (Pt), Figura 4. Contudo, mais de 600 diferentes antocianinas e 23 antocianidinas já foram identificadas na natureza sendo algumas delas apresentadas na Tabela 1[3,7,10].

Tabela 1 – Antocianinas mais comuns encontradas na natureza, com as respectivas substituições e coloração

Nome	Abrevi.	R3	R5	R6	R7	R3'	R4'	R5'	Cor
Apigeninidina	Ap	H	OH	H	OH	H	OH	H	
Arrabidina	Ab	H	H	OH	OH	H	OH	OMe	NR[a]
Aurantinidina	Au	OH	OH	OH	OH	H	OH	H	
Capensinidina	Cp	OH	OMe	H	OH	OMe	OH	OMe	
Carajurina	Cj	H	H	OH	OH	H	OMe	OMe	Azul-Verm.
Cianidina	Cy	OH	OH	H	OH	OH	OH	H	NR[a]
Delfinidina	Dp	OH	OH	H	OH	OH	OH	OH	Laran-Verm.
Europinidina	Eu	OH	OMe	H	OH	OMe	OH	OH	Azul-Verm.
Hirsutidina	Hs	OH	OH	H	OMe	OMe	OH	OMe	Azul-Verm.
3'-HidroxiAb	3'OHAb	H	H	OH	OH	OH	OH	OMe	Azul-Verm.
6'-HidroxiCy	6OHCy	OH	OH	OH	OH	OH	OH	OH	NR[a]
6'-HidroxiDp	6OHDp	OH	OH	OH	OH	OH	OH	OH	Verm.
6'-HidroxiPg	6OHPg	OH	OH	OH	OH	H	OH	H	Azul-Verm.
Luteolina	Lt	H	OH	H	OH	OH	OH	H	NR[a]
Malvidina	Mv	OH	OH	H	OH	OMe	OH	OMe	
5-MetilCy	5-MCy	OH	OMe	H	OH	OH	OH	H	
Pelargonidina	Pg	OH	OH	H	OH	H	OH	H	Azul-Verm.
Peonidina	Pn	OH	OH	H	OH	OMe	OH	H	Laran-Verm.
Petunidina	Pt	OH	OH	H	OH	OMe	OH	OH	
Pulchelidina	Pl	OH	OMe	H	OH	OH	OH	OH	
Ricionidina A	RiA	OH	H	OH	OH	H	OH	H	Laran-Verm.
Rosinidina	Rs	OH	OH	H	OMe	OMe	OH	H	Azul-Verm.
Tricetinidina	Tr	H	OH	H	OH	OH	OH	OH	Azul-Verm.

[a] NR - Não reportado
Fonte: Castaneda-Ovando *et al.* (2009)[5]

A Tabela 2 mostra exemplos das antocianinas mais comuns, seus comprimentos de onda de máxima absorção e fontes na natureza e a Figura 5 mostra exemplos de algumas estruturas completas de antocianinas.

Tabela 2 – Principais fontes de antocianidinas

Nome	$\lambda_{máx}$ (nm)	Fontes na natureza
Pelargonidina	520	Morango, amora vermelha, bananeira
Cianidina	535	Jabuticaba, figo, cereja, uva, cacau, ameixa, jambolão, amora
Delfinidina	546	Beringela, romã, maracujá
Malfinidina	542	Uva, feijão
Peonidina	532	Uva, cereja
Petunidina	543	Frutas diversas, petúnias

Fonte: Bobbio e Bobbio (2001)[3]

A distribuição das seis antocianidinas mais comuns nas partes comestíveis das plantas é cianidina (50%), pelargonidina (12%), peonidina (12%), delfinidina (12%), petunidina (7%) e malvidina (7%)[11].

As antocianidinas livres são raramente encontradas em plantas, ocorrendo comumente na forma glicosilada com açúcares que estabilizam a molécula. A glicosilação pode ocorrer em várias posições, sendo observada com maior frequência na posição 3 (Figura 4). Os açúcares mais frequentemente ligados as antocianidinas são a glicose, a arabinose, a galactose, a ramnose e a xilose. Contudo, com menor frequência são encontrados di e trissacarídeos. Em muitos casos os resíduos de açúcar são acilados pelos ácidos p-cumárico, cafeico, ferrúlico, malônico, p-hidroxibenzoico, oxálico, málico, succínico ou acético[12].

Os derivados glicosídeos das três antocianidinas não metilados (Cy, DP e Pg) (Figura 4) são as mais comuns na natureza, sendo encontrado em 80% das folhas pigmentadas, 69% em frutas e 50% em flores[5]. Os derivados glicosídeos mais difundidos na natureza são de 3-monosideos,

3-biosideos, 3,5 e 3,7-diglucosideos. A presença de derivados de 3-glucosideo é de 2,5 mais frequentes do que os 3,5-diglucosideos e a antocianina mais comum é a Cy-3-glucosideo[5].

Figura 4 – Estrutura completa de algumas antocianinas e suas fontes

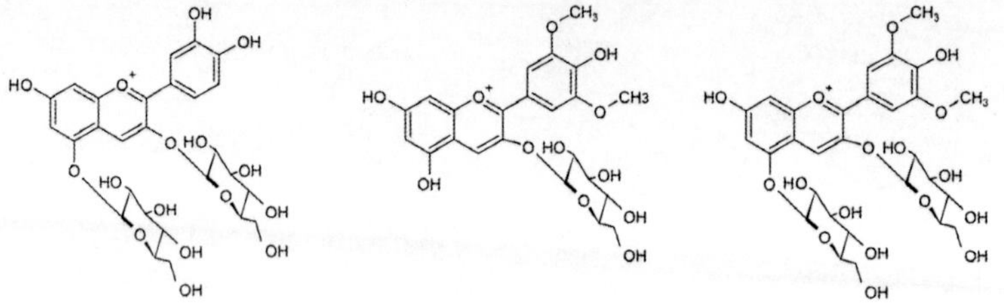

Cianidina 3,5-diglicosídeo

Malvidina 3-glicosídeo

Malvidina 3,5 diglicosídeo

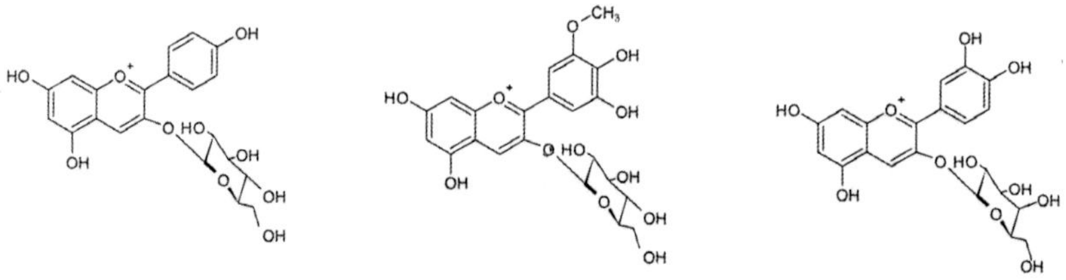

Pelargonidina 3-glicosídeo

Petunidina 3-glicosídeo

Cianidina 3,5 galactosídeo

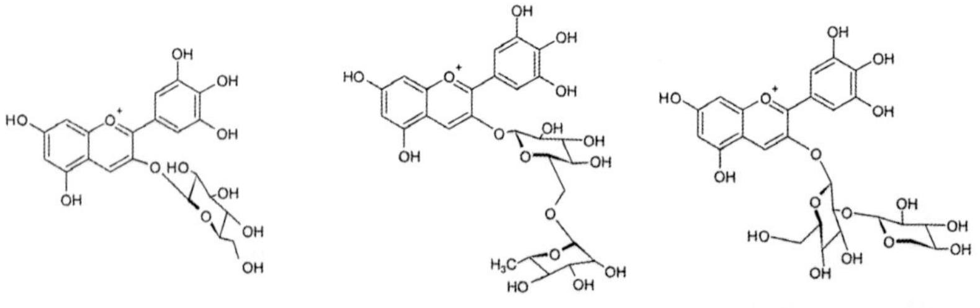

Delfinidina 3-glicosídeo

Delfinidina 3-rutinosídeo

Delfinidina 3-sambubiosídeo

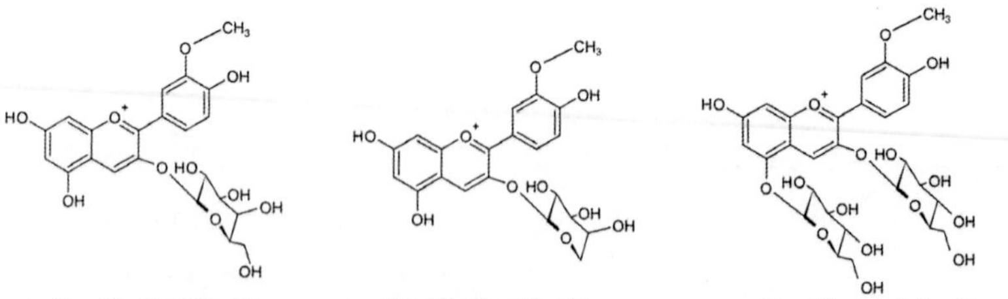

Peonidina 3-galactosídeo

Peonidina 3-arabinosídeo

Peonidina 3,5 diglicosídeo

Fonte: Polyphenols (2023)[13]

Os açúcares mais frequentes nas posições 3, 5 e 7 são raminose, arabinose, glicose, galactose e xilose. Esses podem possuir hidroxilas esterificadas com um ou mais ácidos fenólicos, geralmente na posição 3, e menos frequente na posição 6 do açúcar[8].

Outra variação estrutural possível é a acilação dos resíduos de carboidratos com ácidos orgânicos. Os ácidos orgânicos podem ser alifáticos (malônico, acético, maleico, succínico ou ácido oxálico) ou aromático (p-cumárico, cafeico, ferúlico, sinápico, gálico ou p-hidroxibenzoico).

Segundo Garzon (2008)[7] as antocianinas de maior ocorrência na natureza apresentam grupos glicosídicos substituídos nas posições 3 e/ou 5 (mono, di ou trissacarídeos), que resultam em aumento da solubilidade. Quando há apenas uma substituição com glicosídeo, a posição 3 é preferencial. Quando dois açúcares estão presentes, geralmente um está na posição 3 e o outro pode estar em 5 como um dissacarídeo ou nas posições 5, 7, 3', 4' e 5'. A presença de grupo glicosídico na posição 3 confere maior estabilidade, sendo a forma diglicosídica mais estável ao aquecimento e à luz que a monoglicosídica, e a presença do grupo hidroxila na posição 3 ′ aumenta a sensibilidade do composto à degradação. Geralmente, o aumento da hidroxilação diminui a estabilidade, enquanto o aumento da metilação a eleva. O que resulta no fato de que alimentos que possuem maior proporção de pelargonidina, cianidina ou delfinidina são menos estáveis que aqueles com maior proporção de petunidina ou malvidina, uma vez que neste último grupo os grupos hidroxilas estão bloqueados[14].

Antocianinas metiladas possuem um substituinte CH_3, tonalidade violeta e tem baixa reatividade. A metoxilação é mais frequente nas posições 3 ′ e 5 ′ e menos comum nas 5 e 7.

Antocianinas aciladas possuem substituintes com ligações duplas de Oxigênio. Elas retêm melhor a cor, mesmo em pH alcalino ou sob ação de outros fatores como aquecimento, luz e SO2. A estabilidade da cor de moléculas aciladas é causada por um fenômeno de copigmentação intramolecular, no qual os resíduos aromáticos dobram-se e interagem com o sistema π do núcleo pirilium, protegendo as formas coloridas contra o ataque nucleofílico da água[15,16]. Quanto maior o número de acilação, mais azul será a antocianina, para uma mesma estrutura principal. Na Figura 5 está representada a estrutura química da antocianina acilada.

Figura 5 – Estrutura química da antocianina acilada

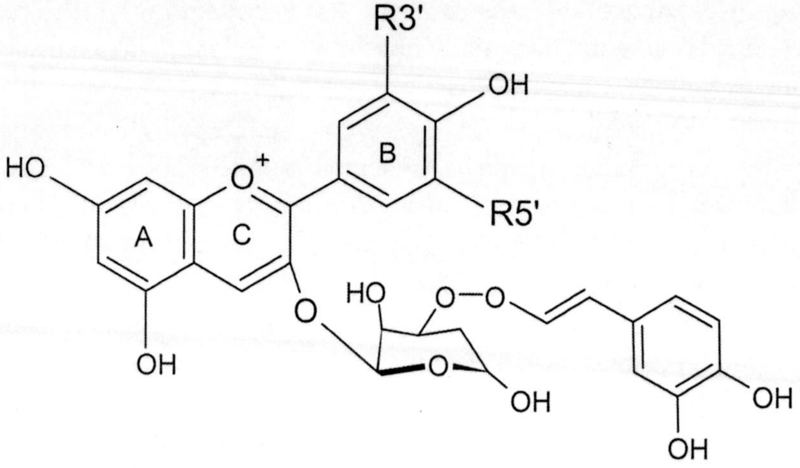

Fonte: Malacrida & Motta (2016)[9]

Alguns frutos como a framboesa contém uma mistura de diferentes antocianinas que normalmente são típicas para cada espécie, como ilustra a Tabela 3 [17].

Tabela 3 – Porcentagens relativas de antocianinas presentes em fruto maduro de framboesa, variedade *Autum Bliss*

Antocianina	N° de picos	% relativa	Tempo de rentenção
Cianidina 3-soforósido	1	46,2	9,44
Cianidina 3-(2-glucosilrutinósido)	2	25,9	9,85
Cianidina 3-soforósido-5-ramnósido	3	1,1	10,4
Cianidina 3-glucósido	4	9,31	10,66
Pelargonidina 3-soforósido	5	0,5	10,9
Cianidina 3-rutinósido	6	8,05	11,28
Pelargonidina 3-glucósido	7	0,23	11,83
Pelargonidina 3-rutinósido	8	0,16	12,45

Fonte: Salinas-Moreno *et al.* (2009)[17]

Influência da estrutura na coloração das antocianinas

A cor exibida pelas antocianinas foi inicialmente explicada por Pauling, em 1939, propôs que a estrutura de ressonância do íon flavilium fosse responsável pela intensidade da cor[5]. Em que a carga positiva não estaria localizada no oxigênio, mas distribuída em diferentes átomos da molécula[8]. O núcleo flavilium é deficiente de elétrons, sendo altamente reativo, portanto, indesejável no processamento de frutas e vegetais[14].

A coloração das antocianinas é diretamente influenciada pela substituição dos grupos hidroxila e metoxila na molécula. Incrementos no número de grupos hidroxila tendem a tornar a coloração azulada. Na direção contrária, incrementos no número de grupos metoxilas aumentam a intensidade do vermelho. O grau de hidroxilação e metoxilação também se relacionam com a estabilidade das antocianinas, que aumenta com o número de metoxilas e diminui com o número de hidroxilas[6,16,18,19].

A cor das antocianinas e antocianidinas é resultado da excitação da molécula pela luz visível. A facilidade com a qual a molécula se excita depende da mobilidade relativa dos elétrons da estrutura. As ligações duplas, abundantes nesses compostos, são excitadas mais facilmente e sua presença é essencial para a cor. O aumento de substituintes na molécula resulta em cores mais profundas. A profundidade de coloração é resultado de uma mudança batocrômica (maior comprimento de onda), o que significa que a banda de absorção da luz no espectro visível varia de violeta para o vermelho. O movimento oposto é conhecido como hipsocrômico. Os efeitos batocrômicos são causados por grupos auxócromos, que sozinhos não têm propriedades cromóforas, mas quando unidos à molécula, são capazes de alterar a coloração. Os grupos auxócromos são doadores de elétrons, representados pelos grupos hidroxila e metoxila, sendo que o grupo metoxila produz um efeito batocrômico maior. Na Figura 6 está ilustrado o efeito do número de grupos metoxila sobre a coloração roxa das antocianinas[20].

Figura 6 – Antocianinas mais comumente encontradas em função do aumento da coloração vermelha e diminuição da coloração azul

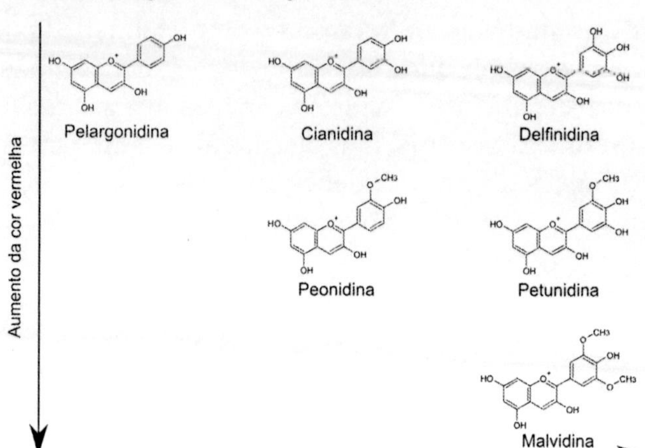

Fonte: Elbe *et al.* (2010)[20]

Segundo Bobbio e Bobbio (2003)[8] em meio ácido as antocianinas encontram-se na forma de sais de oxônio e são geralmente de cor vermelha brilhante. Com o aumento do pH das soluções, as antocianinas passam a ter uma estrutura quinoidal, púrpura, e em meio alcalino a cor muda para azul. Porém, estes equilíbrios podem ser afetados por luz, calor e outros fatores, razão pela qual nem sempre é possível determinar quais as estruturas existentes em determinado pH.

Aumentando-se o pH, ocorre uma diminuição do número de ligações duplas conjugadas, que são responsáveis pelo aumento nos máximos de absorção das substâncias, pela protonação do cátion flavílio. Com a diminuição das ligações duplas conjugadas, os máximos de absorção das antocianinas tendem a se deslocarem para comprimentos de onda menores, o que caracteriza a perda de coloração[21]. Portanto, o efeito do pH nas ligações depende da estrutura das antocianinas em diferentes valores de pH.

A propriedade das antocianinas apresentarem diferentes cores, dependendo do pH do meio, faz com que esses pigmentos possam ser utilizados como indicadores naturais de pH. Os indicadores são pigmentos extraídos de plantas em geral e que, dissolvidos em água, apresentam determinada cor. Tal modificação em suas cores deve-se a fatores diversos, como pH, potencial elétrico, complexação com íons metálicos e adsorção em sólidos. Vários autores têm estudado as propriedades indicadoras de pH das antocianinas para aplicações didáticas no ensino de química, para determinar o pH de materiais de uso doméstico, para indicar o ponto final de titulações ácido-base, dentre outras [16,22,23].

As antocianinas e antocianidinas apresentam uma absorbância intensa na região compreendida entre os comprimentos de onda de 465 a 550 nm (Banda I) e uma absorbância menos intensa na região entre 270 e 280 nm (Banda II), sendo os espectros bastante característicos para a identificação destes pigmentos, quando puros. A posição dos picos varia consideravelmente com a mudança do solvente e do pH das soluções[21,24]. O aumento da oxidação do anel B desloca o máximo de absorbância da Banda I para comprimentos de onda maiores. A adição de cloreto de alumínio, por exemplo, também tem efeito batocrômico nas antocianinas e antocianidinas contendo hidroxilas vicinais (Tabela 4). A posição e a espécie dos açúcares presentes na molécula têm pouca influência na absorbância das antocianinas.

Tabela 4 – Absorbância máxima de algumas antocianinas e antocianidinas

Composto	MeOH/H$^+$	λ_{max}(nm)	$AlCl_3$
Apigenidina	277	476	476
Apigenina-5-glucosídeo	273	477	477
Pelargonidina	270	520	520
Pelargonidina-3-glucosídeo	270	506	506
Pelargonidina-3-maltosídeo	272	504	504
ApigenPelargonidina-3,5-diglucosídeoidina	269	504	504
Cianidina	277	535	553
Cianidina-3-glucosídeo	274	523	542
Cianidina-3,5-diglucosídeo	274	524	542
Peonidina	273	523	541
Peonidina-3-glucosídeo	273	532	532
Peonidina-3-maltosídeo	270	520	520
Delfinidina	277	546	569
Delfinidina-3-glucosídeo	276	534	556
Petunidina	276	543	557
Petunidina-3-glucosídeo	276	534	548
Malvidina	275	542	542
Malvidina-3-glucosídeo	276	534	534
Malvidina-3-maltosídeo	272	530	530

Fonte: adaptado de Bobbio e Bobbio (1992)[24]

Reações químicas das antocianinas

Efeito do pH

O pH tem um grande efeito na cor das antocianinas, pelo fato das três espécies H+, OH- e H_2O serem bastante reativas com esse pigmento. A água tem uma grande influência na estabilidade e reatividade, bem como, nas propriedades espectrais das várias estruturas de antocianinas em soluções aquosas. Em soluções, as antocianinas se comportam como indicadores de pH devido a sua natureza anfótera[25].

Em diferentes pHs esses pigmentos se encontram em diferentes formas e apresentam cores diversas. Em meio ácido, as quatro espécies da molécula de antocianina podem estar em equilíbrio: a base quinoidal, o cátion flavilium, a pseudobase ou carbinol, e a chalcona[25,26].

Em soluções aquosas, as antocianinas se apresentam sob diferentes estruturas em equilíbrio (Figura 7). Estas são dependentes do pH da solução, e sua variação, promove rearranjos nas suas estruturas. As antocianinas apresentam coloração vermelha mais intensa quando em pH abaixo de 3,0. Quando o pH é aumentado, tem-se a chalcona, incolor. Em condições ácidas, há um equilíbrio entre as antocianinas na forma de cátion flavilium e a pseudobase carbinol, com a existência de uma espécie transiente, a anidrobase, que é uma estrutura obtida pela desprotonação de cátion flavilium. Soluções com pH acima de 7,0 as antocianinas gradualmente mudam a coloração de tonalidade azul para amarela, como um resultado indireto da formação de chalcona via fissão do anel[27].

Figura 7 – Mudanças estruturais e da cor em antocianinas em função do pH

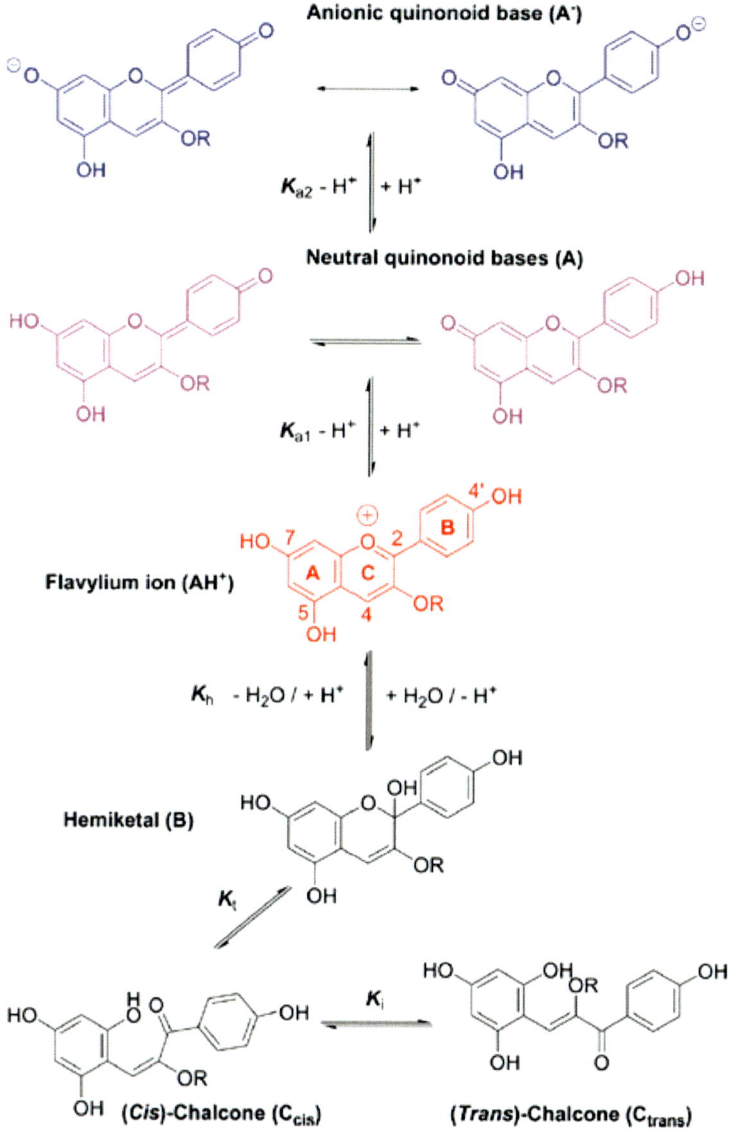

Fonte: Trouillas *et al.* (2016)[27]

A cor das antocianinas não varia somente de acordo com a suas estruturas químicas. A natureza iônica das antocianinas permite alterações da estrutura das moléculas de acordo com o pH do meio onde se encontram, resultando em diferentes cores e matrizes em diferentes valores de pH. O mesmo comportamento de com esquema e discussão complementar pode ser observado na Figura 8. De modo geral, em meio extremamente ácido (pH entre 1-2), as antocianinas apresentam coloração intensamente avermelhada devido ao predomínio da forma cátion flavílico (AH+). Para um meio com pH entre 2 e 3, é observado um equilíbrio entre as antocianinas na forma de cátion flavilium e uma espécie transiente, a anidrobase, que é uma estrutura obtida pela desprotonação de cátion flavilium, conhecida como pseudobase carbinol (B). A valores de pH entre 4 e 6, coexistem quatro formas estruturais das antocianinas: cátion flavilium, base quinoidal anidra, base carbinol incolor e chalcona amarelo pálido. O equilíbrio entre as bases quinoidais e o carbinol ocorre através do cátion flavilium tal como mostrado na Figura 8 (estruturas D, A e E)[28]. Com o aumento do pH, as antocianinas perdem a cor até se tornarem praticamente incolores em pH aproximadamente 6, devido à predominância da espécie pseudobase carbinol.

Em valores de pH acima de 6,0, tanto a estrutura pseudobase carbinol quanto anidrobase quinoidal podem formar a espécie cis-chalcona. A formação desta ocorre com a ruptura do anel heterocíclico o que, dependendo do tipo de antocianina, pode tornar a reação irreversível. A formação da cis-chalcona a partir da anidrobase quinoidal pode ocorrer por dois caminhos diferentes: de maneira direta, resultado de um aumento brusco de pH, ou com a formação das espécies anidrobase ionizadas, possivelmente provenientes de um aumento gradual de base entre os valores de pH 6,5 e 9. Ao iniciar-se a ionização das antocianinas, são formadas estruturas de anidrobases que exibem coloração azul. Em meio extremamente alcalino, observa-se o equilíbrio entre formas ionizadas de chalconas cis e trans, apresentando coloração amarelada. As possíveis transformações estruturais das antocianinas em meio aquoso em função do pH estão representadas pela Figura 8[5]. Em pHs acima de 9 perde outro próton formando uma base ionizada de cor azul escuro[29].

Figura 8 – Estruturas químicas das antocianinas em função do pH, reação de degradação para antocianinas, em que R1 = H ou um sacarídeo e R2 e R3 = H ou grupo metil

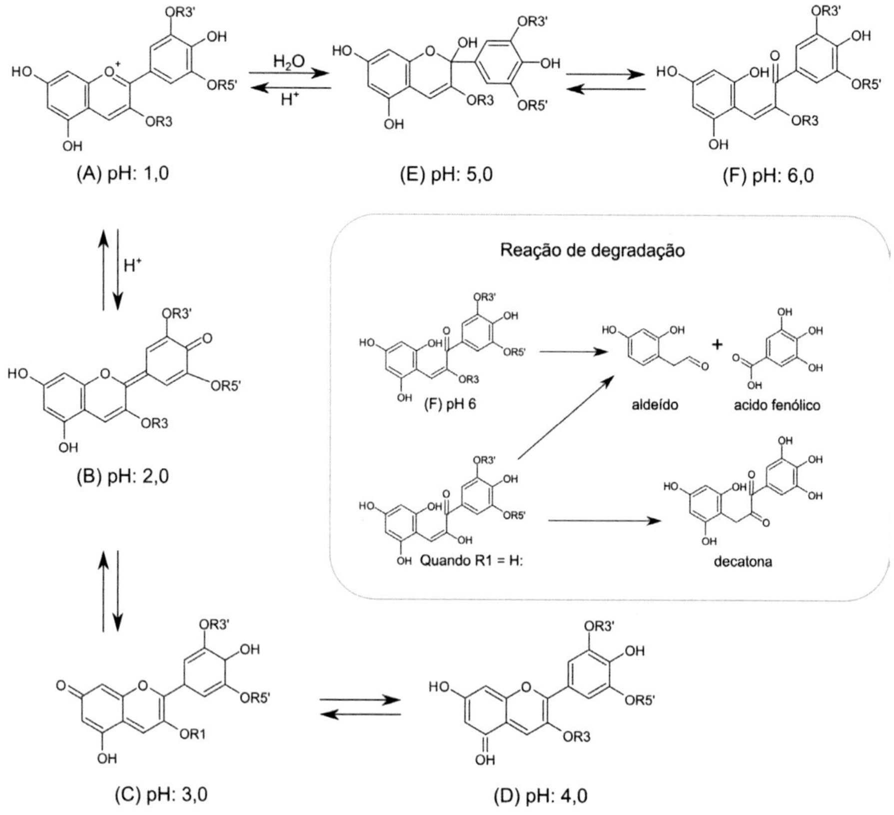

Fonte: Castañeda-Ovando *et al.* (2009)[5]

A Figura 9 ilustra o mecanismo de formação do carbinol/hemiacetal (E) em pH 5 a partir da antocianina, por meio do mecanismo de adição nucleofílica.

Figura 9 – Mecanismo de formação do carbinol a partir da antocianina

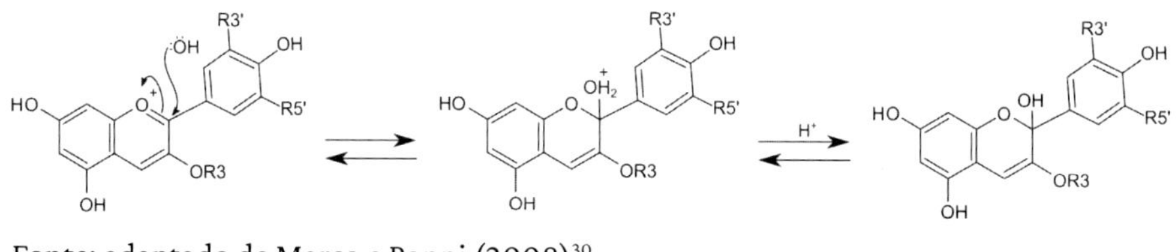

Fonte: adaptado de Março e Poppi (2008)[30]

O aumento do pH do meio ocasiona uma queda na intensidade da cor das antocianinas. A Figura 10 ilustra o espectro da cianidina-3-ramnoglicosídio em soluções tampão com valores de pH entre 0,71 e 4,02. Mesmo que os máximos de absorção permaneçam invariáveis, para esse intervalo de pH, a intensidade da absorção é inversamente proporcional ao pH, reduzindo drasticamente. Em meio aquosos, as mudanças de pH são as principais responsáveis pela mudança de cor.

Figura 10 – Espectro de absorção da cianidina-3-ramnoglicosídio em soluções tampão de pH 0,71 a 4,02 e concentração de $1,6x10^{-2}g.L^{-1}$

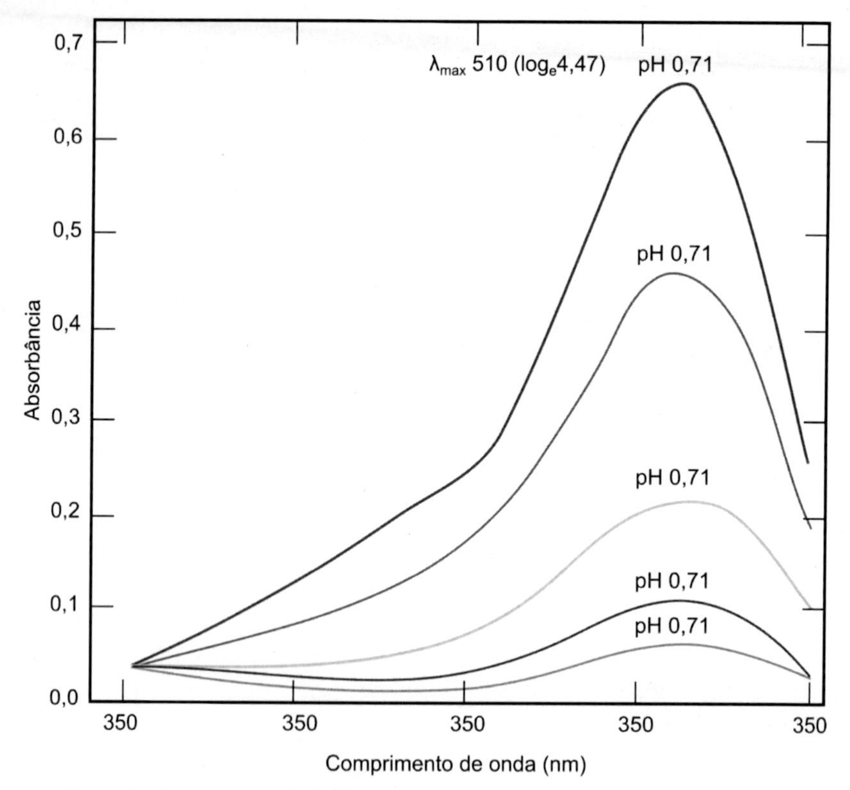

Fonte: adaptado de Elbe *et al.* (2010)[20]

Luz

Com relação à luz, esta exerce dois efeitos antitéticos sobre as antocianinas: favorece a biossíntese delas, mas também acelera sua degradação. Com respeito à função biossintética da luz, pode ser mencionado aqui, o experimento realizado com maçãs imaturas da variedade vermelha, que foram deixadas amadurecer na ausência total de luz e que então, permaneceram verdes[31].

Van Buren e Bertino (1968)[32], relataram que diglicosídeo acilado e diglicosídeo metilacilado eram as antocianinas mais estáveis no vinho exposto à luz, os diglicosídeos monoacilados eram os menos estáveis; e os monoglicosídeos também eram pouco estáveis. Markakis (1975)[33], concluiu que a luz acelera a destruição de antocianinas em bebidas carbonatadas coloridas com antocianinas extraídas de uvas.

Oxigênio

O efeito do oxigênio na degradação das antocianinas foi descrito por Tressler e Pederson (1936 *apud* Malacrida; Motta, 2006)[9]. Esses autores observaram que a mudança da cor roxa para marrom em sucos de uva engarrafados podia ser prevenida simplesmente enchendo-se completamente as garrafas, ou seja, eliminando o oxigênio do seu interior. O oxigênio pode causar degradação das antocianinas por mecanismos de oxidação direta ou indireta, quando constituintes oxidados do meio reagem com as antocianinas. O peróxido de hidrogênio, formado pela oxidação do ácido ascórbico na presença de oxigênio e íons cobre, causa descoloração das antocianinas. Tal fato leva a crer que a degradação das antocianinas nessas condições seja mediada pelo H_2O_2. Outra alternativa para explicar sua degradação é a ocorrência da reação de condensação entre o ácido ascórbico e a antocianina, formando produtos instáveis que se degradam em compostos incolores.

Odriozola-Serrano *et al.* (2010)[34] demostraram que ambiente com restrição de oxigênio melhorou a capacidade antioxidante inicial e o teor de antocianinas de morangos minimamente processados.

Temperatura

O efeito da temperatura sobre a estabilidade de antocianinas em sistemas modelos e em produtos alimentícios tem sido estudado por diferentes pesquisadores, entretanto o consenso geral é que as antocianinas são destruídas pelo calor durante o processamento e estocagem dos alimentos[35].

A descoloração ocorre em virtude de uma alteração no equilíbrio entre as quatro espécies, favorecendo as formas carbinol e chalcona. Em condições ótimas, a cor original é restabelecida durante o resfriamento, obedecendo a um tempo suficiente para a reconversão da chalcona. Na prática, na presença do oxigênio, a degradação sempre acontece; isto é bastante comum durante a etapa de resfriamento após a pasteurização de sucos de frutas. Uma das maneiras de aumentar a estabilidade das antocianinas é a de proteger o anel flavilium contra o ataque da água, pela remoção da água do sistema ou pelo deslocamento do equilíbrio na direção de formação de espécies coloridas[5].

Brouillard (1983)[36] observaram que as reações de equilíbrio entre as estruturas antociânicas são endotérmicas da esquerda para a direita:

Figura 11 – Equilíbrio entre as estruturas das antocianinas

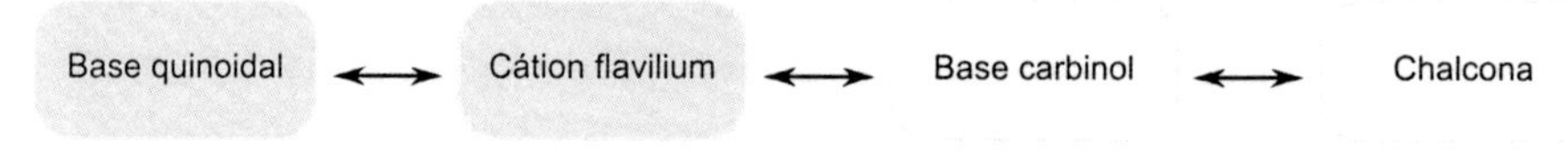

Fonte: o autor

O equilíbrio é deslocado em direção a chalcona com o aquecimento. Entretanto uma reversão para o cátion flavilium pode acontecer relativamente devagar. Com acidificação e resfriamento, a base quinoidal A e a base carbinol B eram rapidamente transformadas na forma catiônica AH^+, mas a mudança da chalcona C para B era relativamente lenta. O cátion flavilium vermelho é geralmente tomado como medida da concentração total de antocianinas em análises quantitativas[36].

Presença de metais

A variedade de cores da antocianina também foi explicada pela formação de quelatos entre sais flavilium e íons metálicos. Estes íons sozinhos não possuem coloração, mas associados às antocianinas conferem grande variedades de cores e tons a esses compostos. As antocianinas que possuem sistema O-diidroxilado (anel B), complexam-se com metais alterando sua coloração[14,21]. Em presença de cátions de Al, Fe, Sn e outros metais, as antocianinas formam produtos insolúveis que, no caso do alumínio, encontram aplicações como corantes denominados lacas e que apresentam estabilidade ao calor, pH e oxigênio superiores aos das antocianinas livres. Enquanto Ca^{2+}, Mg^{2+} e K^{+} que são íons metálicos mais abundantes nos tecidos das plantas, aparentemente não formam complexos com as antocianinas[38,37,16].

Segundo Araújo (2004)[14], cianidina-3-glicosídica na presença de alumínio em pH 5,5 forma um complexo vermelho e, em presença de sais de ferro em pH acima de 5,5, um complexo azul. Araújo (2004) ainda observa que o aparecimento a coloração azulada em pêssegos enlatados é devido à complexação com zinco, e a perda da coloração rósea em peras se deve ao complexo cianidina-zinco.

O estudo do efeito do Cu^{++} ($CuCl_2$) demonstrou que a presença de íons metálicos pode alterar o padrão espectral da cor das antocianinas na região do visível, podendo também formar precipitado por reação com os metais, efeito este acentuado à medida que se eleva o pH do meio de 2,0 para 4,0 [31,39,38].

Shibata (1919) citado por Goto e Kondo (1991)[39] questionou a teoria do pH para explicar a cor azul das flores, pois seria de difícil concepção que a seiva de células de flores poderiam ser alcalinas. Em substituição, o autor propôs, a teoria de complexação de antocianinas com íons metálicos, tal como magnésio. Com evidência experimental o autor mencionou que a redução de flavonoides com magnésio em meio não aquoso conduz a complexos azuis de antocianinas e magnésio.

Os mais interessantes complexos moleculares de antocianinas são as metaloantocianinas, tal como as comelinas e protocianinas (pigmento de centáurea). Esses complexos azuis aparentemente puros consistem em seis moléculas de antocianinas e seis de flavonoides e dois metálicos, sendo seu peso molecular aproximadamente 10.000[39]. Alguns estudos sobre a estabilidade de cor nas plantas, sugerem que as cores azuis são devidos a uma complexação entre antocianinas e alguns metais tais como Al, Fe, Cu e Sn ou Mg e Mo[40].

Alguns autores indicaram que o complexo antocianina-metal pode ser a razão para estabilidade da cor de antocianinas. Embora anidrobases puras sejam completamente instáveis, elas formam substâncias complexas com metais como alumínio e ferro, que são consideravelmente estáveis a pHs elevados[41,5].

De acordo Norris (1971)[42], as antocianinas que contém sistemas orto-dihidroxila podem sofrer ação de certos metais (Cu^{2+}, Fe^{3+}, Al^{3+}, entre outros) e formar quelatos, os quais são complexos estáveis e coloridos numa faixa de pH onde as antocianinas, normalmente, são descoloridas. Este autor cita que apenas os glicosídeos da cianidina, delfinidina e petunidina, dentre as cianidinas mais comuns, formam quelatos com metais[42]. Erlandson (1973)[43] afirma que a pelargonidina é incapaz de complexar com metais por não possuir os grupos hidroxilas vicinais. Os autores verificaram que, a cor vermelha do suco de morango estabilizado era mais intensa para o complexo Sn^{2+}-cianidina, que para o complexo Sn^{2+}-perlagonidina-3-glucosídeo.

Presença de solventes

Antocianinas em solução de álcool acidificada (0,1% HCl) perde a cor após alguns dias. A reação é influenciada pela concentração e tipo de solvente (etanol, metanol etc.). A presença de oxigênio e luz catalisa essa reação. Como resultado da degradação oxidativa de antocianinas, foram encontrados Dihidroflavonois nos meios de reação.

Em meios aquosos contendo acetona, as antocianinas produzem compostos de coloração alaranjada. Vários mecanismos foram propostos para explicar a formação desses compostos, como hidrólise das antocianinas e conversão a antocianidinas- hidroflavonois, havendo uma quebra no heterociclo com a formação de ácido benzoico ou ainda a reação das antocianinas com a acetona via polarização das ligações duplas.

Ácido ascórbico

A presença de um íon oxônio adjacente ao C2 torna a antocianina particularmente susceptível ao ataque nucleofílico de alguns compostos como dióxido de enxofre, ácido ascórbico, peróxido de hidrogênio e água. A interação de antocianinas com ácido ascórbico causa a degradação de ambos os compostos, com descoloração dos pigmentos, o que também acontece em presença de aminoácidos, fenóis e derivados de açúcares. Supõe-se que essas reações sejam rações de condensação com a formação de polímeros e compostos de degradação de estruturas bastante complexas. Existem evidências de que antocianinas em vinhos e outros produtos naturais podem estar ligadas, de maneira complexa, a substâncias fenólicas e taninos[38].

O ácido ascórbico oxida rapidamente em solução aquosa por processos enzimáticos e não-enzimáticos, especialmente quando exposto ao ar, calor e à luz. A reação é acelerada por íons metálicos (Cu e Fe), e em meio de baixa umidade a destruição é função da atividade de água. Na ausência de catalisadores, o ácido ascórbico reage lentamente com o oxigênio[14].

A contaminação com íons metálicos (ferro e cobre) durante o processamento resulta no aumento da oxidação do ácido ascórbico para ácido deidroascórbico. O ácido deidroascórbico é convertido irreversivelmente para ácido dicetogulônico e posteriormente, pela desidratação seguida de descarboxilação, ocorre a formação do furfural. A reação de polimerização subsequente forma pigmentos escuro (Figura 12).

Figura 12 – Oxidação do ácido ascórbico

-2e⁻ / +2e⁻ — Hidrólise H_2O/H^+ — CO_2 H_2O — POL

Ácido ascórbico — Ácido deidroascórbico — Ácido 2,3 diceto-L-gulônico — Furfural — Melanoidina

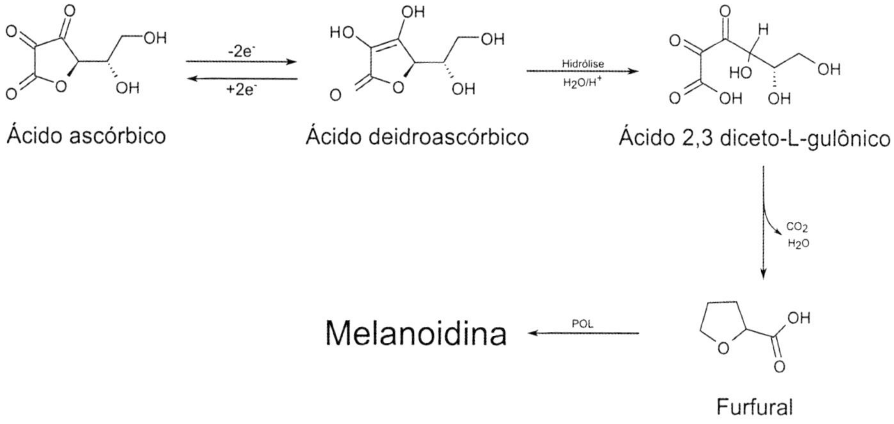

Fonte: Araújo (2004)[14]

A velocidade da oxidação aeróbica é dependente do pH, sendo mais rápida e maior a degradação em meio alcalino. Em pH muito ácido, o íon hidrogênio catalisa a decomposição do ácido ascórbico pela hidrólise do anel de lactona e, com adicional descarboxilação e desidratação ocorre a forma do furfural e de ácidos. A oxidação aeróbica do ácido ascórbico produz, além do ácido deidroascórbico, a água oxigenada (H_2O_2) [14].

Açúcares e seus produtos de degradação

A presença de açucares pode exercer algum efeito degradativo nas antocianinas do alimento. Frutose, arabinose, lactose e sorbinose mostraram-se mais deletérias aos pigmentos do que a sacarose, glicose e maltose. A presença de oxigênio agrava os efeitos destrutivos dos açúcares.

A decomposição dos pigmentos está relacionada com a presença de furfural (originado principalmente de aldo-cetoses) e 5-hidroximetilfurfural (originado de ceto-hexoses), produtos resultantes da degradação de açúcares pela reação de Maillard ou pela oxidação do ácido ascórbico. Esses compostos facilmente condensam-se ou reagem com as antocianinas, possivelmente via ataque eletrofílico, formando compostos de coloração marrom[9].

Em contrapartida, concentrações elevadas de açúcares podem estabilizar as antocianinas. Acredita-se que esse fato se deve à diminuição da atividade da água, diminuindo o ataque nucleofílico do cátio flavilium pela água, que ocorre na posição C-2, formando a base carbinol incolor[7].

Sulfito e anidrido de sulfuroso

Sulfito (HSO_3^-) e Anidrido Sulfuroso (SO_2) presentes em muitos alimentos, podem se ligar à antocianidina nos carbonos 2 ou 4, resultando em produtos incolores (Figura 13). Esta alteração pode ser revertida por ácidos e aquecimento[38,14,18]. Porém, elevada concentração de sulfito (> 10g/Kg) promove destruição irreversível da antocianina para chalconas. Ressalta-se que as antocianidinas com estas posições ocupadas não são afetados e que a reação de descoloração das antocianinas podem implicar no aparecimento de outras colorações relativo a outros pigmentos presentes[8].

Figura 13 – Reação de antocianidina com sulfito ($HSO3^-$)

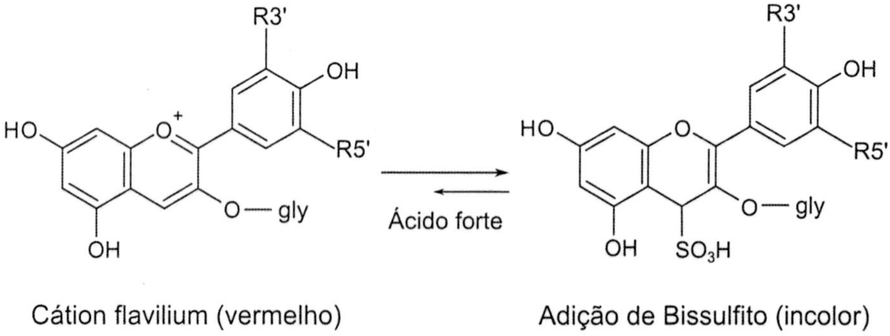

Cátion flavilium (vermelho) — Ácido forte — Adição de Bissulfito (incolor)

Fonte: Bobbio & Bobbio (2003)[8]

Enzimas

Antocianinas são susceptíveis a descoloração por enzimas antocianases ou glicosidades e polifenoloxidases, por meio de reações de hidrólise e oxidação respectivamente. Polifenoloxidases, como catecolases, oxida O-difenol em presença de oxigênio a O-benzoquinona, que por sua vez reage com antocianina por mecanismo não enzimático, formando produtos de degradação[8,18]. As glicosidases, também denominadas antocianases, hidrolizam as ligações glicosídicas com a liberação do açúcar e da aglicona. Essa última é instável e se degrada espontaneamente, formando a chalcona incolor. As fenolases podem reagir diretamente com as antocianinas embora a reação seja mais favorecida quando outros fenólicos (que são melhores substratos para essas enzimas) estão presentes[9].

A ação das enzimas endógenas (polifenoloxidase e peroxidase) é um dos principais fatores de degradação das antocianinas. Por serem ermorresistentes, a inativação térmica destas enzimas, em produtos derivados de vegetais, pode ser dificultada, sendo alternativamente inibidas por adição de compostos que se ligam à parte proteica da enzima, que complexam o grupo heme ou que neutralizam o cofator. O dióxido de enxofre (SO_2) e os sulfitos, assim como o ácido ascórbico, são largamente utilizados na indústria com esta finalidade. No entanto, esses compostos favorecem a degradação das antocianinas por mecanismos não enzimáticos[44].

Considerações finais

As antocianinas, por serem abundantes na natureza e fornecerem uma grande variedade de cores, são pigmentos naturais com grande potencial de aplicação na indústria de alimentos.

Os fatores como fontes, estruturas químicas e reações químicas que ocorrem com as antocianinas são bastante elucidados, fornecendo grande volume de conhecimento acerca da aplicabilidade do pigmento na indústria, que merece maior atenção, tendo em vista sua pouca exploração.

O uso de antocianinas como corante atualmente é indicado para alimentos não submetidos a temperaturas elevadas durante o processamento, com tempo curto de armazenamento e embalados de forma que a exposição à luz, ao oxigênio e à umidade seja minimizada. Por isso, são necessários novos estudos na busca de fontes viáveis, que possuam melhor estabilidade e baixo custo, bem como incremento de seu poder corante.

Referências

1 DAVIES, K. S.; SCHWINN, K. M.; GOULD, K. E. Anthocyanins, v. 2. Encyclopedia Of Applied Plant Sciences, 2017.

2 LEIDENS, N. Extração, Purificação E Fracionamento Das Antocianinas Do Bagaço De Uva. 2011. 45 F. Monografia (Graduação em Engenharia Química) – Departamento De Engenharia Química, Universidade Federal Do Rio Grande Do Sul, Porto Alegre, 2011.

3 BOBBIO, F. O.; BOBBIO, P. A. Introdução Á Química De Alimentos. 3. ed. São Paulo: Varela, 2001.

4 SRIVASTAVA, J.; VANKAR, S. Canna Indica flower: New Source Of Anthocyanins. Plant Physiology And Biochemistry, v. 48, p. 1015-1019, 2010.

5 CASTANEDA-OVANDO, A.; PACHECO-HERNANDEZ, M. L.; PAEZ-HERNANDEZ, M. E.; RODRIGUEZ, J. A.; GALAN-VIDAL, C. A. Chemical Studies Of Anthocyanins: A Review. Food Chemistry, v. 113, p. 859-871, 2009.

6 GARZÓN, G. A. Las Antocianinas Como Colorantes Naturales Y Compuestos Bioactivos: Revisión. Acta Biol. Colomb., v. 13, n. 3, p. 27-36, 2008.

7 DAMODARAN, S.; PARKIN, K. L.; FENNEMA, O. R. Química De Alimentos De Fennema. Tradução de Bradelli, A. *et al.* 4. ed. Porto Alegre: Artmed, 2010.

8 BOBBIO, P. A.; BOBBIO, F. O. Química Do Processamento De Alimentos. 3. ed. São Paulo: Varela, 2003.

9 MALACRIDA, C. R.; MOTTA, S. Antocianinas Em Suco De Uva: Composição E Estabilidade. B. Ceppa, Curitiba, v. 24, n. 1, p. 59-82, 2006.

10 MAZZA, G.; BROUILLARD, R. Color Stability And Structural Transformations Of Cyanidin 3, 5-Diglucoside And Four 3-Deoxyanthocyanins. Aqueous Solutions. J Agric Food Chem, v. 35, n. 3, p. 422-6, 1987.

11 ROCHA, M. S. Compostos Bioativos E Atividade Antioxidante (In Vitro) De Frutos Do Cerrado
Piauiense. Dissertação (Mestrado) – Universidade Federal Do Piauí, Teresina – Pi, 2011.

12 LIMA, A. A. Estrutura E Reatividade De Complexos De Íons Metálicos Com Flavonols, Antocianinas E Antocianidinas. 2007. 191 F. Tese (Dissertação em

Química) – Departamento De Química, Universidade De São Paulo, Faculdade De Filosofia, Ciências E Letras De Ribeirão Preto, Ribeirão Preto, 2007.

13 POLYPHENOLS. 2023. Página Inicial. Disponível em: http://www.polyphenols.com/news/category151.html. Acesso em: 1 jun. 2023.

14 ARAUJO, J. M. Química De Alimentos – Teoria E Prática. 3. ed. Viçosa: Ed. Ufv, 2004.

15 STRINGHETA, P. C.; BOBBIO, P. A. Copigmentação De Antocianinas. Biotecnologia. Ciência E Desenvolvimento, v. 14, p. 34-37, 2000.

16 FAVARO, M. M. A. Extração, Estabilidade E Quantificação De Antocianinas De Frutas Típicas Brasileiras Para Aplicação Industrial Como Corantes. 2008. 102 F. Dissertação (Mestrado em Química) – Instituto De Química, Universidade Estadual De Campinas, Campinas, 2008

17 SALINAS-MORENO, Y.; ALMAGUER-VARGAS, G.; PEÑA-VARELA, G.; RÍOS-SÁNCHES, R. Ácido Elágico Y Perfil De Antocianinas Em Frutos De Frambuesa (Rubus Idaeus L.) Com Diferentes Grado De Maduración. Revista Chapingo Serie Horticultura, v. 15, n. 1, p. 97-101, 2009.

18 RIBEIRO, E. P.; SERAVALLI, E. A. G. Química De Alimentos. São Paulo: Edgard Blücher; Instituto Mauá De Tecnologia, 2004.

19 LOPES, T. J.; XAVIER, M. F.; QUADRI, M. G. N.; QUADRI, M. B. Antocianinas: Uma Breve Revisão Das Características Estruturais E Da Estabilidade. R. Bras. Agrociência, Pelotas, v. 13, n. 3, p. 291-297, jul./set. 2007.

20 ELBE, J. H., SCHWARTZ, S. J. Aditivos Alimentarios. Química De Alimentos De Fennema. 4. ed. São Paulo: Editora Artmed, 2010. 3094p.

21 FERREIRA, T. I. L. Quantificação De Antocianinas No Fruto, Polpa E Produto Processado Da Juçara (Euterpe Edulis Martius). 2013. 65f. Monografia (Graduação em Engenharia Mecânica) – Departamento De Engenharia Mecânica, Universidade De Taubaté, Taubaté, 2013.

22 TERCI, D. B. L.; ROSSI, A. V. Indicador Natural De Ph: Usando Papel Ou Solução. Quím. Nova, v. 25, n. 4, 2002.

23 MARQUES, J. A.; BIAZOTO, K.; BIASI, L. H.; DOMINGUINI, L. Estudo Do Comportamento De Antocianinas Como Indicadores Naturais. *In:* Anais [...] 1º Seminário De Pesquisa, Extensão E Inovação Do If-Sc, Criciúma. p. 42-44, 2011.

24 BOBBIO, P. A.; BOBBIO, F. O. Introdução A Química De Alimentos. 2. ed. São Paulo: Livrari Varela, 1992.

25 BORDIGNON Jr., C. L. *et al.* Influência Do Ph Da Solução Extrativa No Teor De Antocianinas Em Frutos De Morango. Ciênc. Tecnol. Aliment., Campinas, v. 29, n. 1, p. 183-188, jan./mar. 2009.

26 HEREDIA FRANCIA-ARICHA, E. M.; RIVAS-GONZALO, J. C.; VICARIO, I. M.; SANTOS
BUELGA, C. F. J. Chromatic Characterisation Of Anthocyanins From Red Grapes-1. **Ph Effect. Food**
Chemistry, v. 63, n. 4, p. 491-498, 1998.

27 P. TROUILLAS, J. C.; SANCHO-GARCÍA, V.; DE FREITAS, J.; GIERSCHNER, M.; OTYEPKA; DANGLES, O. Stabilizing And Modulating Color By Copigmentation: Insights From Theory And Experiment. **Chem. Rev.**, v. 116, n. 9, p. 4937-4982, may 2016.

28 COOPER-DRIVER, G. A. Contributions Of Jeffrey Harborne And Co-Workers To The Study Of Anthocyanins. Phytochemistry, v. 56, n. 3, p. 229-236, 2001.

29 ALBARICI, T. R.; PESSOA, J. D. C.; FORIM, M. R. Efeito Das Variações De Ph E Temperatura Sobre As Antocianinas Na Polpa De Açaí: Estudos Espectrofotométricos E Cromatográficos. Embrapa Instrumentação Agropecuária, São Carlos, Comunicado Técnico 78. Nov. 2006. 5 P.

30 MARÇO, H. M.; POPPI, J. R.; SCARMINIO, S. I. Procedimentos Analíticos Para Identificação De Antocianinas Presentes Em Extratos Naturais. Quim. Nova, v. 31, n. 5, p. 1218-1223, 2008.

31 SIEGELMAN, H. W.; FIRER, E. M. Purification Of Phytochrome From Oat Seedlings. **Biochemistry**, v. 3, n. 3, p. 418-423p, 1963.

32 VAN BUREN, J. P.; BERTINO, J. J. The Stability Of Wine Anthocyanins On Exposure To Heat And Light. **Am. J. Enology Vitic**, v. 19, n. 6, p. 147-154, 1968.

33 MARKAKIS, N. P. Stability O F Grape Anthocyanin In A Carbonated Beverage. **J. Of Food Scence,** v. 40, n. 6, p. 1047-1049, 1975.

34 ODRIOZOLA-SERRANO, I.; SOLIVA-FORTUNY, R.; MARTÍN-BELLOSO, O. Changes In Bioactive Composition Of Fresh-Cut Strawberries Stored Under Super Atmospheric Oxygen, Low-Oxygen Or Passive Atmospheres. Journal Of Food Composition And Analysis, v. 23, p. 37-43, 2010.

35 MARKAKIS, J. Ethiopia: Anatomy Of A Traditional Polity. Oxford: Oxford University Press, 1974.

36 BROUILLARD, R. Review The In Vivo Expression Of Anthocyanin Colour. **Phytochemistry**, v. 22, n. 6, p. 1311-1323, 1983.

37 CAVALCANTI, R. N.; SANTOS, D. T.; MEIRELES, M. A. A. Non-Thermal Stabilization Mechanisms Of Anthocyanins. Model And Food Systems — An Overview, Food Research International, v. 44, p. 499-509, 2011.

38 STRINGHETA, P. C. Identificação Da Estrutura E Estudo Da Estabilidade Das Antocianinas Extraídas Da Inflorescência De Capim Gordura (Mellinis Minutiflora, Pal De Beauv). Tese (Doutorado em Engenharia de Alimentos) – Universidade Estadual De Campinas, Faculdade De Engenharia De Alimentos, 1991.

39 GOTO, T.; KONDO, T. Structure And Molecular Stacking Of Anthocyanins--Flower Color Variation. Angewandte Chemie International Edition In English, p. 17-33, 1991.

40 HALE, K. L. *et al.* Molybdenum Sequestration In Brassica Species. A Role For Anthocyanins. Plant Physiology, v. 126, n. 4, p. 1391-1402, 2001.

41 STARR, M. S.; FRANCIS, F. J. Effect Of Metallic Ions On Color And Pigment Content Of Cranberry Juice Cocktail. Journal Of Food Science, v. 9, n. 7973, p. 1043-1046, 1973.

42 NORRIS, K. H. Co-Pigmentation Of Anthocyanins In Plant Tissues And Its Effect, v. 1062, n. 1959, 1971.

43 ERLANDSON, R. E. W. A. J. A. Effect Of Metal Ions On The Color Of Strawberry Puree, v. 38, 1973.

44 CRUZ, A. P. G. Avaliação Do Efeito Da Extração E Da Microfiltração Do Açaí Sobre Sua Composição E Atividade Antioxidante. 2008. 104 F. Dissertação (Mestrado em Química) – Instituto De Química, Universidade Federal Do Rio De Janeiro, Rio De Janeiro, 2008.

4

ANTOCIANINAS: ESTABILIDADE E MECANISMOS DE ESTABILIZAÇÃO

Introdução

Durante as etapas de processamento, os alimentos podem perder suas cores características, sendo necessária a utilização de aditivos, como corantes naturais ou artificiais, para que a cor seja preservada o mais próximo da sua condição natural.

Apesar da vasta aplicação, seja como corantes ou com a finalidade de proporcionar efeitos benéficos à saúde, as antocianinas podem ter seu uso restrito devido a problemas relacionados com a estabilidade e sua purificação uma vez que são dependentes de vários fatores como temperatura, tempo de armazenamento, presença de luz, oxigênio, pH, solventes, concentração, estrutura, enzimas, entre outros aspectos, que serão discutidos neste capítulo.

Baseado na estabilidade das antocianinas, seu uso como corante é preferencialmente indicado a alimentos que não são submetidos a temperaturas elevadas durante o processamento, com tempo curto de armazenamento e embalados de forma que a exposição à luz, ao oxigênio e à umidade seja minimizada. Vale ressaltar que não há limite máximo para aplicação de antocianinas em alimentos, estando seu uso vinculado a uma quantidade suficiente para obter o efeito desejado[1]. Por isso, muitas pesquisas têm sido efetuadas com o intuito de superar tais dificuldades, seja no alimento ou no organismo, e muitos avanços têm sido alcançados, mostrando que o emprego de antocianinas em diversos sistemas alimentícios é possível[2].

Estabilidade das antocianinas

As antocianinas são amplamente utilizadas como corantes em alimentos, mas a sua instabilidade é um grande desafio na indústria alimentícia. A degradação das antocianinas pode ocorrer em diversas etapas, desde a extração até o processamento e o armazenamento dos alimentos, levando a alterações na cor e na qualidade dos produtos. É essencial entender os fatores que afetam a estabilidade das antocianinas e os mecanismos de degradação para garantir a eficácia do seu uso como corante em alimentos.

Dentre os diversos fatores que influenciam a estabilidade das antocianinas, o pH, a temperatura, a presença de oxigênio, a exposição à luz, a degradação enzimática e as interações com outros componentes dos alimentos (como ácido ascórbico, íons metálicos e açúcares) são os mais significativos. Por isso, é importante considerar cuidadosamente esses fatores ao utilizar antocianinas como corantes em alimentos. Compreender a estabilidade das antocianinas pode levar ao desenvolvimento de técnicas e formulações mais eficientes e sustentáveis para a indústria alimentícia.

A degradação das antocianinas pode ter efeitos negativos sobre os produtos alimentícios, incluindo a produção de substâncias aldeídicas com anéis de benzeno que podem afetar a saúde humana. Além disso, há perda de propriedades organolépticas e nutricionais, como a capacidade antioxidante, bioatividades, desbotamento da cor e diminuição dos sabores característicos, limitando a vida de prateleira dos produtos comerciais. Portanto, é de grande interesse para a indústria de alimentos a estabilização desses pigmentos, especialmente para o uso como corantes naturais e para promover benefícios à saúde. Nesse sentido, serão abordados a seguir os fatores que influenciam a estabilidade das antocianinas, bem como os mecanismos que podem melhorá-la.

Efeito do pH do meio

A estabilidade das antocianinas está diretamente relacionada ao pH, sendo que alterações cromáticas e de estabilidade ocorrem em função do pH em que as antocianinas se encontram. Quando o pH está entre 1,0 e 2,0, as antocianinas predominam na forma cátion flavilium (AH+), responsável pela coloração avermelhada. Já em pH maior que 2,0, há um equilíbrio entre o cátion flavilium e a pseudobase carbinol. A perda da coloração ocorre em pH entre 5,0 e 6,0, devido à predominância da espécie pseudobase carbinol. Em pH acima de 6,0, tanto a pseudobase carbinol quanto a anidrobase quinoidal podem formar a espécie cis-chalcona, que é irreversível e depende do tipo de antocianina. A formação da cis-chalcona a partir da anidrobase quinoidal pode ocorrer de maneira direta, resultado de um aumento brusco de pH, ou gradualmente, por meio da formação de espécies anidrobase ionizadas, possivelmente provenientes de um aumento gradual de base entre os valores de pH 6,5 e 9,0. Com a ionização das antocianinas, formam-se estruturas de anidrobases com coloração azul. Em pH extremamente alcalino, há um equilíbrio entre as formas ionizadas de chalconas cis e trans, apresentando coloração amarelada[3]. Essas transformações podem ser representadas pela Figura 1.

Figura 1 – Estruturas químicas das antocianinas em função da variação de pH

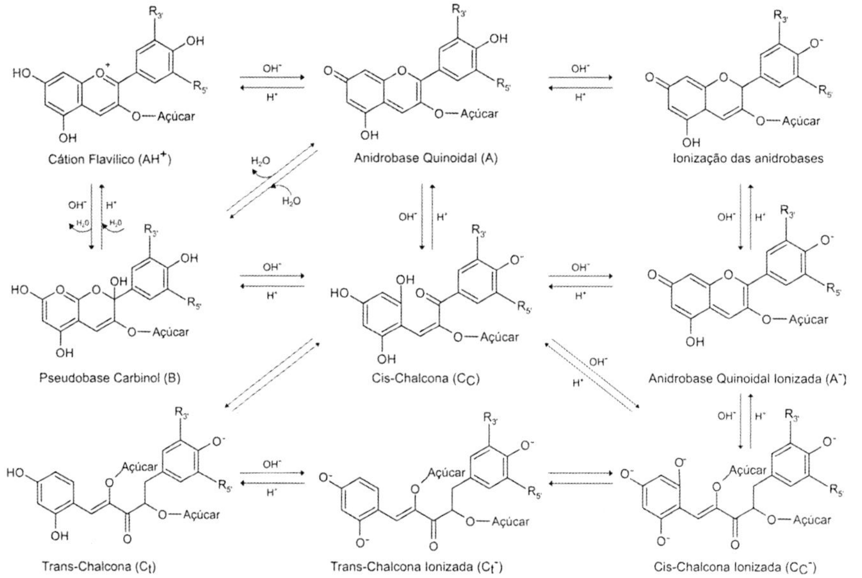

Fonte: Bobbio e Bobbio (2001)[3]

Base---Cation = pK=4,25. Cation---Pseudo Base(base carbinol)= pK=2,6

Pseudo base----Chalcona=

Cation flavylium= pH 1-3

Pseudo-base= pH= 4-5

Base quinoidal= pH= 6-7

Chalcona= pH= 8=9

Assim, as antocianinas presentes nas plantas ou em soluções, podem exibir diferentes cores, apresentando coloração vermelha mais intensa quando em pH abaixo de 3,0. Quando o pH é aumentado, tem-se a chalcona. Em condições ácidas, há um equilíbrio entre as antocianinas na forma de cátion flavilium e a pseudobase carbinol, com a existência de uma espécie transiente, a anidrobase, que é uma estrutura obtida pela desprotonação de cátion flavilium. Soluções contendo antocianinas com pH acima de 7,0, gradualmente mudam a coloração de tonalidade azul para amarela, como um resultado indireto da formação de chalcona via fissão do anel, como mostra a Figura 1[3].

A cor final da solução em equilíbrio é consequência direta das constantes das taxas de equilíbrio, Ka', Kh', e Kt, controladoras da ionização, hidratação e reações tautoméricas, respectivamente, em que:

$$Ka' = \{\frac{[A]}{[AH+]}\}ah^+$$

$$Kh' = \frac{[B]}{[AH+]}ah^+$$

$$Kt' = \frac{[C]}{[B]}$$

Ah^+ é a atividade do íon hydronium (pH=-Log ah^+).

A concentração de AH^+, A, B e C pode ser expressa como uma função das constantes de equilíbrio (Ka', Kh', e Kt), da acidez do meio (ah^+) e da concentração total do pigmento (Co), conforme as fórmulas:

$$[AH+]= (\frac{ah+}{S})Co$$

$$[A]= (\frac{Ka'}{S})Co$$

$$[B]= (\frac{Kh'}{S})Co$$

$$[C]= (\frac{Kh' Kt}{S})Co$$

em que

$Co=[AH^+]+[A]+[B]+[C]=[AH^+](Ha'+Kh'+Kh'Kt+ah^+)/ah^+$

$$S=Ka'+Kh'+Kh'Kt+ah^+$$

Conhecendo-se Ka', Kh', Kt e a acidez, pode-se calcular a quantidade relativa de [X]/Co, em que [X] é a concentração de AH^+, A, B ou C, para uma antocianina em particular, a uma dada temperatura. As constantes de equilíbrio (Ka', Kh', e Kt) podem ser obtidas através de várias técnicas com sistemas de leituras de oscilações (elevações), tais como, picos de temperatura, picos de pressão, picos de pH e picos de concentração. A forma AH^+ vermelha é a mais importante e é, também, a mais estável. Assim, qualquer tentativa para aumentar a estabilidade da cor pela redução da dependência do pH, deve necessariamente envolver a manutenção do pigmento na forma AH^+. Esses efeitos do pH na cor do pigmento são características de todas as antocianinas convencionais[4].

Segundo Mazza e Brouillard (1987)[4] para a malvidina-3-glucosídeo em solução a pH abaixo de 0,5 o cátion AH^+ vermelho é a única estrutura presente. Com o aumento do pH, a concentração de AH^+ decresce, pois sofre um ataque nucleofílico da água, formando a estrutura do carbinol B. A existência das formas AH^+, H^+ e B é definido pelo valor de pk_h=2,6, quando existem quantidades iguais de ambas as formas. Nesse pH, entretanto, também estão presentes pequenas quantidades de chalcona (C) não colorida e, de base quinoidal (A). A proporção destas formas aumenta com a elevação do pH que produz uma diminuição da forma catiônica AH^+, que desaparece em pH = 4,5. Na faixa de pH entre 4,0 e 5,5, muito pouca cor permanece na solução já que as formas coloridas AH^+ e A ficam em concentrações bastante reduzidas. Acima de pH 5,5 somente a forma quinoidal está presente. Assim, a malvidina-3-glucosídeo não confere nenhuma pigmentação a uma solução que tenha seu pH elevado de 4,0 para 6,0.

Figura 2 – Equilíbrio entre as formas AH+, A, B e C para a Malvidina-3-glucosídeo em função do pH

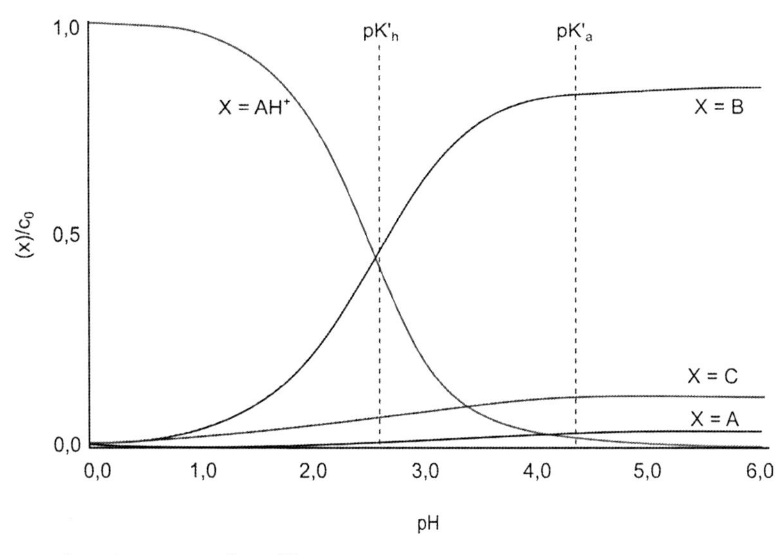

Fonte: Iacobucci e Sweeny (1983)[5]

Timberlake (1980)[6] afirma que se nenhum fator de estabilização estiver presente para aumentar ou preservar a coloração do cátion flavilium AH^+ e da base quinoidal A, como acilação e copigmentação, a possibilidade de usar antocianinas como corantes de alimentos se limita a pH na faixa de 3,0 a 7,0. Em geral as antocianinas mostram a sua maior intensidade de cor sob a forma de íons flavilium. Isso pode ser alcançado com valores de pH menor ou igual a 2,0.

Wahyuningsih *et al.* (2017) [7] demonstraram que antocianinas extraídas da flor de rosas vermelhas são estáveis a baixos valores de pH, apresentando a cor vermelha. Portanto, percebe-se que a quantidade do cátion flavilium determina a cor e a estabilidade da antocianina, pelo fato de sua degradação ser comparativamente baixa. Diante dessa afirmativa, observa-se que a cor da antocianina é mais estável em valores de pH menores (pH<3,0).

Cevallos-Casals e Cisneros-Zevallos (2004)[8] compararam a estabilidade de extratos aquosos de antocianinas de milho chileno e batata doce vermelha, sob diferentes temperaturas, pH e condições de luz com a estabilidade de corantes comerciais (cenoura roxa, uva vermelha, vermelho 40 e vermelho 3). Após armazenamento à temperatura de 20°C por 138 dias, a estabilidade na faixa de pH entre 0,9 e 4,0 foi: batata doce vermelha ≥ cenoura roxa > milho roxo > uva vermelha. Após os 138 dias de armazenamento, o extrato de batata doce vermelho com pH 4 manteve a tonalidade vermelha. Os extratos com pH 3,0 à temperatura de 98°C apresentaram tempo de meia vida de 4,6 horas para a batata doce, 4,6 horas para cenoura roxa, 2,4 horas para uva vermelha e 2 horas para milho chileno. A tonalidade do extrato de milho chileno com pH 3,0 foi similar ao vermelho 40. Os autores concluíram que extratos aquosos de antocianinas de batata doce vermelha são mais resistentes a alterações no pH, temperatura e luz, apresentando tonalidade estável por longo período de tempo quando comparado ao corante comercial de cenoura roxa. A tonalidade do extrato em pH 3,0 é semelhante ao vermelho 40 em diferentes concentrações.

Cabrita e Andersen (2000)[9] demonstraram que para alguns tipos de antocianina-3-glicosídeo as cores azuladas são intensas e com estabilidade relativamente elevada na região alcalina. Estes autores avaliaram a influência do pH sobre a estabilidade de seis tipos diferentes de antocianinas-3-glicosídeo (pelargonidina, peonidina, malvidina, cianidina, petunidina e delfinidina). Em meio ácido, com pH entre 1,0 e 3,0 todas as antocianinas-3-glicosídeo apresentaram-se com cores avermelhadas intensas, típicas de suas formas flavilium. Observou-se que o comprimento de onda de máxima absorção da pelargonidina, peonidina e malvidina sofreu deslocamento batocrômico com o aumento do pH, sendo esse deslocamento pronunciado para valores de pH acima de 6,0. Em pH acima de 8,0, entretanto, a coloração azulada não sofreu alteração. Todas as antocianinas examinadas apresentaram estabilidade acima de 70% após 60 dias numa faixa de pH de 1,0 a 3,0 a 10°C e menor estabilidade em valores maiores de pH. Após 8 dias de armazenamento os autores verificaram que a estabilidade diminuiu rapidamente com o aumento do pH para valores na faixa entre 5,0 e 6,0. No entanto, a estabilidade de algumas antocianinas melhorou quando o pH foi elevado e máximos de estabilidade foram alcançados por volta de pH entre 8,0 e 9,0. Todavia, os autores elucidam que alguns fatores não avaliados, como efeito do tampão utilizado, podem ter sido responsáveis por contribuir para os resultados obtidos.

De acordo com Ghareaghajlou, Hallaj-Nezhadi e Ghasempour (2021)[10], as antocianinas presentes no repolho roxo são principalmente derivadas de cianidina-3-diglucosídeo-5-glucosídeo e são altamente valorizadas pela indústria alimentícia devido à sua capacidade de proporcionar cores vibrantes em uma ampla faixa de pH, em comparação com outras fontes naturais. Essas cores podem variar desde o roxo-avermelhado até o verde-azulado, dependendo do pH, que pode variar de 2 a 9. Devido a essa propriedade, as antocianinas do repolho roxo têm sido amplamente utilizadas como corantes naturais em alimentos e também como indicadores de pH em filmes de embalagem. Sendo assim, são altamente valorizadas na indústria alimentícia e apresentam grande potencial para aplicações em diversos produtos alimentícios.

Efeito da temperatura, processamento e armazenamento

Um fator importante a ser considerado, capaz de alterar consideravelmente a cor das antocianinas são os tratamentos térmicos: pasteurização, esterilização e secagem, utilizados pelas indústrias de alimentos. A necessidade de otimizar o processamento de alimentos exige mais estudos de otimização com combinações de tecnologias. Nesse sentido, a otimização de processos térmicos em combinação com tecnologias emergentes, tais como alta pressão, ultrassom têm sido foco de pesquisas nos últimos anos[11].

Segundo Patras *et al.* (2010)[11] a alta temperatura de processamento, em geral, afeta os níveis de antocianinas nos alimentos, mas a estabilidade desses componentes é influenciada também por propriedades intrínsecas do produto e do processo, bem como por sua temperatura de armazenamento. A degradação térmica de antocianinas pode resultar em uma variedade de espécies, dependendo da severidade e natureza do aquecimento. A Figura 3 mostra a degradação das antocianinas cianidina e pelargonidina, com formação de compostos intermediários.

Figura 3 – Possíveis mecanismos de degradação térmica para duas antocianinas

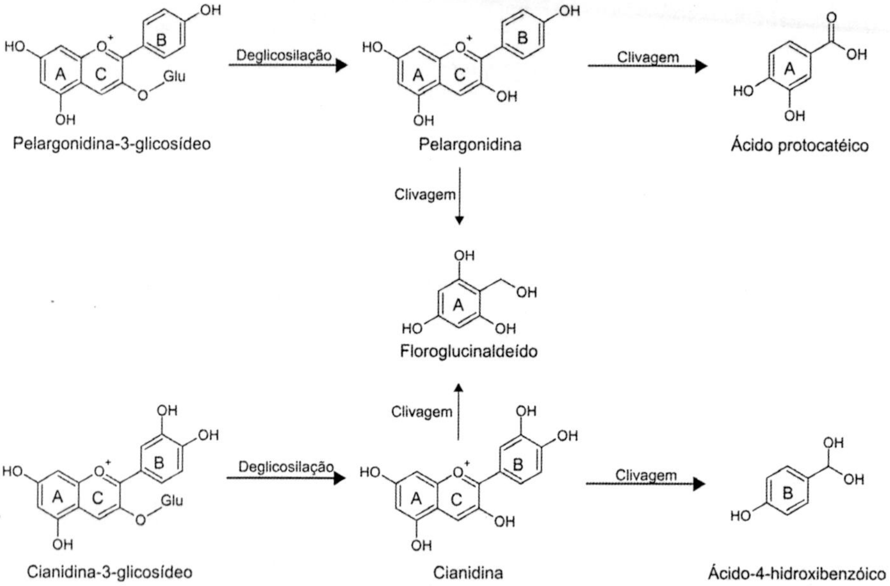

Fonte: Patras *et al.* (2010)[11]

O tratamento térmico, no qual se enquadram as operações de pasteurização, esterilização e concentração, é um dos métodos mais comumente utilizados para preservar e estender a vida útil dos alimentos. Todavia, tais procedimentos podem levar a perdas na coloração uma as antocianinas uma vez que as antocianinas apresentam reduzida estabilidade por variações da temperatura[12].

À medida que se eleva a temperatura acelera-se o processo de degradação deste corante. A degradação térmica é responsável pelo escurecimento de alimentos, principalmente na presença de oxigênio, pois acelera o processo de oxidação[13,14]. O processo de degradação de antocianinas pode resultar em uma variedade de compostos dependendo da severidade e da natureza do aquecimento. Por este fato, avaliar processos térmicos em combinação com tecnologias não-térmicas e entender os mecanismos de degradação destes pigmentos tornam-se um pré-requisito para melhorar a qualidade visual e nutricional dos alimentos[38].

Kirca, Ozkan e Cemeroglu (2006)[15] avaliaram a estabilidade das antocianinas da cenoura escura (*Daucus carota* L. ssp. *sativus* var. *atrorubens* Alef) adicionadas em vários sucos de frutas (maçã, uva, laranja, toronja, mexerica e limão) e néctares (abricó, pêssego e abacaxi), sob efeito de aquecimento de 70 a 90°C e posterior armazenamento de 4 a 37°C. Os autores concluíram que as antocianinas de suco de cenoura escura têm boa estabilidade durante o aquecimento na coloração de sucos e néctares de frutas. A estabilidade mais alta foi obtida para sucos de maçã e de uva durante aquecimento a 70 e 80°C. Durante o armazenamento de 4 a 37°C, as antocianinas da cenoura escura adicionadas ao suco de uva mostraram-se mais estáveis. A temperatura de armazenamento teve um impacto significativo na estabilidade das antocianinas de cenoura escura, com degradação acelerada em todos os sucos e néctares coloridos armazenados a 37°C. O armazenamento refrigerado resultou em baixa degradação das antocianinas presentes nos sucos e néctares de frutas.

A degradação térmica das antocianinas foi exaustivamente investigada em uma série de alimentos de origem vegetal, tais como o repolho roxo, romãs, framboesas, uvas, amoras, morangos, cenouras e sabugueiro. No entanto a cinética de degradação da cor dos produtos alimentares é um fenômeno complexo, e modelos confiáveis para a predição de descoloração que possam ser utilizados para a avaliação do processo, são pouco disponíveis. No entanto, a modelagem matemática empírica pode ser aplicada para determinar os pontos finais e os efeitos cinéticos de tais processos. Assim, parâmetros cinéticos, como a ordem de grandeza da reação, constante de velocidade e energia de ativação, fornecem informações úteis sobre as mudanças de qualidade provenientes do processamento térmico[16].

Vários outros estudos também demonstraram que as antocianinas, ao se degradarem sob efeito de aquecimento podem produzir ácidos fenólicos livres, como principais produtos de degradação de antocianinas[13,15,16].

Laleh *et al.*[17] observaram relação direta entre o aumento da temperatura e taxa de destruição de antocianinas em Berberis e sugeriram que a rápida degradação destes pigmentos em altas temperaturas poderiam ser atribuída à hidrólise da estrutura 3-glicosídeo e ainda, que a reação de hidratação adicional do anel pirilium poderia resultar na produção de chalconas, produtos da degradação das antocianinas presentes nos alimentos.

Rubinskiene *et al.* (2006)[18] avaliaram o efeito de diferentes tratamentos térmicos e do armazenamento sobre a estabilidade de antocianinas do extrato aquoso de groselha. As amostras foram aquecidas a 75, 85 e 95°C durante 150 minutos. Verificou-se que o aquecimento a 75°C não influenciou a estabilidade das antocianinas do extrato. Na temperatura de 85°C, a intensidade da cor reduziu cerca de 20% e o aquecimento a 95°C diminuiu em 53% a intensidade da cor do extrato aquoso. A análise por HPLC demonstrou que a cianidina-3-rutinosídeo, presente nos extratos, apresentou maior estabilidade para efeito do tratamento térmico à temperatura de 95°C por 150 minutos, com redução média de 35% quando comparado as outras antocianinas presentes.

A proteína de soja foi demonstrada como promissora na estabilidade térmica das antocianinas. Jiang e colaboradores[19] estudaram as alterações na concentração das antocianinas de extrato de amora quando adicionadas à proteína de soja e o hidrolisado proteico, à temperatura de 42°C por cinco dias em pH 6,3. Os resultados demonstraram que a proteína de soja e o hidrolisado proteico de soja inibiram a degradação de cor e do conteúdo de antocianinas no extrato e aumentaram sua meia-vida. Esses achados demonstram a eficiência da utilização destes compostos na preservação das antocianinas e no desenvolvimento e aplicação de corantes naturais para indústria alimentícia.

Lima, Mélo e Lima (2005) analisaram quantitativamente a estabilidade de antocianinas totais sob efeito da luz fluorescente em extrato antociânico bruto de polpa de pitanga roxa em pH 1,0 armazenada a -18°C por 6 meses. Na polpa armazenada sob congelamento ocorreu degradação de 8,7% na concentração das antocianinas.

Jacques *et al.*[20] analisaram a estabilidade de compostos bioativos em polpa congelada de amora-preta. Foi observado que após 4 meses de armazenamento as temperaturas de -10 e -18 C não foram suficientes para evitar perdas de antocianinas. Com isso, notou-se que para manter as antocianinas inalterados durante um período de 4 meses de armazenamento de amora-preta em forma de polpa, é necessária uma temperatura abaixo de -18 C, indicando que a temperatura é um fator determinante para manter a estabilidade das antocianinas em polpas de frutas congeladas.

Carvalho, Mattietto e Beckman[21] avaliaram a estabilidade de duas polpas de frutas tropicais mistas, armazenadas sob congelamento (–18°C), durante 365 dias, a partir de sucos tropicais mistos: F1 - suco tropical misto de acerola (10%), abacaxi (20%), açaí (5%), caju (5%), cajá (5%), camu-camu (5%), água (43,1%) e açúcar (6,9%) e F2 – suco tropical misto de acerola (10%), abacaxi (20%), açaí (10%), cajá (10%), água (43,4%) e açúcar (6,6%). Depois de 365 dias de armazenamento congelado, as perdas observadas para antocianinas totais foram de 44,35% e 73,48%, para as formulações F1 e F2, respectivamente.

Aramwit, Bang e Srichana[22] estudaram o teor e estabilidade de antocianinas em frutos de amora sob efeitos da temperatura e luz. O extrato de amora roxa foi analisado após a incubação em diferentes temperaturas (40, 50, 70°C) por variados períodos de tempo (0, 1, 2, 3, 6 e 10 h). Obteve-se que o conteúdo total de antocianinas diminuiu significativamente com o aumento da temperatura e do tempo de armazenamento. Ou seja, a temperatura elevada degrada as antocianinas e diminui a atividade antioxidante.

Xu *et al.* (2014) ao investigar os efeitos dos métodos de cozimento doméstico, por vapor, micro-ondas, fervura e fritura na qualidade nutricional de repolho roxo, observaram que comparado ao repolho roxo recém cortado (minimamente processado) o teor de antocianina foi influenciado, significativamente, por todos os métodos de cozimento. A maior perda do conteúdo de antocianina foi observada após o processo de fritura e fervura (62% e 55,5%), seguido por aquecimento por micro-ondas e vaporização (46,1% e 17,5%).

Um estudo extenso foi conduzido por Wojdyło, Nowicka e Teleszco (2019)[23] com cerejas ácidas (*Prunuscerasus* L.) de 25 diferentes culturas que foram utilizadas para produzir suco em escala laboratorial. O teor de antocianinas, entre outros parâmetros, foi medido no tempo zero e após 90 e 180 dias de armazenamento a 4°C e 30°C. As antocianinas apresentaram maior estabilidade nos produtos armazenados à baixa temperatura. A 4°C, o grau de degradação média variou entre 30-50% após 180 dias de armazenamento, enquanto a 30°C a degradação das antocianinas foi maior que 92%.

Lang *et al.* (2019)[24] também indicaram que altas temperaturas e condições de estocagem degradam antocianinas presentes em arroz preto, e sugerem que para o armazenamento a temperatura do ar de secagem deve ser abaixo de 60°C, para minimizar também a degradação de ácidos fenólicos e flavonoides.

Em uma verificação para o melhoramento da termoestabilidade de malvidina-3-O-β-d-glucosídeo (mv3Glc), Fernandes *et al.* (2020)[25], evidenciaram o impacto da adição de polissacarídeos pécticos de uva a 60, 80 e 100°C. A 60°C e 80°C, a estabilidade térmica das antocianinas foi significativamente melhorada na presença dos polissacarídeos pécticos em comparação com a estabilidade das soluções-modelo apenas com malvidina-3-O-β-d-glucosídeo (controle). A formação de complexos de antocianina-pectina permitiu a proteção química do cromóforo mv3Glc, possivelmente protegendo a posição C2 altamente eletrofílica do cátion flavílio, facilmente atacada pela água e subsequente degradação. Por outro lado, a 100°C, adição de polissacarídeos não teve efeito na prevenção da degradação térmica do mv3Glc, devido à clivagem hidrolítica das ligações glicosídicas, eventualmente também por meio da eliminação β de galacturônicos altamente metilesterificados. Por outro lado, a ligação intermolecular dos polissacarídeos mv3Glc-péctico também pode ser afetada pelo aumento da temperatura, resultando em uma proteção térmica mais fraca devido à destruição dos complexos de polissacarídeos péctico-antocianina. De fato, o aumento da temperatura pode afetar negativamente as interações eletrostáticas e a ligação de hidrogênio, resultando em uma menor associação entre essas biomoléculas e, consequentemente, em uma menor proteção térmica.

Estudos têm demonstrado que o processamento, de forma geral, induz a redução no teor inicial de antocianinas. Em amora-preta, utilizada para a elaboração de geleia, foi observado uma perda de antocianinas em média de 8,8% em relação aos valores encontrados na polpa. O armazenamento à temperatura ambiente das geleias em recipientes de vidros transparentes resultou em perdas de 32% do conteúdo de antocianinas nos primeiros 40 dias de estocagem e outros 11% nos 50 dias subsequentes[26].

Frank, Köhler e Schuchmann (2012)[27] estudaram a influência da homogeneização a alta pressão sobre a estabilidade das antocianinas. O encapsulamento das antocianinas em gotículas de emulsão poderia melhorar a estabilidade delas durante o processamento e armazenamento. Nesse estudo verificou-se que não há influência significativa de tensões mecânicas na estabilidade das antocianinas, mesmo em tratamento de alta pressão até 1500 bar. Ou seja, altas taxas de cisalhamento e cavitação, geralmente resultante do tratamento de alta pressão, não afetaram significativamente a estabilidade das antocianinas. Assim, os valores de degradação encontrados no estudo em questão foram resultantes apenas do efeito térmico.

Freitas *et al.* (2006)[28], avaliando a estabilidade de antocianinas totais em suco tropical de acerola adoçado, elaborado pelos processos *hot fill* (garrafas de vidro) e asséptico (embalagens cartonadas), durante 350 dias de armazenamento em condições similares às de comercialização (28°C ± 2°C), verificaram que os valores de antocianinas totais obtidos para o *processo hot fill*, nos tempos zero e 350 dias não diferiram com o decorrer do período de armazenamento. Todavia, para o processo asséptico constatou-se ao final do tempo 350 dias uma redução de 86,89% em relação ao tempo inicial de armazenamento. A acentuada perda de antocianinas nas amostras do processo asséptico pode ter sido favorecida pela maior variação do pH, mas também é possível que tenha ocorrido a entrada de oxigênio atmosférico para o interior da embalagem cartonada e uma suposta regeneração de enzimas no suco, fatos estes que poderiam estar efetivamente causando a degradação das antocianinas. Apesar das amostras do processo *hot fill* terem sido acondicionadas em embalagens de vidro transparente, que permite a incidência de luz sobre as antocianinas, estes pigmentos apresentaram maior estabilidade, possivelmente devido ao efeito tampão do citrato de sódio/ácido cítrico e a impossibilidade de entrada de oxigênio através do vidro.

A preservação de alimentos por Processamento em Alta Pressão (do inglês *High Pressure Processing* ou HPP) tem um efeito limitado na degradação de antocianinas em comparação com o processamento térmico. A pelargonidina-3-glucósideo e pelargonidina-3-rutinosídeo em framboesas e morangos processados 18–22°C por 15 min se mantinham estáveis, enquanto outros autores detectaram pequenas alterações de antocianinas em diferentes frutos vermelhos e produtos obtido sem HPP a temperaturas amenas e altas[29,30].

Ainda sobre o HPP, Corrales, Butz e Tauscher (2008)[31] relataram que esse tratamento acelera a síntese de complexos de antocianinas com ácido pirúvico, que são precursores de antocianinas altamente polimerizadas com gamas de cores diferentes, podendo despertar interesse do ponto de vista industrial. Apesar dos tratamentos combinados de temperatura/pressão durante longos períodos (3-6 horas) promoverem a degradação e formação de produtos de condensação em vinhos que alteram cor, características organolépticas e nutricionais (perda de capacidade antioxidante).

A Figura 4 apresenta a reação de condensação que convertem antocianinas monoméricas para compostos mais condensados durante o armazenamento, que é induzida por alta pressão e/ou temperatura, envolvendo a associação covalente de antocianinas com outros flavonóis ou ácidos orgânicos que levam à formação de um novo anel de pirano por ciclo adição. A condensação de antocianina é responsável pelas alterações de cor, ou seja, no vinho tinto durante o armazenamento, formando complexos de pigmentos. Isso implica que a alta pressão deve ser usada levando em consideração a influência negativa do efeito sinérgico da pressão e temperatura.

FIGURA 4 – REAÇÃO DE CONDENSAÇÃO DE CIANIDINA-3-GLUCÓSIDO E PIRUVATO A 600MPA E 70°C

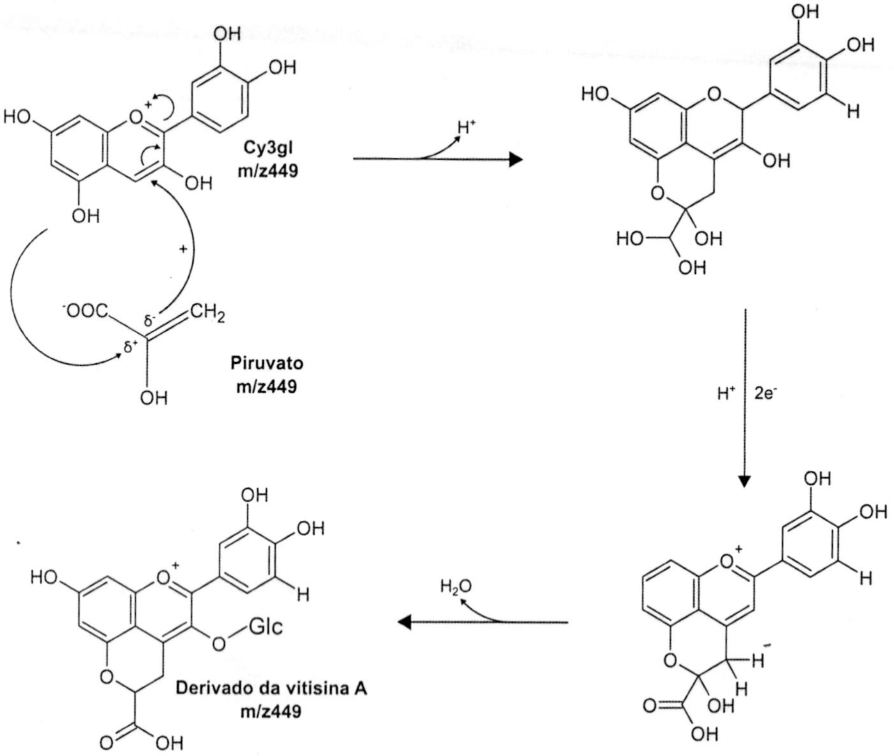

Fonte: adaptado de Corrales, Butz e Tauscher (2008)[31]

Martinsen, Aaby e Skrede (2020)[32] produziram geleia de morango e framboesa utilizando temperaturas de 60, 85 e 93°C e armazenaram a 4 e 23°C durante 8 e 16 semanas. A alta temperatura de processamento reduziu as antocianinas monoméricas totais (TMA) em morangos, mas não em framboesas. A temperatura de processamento influenciou a cor, especialmente L* das geleias de morango. O período de armazenamento explicou a maior parte da variação no teor de TMA (> 42%). A temperatura de armazenamento afetou a estabilidade das antocianinas, sendo o armazenamento refrigerado altamente recomendado em comparação ao armazenamento a temperatura ambiente. Além disso, também foi possível observar que as antocianinas e a cor foram mais estáveis em geleias de framboesa do que em geleias de morango.

Charmongkolpradit *et al.*[33] avaliaram o efeito da temperatura de secagem sobre o teor de antocianina total do grão de milho ceroso roxo usando um secador de túnel. A quantidade de antocianina foi analisada em baixa temperatura de secagem 60–80°C sob o controle da velocidade do ar a 1,5 m/s. Os resultados revelam que o teor total de antocianinas foi fortemente afetado pela temperatura de secagem e pelo teor de umidade. O maior teor de antocianinas totais foi obtido na temperatura de 65°C com teor de umidade de 13% em base úmida, que é a melhor condição para a preservação do grão de milho ceroso roxo por meio de secador de túnel.

Efeito da atividade de água

A estabilidade das antocianinas é baixa e depende da composição das matrizes alimentares. A presença de diferentes constituintes nos alimentos como proteínas, sais, açúcares, conservantes e fibras alteram a atividade de água do sistema, o que influencia diretamente a estabilização das antocianinas, tornando-as mais ou menos estáveis.

Ingredientes básicos de refrigerantes, geleias e molhos para salada foram testados em modelos considerando a influência destes na estabilidade da cor de concentrados das frutas de sabugueiro e groselha negra. Analisou-se a influência de solução aquosa de ácidos orgânicos e sais na estabilidade de antocianinas e descobriu-se que a estabilidade aumenta com o aumento do pKa dos ácidos e diminui com o aumento na concentração de sais. Isso pode ser atribuído às características de solvatação alteradas das soluções aquosas. No entanto, quando o tratamento térmico foi aplicado, por exemplo, na produção de gel hidrocoloide, a frutose acelerou a degradação de antocianina devido à formação de produtos de degradação de açúcar. Comparando os hidrocoloides, o alginato mostrou aumento na estabilidade da cor em solução aquosa e pectina mostrou a maior estabilidade global da cor, sugerindo que os ácidos poliurônicos podem aumentar a estabilidade das antocianinas por associação intermolecular[34].

Samoticha, Wojdyło e Lech (2016)[35] realizaram um estudo para avaliar o efeito de diferentes métodos de secagem (liofilização, vácuo, secagem convectiva, micro-ondas e métodos combinados) nos parâmetros de qualidade do fruto de arônia, incluindo o teor de antocianinas. Todos os produtos foram caracterizados pela atividade de água, que determina sua estabilidade durante o armazenamento. Observou-se que a liofilização foi o método que preservou o maior conteúdo de antocianinas após o processamento. Embora tenha havido uma perda de cerca de 43% em relação à quantidade inicial, a atividade de água das amostras liofilizadas foi medida em 0,548. Por outro lado, a secagem convectiva a 60°C resultou em uma perda de 80% de antocianinas, com atividade de água de 0,336. Isso ocorre porque a temperatura contribui para a degradação das moléculas, que são muito sensíveis a esse fator.

Jiménez, Bassama e Bohuon (2020)[36] investigaram os parâmetros cinéticos de degradação de antocianinas em suco de amora, em diferentes atividades de água (0,34, 0,76 e 0,95), durante tratamentos a altas temperaturas (100-140°C). Os resultados mostraram que a constante de velocidade de degradação das antocianinas aumentou com a redução da atividade de água. Isso indica que baixas atividades de água afetam negativamente a estabilidade das antocianinas a altas temperaturas.

Song *et al.* (2020)[37] analisaram a combinação dos métodos de desidratação osmótica de amoras em solução de açúcar e secagem a vácuo por micro-ondas na conservação de antocianinas em amoras congeladas secas. As soluções osmóticas foram testadas nas concentrações 40%, 50% e 60% de açúcar e nas temperaturas das soluções em 30°C, 40°C e 50°C. A proporção de massa de solução para amoras-pretas foi de 10:1 (w/w) e os tempos de processo variaram de zero a cinco horas. Na preservação de antocianinas das amoras, o aumento do nível de vácuo mostrou um conteúdo maior de antocianinas enquanto o uso de micro-ondas para a secagem a vácuo dos frutos, provocam sensíveis perdas no conteúdo de antocianina.

Diante disso, o pré-tratamento da osmose do açúcar reduziu muito o tempo de secagem a vácuo por micro-ondas na última parte do período de desidratação e aumentou a conservação das antocianinas.

Efeito do oxigênio

Em 1936 em um estudo sobre a preservação de sucos de uva com a utilização de tratamentos térmicos, dois pesquisadores[38] descobriram que o suco de uva pasteurizado armazenado em vácuo ou em frascos que continham substancialmente nenhum oxigênio, sofreram poucas mudanças em suas características físicas, mesmo quando exposto à luz em temperatura ambiente. No entanto, sucos em garrafas parcialmente cheias se deterioram rapidamente. Foram observadas algumas mudanças na turvação do suco, mudança de brilho e mudança de cor vermelho púrpura para um tom marrom. Além disso, observaram uma deposição de sedimento com coloração marrom, resultando em um suco com cor âmbar e uma mudança prejudicial no aroma e sabor. As mudanças podem ser explicadas pelo seguinte fato: o oxigênio pode causar e acelerar a degradação das antocianinas por mecanismos de oxidação direta ou indireta, quando constituintes oxidados do meio reagem com as antocianinas[13,16,38].

Além disso, foi demonstrado que o ácido ascórbico e o oxigênio podem agir sinergicamente na degradação da antocianina. A destruição de antocianinas induzida pelo ácido ascórbico resulta na oxidação indireta pelo peróxido de hidrogênio, formado durante a oxidação do ácido ascórbico. O branqueamento significativo de sucos contendo antocianina ocorre quando é adicionado o peróxido de hidrogênio, que pode levar a um ataque nucleofílico na posição C_2 das antocianinas, clivando o anel para produzir uma chalcona, que posteriormente se decompõe em vários ésteres incolores e derivados de cumarina de cor escura, favorecendo também a formação de precipitados ou turvações[39].

A perda da coloração das antocianinas pode ser evitada por meio do controle restrito de oxigênio durante o processamento ou através da estabilização física das antocianinas pela adição de cofatores antociânicos exógenos, formando copigmentos mais estáveis ao processamento, melhorando atributos de cor, estabilidade e até mesmo incremento das propriedades antioxidantes[40,41].

Avizcuri *et al.* (2016)[42] demonstraram o impacto da concentração de oxigênio na coloração e no teor de antocianinas de amostras de vinho tinto durante o armazenamento. Amostras de 16 vinhos foram armazenadas durante 6 meses a 25°C, sob diferentes adições de oxigênio (0, 1,1, 3,1, 10,6 e 3,4 mg/L), dosadas no engarrafamento. Todas as amostras apresentaram degradação de antocianinas na presença de oxigênio, sendo que o aumento na concentração acentuou ligeiramente os processos de degradação observados ao longo do tempo de armazenamento. Vinhos com menores índices de polifenóis apresentaram maior variabilidade do que vinhos com maiores teores.

Uma pesquisa recente realizada por Tarko *et al.* (2020)[43] investigou o impacto do oxigênio em várias etapas da vinificação, incluindo a composição química, propriedades antioxidantes e sensoriais de vinhos brancos e tintos. De acordo com os estudos supracitados, o contato do vinho com o oxigênio tem um impacto significativo em sua cor, sendo que a alteração ocorre pelo seguinte mecanismo: há uma reação de condensação direta entre taninos e o carbono C4 eletrofílico da antocianina. Os produtos resultantes dessa condensação, que são inicialmente incolores, são oxidados em íon flavilium, gerando uma cor vermelha intensa.

Durante a reação de adição, em ambiente ácido, o próton é adicionado ao etanol. A carbonação eletrofílica resultante reage com os carbonos C6 ou C8 do flavanol, e após desidratação, com o carbono C8 da antocianina, gerando um composto que pode ser protonado para formar produtos de condensação coloridos de antocianinas e flavan-3-oles, conectados por uma ponte de etila. De acordo com esse mecanismo, a malvidina-3-glicosídeo reage com várias procianidinas. Além disso, o acetaldeído pode mediar a condensação de antocianinas, levando à formação de antocianinas oligoméricas ligadas à metilmetina. No entanto, esses compostos não são estáveis e podem sofrer outras reações com malvidina-3-glicosídeo ou carboxipirano-malvidina-3-glicosídeo, formando pigmentos laranja ou azul, respectivamente.

Em um estudo, Kim *et al.* (2021)[44] investigaram o efeito do tratamento térmico do mirtilo, utilizando um sistema de moagem e embalagem em condições livres de oxigênio. O aquecimento do mirtilo a 90°C por 30 minutos sob condição anaeróbia foi comparado às condições aeróbias, e os resultados mostraram que o aquecimento sob condição anaeróbia levou à completa inativação das enzimas oxidativas. Além disso, foi observado que a delfinidina apresentou maior sensibilidade ao oxigênio, seguida pela petunidina e malvidina. Essas diferenças na sensibilidade ao oxigênio podem estar relacionadas ao número de hidroxilações no anel B.

Com base nesses resultados, os autores concluíram que o uso de condições anaeróbias durante o aquecimento pode manter a qualidade das antocianinas presentes na fruta, resultando em maior atividade antioxidante e cor vermelha nos purês de mirtilo.

Em um estudo complementar, os pesquisadores utilizaram um dispositivo de moagem a vácuo e embalagem contínua para moer morangos em diferentes níveis de pressão atmosférica: 2,67, 6,67, 13,33, 19,99 e 101,33 kPa. Os resultados mostraram que a moagem em níveis mais elevados de vácuo foi mais eficaz na manutenção do teor de antocianinas, uma vez que a baixa disponibilidade de oxigênio limita a oxidação desses compostos. Além disso, a moagem a vácuo abaixo de 2,67 kPa foi capaz de evitar a oxidação dos glicosídeos de pelargonidina em maior grau do que a cianidina e o glicosídeo de delfinidina, devido às diferenças estruturais relacionadas ao número de grupos hidroxila no anel B. Esses resultados indicam que mesmo uma pequena quantidade de oxigênio pode causar deterioração durante a moagem, e que a moagem a vácuo é uma tecnologia eficaz para prevenir a oxidação de antocianinas, resultando em uma cor vermelha mais intensa e maiores atividades antioxidantes nos morangos[45].

Efeito da presença de ácidos

Há muito se sabe que a existência de ácido ascórbico (AA) em soluções contendo antocianinas pode acelerar a degradação irreversível e a perda de cor. Bissulfitos, peróxido de hidrogênio e ácido ascórbico são compostos eletrofílicos e acredita-se que atacam os mesmos locais nucleofílicos da antocianina. Isso representa um grande obstáculo para a indústria de alimentos, já que o uso desses pigmentos como corantes, especificamente em sucos e bebidas são práticas corriqueiras. Uma pesquisa anterior propôs que a redução da cor de antocianinas é o resultado da condensação do ácido ascórbico, bem como outros agentes clareadores, no Carbono-4 (C4) da antocianina, pois esse local é o mais suscetível a ataques eletrofílicos. Pensa-se que a condensação proposta resulta na perda de conjugação no anel C, portanto, falta a expressão de cor original do pigmento. Uma das possíveis ações do ácido ascórbico é a aceleração da decomposição das antocianinas. Isso pode ser devido ao aumento da formação de polímeros de antocianinas. A condensação direta entre antocianinas e ácido ascórbico tem sido postulado como mecanismo de degradação das antocianinas. Além disso, a formação de peróxido de hidrogênio a partir da oxidação do ácido ascórbico pode influenciar na estabilidade desses compostos[46,47,48,49].

Trabalhos anteriores apontaram que as antocianinas com substituições nas posições 3 e 5 aumentam a estabilidade do pigmento contra o ácido ascórbico em comparação com apenas a substituição na posição 3, provavelmente como resultado da restrição adicional do acesso ao C4 no meio, isso acontece devido ao impedimento estérico[50].

Viguera e Bridle (1999)[50] relataram que o Malvidin-3,5-diglucosídeo sofreu uma perda de cor mais lenta quando comparado ao Malvidin-3-glucosídeo. Os mesmos autores relataram que a substituição direta do C4 por grupos fenil e metil aumentaram sua estabilidade contra a perda de cor promovido pelo ácido ascórbico em comparação à substituição -H típica.

Rosso e Mercadante (2007)[51] compararam a estabilidade das antocianinas em acerola, que tem alta concentração de ácido ascórbico (AA) com as antocianinas de açaí, que possui níveis não detectáveis do mesmo. Foi observado que a degradação foi três vezes mais rápida para o extrato de antocianinas de acerola do que para a solução de açaí fortificada com 276 mg AA/100 ml, embora as duas soluções tivessem a mesma concentração de AA e de polifenóis. Portanto, a diferença pode ser atribuída à concentração de flavonoides no açaí dez vezes maior do que na acerola, que pode proteger as antocianinas por copigmentação intermolecular.

Em 2017, Salamon *et al.*[52] realizaram um estudo para avaliar a influência da adição de açúcar e ácido ascórbico no teor de antocianinas encontradas no suco de morango após o processamento de alta pressão (HHP), utilizando diferentes pressões e tempos de processamento. Para isso, amostras de suco foram suplementadas com glicose, resultando em sucos com 10, 15 e 20°Brix, e com ácido ascórbico nas concentrações de 0%, 0,015% e 0,03% em massa. As amostras foram então submetidas ao processo HHP e armazenadas por 21 dias em banho com temperatura controlada de 20°C. Os resultados indicaram que o processo HHP reduziu o teor de antocianina das amostras em no máximo 20%, e após 21 dias de armazenamento, a redução antociânica variou entre 30% e 55%. Apenas a adição de ácido ascórbico demonstrou um efeito estatisticamente significante no teor de antocianina das amostras após o HHP, apresentando um impacto positivo: as amostras com maiores teores de ácido ascórbico tiveram maior teor de antocianinas ao final do processo HHP. No entanto, após 21 dias de armazenamento, o efeito do ácido ascórbico foi antagônico, pois as amostras com maiores teores de ácido apresentaram maior degradação das antocianinas. Assim, conclui-se que o ácido ascórbico oferece proteção às antocianinas durante o processo HHP, mas acelera sua degradação ao longo do armazenamento a 20°C no suco de morango.

Clemente e Galli (2011)[53] estudando a estabilidade de antocianinas obtidas do resíduo de uva processada utilizaram o ácido cafeico adicionado nas concentrações (0,5:1 m/v; 0,8:1m/v; 1:1m/v). Os autores verificaram que o extrato de antocianinas apresentou maior estabilidade na concentração de 0,5:1 (m/v) de ácido cafeico, com uma retenção na cor de 82,47% e um tempo de meia vida de 15 dias. Portanto, a utilização deste ácido orgânico como um estabilizante das antocianinas presentes no resíduo de uva processada foi promissora.

Em 2009, Vanini *et al.*[54] realizaram um estudo para avaliar a estabilidade das antocianinas presentes em uvas com a adição de ácido cafeico, tanto em presença como em ausência de luz. Os resultados demonstraram que a estabilidade desses pigmentos foi afetada pela presença de luz, sendo que quanto maior a proporção de ácido cafeico adicionado, maior foi o tempo de meia-vida das antocianinas, tanto na presença como na ausência de luz, com baixa velocidade de degradação.

Hurtado *et al.* (2009)[55] estudaram a variação do pH na estabilidade da cor em diferentes produtos obtidos do tamarillo ou tomate de árvore, encontrando maior estabilidade no extrato da pele. Esse resultado pode ser atribuído não só ao maior conteúdo de antocianinas poliméricas encontrado na pele do tomate, que são componentes mais estáveis a variações de pH, mas também à possível presença de alguns compostos estabilizando a cor no extrato, ou seja, ácidos fenólicos, flavonas, flavonóis, flavononas e ácidos orgânicos.

O ácido ascórbico é comumente empregado na formulação de bebidas, exercendo o papel de agente fortificante e antioxidante[56]. Porém, alguns estudos demonstraram que esse ácido pode atuar negativamente na estabilidade das antocianinas, acelerando a degradação da cor[47,57]. Zhao e colaboradores[58] estudaram o efeito e o mecanismo de ação de goma xantana na estabilidade da cor de antocianinas de arroz preto em sistemas de bebidas modelo com pH 3 e ácido ascórbico em diferentes concentrações. Observaram que a adição de goma xantana aumentou a estabilidade das antocianinas de arroz preto durante o armazenamento a 4°C no escuro, na presença de ácido ascórbico.

Zhao *et al.* (2021)[59] investigaram o efeito protetor e o mecanismo de ação do uso combinado de ácido rosmarínico (RA) e goma xantana (XG) na estabilidade de antocianinas (ACNs) na presença de ácido L- ascórbico (pH 3,0). A adição de RA e XG, isoladamente e em combinação, aumentou significativamente a estabilidade da cor das ACNs, e o uso combinado de RA e XG mostrou o melhor efeito. As análises revelaram que a melhoria na estabilidade foi devido a interações intermoleculares, como ligações de hidrogênio e forças de van der Waals. Nos complexos ternários ACN-RA-XG, XG teve interações de ligação mais fortes com ACNs do que RA. Os autores concluíram que o ácido rosamarínico e a goma xantana mostraram efeitos de copigmentação sobre as antocianinas.

A fim de melhorar a baixa estabilidade das antocianinas de mirtilo, Fei *et al.* (2020)[60] realizaram a acilação das antocianinas com ácido maleico pelo método de enxerto em fase sólida. As quatro antocianinas aciladas (em diferentes graus) foram melhores em estabilidade, mas ligeiramente menos eficazes na remoção do radical DPPH em comparação com sua forma nativa não acilada.

Bordignon-Luiz *et al.* (2007)[61] avaliaram a estabilidade da cor de antocianinas provenientes de uvas Isabel (*Vitis labrusca*) sob o efeito da presença de luz e adição de ácido tânico. Os autores perceberam que praticamente todas as amostras adicionadas de ácido tânico mantidas no escuro, apresentaram vida de prateleira maior que as amostras puras de antocianinas controle.

Liu *et al.*[62] realizaram a acilação do ácido *p*- cumárico e do ácido cafeico em antocianinas de mirtilo através do método de catálise enzimática para melhorar sua estabilidade de cor e atividade antioxidante. Os graus de acilação das antocianinas *p*- cumáricas aciladas (Co-An) e das antocianinas do ácido cafeico (Ca-An) atingiram 5,38% e 5,68%, respectivamente. Os resultados implicaram que o ácido *p*-cumárico e o ácido cafeico foram enxertados no 6-OH do glicosídeo e galactosídeo e no 5-OH da arabinose por reação de esterificação. As antocianinas Co-An e Ca-An mostraram maior atividade antioxidante no ensaio DPPH e no ensaio de branqueamento β-caroteno e maior estabilidade de cor durante o armazenamento a 25°C, 40°C e 60°C do que as antocianinas de mirtilo nativas.

Portanto, os resultados sugerem que a acilação das antocianinas com ácido p-cumárico e ácido cafeico pode ser uma estratégia eficaz para melhorar a atividade antioxidante e a estabilidade de cor das antocianinas de mirtilo, o que pode ser benéfico para a indústria alimentícia e nutracêutica.

Efeito da presença de açúcares na estrutura

As antocianinas livres são raramente encontradas em plantas, sendo comumente glicosiladas com açúcares para estabilizar a molécula. Diferentes tipos de monossacarídeos, dissacarídeos e trissacarídeos podem compor as antocianinas, sendo a forma diglicosídica mais estável ao aquecimento e à luz do que a monoglicosídica[63]. A presença de açúcares na estrutura da molécula pode ter um efeito estabilizador, aumentar a perda do pigmento ou não ter nenhum efeito sobre o teor de antocianinas[39,45,52,64]. Esse efeito dependerá de fatores como a estrutura do corante, a concentração e o tipo de açúcar. No entanto, açúcares e seus produtos de decomposição são conhecidos por diminuir a estabilidade das antocianinas[14]. Diversos estudos têm avaliado o efeito de diferentes sacarídeos sobre a estabilidade das antocianinas, principalmente a estabilidade térmica, mas os resultados ainda não apresentam conclusões concretas devido a discrepâncias entre os estudos[65].

Sadilova *et al.* (2009)[65], avaliaram o impacto da adição de diferentes sacarídeos (glicose, frutose e sacarose) sobre o processo de degradação térmica de antocianinas de sucos de morango, frutos de sabugueiro (uma espécie de arbusto que produz frutos com elevado conteúdo de antocianinas) e de cenoura preta. Para isso, os sucos concentrados dos frutos (obtidos comercialmente) foram adequadamente diluídos de modo a obter concentrações de antocianinas de 200 $mg.L^{-1}$. A essas misturas adicionaram-se um dos diferentes sacarídeos estudados de modo a obter uma concentração de 50 $g.L^{-1}$ dos sacarídeos suplementados, sendo posteriormente o pH ajustado para 3,5. Os sistemas foram então aquecidos a 95°C por um intervalo de tempo de 2 a 4 horas. Os conteúdos de antocianinas, sacarídeos e a coloração dos pigmentos foram monitorados antes e após o processo de aquecimento. Os resultados demonstraram que os pigmentos de antocianinas das diferentes matrizes alimentares diferiram significativamente em sua estabilidade e propriedades de cor frente à presença dos sacarídeos. Porém, na maioria dos casos estudados a presença dos açúcares não apresentou alteração significativa na estabilidade da cor das antocianinas.

Teleszko, Nowicka e Wojdyło (2019)[66] avaliaram o efeito da adição dos polissacarídeos coloidais: carboximetilcelulose, gomar guar, goma alfarroba e goma xantana nas concentrações de 0,2% e 0,3% ao suco de morango. As amostras foram avaliadas sensorialmente (escala de 5 pontos), quanto à cor e quanto a estabilidade das antocianinas. De modo geral, todos os hidrocoloides contribuíram para a redução da degradação das antocianinas presentes na bebida. Após 6 meses de armazenamento a 4°C, observou-se uma redução de 65% no teor de antocianinas para amostra tratada com goma alfarroba na dosagem de 0,3%. Em contrapartida, a amostra controle, sem adição de açúcares, apresentou teor de degradação de 85%. O mecanismo molecular de proteção das antocianinas com hidrocoloides não é muito claro. Os autores sugerem que as ligações de hidrogênio e interações hidrofóbicas estejam envolvidas nesse fenômeno.

Türkyilmaz *et al.* (2019)[67] analisaram os efeitos de sacarose e copigmentos nas principais antocianinas isoladas de cerejas ácidas. Com o objetivo de determinar os efeitos no armazenamento, a sacarose levou à redução do conteúdo de cianidina-3-O-glucosilrutinosídeo e cianidin-3-O-rutinosídeo. Uma vez que a cianidina-3-O-glucosilrutinosideo tinha três porções de açúcar na posição 3, sua estabilidade poderia ser maior do que a estabilidade da cianidina-3-O-rutinosideo. Este achado mostrou claramente que, à medida que o número de porções de açúcar aumentava, a estabilidade da antocianina também aumentava devido à sua estrutura. No entanto, a adição de sacarose aumentou as taxas de degradação de ambas as antocianinas quase no mesmo nível. Assim, o aumento na porção de açúcar de uma antocianina não poderia proporcionar a estabilidade contra o efeito de degradação da sacarose. Mesmo que uma antocianina contenha três porções de açúcar, as medidas de proteção durante o armazenamento devem ser tomadas quando a sacarose é usada em um produto como o néctar.

Efeito da luz

A presença de luz pode causar alterações quantitativas e qualitativas em antocianinas. No entanto, pouco se sabe sobre o mecanismo subjacente ao acúmulo de antocianina regulada pela qualidade da luz em frutos, por exemplo[68]. Sabe-se que ela exerce dois efeitos antitéticos, ou seja, um efeito benéfico e um prejudicial sobre as antocianinas: favorece a biossíntese das mesmas, mas também acelera sua degradação[69]. Com relação a função de biossíntese da luz, Sng e colaboradores[70] avaliaram a influência de diferentes iluminações no cultivo de alface Batavia (*Lactuca sativa* cv. "Batavia"). Foi utilizada a luz fluorescente branca convencional e uma combinação de luz vermelha e azul. Essa combinação na proporção de 3:1 apresentou o maior acúmulo de antocianinas do que a alface tratada com luz fluorescente. Além disso, foi demonstrado que a via de biossíntese das antocianinas foi altamente e especificamente enriquecida quando a alface foi cultiva sob a combinação de luz vermelha e azul, principalmente na fase madura. Em contrapartida, Bailoni *et al.* (1998)[71] observaram a aceleração do processo de degradação dos compostos antociânicos sob exposição à luz, ao avaliarem a estabilidade de extratos de folhas de *Acalipha hispida* concentrados em solução tampão (pH 3,0), mantido sobre atmosfera de N_2 e sob efeito de luz de 2500 lumens em tempo variável. As perdas do principal componente antociânico (cianidina-3-arabinosil-glucosídeo) na presença de luz foram de 41,7%, enquanto no escuro foram de 15,8%. Portanto, a luz pode ter efeitos opostos sobre a biossíntese e a degradação de antocianinas, e a seleção da qualidade da luz é importante para maximizar a produção de antocianinas em cultivos.

Rosso e Mercadante (2007)[72] avaliaram a estabilidade de antocianinas de acerola e açaí em bebidas isotônicas. Eles verificaram que na presença de luz, a degradação da antocianina foi 1,2 vezes mais rápida para a acerola e 1,6 vezes mais rápida para o açaí adicionados a bebida isotônica, quando comparados ao controle (tampão pH = 2,5). A luz teve um efeito deletério sobre a estabilidade da antocianina nos dois sistemas, no entanto, esse efeito não foi estatisticamente significativo para os sistemas de acerola, tanto para a bebida isotônica (p = 0,6286) como para a solução tampão (p = 0,1150). Esse fato é certamente devido aos altos níveis de ácido ascórbico naturalmente presentes nos extratos de acerola, pois há uma reação direta entre a estabilidade das antocianinas e a presença de ácido ascórbico. Essa degradação ocorre em qualquer sistema, mesmo que este seja um tampão. Para o açaí, a degradação das antocianinas devido à presença de luz foi maior na solução tampão do que na bebida isotônica, e esse fato foi devido aos açúcares e aos sais presentes na bebida isotônica que mostraram ter grande influência sobre a estabilidade das antocianinas do açaí.

Swer e Chaunan (2019)[73] utilizaram extração assistida por enzima e extração convencional por solventes para obter extratos ricos em antocianinas a partir de frutos de *Prunusnepalensis* L., uma espécie de cerejeira nativa do Himalaia. A estabilidade das antocianinas mediante vários fatores foi analisada, sendo um desses fatores o efeito da exposição à luz, sob temperatura constante de 25°C. O teor de antocianinas caiu mais de 50% no 10.º dia de exposição à luz, para os extratos obtidos por meio de ambos os procedimentos.

Bastos *et al.* (2017)[74] avaliaram a estabilidade à luz e ao calor de antocianinas do resíduo da uva Isabel. Constataram que a exposição à luminosidade (80 W; 2500 lux) e à temperatura elevada (70°C) afetou significativamente a absorbância e o teor desses compostos ($p < 0,05$), cuja condição mais estável foi obtida a 50°C ($t_{1/2}$: 37,7 h; k: 1,84 x 10^{-2} h^{-1}) e protegida da luz ($t_{1/2}$: 3.320,6 h; k: 2,09 x 10^{-4} h^{-1}). Portanto, as antocianinas extraídas do resíduo da uva Isabel são uma alternativa de corante natural para produtos alimentícios que sejam acondicionados em embalagens opacas e não sejam submetidos a tratamentos térmicos severos durante o processamento. Entretanto, existem trabalhos na literatura indicando que a luz nem sempre influencia significativamente a estabilidade de antocianinas. Maeda *et al.*[75] armazenaram polpa de camu-camu em garrafas PET e avaliaram se a presença ou ausência de luz afetariam a estabilidade das antocianinas. Os resultados mostraram que a exposição à luz não afetou a estabilidade das antocianinas em relação à polpa armazenada ao abrigo da luz.

Dessa forma, é importante considerar as características específicas de cada produto e suas condições de armazenamento e processamento ao avaliar a estabilidade das antocianinas em relação à exposição à luz e ao calor. Em alguns casos, a presença da luz pode não ter um efeito significativo sobre a estabilidade desses compostos, enquanto em outros, pode ser necessário protegê-los da luz para garantir sua estabilidade.

Efeito da presença de enzimas

Existem enzimas que estão presentes na maioria das frutas e vegetais, as mais comuns são as enzimas endógenas: polifenol oxidase (PPO) e a peroxidase (POD). Suas atividades residuais afetam negativamente a qualidade dos alimentos, resultando em escurecimento, formação de sabor desagradável e perda de vitaminas e pigmentos. Portanto, a inativação de enzimas é crucial no processamento de frutas e vegetais, sendo um dos principais indicadores de qualidade[76].

A inativação de enzimas pode melhorar a estabilidade das antocianinas, sendo que as enzimas que comumente degradam este pigmento são as glicosidases, que atuam na quebra da ligação covalente entre o resíduo glicosil e aglicona dos pigmentos de antocianinas levando à degradação. A instabilidade desses cromóforos resulta na transformação espontânea da coloração da antocianina para incolor. No entanto, peroxidases e fenolases, assim como fenol oxidases e polifenol oxidases, as quais são encontradas naturalmente em frutas, são também responsáveis pela degradação de antocianinas na presença de o-difenóis através de um mecanismo de oxidação acoplada[14].

O mecanismo de degradação por enzimas ainda não é bem conhecido, porém há indícios que as oxidações enzimáticas das antocianinas seguem o mesmo caminho que envolve a hidrólise da porção de açúcar e formação de agliconas, abertura do anel e formação de uma chalcona seguida de uma quebra em ácidos carboxílicos e carboxil aldeídos em meios ácidos[16,77].

Um teste *in vitro* confirmou que a sacarose, o ácido cítrico e o ácido málico penetraram em pêssegos e depois ativaram as enzimas que promoviam o acúmulo de antocianinas nos frutos. A Fenilalanina amônia-liase, Antocianidina sintetase, Glicosiltransferase e 3-O-Glicosiltransferase foram as quatro principais enzimas responsáveis pelo acúmulo de antocianina durante o armazenamento pós-colheita. Estas podem ser melhoradas pelos tratamentos com ar quente (*hot air*) e radiação ultravioleta (UV-C)[78].

Nogales-Bueno *et al.* (2020)[79], verificando a extração de compostos fenólicos com macerações enzimáticas (utilizando celulase, pectinase e glucosidase) em cascas de uva, mostraram que as enzimas celulase e glucosidade, exerceram um efeito positivo na extração de compostos fenólicos, produzindo sobrenadante com coloração mais intensa e promovendo maior extração. A pectinase, pelo contrário, produz sobrenadantes que têm menos cor e fenóis extraíveis. Esse efeito pode ser explicado por uma interação entre o material da parede celular liberado pela pectinase e os compostos fenólicos extraídos. Nesse estudo, foi alcançado um aumento de aproximadamente 120% na extração de compostos fenólicos nas macerações na presença de celulase. Esse resultado é superior ao obtido no estudo de Benucci *et al.* (2017)[80], em que o total de antocianinas e proantocianinas extraídas de cascas de uva aumentou em 10% na presença de atividade da celulase. Do ponto de vista tecnológico, essas descobertas mostram que a adição de enzimas maceradoras são ferramentas úteis para aumentar a capacidade de extração de compostos fenólicos, promovendo ainda mais a formação de complexos antocianina-flavanol e, portanto, melhorando a estabilidade das cores.

Efeito da presença de íons metálicos

A formação de complexos entre cátions metálicos e antocianinas foi proposta para explicar o comportamento das antocianinas em meio ácido que apresentavam coloração vermelha e em solução fortemente básica ausência de cores. Desde então, a maioria das pesquisas realizadas sobre a estrutura de complexos de metal-antocianina visa solucionar uma longa controvérsia sobre a pigmentação de flores e frutos, em particular, sobre o mecanismo para permitir tons de azul em ambientes aquosos levemente acidificados[81]. Em relação a isso, uma interação entre a base quinoidal azul (forma de ânion) e outros compostos orgânicos incolores (copigmentos) ou íons metálicos foi reivindicada como responsável pela persistência da coloração azul em valores de pH levemente ácido, onde, caso contrário, as antocianinas sofreriam descoloração[82].

Alguns estudos mostram que a complexação metálica estabiliza a cor dos alimentos que contêm antocianinas. Complexos antocianina-metal constituem uma alternativa viável para a estabilidade de cor, principalmente se os metais envolvidos não implicam em um risco para saúde ou fazem parte dos minerais essenciais à dieta humana[83]. Em presença dos cátions Al^{3+}, Fe^{2+}, Sn^{2+}, Ca^{2+}, as antocianinas formam produtos insolúveis que apresentam maior estabilidade a fatores como temperatura, pH e oxigênio, em relação às antocianinas livres[84].

Li (2019)[85] investigando os efeitos de diferentes metais na estabilidade de antocianinas expôs que íons metálicos Zinco e Ferro podem reduzir a estabilidade da antocianina, enquanto Cobre, Alumínio e Sódio têm pouco efeito sobre a estabilidade da antocianina, e o Cálcio promove efeito estabilizador.

Um estudo do efeito do Cu^{+2} ($CuCl_2$) demonstrou que a presença desses íons metálicos pode alterar o padrão espectral da cor das antocianinas na região do visível, podendo também formar precipitado por reação com os metais, efeito este, acentuado à medida que se eleva o pH do meio de 2,0 para 4,0[83,86].

A presença de íons metálicos em sistemas contendo antocianinas e ácido ascórbico é capaz de levar à formação de complexos de antocianina-ácido ascórbico-íon metálico. Tem se postulado que a presença dos íons poderia proteger a antocianina contra oxidação do ácido ascórbico, tornando-as mais estáveis[85] .

Em seu trabalho Ratanapoompinyo *et al.* (2017)[87], analisando os efeitos de íons metálicos na estabilidade de antocianinas de couve roxa e compostos fenólicos totais submetidos ao processo de encapsulamento, ponderaram que íons metálicos, em geral, afetaram negativamente a estabilidade das antocianinas. Entre os íons metálicos testados, o Sn^{2+} degradou antocianinas durante o tratamento térmico e o armazenamento, enquanto o Al^{3+} teve os efeitos menos prejudiciais. Os íons metálicos aparentemente atrasaram a degradação dos compostos fenólicos totais. A degradação das antocianinas estava de acordo com as alterações da cor da amostra durante o armazenamento. O mecanismo das reações de degradação foi relativamente complexo e mais investigações devem ser conduzidas para elucidar os papéis dos íons metálicos na degradação das antocianinas e outros compostos fenólicos. Entretanto, esses resultados podem fornecer informações úteis para o uso de íons metálicos para conferir e estabilizar a cor da antocianina nas formulações de diversos alimentos.

Um procedimento para obtenção de corante natural azul de grau alimentício foi patenteado por Braga *et al.* (2014)[88]. O processo compreende gelificação de proteínas (caseína, caseinato), adição de polissacarídeos (alginato, carragena), associação a íons metálicos (Fe^{+2}, Fe^{+3}, Cu^{+2}, Al^{+2}, Al^{+3}) e adição de um componente corante (antocianinas, antocianidinas). Os autores apresentaram oito aplicações com algumas variações da técnica, mostrando a estabilidade da cor azul pela avaliação dos parâmetros de cor no sistema Munsell (ângulo de tom [hue], a pureza da cor [chroma] e a luminosidade [L*]). Concluíram por fim que o procedimento gerou um corante com boa estabilidade à temperatura e pH. Segundo os autores algumas modificações no procedimento podem ser realizadas para que características específicas de cada produto possam ser atendidas com bons resultados.

Segundo Fenger *et al.* (2021)[89] as antocianinas da batata doce roxa são glicosídeos de peonidina e cianidina acilados pelos ácidos *p*-hidroxicinâmico e *p*-hidroxibenzoico. A maioria dessas antocianinas podem se ligar a íons metálicos (Fe^{2+}, Al^{3+}) através de seu cromóforo de cianidina e/ou seu(s) resíduo(s) de cafeoila. Em pH 7, um glicosídeo de cianidina contendo um resíduo de cafeoila pode se ligar a um único íon de metal pelo envolvimento simultâneo de suas duas unidades de ligação. Com Fe^{2+} foi observado um forte efeito azulado. De fato, o estudo da complexação de metais com antocianinas tem sido extensivamente pesquisado, já que essas interações podem ser consideras uma alternativa em diferentes campos, como, por exemplo, na substituição de corantes sintéticos em alimentos ou como corantes têxteis e nos mecanismos de desintoxicação de metais nos vacúolos de plantas, onde se acumulam antocianinas e excesso de metal[68,69,70].

Efeito da presença de solventes

Com relação aos métodos de extração, as técnicas tradicionais mais eficazes para obtenção de extratos possuem como desvantagem a utilização de solventes tóxicos (metanol e acetona) que, por vezes, podem alterar as características das antocianinas. Dessa forma, há um grande interesse no desenvolvimento de novos processos baseados no uso de solventes reconhecidos como seguros pela indústria de alimentos (GRAS – *Generally Recognized As Safe*), como a água, etanol e dióxido de carbono supercrítico, por exemplo. A escolha do método de extração deve maximizar a recuperação do pigmento com uma quantidade mínima de adjuntos e uma mínima degradação ou alteração do estado natural[90,91].

Em meios aquosos contendo acetona, as antocianinas podem produzir compostos de coloração alaranjada. Vários mecanismos foram propostos para explicar a formação desses compostos, como hidrólise das antocianinas e conversão a antocianidinas-hidroflavonois, havendo uma quebra no heterociclo com a formação de ácido benzoico ou ainda a reação das antocianinas com a acetona via polarização das ligações duplas. Já em solução de álcool acidificada (0,1% HCl) as antocianinas perdem a cor após alguns dias. A reação é influenciada pela concentração e tipo de solvente (etanol, metanol etc.). A presença de oxigênio e luz podem catalisar essa reação. Como resultado da degradação oxidativa de antocianinas, foram encontrados dihidroflavonois nos meios de reação[92].

Em meios aquosos contendo acetona, as antocianinas podem produzir compostos de coloração alaranjada. Vários mecanismos foram propostos para explicar a formação desses compostos, como hidrólise das antocianinas e conversão a antocianidinas-hidroflavonois, havendo uma quebra no heterociclo com a formação de ácido benzoico ou ainda a reação das antocianinas com a acetona via polarização das ligações duplas. Já em solução alcoólica acidificada (0,1% HCl) as antocianinas perdem a cor após alguns dias. A reação é influenciada pela concentração e tipo de solvente (etanol, metanol etc.). A presença de oxigênio e luz podem catalisar essa reação. Como resultado da degradação oxidativa de antocianinas, foram encontrados dihidroflavonois nos meios de reação[91].

Algumas metodologias foram elaboradas para minimizar os danos causados pela extração, como o inovador método de isolamento de antocianina de troca catiônica, que foi desenvolvido por He e Giust (2011)[93]. Após aplicar esse processo de purificação a uma ampla variedade de antocianinas, essa técnica mostrou-se superior aos métodos comumente usados em relação a pureza, recuperação de antocianinas, capacidade de absorção, baixo custo, simplicidade de manipulação, e resíduos orgânicos gerados por grama de produto. Como a adsorção e dessorção de antocianinas é determinada pela carga elétrica dependente do pH, uma propriedade comum compartilhada por todas as moléculas de antocianina, supôs-se que esse novo método de isolamento funcione eficientemente para a maioria das antocianinas. Uma produção em escala baseada nessa nova técnica pode fornecer à indústria de corantes alimentícios e à indústria nutracêutica uma maneira prática de separar antocianinas de alta qualidade de frutas e legumes e até mesmo de subprodutos da indústria[92].

Em outro experimento utilizou-se uma solução de enxofre com diferentes concentrações de metabissulfito para extrair antocianinas de açafrão (*Crocus sativum*). O processo de extração foi comparado ao processo de extração com solução de etanol. A recuperação de antocianinas com solução de enxofre foi superior à extração com etanol, além disso, a cor das antocianinas extraída com baixo teor de enxofre apresentou mais saturação, menos luminosidade e mais estabilidade do que a extraída com solução de etanol. Sendo assim, o método de extração usando enxofre apresentou potencial para extrair antocianinas, com maior quantidade e qualidade (cor mais atraente) do que o método convencional de extração com etanol[94].

Prabavathy *et al.* (2017)[95] mencionaram que o caráter polar do pigmento antocianina permite a sua solubilidade em muitos solventes como etanol, água, metanol e acetona. A escolha do melhor solvente para extrair antocianina deve enfatizar o pigmento máximo, recuperação com degradação mínima, impurezas mínimas e a biocompatibilidade. O solvente metanol é altamente tóxico, portanto, a maior parte dos estudos de extração de antocianinas prefere etanol.

É relatado que para obter altos rendimentos de antocianinas de mirtilo, por exemplo, vários parâmetros devem ser otimizados (solvente de extração, temperatura, tempo e armazenamento). Em seu trabalho Oancea, Stoia e Coman (2012)[96] substituíram os solventes potentes mais utilizados, como metanol, acetona e éter dietílico por etanol, devido à sua toxicidade que pode interferir na qualidade final do extrato bruto obtido. Inferiram que o aumento da recuperação de antocianinas de mirtilos pode ser obtido nas seguintes condições: extração descontínua, processo à temperatura de 50°C, tempo de extração de 2 horas, com solvente contendo 50% de etanol (v/v) e proteção contra a luz.

Efeito da presença de conservantes

Os sulfitos são amplamente utilizados como conservantes em muitos alimentos processados, no entanto a interação desses compostos com as antocianinas geralmente resulta em um clareamento dos pigmentos[97,98,99]. Essa reação, é geralmente reversível, dependendo da estrutura dos pigmentos envolvidos, pH e disponibilidade de oxigênio na solução. Entretanto, os mecanismos de reação envolvidos ainda são um tanto ambíguos, especialmente com relação à influência do pH da solução e à estrutura molecular das antocianinas envolvidas[98,100].

Os sulfitos se dissociam quase instantaneamente em solução em três espécies, dependendo da constante termodinâmica e do pH da solução. Essas espécies moleculares são: dióxido de enxofre (SO_2), íons sulfito (SO_3^{2-}) e íons bissulfito (HSO^{3-}). O efeito clareador dos sulfitos nas antocianinas em solução resulta da adição nucleofílica dessas espécies moleculares ao anel C do cátion flavilium, levando à formação de sulfonatos incolores[99,101]. Essas alterações podem ser revertidas por ácidos e aquecimento, porém, elevada concentração de sulfito (>10g/Kg) promove destruição irreversível da antocianina para chalconas.

Ojwang e Awika[102], investigando a estabilidade de pigmentos na presença de sulfitos, argumentaram que as antocianinas formam complexos relativamente estáveis com os sulfitos a pH elevado, em que o equilíbrio desfavorece o cátion flavilium altamente reativo, por outro lado, a pH mais baixo, os complexos de sulfonato formados são menos estáveis. Assim, os complexos de sulfonato se dissociam mais rapidamente em pH baixo e mais lentamente em pH alto. Portanto, uma provável explicação para a restauração rápida da cor em pH 1,8 é que, à medida que o SO_3H^- reage com o AH^+ disponível em abundância, a concentração de bissulfito em solução diminui até o ponto em que a reação reversa é favorecida, principalmente porque os sulfonatos complexos formados são fracos. No entanto, isso não pode explicar completamente por que a cor inicial foi completamente restaurada em pH 1,8 após 21 dias na presença de sulfitos, e ainda ser significativamente maior que o controle da 5,7-dimetoxiapigeninidina. Os autores concluem que é necessária uma investigação mais aprofundada destes pigmentos em sistemas complexos que imitam de perto as condições de processamento e manuseio de alimentos e bebidas.

Mecanismos de estabilização das antocianinas

Conforme discutido, a utilização de antocianinas em alimentos é limitada devido à sua baixa biodisponibilidade e instabilidade frente a diversas condições ambientais, tais como pH, temperatura, enzimas, luz, oxigênio e presença de ácido ascórbico[11]. Outros fatores, como estrutura, concentração, presença de copigmentos, autoassociação, íons metálicos, açúcares e seus produtos de degradação, proteínas e dióxido de enxofre, também podem limitar a aplicação desses compostos em produtos alimentícios[103].

No entanto, existem algumas estratégias que podem ser adotadas para aumentar a estabilidade das antocianinas, como a glicosilação e acilação, que promovem o aumento da estabilidade estrutural desses compostos. Além disso, a copigmentação e encapsulamento também são mecanismos amplamente utilizados para melhorar a estabilidade das antocianinas, sendo esses os principais métodos de estabilização desses compostos em alimentos[14].

Encapsulamento

O encapsulamento é definido como o processo pelo qual agentes líquidos, sólidos ou gasosos, são armazenados ou aprisionados dentro de um revestimento de tamanho microscópico para proteção e/ou liberação posterior. O material revestido é chamado de material ativo ou de núcleo, e o material de revestimento é chamado de invólucro, material de parede, transportador ou encapsulado[104]. Os tamanhos das partículas formadas por meio do encapsulamento podem ser classificados em macro (>5000 µm), micro (1 a 5000 µm) e nano (<1µm)[105].

O mecanismo de estabilização de antocianinas via encapsulamento é uma tecnologia voltada para a imobilização e incorporação de um composto biologicamente ativo sobre ou dentro de partículas sólidas (microesferas) ou vesículas de líquido, a fim de estabilizar a estrutura e proteger o composto ativo e permitir o seu controle. O encapsulamento facilita que moléculas como as antocianinas, sensíveis a luz e calor, se estabilizem e aumentem sua vida útil. Essa é uma tecnologia em rápida expansão, altamente especializada, e que aumenta a aplicação industrial desse pigmento. Nesse contexto, diversas técnicas de encapsulamento têm sido estudadas e empregadas em diferentes indústrias[14,6].Vários métodos foram relatados para microencapsulamento de antocianinas por diferentes fontes, como secagem por atomização[106,107], liofilização[108], gelificação iônica[109], gel de emulsão[110] e microencapsulamento por *spray dryer*[111].

A seleção do método de encapsulamento depende de vários aspectos, tais como, as propriedades físico-químicas da substância a encapsular e do agente encapsulante, a aplicação ou finalidade das microcápsulas, o tamanho e forma das microcápsulas, mecanismo de liberação da substância encapsulada e o custo do método. A microencapsulamento aumenta a estabilidade das antocianinas independentemente do método utilizado, porém o grau de estabilização depende das condições do método de microencapsulamento aplicado[112].

Assim, é necessário um estudo cuidadoso para selecionar o método mais adequado para a encapsulação de antocianinas, considerando as características específicas do composto e do sistema de encapsulamento, a fim de garantir a eficácia do processo e a qualidade do produto final.

Utilizando as diferentes técnicas de encapsulamento podem ser formadas cápsulas de diversos tamanhos. Dessa forma, de acordo com o tamanho das cápsulas o método pode ser classificado como micro ou nanoencapsulamento. Com isso, as cápsulas adquirem características diferentes e que podem ser benéficas para o tipo de aplicação a que se destina. Segundo Valduga *et al.* (2008)[113], carboidratos de peso molecular mais alto, como maltodextrina, gomas e outros compostos encapsulantes, contribuem para aumentar a estabilidade das antocianinas. O estudo mostrou que o uso de maltodextrina no encapsulamento aumentou a eficiência desse processo, no entanto, sua combinação com a goma arábica gerou resultados intermediários de estabilidade. Já o uso unicamente de goma arábica acarreta uma redução de concentração de antocianinas.

Os produtos resultantes da encapsulação podem apresentar formas regulares ou irregulares e, de acordo com sua morfologia, podem ser classificados em micro/nanocápsulas ou micro/nanoesferas. As cápsulas podem ser mononucleares ou multinucleares. As mononucleares são caracterizadas por possuírem um núcleo bem definido, onde fica o material ativo, cercado por uma membrana de revestimento contínua. As cápsulas multinucleares ou polinucleares contêm várias pequenas gotículas ou partículas de material do núcleo, como mostrado na Figura 5. Por sua vez, nas esferas, o material ativo é disperso na matriz polimérica, na forma molecular (dissolvido) ou na forma de partículas (suspensas). Nas esferas, parte do material ativo, fica exposto perto da superfície, o que leva a um encapsulamento incompleto, que pode não ser adequado para todas as aplicações. As cápsulas, por outro lado, têm muito pouca exposição do material ativo na superfície e são consideradas uma forma completa de encapsulamento[114,115,116]. A obtenção de um ou outro tipo de estrutura depende das propriedades físicas e químicas do material ativo, da composição do material de parede e do método de encapsulamento empregado[117].

Figura 5 – Principais morfologias das micro/nanocápsulas e micro/nanoesferas

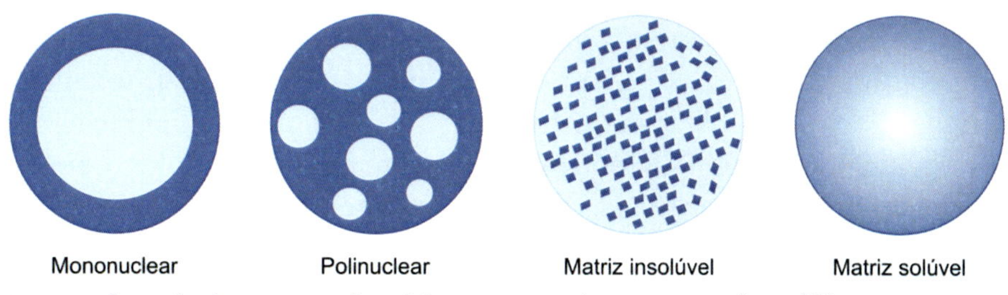

Fonte: adaptado de Arenas, Jal, Suñé, Negre, García e Montoya (2020)[118]

Entre os vários materiais de parede disponíveis a maltodextrina, amido e seus derivados, gomas e proteínas do leite estão entre os polímeros mais populares usados para encapsulamento de antocianinas nos últimos anos[119]. No encapsulamento, a seleção de materiais de parede apropriados é crucial e influencia diretamente nas propriedades físicas e químicas das cápsulas resultantes. Em geral, o material de parede ideal deve ser inerte em relação ao material ativo, estabilizar o material do núcleo, apresentar boas propriedades de formação de filme, possuir alta solubilidade, baixa higroscopicidade, viscosidade moderada, emulsificação eficaz e baixos custos econômicos[120].

Existem alguns parâmetros que podem ser utilizados para verificar a qualidade do encapsulamento. A eficiência de encapsulamento é um dos parâmetros mais importantes, pois determina o quão bem as cápsulas separam o núcleo do ambiente externo. A eficiência de encapsulamento é definida como a razão (em porcentagem) entre o peso do ingrediente principal realmente encapsulado e seu peso total utilizado na formulação. Existem inúmeros estudos na literatura que envolvem o uso de métodos para quantificar a eficiência de encapsulamento para vários sistemas de entrega[121]. O tamanho das partículas formadas é outro parâmetro importante a ser estudado, uma vez que afeta a liberação controlada de ingredientes ativos, além das propriedades físicas e químicas dos encapsulantes. O tamanho de partícula depende das diferentes técnicas que são usadas para produzir as cápsulas. Partículas com tamanhos menores podem apresentar melhores propriedades de entrega e solubilidade, devido à geração de maiores áreas de contato para enzimas ou meios de liberação[116,122,123].

A liberação controlada de ingredientes alimentícios por encapsulação pode ser alcançada por meio da compreensão do mecanismo pelo qual o ingrediente alimentício deve ser liberado. Existem vários mecanismos de liberação, também conhecidos como gatilhos de liberação ou liberação sinalizada, para a liberação controlada do material ativo das cápsulas. Esses mecanismos incluem a liberação baseada em estímulos como a temperatura, dissolução, cisalhamento ou liberação de pressão (mecânica, mastigação), pH e liberação enzimática[114]. Por exemplo, a liberação de um ingrediente alimentício pode ser controlada por meio da incorporação de um polímero sensível à temperatura, que permite a liberação do ingrediente ativo em uma temperatura específica, como a temperatura do corpo humano. Além disso, os ingredientes podem ser encapsulados em matrizes de liberação controlada que são sensíveis a variações de pH ou enzimas específicas, permitindo que o ingrediente ativo seja liberado em condições específicas, como no intestino delgado.

Diversos estudos avaliaram o efeito do encapsulamento com diferentes materiais de parede, empregando os métodos de pulverização e liofilização, na melhora da estabilidade das antocianinas durante o armazenamento. Os resultados são promissores, com aumento significativo da estabilidade das antocianinas a fatores como luz e temperatura. Na Tabela 1 estão apresentados estudos recentes que avaliaram o efeito do microencapsulamento utilizando polissacarídeos como materiais de parede na estabilidade de antocianinas.

Tabela 1 – Estudos recentes empregando polissacarídeos como materiais de parede no encapsulamento de antocianinas

Material ativo	Material de parede	Método empregado	Principais resultados	Referência
Estudos de estabilidade				
Extrato de antocianinas de chokeberry	Goma guar, goma arábica, pectina, β-glucana e inulina	Spray-drying	- Tamanho de partícula: 16,29-53,09 μm - Aumento da estabilidade - Maior teor de antocianinas após 7 dias de armazenamento foi observado para amostras com beta-glucana	(Pieczykolan; Kurek, 2019)[124]

Material ativo	Material de parede	Método empregado	Principais resultados	Referência
Extrato da casca de jabuticaba	Quitosana	Spray-drying	- Tamanho de partícula: 3,82-14,87 µm - Alta EE (79%) - Melhora da estabilidade térmica	(Cabral *et al.*, 2018)[125]
Extratos da casca de jabuticaba	Maltodextrina e goma xantana	Liofilização	- Aumento da estabilidade à luz e à temperatura	(Rodrigues *et al.*, 2018)[126]
Extrato de bagaço de jabuticaba	Maltodextrina e pectina	Liofilização	- Tamanho de partícula: 311,66–370,89 µm - Aumento da estabilidade à luz UV	(Souza; Gurak; Marczak, 2016)[127]
Frutas de romã	Goma arábica, amido modificado Capsul™ e maltodextrina DE 5	Spray-drying	- Aumento da estabilidade durante o armazenamento - A combinação de goma arábica e Capsul™ (1:1) produziu uma microcápsula com maior teor de retenção de antocianinas (70%)	(Santiago *et al.*, 2016)[128]
Estudos com digestão *in vitro*				
Extrato de antocianinas de casca de uva (AEGS)	Alginato de Sódio	Emulsificação/ gelificação interna/liofilização (FD) e spray-drying (SP)	- Tamanho de partícula: 0,56 (SP) e 99,80 (FD) µm - A EE foi superior a 70% - Melhora da estabilidade à luz e térmica das antocianinas (Principalmente das microcápsulas secas por pulverização) - As microcápsulas exibiram maior retenção de antocianinas do que AEGS livre sob digestão gástrica e intestinal	(Zhang *et al.*, 2020)[129]

Material ativo	Material de parede	Método empregado	Principais resultados	Referência
Batata de polpa roxa (PP)	Maltodextrina (MD)	Spray-drying	- Tamanho de partícula: 6,51 µm - A EE foi de 86% - A bioacessibilidade das antocianinas encapsuladas foi 20% maior que a do extrato puro	(Vergara *et al.*, 2020)[130]
Extrato de polpa de juçara	Maltodextrina (MD), inulina (IN) e goma arábica (GA)	Spray-drying	- A EE (%): IN (69,69%); MD (68,51%) e GA (55,84%). - Não foram observadas diferenças significativas para a bioacessibilidade das antocianinas entre as amostras	(Bernardes *et al.*, 2019)[131]
Antocianinas de mirtilo	Carboxi-metilamido (CMS)/goma xantana (XG)	Liofilização	- A EE foi superior a 96% - Melhora da estabilidade térmica -Retenção das microcápsulas no estômago e liberação no intestino	(Cai *et al.*, 2019)[132]
Extrato de mirtilo	Maltodextrina e hi-maize combinados com inulina e goma arábica	Spray-drying	- Tamanho de partícula: 13,10-20,70 µm - A EE variou de 96,80 a 98,83% - Maior proteção das antocianinas na digestão *in vitro* quando comparado ao extrato livre	(Rosa *et al.*, 2019)[133]
Suco de Maqui (*Aristotelia chilensis* (Mol.) Stuntz)	Maltodextrina (MD)/isolado de proteína de soja (SPI)	Liofilização e spray-drying	- Tamanho de partícula: 6,4 µm - A EE foi superior a 90% - A bioacessibilidade das antocianinas microencapsuladas foi superior	(Fredes *et al.*, 2018)[134]

Material ativo	Material de parede	Método empregado	Principais resultados	Referência
Antocianinas de açafrão	ß-glucana e ß-ciclodextrina	Spray-drying	-A EE foi de 45% e 63,25% - O encapsulamento aumentou a disponibilidade de antocianinas na seção intestinal	(Ahmad *et al.*, 2018)[135]

Fonte: Júlia *et al.* (2021)[151]

O emprego de microencapsulação para melhorar a estabilidade das antocianinas de mirtilo foi investigado usando uma combinação de carboximetilamido (CMS) e goma xantana (XG)[128]. Os experimentos mostraram que o encapsulamento com CMS/XG pode melhorar a estabilidade térmica das antocianinas e retardar a degradação. Os estudos da digestão *in vitro* sugeriram que a liberação das antocianinas foi controlada, sendo as antocianinas retidas principalmente dentro das microcápsulas no estômago (% de antocianinas liberadas das microcápsulas menor que 30%) e liberadas no intestino (% de antocianinas liberadas das microcápsulas maior que 70%). Logo a microencapsulação com carboximetilamido (CMS) e goma xantana (XG) pode melhorar a estabilidade das antocianinas e possibilitar a entrega desses compostos no intestino.

Em outro estudo, empregando alginato de sódio como material de parede e extrato de antocianinas de casca de uva como material ativo, houve maior retenção de antocianinas ao final da digestão simulada *in vitro* nas fases gástrica e intestinal em comparação com o extrato puro. Ao final da fase intestinal, as eficiência de retenção das antocianinas obtidas foram 1%, 15% e 24,5% para o extrato puro e para o extrato microencapsulado utilizando-se as técnicas de liofilização e pulverização, respectivamente[128].

Comportamentos similares foram observados para antocianinas de açafrão, que foram encapsuladas em ß-glucana e ß-ciclodextrina. Os resultados sugeriram que as micropartículas foram mais resistentes ao ambiente gástrico. Na digestão intestinal, os resultados mostraram que a quantidade máxima de antocianinas é liberada no tempo de 2h de digestão intestinal simulada, aumentando o tempo de permanência, o que é benéfico para a absorção da substância bioativa pelas células intestinais[134].

Os compostos fenólicos da polpa de juçara foram extraídos e microencapsulados com maltodextrina (MD), inulina (IN) e goma arábica (GA). Foi observado que a bioacessibilidade das antocianinas totais foi semelhante entre os materiais de parede. No entanto, em relação à fração residual, as microcápsulas de inulina apresentaram maior porcentagem de recuperação de antocianinas, refletindo maior atividade antioxidante nessa fração Bernades *et al.* (2019)[130]. De acordo com os pesquisadores a microencapsulação com inulina é promissora, uma vez que sua fermentação no cólon permite a liberação dos compostos bioativos e a promoção de benefícios para a saúde intestinal, atuando como antioxidantes ou nutrientes para bactérias probióticas e suprimindo o crescimento de bactérias patogênicas.

Fredes *et al.* (2018)[133] utilizaram malto dextrina e isolado de proteína de soja no encapsulamento de suco de maqui por spray-drying (SP) e liofilização (FD). A bioacessibilidade das antocianinas do suco encapsuladas (pós) (44,1% para SD e 43,8% para FD) foi significativamente maior do que as não encapsuladas (35,2%).

Liu *et al.* (2019)[136], cientes do efeito do pH na estabilidade de antocianinas, propuseram uma alternativa para proteger esses compostos. Extrato de antocianinas obtido de cenoura roxa foi encapsulado em emulsões água-óleo-água. Mudanças na coloração e outros parâmetros foram avaliados mediante variação do pH da fase aquosa externa de 3,0 a 7,0. O encapsulamento reduziu o efeito do pH na variação da coloração dos extratos, e os resultados são promissores na busca de um sistema de dispersão coloidal para corantes naturais hidrofílicos.

Fang e colaboradores (2020)[137] na tentativa de melhoria de estabilidade das antocianinas utilizaram o polietilenoglicol e quitosana como materiais de parede para encapsular a antocianina purificada obtida de amoreira (*Morus alba* L.). Após um ano de armazenamento, a taxa de retenção foi maior nas antocianinas encapsuladas por polietilenoglicol e quitosana do que as antocianinas controle. Além disso, as atividades antioxidantes e antifadiga permaneceram constantes, demonstrando que, a encapsulação foi significativamente aumentada.

Rosa *et al.* (2021)[132] realizaram um estudo para avaliar a estabilidade das antocianinas obtidas do extrato de mirtilo microencapsuladas por spray dryer, utilizando quatro materiais diferentes como componentes de parede (maltodextrina DE20, goma arábica, inulina e amido resistente) durante um período de 60 dias. O tratamento com goma arábica apresentou os melhores resultados, com uma perda de conteúdo de antocianinas de apenas 5,94% em temperatura ambiente e uma meia-vida mais longa de 679,81 dias em temperatura ambiente. Esses resultados sugerem que o uso de goma arábica como componente de parede pode melhorar a estabilidade e proteção das antocianinas, tornando-as adequadas para uso como ingredientes funcionais pela indústria de alimentos.

Mahdavi *et al.* (2014)[138] realizaram um estudo semelhante, encapsulando antocianinas do extrato de Berberri em três materiais diferentes (maltodextrina, goma arábica e maltodextrina e maltodextrina e gelatina) usando o método de spray dryer. A estabilidade dos pigmentos encapsulados foi monitorada em quatro temperaturas diferentes (4, 25, 35 e 42°C) e quatro condições de umidade relativa (20, 30, 40 e 50%) na presença de luz durante 90 dias. Todos os pigmentos encapsulados apresentaram um tempo de meia-vida maior em comparação às antocianinas não encapsuladas, sendo que o encapsulamento com goma arábica e maltodextrina apresentou a maior eficiência de encapsulamento e as menores taxas de degradação em todas as temperaturas testadas, tornando-se o material mais efetivo para encapsulamento dos pigmentos. As antocianinas encapsuladas foram utilizadas na formulação de geleias e alcançaram atributos sensoriais e físico-químicos satisfatórios, demonstrando que o encapsulamento dos pigmentos com esses materiais melhora a estabilidade sem prejudicar suas características.

Ersus e Yurdagel (2007)[139] obtiveram extratos de antocianinas de cenoura preta e submeteram ao *spray dryer* com diferentes maltodextrinas com o objetivo de avaliar seu efeito sobre as propriedades do pó obtido e sua estabilidade de armazenamento. A estabilidade das antocianinas após o processo foi avaliada sob diferentes condições de temperatura de armazenamento e incidência de luz. O conteúdo de antocianinas foi reduzido em 33% no final do período de armazenamento (64 dias a 25°C). A 4°C a perda de antocianinas foi apenas de 11%. Os autores concluíram que a utilização de maltodextrina como material encapsulante conferiu maior teor de antocianinas ao final do processo de secagem.

Santos *et al.* (2020)[140] avaliaram o efeito da temperatura na degradação das antocianinas presentes no extrato de amora-preta seco por spray dryer, utilizando a maltodextrina como agente auxiliar de secagem para produzir microesferas. A estabilidade térmica das antocianinas foi avaliada na presença e ausência de copigmentos em diferentes temperaturas entre 70°C e 100°C, utilizando a cinética de degradação. O estudo também investigou o papel da maltodextrina na proteção das antocianinas durante o processo de secagem por spray dryer em altas temperaturas. Os resultados mostraram que a maior estabilidade de antocianinas foi encontrada a 70°C.

Escobar-Puentes *et al.* (2020)[141] sintetizaram e caracterizaram nanopartículas de amido de milho normal (NPS-N), alta amilose (NPS-H) e amilopectina (NPS-W) succiniladas para o nanoencapsulamento de antocianinas. A interação entre as nanopartículas e as antocianinas também foi investigada. Os resultados mostraram que NPS-N e NPS-W apresentaram as maiores eficiências de encapsulamento (EE) com 52% e 49%, respectivamente, em comparação com NPS-H (45%). A interação nanopartícula–antocianina também foi investigada. NPS-N e NPS-W apresentaram as maiores eficiências de encapsulamento (EE) 52 e 49%, respectivamente, em comparação com NPS-H (45%). A interação nanopartícula-antocianina ocorreu por meio de interações hidrofóbicas e eletrostáticas e influenciou significativamente o tamanho hidrodinâmico e as propriedades de superfície das nanocápsulas resultantes. A cristalinidade relativa diminuiu significativamente nos S-NPSs, mas as nanocápsulas experimentaram principalmente uma recristalização estrutural e apresentaram temperaturas de fusão > 150°C.

Kanha *et al.* (2020)[142] microencapsularam as antocianinas copigmentadas (ATC-CTC) de extrato de arroz preto, usando emulsão dupla e coacervação complexa com diferentes emulsificantes hidrofílicos (gelatina-goma de acácia: GE-AG, quitosana-carboximetilcelulose: CS-CMC). Quatro tipos de microcápsulas liofilizadas (GE-AG / ATC, GE-AG / ATC-CTC, CS-CMC / ATC e CS-CMC / ATC-CTC) foram preparadas. GE-AG / ATC-CTC tinha as propriedades químicas mais desejáveis com alto teor de antocianina (0,76 g/100 g) e atividade antioxidante ABTS (5,8 µg Trolox/100 g). Durante o armazenamento, CS-CMC / ATC-CTC teve a maior estabilidade de antocianina e os maiores valores de meia-vida (150 dias). De acordo com as propriedades termodinâmicas, a copigmentação contribuiu para a menor entropia negativa (ΔS) e a entalpia (ΔH), além disso a energia livre de Gibbs (ΔG) sugeriu que a reação de degradação da antocianina microencapsulada foi endotérmica e espontânea.

Conforme destacado anteriormente, há uma grande variedade de sistemas de entrega baseados em polissacarídeos sendo estudados no microencapsulamento de antocianinas. Os resultados são promissores, com aumento da estabilidade e da bioacessibilidade das antocianinas.

Dados sobre o impacto da microencapsulação com polissacarídeos na biodisponibilidade das antocianinas são escassos, sendo necessário o desenvolvimento de mais estudos nesse sentido. Além disso, outros polissacarídeos e a combinação deles podem ser estudados visando aumentar a estabilidade das antocianinas e aprimorar o sistema de entrega destinado ao intestino para possível absorção.

Proteínas como materiais de parede

As antocianinas podem se ligar espontaneamente a proteínas por meio de interações hidrofóbicas e de ligação de hidrogênio, melhorando sua estabilidade[143]. Diversos estudos avaliaram o impacto de proteínas na estabilidade de antocianinas durante o armazenamento e digestão *in vitro*. Esses estudos são realizados em geral, avaliando a complexação de antocianinas com proteínas individuais e a complexação de antocianinas com proteínas individuais com emprego da técnica de pulverização ou liofilização para encapsulação (Tabela 2).

Tabela 2 – Estudos recentes empregando proteínas como materiais de parede no encapsulamento de antocianinas

Material ativo	Material de parede	Método empregado	Principais resultados	Referência
Antocianinas de mirtilo	Albumina de soro bovino	Complexação	- Aumento da estabilidade a luz, sacarose e vitamina C - Diminuição da degradação de antocianinas e da perda da capacidade antioxidante	(Zang *et al.*, 2022)[144]
Extrato de mirtilo rico em antocianinas	Proteínas do soro de leite e caseína micelar	Spray-drying	- Tamanho de partícula: 4,11-8,78 µm - EE da CA e WA foi de 49,73 ± 0,68% e 59,99 ± 0,49% - Maior retenção das antocianinas na fase gástrica - Perda e degradação substanciais de antocianinas na fase intestinal pela total desintegração das micropartículas	(Liao *et al.*, 2021)[145]

Material ativo	Material de parede	Método empregado	Principais resultados	Referência
Extrato purificado de antocianinas de mirtilo	α-caseína e β-caseína	Complexação	- Maior recuperação das antocianinas após digestão (16,52% e 22,21% com a adição de α-caseína e 10,37% e 14,14% com a adição de β-caseína) -Proteção da capacidade antioxidante - Aumento da bioacessibilidade	(Lang *et al.*, 2021a)[146]
Antocianinas de mirtilo	Isolado de proteína de soro de leite	Complexação	- Aumento da estabilidade e da atividade antioxidante das antocianinas durante o processamento e a digestão *in vitro* simulada, especialmente na concentração de 0,15 mg/mL	(Zang *et al.*, 2021)[147]
Extratos de farelo de cultivares de arroz tailandês	Gelatina	Liofilização	- EE maior que 90% - Maior liberação de compostos bioativos e atividade antioxidante do que os extratos não encapsulados	(Peanparkdee; Borompichaichartkul; Iwamoto, 2021)[148]
Extrato de antocianinas de casca de cereja	Isolado de proteínas de soro de leite	Liofilização	- Tamanho de partícula: 30-50 µm - EE foi de 70.30 ± 2.20% - As proteínas do soro protegem as antocianinas da digestão gástrica, sendo sua liberação facilitada no intestino	(Oancea *et al.*, 2018)[149]

Fonte: Li *et al.* (2015)[142]

As proteínas são amplamente utilizadas como materiais de parede no encapsulamento de antocianinas, com destaque para a caseína e as proteínas do soro do leite, devido às suas propriedades de digestão que podem afetar a estabilidade e a liberação de materiais ativos, como as antocianinas, no trato gastrointestinal. Recentemente, Liao *et al.* (2021)[144] investigaram o uso de caseína micelar (CA) e isolado de proteína do soro do leite (WA) como materiais de parede para melhorar a estabilidade das antocianinas de mirtilo. Experimentos de digestão in vitro revelaram que as antocianinas foram retidas pelas microcápsulas no estômago e liberadas no intestino, e cada tipo de micropartícula exibiu um mecanismo de proteção diferente. De acordo com os autores, a baixa solubilidade e propriedades de coagulação das micelas de caseína foram os principais contribuintes para a proteção das antocianinas. No estômago, as micropartículas de CA demoraram mais para serem solubilizadas e posteriormente agregadas, formando grandes coalhadas sob a influência do ácido e pepsina. Já para as microcápsulas com proteínas do soro, a excelente solubilidade do isolado proteico de soro causou a rápida dissolução do pó de WA em fluido gástrico simulado. Isso indicou que as micropartículas líquidas com uma estrutura de núcleo em concha desempenharam um papel protetor. A resistência natural da proteína de soro de leite à pepsina e à agregação ácida foram fatores críticos que contribuíram para a liberação prolongada de antocianinas.

Os efeitos protetores da α-caseína e β-caseína em antocianinas de mirtilo usando um modelo de digestão *in vitro* foram estudados[145]. O teor de antocianinas ao final da digestão simulada com α-caseína (0,042 mg C3G/ml) ou β-caseína (0,032 mg C3G/ml) foi significativamente maior do que o de antocianinas isoladas, indicando os efeitos protetores das caseínas sobre as antocianinas de mirtilo na digestão intestinal. Além disso, a α-caseína e a β-caseína protegeram a capacidade antioxidante das antocianinas de mirtilo, e aumentaram sua bioacessibilidade durante a digestão intestinal. O efeito das caseínas pode ser atribuído à capacidade dessas de encapsular antocianinas através da ligação com elas. Assim durante a digestão, com condição alcalina e enzimas digestivas, as antocianinas seriam liberadas lentamente com a hidrólise enzimática das caseínas, o que pode levar a uma maior estabilidade e bioacessibilidade das antocianinas.

Lang *et al.* (2021b)[150] avaliaram também o efeito α-caseína em modelos animais para avaliar se a estabilidade aprimorada das antocianinas proporcionou benefícios para a absorção de antocianinas in vivo. Os resultados mostraram que a complexação com a α-caseína, aumentou a concentração de antocianinas no plasma dos animais. Os mesmos pesquisadores também avaliaram o efeito da α-caseína em modelos animais para verificar se a estabilidade aprimorada das antocianinas proporcionou benefícios para a absorção de antocianinas *in vivo*. Os resultados mostraram que a complexação com a O-caseína aumentou a concentração de antocianinas no plasma dos animais[149].

Um outro estudo avaliou o impacto da albumina sérica bovina (BSA) na estabilidade das antocianinas. Esse estudo formou um complexo entre as antocianinas do mirtilo e a BSA, e avaliou sua estabilidade e capacidade antioxidante antes e após a adição de BSA, simulando vários parâmetros de processamento, armazenamento (luz, sacarose e vitamina C) e digestão simulada in vitro. Os resultados mostraram que a BSA na concentração de 0,15 mg/mL exerceu o melhor efeito protetor entre os tratamentos com luz, sacarose e vitamina C. A BSA também diminuiu a degradação das antocianinas e a perda da capacidade antioxidante. Isso sugere que o encapsulamento de antocianinas na cavidade estrutural da BSA pode ajudar a protegê-las contra as condições adversas do trato gastrointestinal, resultando em uma liberação lenta de antocianinas durante a digestão intestinal através da hidrólise enzimática da BSA. Em conjunto, esses estudos sugerem que tanto a α-caseína quanto a BSA podem ser utilizadas para melhorar a estabilidade e bioacessibilidade das antocianinas, oferecendo assim um potencial aplicação na indústria alimentícia[143].

As proteínas têm sido investigadas como materiais de parede promissores para aumentar a estabilidade das antocianinas durante o armazenamento e a digestão in vitro. A maioria dos estudos se concentra no desenvolvimento de sistemas de entrega direcionados ao intestino, onde as antocianinas são mais suscetíveis à degradação devido às condições de pH e à presença de enzimas. Os resultados desses estudos mostram um aumento significativo na estabilidade das antocianinas a condições como temperatura e luz, bem como uma maior recuperação de antocianinas após a digestão. Além disso, os estudos reportam também dados sobre a atividade antioxidante que é preservada ou pouco reduzida em função da proteção das antocianinas à degradação. Em contrapartida, poucos estudos avaliam a bioacessibilidade e biodisponibilidade das antocianinas encapsuladas com proteínas.

Nanoencapsulamento

O nanoencapsulamento compreende a incorporação de material ativo em minúsculas cápsulas com diâmetros nanométricos. O nanoencapsulamento, assim como o microencapsulamento, é uma técnica também promissora para aumentar a estabilidade das antocianinas no processamento, armazenamento e passagem pelo trato gastrointestinal. Além de propiciarem a liberação controlada de moléculas bioativas durante a digestão. No entanto, as nanopartículas destacam-se ainda mais, pois podem ser absorvidas diretamente pelas células epiteliais no intestino delgado, o que pode aumentar significativamente a absorção e a biodisponibilidade de fitoquímicos como as antocianinas[142, 151].

As nanopartículas produzidas com a quitosana como material de parede têm sido amplamente estudadas. A quitosana é um polissacarídeo catiônico linear composto por unidades de D-glicosamina (desacetiladas) e N-acetil-D-glicosamina (acetiladas), ligadas por ligação β-(1–4) de forma aleatória (Figura 6). É obtida pela desacetilação da quitina, que é extraída de crustáceos. Devido às suas características aderentes à superfície da mucosa e à capacidade de abrir transitoriamente as junções entre as células epiteliais, a quitosana é uma boa alternativa para prolongar o tempo de residência e aumentar o tempo de liberação de compostos bioativos no trato gastrointestinal[152,153]. Além disso, o polímero é conhecido por ser biocompatível e não tóxico[142].

Figura 6 – Estrutura química da quitosana

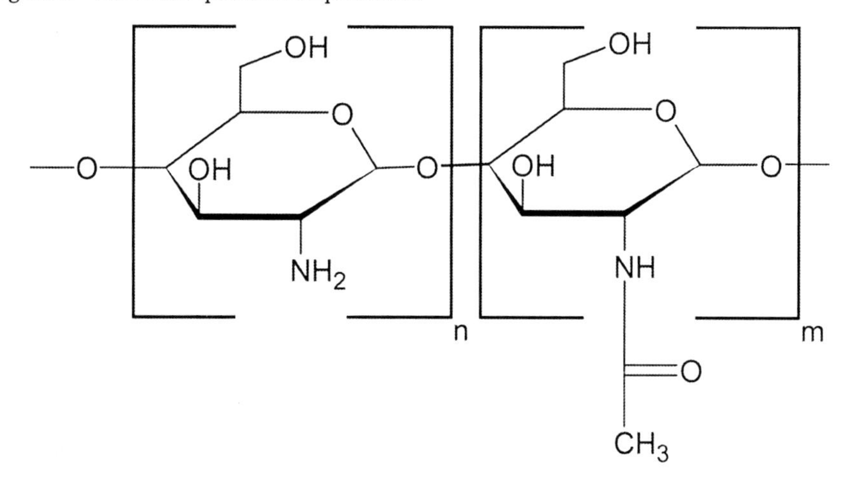

Fonte: Ways, Lau e Khutoryanskiy (2018)[153]

A gelificação iônica é uma técnica que permite a produção de nanopartículas por interações eletrostáticas entre duas espécies iônicas sob certas condições. Pelo menos uma das espécies tem que ser um polímero.

Quando uma molécula bioativa é adicionada à reação, ela pode ficar presa entre as cadeias poliméricas das nanopartículas. O tripolifosfato (TPP) é um reticulante aniônico comumente empregado na formação de nanopartículas com quitosana, mas outros compostos como a goma arábica e pectina vêm sendo estudados como alternativas

Para contornar a questão da insolubilidade em água e na maioria dos solventes orgânicos da quitosana, derivados de quitosana podem ser obtidos pela modificação química de grupos funcionais[154]. A carboximetilquitosana (carregada negativamente) e o cloridrato de quitosana (carregado positivamente) são dois derivados de quitosana solúveis em água muito utilizados[155].

Nanopartículas à base de quitosana já foram preparadas para o encapsulamento de antocianinas e o impacto na estabilidade durante o armazenamento e passagem pelo trato gastrointestinal avaliado (Tabela 1). Nanopartículas de quitosana carregadas com antocianinas de mirtilo mostraram uma degradação mais lenta durante a digestão *in vitro*. A taxa de antocianinas liberadas das nanopartículas de quitosana (47,73%) foi menor do que a das antocianinas livres (68,53%) em solução, ao longo da digestão gástrica. Na digestão intestinal, a porcentagem de antocianinas liberadas das nanopartículas foi de 30,61%, em comparação com 50,49% das antocianinas livres. Os resultados mostraram que nanopartículas de quitosana carregadas com antocianinas podem reduzir a taxa de liberação e reduzir a degradação das antocianinas no trato gastrointestinal[156].

Para antocianinas de *Aronia melanocarpa* nanoencapsuladas com quitosana e tripolifosfato de sódio, a taxa de retenção das antocianinas (96,24%) nas nanopartículas foi claramente superior às antocianinas livres (88,21%) quando as amostras foram submetidas à digestão gástrica por 1h. Além disso, a taxa de retenção de antocianinas livres diminuiu rapidamente para 38,52%, enquanto a das nanopartículas foi de 79,13% após digestão intestinal simulada[157].

Tabela 3 – Estudos recentes da nanoencapsulação de antocianinas com quitosana

Material ativo	Material de parede	Método emprega-do	Principais resultados	Referência
Antocianinas de cenoura preta	Quitosana e tripolifos-fato de sódio (TPP)	Gelificação iônica	- EE de 70 ± 7% - Tamanho de partícula: 274 nm - Melhor atividade antio-xidante *in vivo*, indicando maior estabilidade e biodisponibilidade	(Chatterjee *et al.*, 2021)
Antocianinas de *Aronia melanocarpa*	Quitosana e tripolifos-fato de sódio (TPP)	Gelificação iônica	- EE de 65,7 ± 7% - Tamanho de partícula: 197 nm - Degradação significativa-mente mais lenta e ativi-dade antioxidante mais forte durante a digestão gastrointestinal simulada e armazenamento	(Wang *et al.*, 2021a)
Extrato de antocianinas de cranberry	Cloridrato de quitosana, carboxime-tilquitosana e isolado de proteína de soro de leite	Gelificação iônica	- EE de 60,70% - Tamanho de partícula de 332.20 nm - Maior estabilidade térmica - Maior estabilidade e libe-ração mais lenta ao longo do tempo na digestão *in vitro*	(Wang *et al.*, 2021b)
Antocianinas de mirtilo	Quitosana e pectina	Gelificação iônica	- EE de 66,68% - Tamanho de partícula: 100–300 nm - Aumento da estabilidade ao estresse oxidativo, choque térmico e luz UV - Nanocápsulas protegeram as antocianinas no estômago e retardaram a liberação no intestino	(Zhao *et al.*, 2020)

Material ativo	Material de parede	Método emprega-do	Principais resultados	Referência
Mistura de antocianinas com uma pureza de 25%	Cloridrato de quitosana, carboxime-tilquitosana e β-Lactoglo-bulina	Gelificação iônica	- EE ótima de 69,33% - Tamanho de partícula ótimo de 91,71 nm - Maior estabilidade em fluido gástrico simulado e fluido intestinal simulado - Menos liberação de anto-cianinas que a solução de antocianinas livres	(Ge *et al.*, 2019)
Antocianinas de mirtilo	Cloridrato de quitosana e carboxime-tilquitosana	Gelificação iônica	- EE de 44,0% - Tamanho de partícula: 178,1 nm - Maior estabilidade em dife-rentes temperaturas de arma-zenamento, várias concentra-ções de ácido ascórbico, pH ou luz fluorescente branca	(Ge *et al.*, 2018)
Antocianinas de mirtilo	Cloridrato de quitosana e carboxime-tilquitosana	Gelificação iônica	- EE de 61,80% - Tamanho de partícula de 214,83 nm - Degradação mais lenta no fluido gastrointestinal simulado - Maior estabilidade das antocianinas em um sistema modelo de bebida	(He *et al.*, 2017)
Antocianinas de soja preta	Quitosana e tripolifos-fato de sódio (TPP)	Gelificação iônica	- Melhora da estabilidade da cor e da atividade antioxi-dante em diferentes tempera-turas e tempos	(Ko *et al.*, 2016)

Fonte: Liang *et al.* (2017)[150]

As nanopartículas após entrarem no trato gastrointestinal são expostas a diferentes pH, quantidade excessiva de íons e diferentes tipos de enzimas digestivas, o que pode afetar a eficácia das nanopartículas na liberação dos compostos. O pH em especial desempenha um papel importante em afetar a estabilidade das nanopartículas no trato gastrointestinal[142].

A liberação de materiais de núcleo de nanopartículas é induzida principalmente pela degradação da estrutura que retém de forma estável os materiais de núcleo. Uma mudança no ambiente de pH externo no qual as nanopartículas estão dispersas, pode alterar a carga dos materiais de parede e afetar a atração eletrostática entre os materiais de parede que constituem as estruturas das nanopartículas fabricadas por gelificação iônica. Embora o encapsulamento com quitosana possa melhorar a estabilidade de compostos como as antocianinas, a quitosana pode ser dissociada em valores de pH baixos, como o pH do estômago (pH = 2,0), levando à liberação de antocianinas no estômago e limitando sua entrega e absorção na mucosa intestinal. Por outro lado, como a solubilidade do quitosana em ambientes neutros é baixa, a estrutura das nanopartículas pode ser mantida, sem dissolução da quitosana. Quanto mais estável for o estado inicial de ligação iônica das nanopartículas, menos influência terá a mudança de pH, e a degradação das nanopartículas pode ser retardada, resultando em liberação sustentada de materiais do núcleo[160,161].

Em outro estudo da nanoencapsulação de antocianinas com quitosana, a proteína β-lactoglobulina (β-Lg) foi incluída como material de parede, em uma tentativa de diminuir a instabilidade da quitosana no pH do estômago e favorecer o transporte das antocianinas para o intestino delgado. Em comparação com as antocianinas não encapsuladas, os nanocomplexos atrasaram a liberação de antocianinas, sendo a propriedade de liberação sustentada de nanocomplexos com β-Lg superior aos nanocomplexos apenas com quitosana. Nos ensaios de digestão *in vitro*, verificou-se que a concentração de antocianinas em solução aquosa (forma não encapsulada) e dos nanocomplexos não exibiram uma mudança significativa após a digestão gástrica. No entanto, após 4h de incubação de digestão intestinal, a concentração de antocianinas na solução aquosa caiu rapidamente de 105,3 para 16,9 µg/mL. No entanto, a degradação de antocianinas reduziu significativamente a partir de nanocomplexos, especialmente nanocomplexos revestidos com β-Lg. A concentração residual de antocianinas de nanocomplexos de quitosana/β-Lg após 6h de incubação de digestão intestinal foi de 42,5 µg/Ml[158].

Quando a pectina foi adicionada como material de parede juntamente com a quitosana, resultados promissores também foram observados. A introdução da pectina retardou a liberação das antocianinas no ambiente gástrico, o que indicou que as nanopartículas com antocianinas podem entrar no intestino sem muita liberação no estômago. Após 12h de digestão, a taxa de liberação de antocianinas no suco gástrico foi de 26%, enquanto no suco intestinal foi de 56% [159].

Pesquisas avaliando o impacto na biodisponibilidade de antocianinas nanoencapsuladas com quitosana são escassos. No entanto, estudos da absorção/transporte pelas células Caco-2 de outros compostos nanoencapsulados com quitosana apresentaram resultados promissores de aumento da biodisponibilidade. Aumentos significativos na absorção de luteína[160], quercetina[161,162] e resveratrol[163] em células Caco-2 já foram observados.

Kim *et al.* (2019)[160] encapsularam quercetina em nanopartículas preparadas por gelificação iônica entre quitosana e goma arábica, com o objetivo de melhorar sua biodisponibilidade. As nanopartículas mostraram adesão celular intestinal significativamente maior em comparação com a quercetina livre e exibiram maior permeabilidade celular que a quercetina nos estudos de permeação celular. O emprego da goma arábica que tem mais sítios de interação com a quitosana para gelificação iônica em comparação com o tripolifosfato, devido ao seu maior peso molecular, resultou em uma forte matriz nas nanopartículas. As nanopartículas mantiveram sua rede sem degradação estrutural no meio ácido do estômago, suprimindo altamente a liberação de quercetina para meios externos. Além disso, embora a goma arábica em meio de pH superior a 6,5 tenda a inchar, o efeito do intumescimento na degradação estrutural de nanopartículas foi mínimo em pH 6,8 do intestino. Portanto, a liberação de quercetina em nanopartículas foi apenas ligeiramente aumentada após a exposição às condições intestinais.

A goma arábica é um polissacarídeo complexo derivado do exsudato natural da árvore Senegalês senegal ou Acacia Senegal e apresenta em sua estrutura uma cadeia principal formada por β-D-galactopiranose unida por ligações (1→3), alternadas por ligações altamente ramificadas (1→6). Apresenta cadeias laterais constituídas por ácido 4-O-metil-glucurônico, ácido glucurônico, galactose, arabinose e ramnose. Pode apresentar diferentes tipos de proteínas e outros compostos associados, como polifenóis em sua estrutura[164,165]. A goma arábica é carregada negativamente em pH acima de 2,2 (seu pKa aproximado), devido à desprotonação dos grupos carboxílicos em seus resíduos de ácido glicurônico, podendo interagir com a quitosana, sendo uma boa candidata para a formação de nanocápsulas[166,167].

Estudos com resultados promissores indicam que as nanopartículas de quitosana podem melhorar a estabilidade das antocianinas e prevenir sua degradação durante o armazenamento e durante a passagem pelo trato gastrointestinal. Além de propiciarem uma liberação controlada das antocianinas durante a digestão, com potencial de aumentar a biodisponibilidade desses compostos. Todavia, a estabilidade das nanopartículas de quitosana deve ser levada em consideração, uma vez que vários fatores, como pH, íons, enzimas digestivas no trato GI, afetam as propriedades do sistema de entrega de nanopartículas Liang (2017)[150]. Trabalhos futuros podem estar focados no desenvolvimento de nanopartículas de quitosana com melhor estabilidade ao trato gastrointestinal e em avaliar o impacto dos nanocarreadores na biodisponibilidade das antocianinas, por meio da absorção/transporte em células e em modelos animais[142].

Copigmentação

A copigmentação pode ser descrita como uma interação molecular entre as antocianinas e outros componentes orgânicos não coloridos, que resulta em cores mais brilhantes e estáveis do que as cores das antocianinas monoméricas. As antocianinas simples não são estáveis em soluções aquosas, mas podem ser estabilizadas por meio do empilhamento vertical do anel aromático de antocianinas (autoassociação), interação entre antocianinas e fenóis, como flavonas (copigmentação intermolecular) e interação entre antocianinas e seus resíduos acilados (copigmentação intramolecular) tipo sanduíche por meio de interações hidrofóbicas[168,169].

A Figura 7 ilustra um modelo de copigmentação entre antocianinas e flavonoides. Essa interação molecular pode contribuir para o aumento da estabilidade e intensidade da cor das antocianinas, resultando em cores mais atraentes e duradouras em alimentos e bebidas.

Figura 7 – Esquema de copigmentação para o aumento da estabilidade de antocianinas

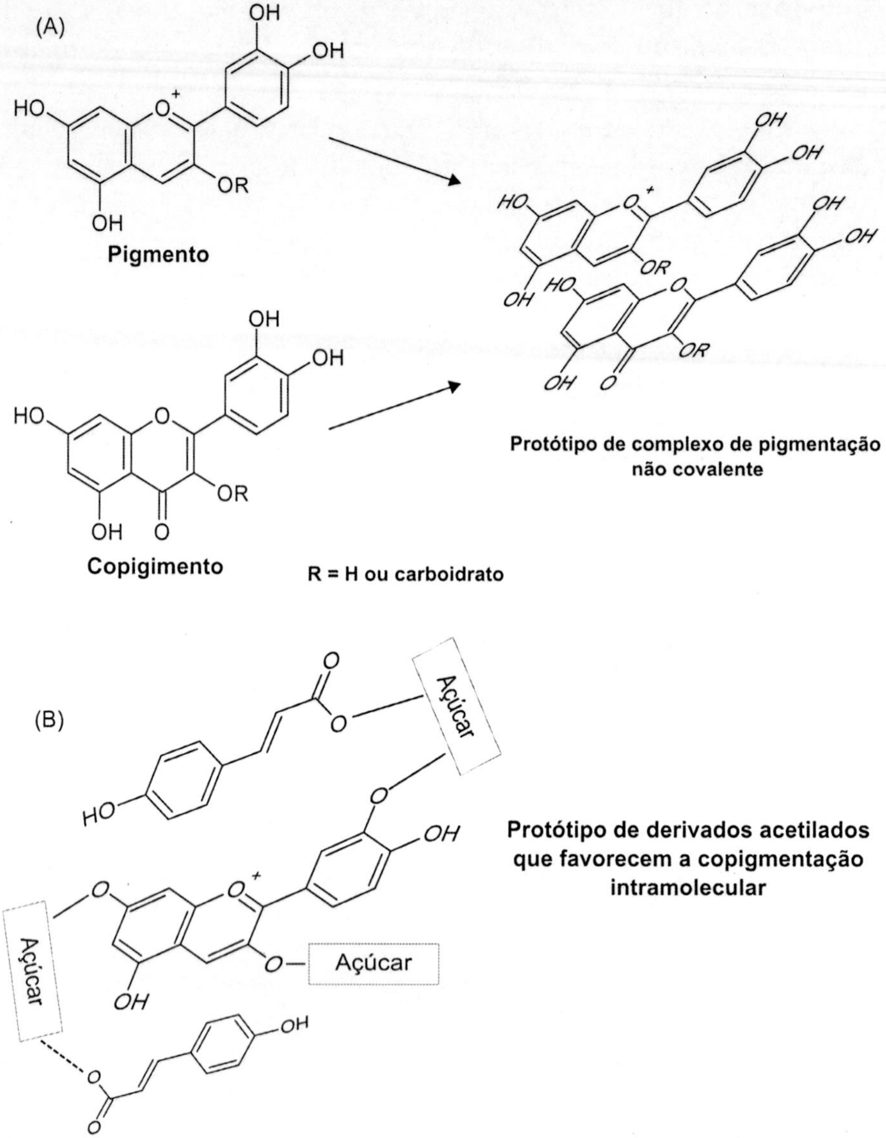

Fonte: Trouillas *et al.* (2016)[168]

Um outro modelo de estrutura foi proposto por Goto e Kondo (1991)[169], baseando-se no empilhamento vertical, por meio de forças hidrofóbicas entre os núcleos aromáticos da antocianina e o da flavona usada como copigmento, sendo estabilizada, ainda, pelas moléculas hidrofílicas do açúcar. Cada empilhamento é estabilizado por sobreposição de camadas de açúcar, através de pontes de hidrogênio, como é ilustrado na Figura 8.

Esse modelo sugere que a copigmentação é estabilizada por meio da formação de complexos de antocianina e flavona, que aumentam a solubilidade e melhoram a estabilidade da cor. A presença de açúcar pode aumentar ainda mais a estabilidade da copigmentação, fornecendo um ambiente hidrofílico para as moléculas de antocianina e flavona.

Figura 8 – Esquema representativo da autoassociação, copigmentação inter e intramolecular

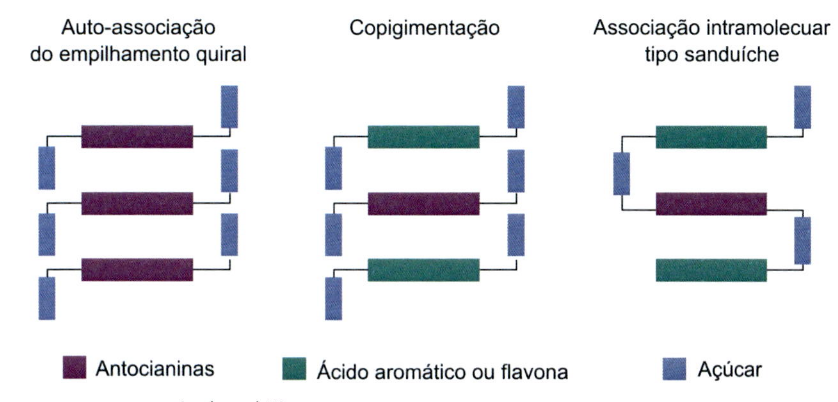

Fonte: Goto e Kondo (1991)[169]

A copigmentação pode ocorrer de duas maneiras, intra ou intermolecular. sua estabilidade é influenciada pelas diferentes energias de ligação ou afinidades de suas próprias estruturas, configurações das antocianinas, por pH, temperatura e presença de outros compostos. Sobre as configurações das antocianinas, o aumento do grau de metoxilação e glicosilação no anel B da antocianidina aumenta o efeito da copigmentação. Por exemplo, a malvidina-3-glicosídeo (contendo dois grupos metoxila no anel B) mostra maior efeito de copigmentação que a cianidina-3-glucosídeo (sem metoxila grupo no anel B). Além disso, qualquer extensão (por exemplo, substituição por grupos hidroxila e metoxila doadores de elétrons) bem como o anel fenólico também podem ter efeito sobre a estabilidade da copigmentação[77,79].

As moléculas de açúcar das antocianinas possuem grande influência na copigmentação, quanto maior o número de porção de açúcar, o efeito da copigmentação diminui. De fato, Eiro e Heinonen (2002)[170] relataram que trissacarídicos de cianidina mostraram copigmentação mais fraca que a monoglucosídico. Trouillas *et al.* (2016)[168] em seu estudo revelaram um efeito de copigmentação maior do cianidin-3-O-glucosilrutinosídeo (contendo três porções de açúcar) que a do cianidin-3-O-rutinosídeo (contendo apenas uma porção de açúcar). Isso pode ser explicado, já que há grupos "ativos" em moléculas de açúcares possuem maior significância na copigmentação.

As moléculas de açúcar das antocianinas possuem grande influência na copigmentação, pois quanto maior o número de porção de açúcar, menor o efeito da copigmentação. De fato, Eiro e Heinonen (2002)[170] relataram que trissacarídicos de cianidina mostraram uma copigmentação mais fraca que a monoglucosídico. Trouillas *et al.* (2016)[168] em seu estudo revelaram um efeito de copigmentação maior da cianidina-3-O-glucosilrutinosídeo (contendo três porções de açúcar) que a da cianidina-3-O-rutinosídeo (contendo apenas uma porção de açúcar). Isso pode ser explicado, já que há grupos "ativos" em moléculas de açúcares e esses grupos possuem maior significância na copigmentação.

Geralmente, os ácidos ferúlico e cafeico são considerados os melhores copigmentos, enquanto os ácidos clorogênico e rosmarínico são considerados copigmentos pouco eficientes[168,170]. Porém, a classificação dos copigmentos com base em sua eficiência deve ser determinada separadamente para cada fonte de antocianina.

O uso de copigmentos pode ser uma opção para obtenção de pigmentos antociânicos que possam ser usados em alimentos com maior segurança contra a perda de cor. Uma vez que é reconhecido que o processo de copigmentação é um fator importante de estabilização da cor da antocianina nos sistemas *in vivo*. A copigmentação é responsável pela grande variedade de cores que um pequeno número de antocianinas é capaz de produzir, e pela considerável diferença de cores da mesma antocianina em diferentes partes da planta, ou em plantas diferentes[116].

Dessa forma, a utilização de copigmentos pode contribuir para uma maior segurança contra a perda de cor em alimentos.

A reação de copigmentação da antocianina confere mais brilho, força e estabilidade à cor, mesmo em condições de baixa acidez, em que as antocianinas são geralmente incolores. Essa reação é comum na natureza e resulta da associação de íons metálicos ou polifenólicos incolores (cofatores) com antocianinas. O papel básico dos copigmentos é proteger o cátion flavilium do ataque nucleofílico da molécula de água.

Copigmentação intromolecular

A copigmentação intramolecular talvez seja o mais importante e estudado mecanismo de estabilização das antocianinas. Esse mecanismo consiste das ligações, principalmente com ácidos hidroxicinâmicos, que fazem parte da molécula, e por mecanismo estereoquímico protegem o núcleo deficiente em elétrons da molécula (Figura 9). Segundo Broiullard (1982)[204] tal mecanismo é mais eficiente na estabilização das antocianinas do que a copigmentação intermolecular, pois sob o ponto de vista termodinâmico, no efeito intramolecular não é essencial que as moléculas separadas, inicialmente em solução, se unam.

Figura 9 – Modelo hipotético e simplificado da copigmentação intramolecular das antocianinas

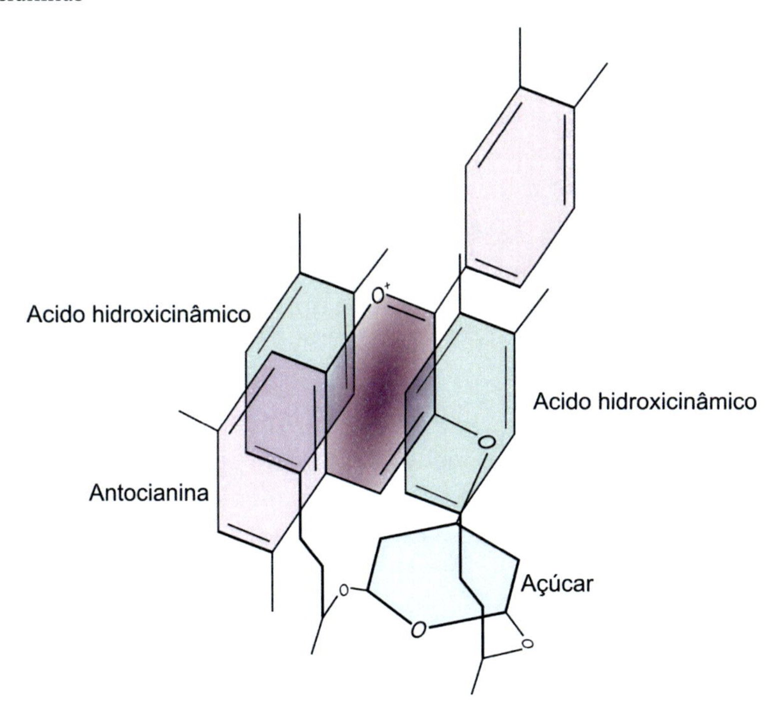

Fonte: adaptado de Mazza *et al.* (1990)[171]

Acredita-se que os resíduos aromáticos de grupos acilados empilhados com anel pirilium do cátion flavilium diminuem grandemente a aptidão da água ligar-se às posições C-2 e C-4. A extensão das reações de hidratação são, portanto, reduzidas e as reações de transferência de próton não são aparentemente afetadas pelo processo de empilhamento, incrementando fortemente a estabilidade dos cromóforos. Considera-se que a força condutora do processo de empilhamento é de natureza hidrofóbica. Uma explicação similar foi dada mais recentemente para a estabilidade da cor exibida pela gentiodelfina. Na Figura 11, é mostrado o mecanismo hipotético de empilhamento que protege o anel pirilium do ataque da água. Os resíduos de ácido são arbitrariamente ligados às posições 3 e 6 do açúcar ligado à posição 3 da antocianidina[204]. As antocianinas monoaciladas não demonstram grande estabilidade, indicando que somente um lado do anel pirilium é efetivamente protegido, deixando livre o outro lado do anel, permitindo o ataque da água[172]. A estabilidade da cor de moléculas aciladas é causada por um fenômeno de copigmentação intramolecular, no qual os resíduos aromáticos dobram-se e interagem com o sistema p do núcleo pirilium, protegendo as formas coloridas contra o ataque nucleofílico da água[173]. De fato, acredita-se que os resíduos de açúcar das antocianinas agem como blocos construtivos na formação dos complexos pigmento-copigmento, quer estes ocorram inter ou intramolecularmente. Quando dois ou mais esteres cinâmicos estão presentes em uma antocianina, a copigmentação intramolecular pode ser forte o bastante para prevenir a ocorrência da copigmentação intermolecular[17,174].

A copigmentação intramolecular somente ocorre quando o pigmento e o copigmento são partes de uma única molécula, por exemplo o cromóforo da antocianina e um resíduo de ácido e de açúcar.

Antocianinas aciladas possuem uma melhor estabilidade ao calor, luz, pH e SO_2 que as monoaciladas, mesmo em valor de pH menor[175]. A presença de um ou mais grupos acila na molécula de antocianina a protege contra a hidrólise da forma catiônica flavilium em base carbinol, permitindo a formação preferencial da base quinoidal. Isso resulta em pigmentos menos sensíveis a mudanças de pH[175]. Nestes pigmentos a estabilidade da cor parece aumentar com o aumento do conteúdo de ácidos orgânicos (ácidos cinâmico e malônicos) e aumenta também com a substituição de agliconas[176]. A utilização de antocianinas aciladas, que possuem cor e estabilidade ao calor, luz, pH e SO_2 bem melhores, tem sido uma das mais promissoras no que se refere ao uso de corantes naturais em alimentos.

O principal efeito da copigmentação intramolecular é proteger o anel pirrólico contra a aproximação de moléculas de água, consequentemente impedindo ataque nucleofílico e a formação de pseudobases ou chalconas. Portanto a existência de interações hidrofóbicas entre o anel pirrólico das antocianinas e o anel aromático dos ésteres dos ácidos cafeico e ferúlico é uma explicação plausível para a excepcional estabilidade da antocianina de *Zebrina pendula*, em pH próximo à neutralidade, no qual a maioria das antocianinas já teria se descolorido. Por outro lado, as partes hidrofílicas da molécula de antocianina, tais como os grupos hidroxila da aglicona e os açúcares, se mantiveram inalterados. Todos os pigmentos que apresentam tal estabilidade são caracterizados pela presença de dois grupos acil. Provavelmente um grupo está situado acima da molécula, e o outro abaixo. Modelos moleculares mostram que a existência de tal conformação é altamente plausível[177].

Até recentemente, antocianinas contendo grupos acil como substituintes tinham sido relatados em não mais de 20 famílias de plantas, e os grupos acil presentes eram sempre ácidos aromáticos, tais como cafeico e p-cumárico, ou então o ácido acético, ácido alifático mais simples de apenas um carbono. Porém novos estudos têm demonstrado a presença de antocianinas aciladas em mais de 200 espécies de plantas, e têm sido encontrados ácidos alifáticos dicarboxílicos como grupos acil substituintes. Devido ao fato deste tipo de acilação ser extremamente lábil *in vitro*, pelos processos de extração convencionais com metanol acidificado com ácido clorídrico a 1%, muitas antocianinas anteriormente descritas como não aciladas podem ser aciladas por estes ácidos orgânicos alifáticos, especialmente aquelas presentes em flores da família *Compositae*. O êxito na extração destas antocianinas depende em grande medida da substituição do ácido clorídrico por ácidos mais fracos, como os ácidos acético, tartárico, cítrico e fórmico, na solução alcoólica[177].

Experimentos *in vitro* têm confirmado a maior estabilidade destas antocianinas, especialmente as aciladas com ácido malônico, aos efeitos da radiação luminosa, em relação às antocianinas não aciladas[178].

Baublis *et al.* (1982)[179] observaram a estabilidade de antocianinas de uvas, repolho roxo e *Tradescantia pallida* e concluíram que a coloração da *Tradescantia* apresentou um alto grau de estabilidade. A alta estabilidade dessas antocianinas é devido à sua estrutura, isto é, o alto grau de acilação e a substituição do anel B, que favorece a copigmentação intramolecular, reduzindo a hidratação desses compostos à pseudobase.

Uma antocianina ainda mais estável que a de *Zebrina pendula* é a antocianina proveniente da *Ipomoea tricolor*. Teh e Francis (1988)[180] a descreveram como a mais estável por eles já observada. Num estudo de estabilidade de antocianinas em sistemas modelo, a antocianina desta planta manteve sua estabilidade, por 82 semanas armazenada em temperatura ambiente, superando a enocianina comercial, a cianidina-3-glicosídeo e a antocianina da *Zebrina pendula*. Quando essa antocianina foi deacilada, observou-se um significativo decréscimo na sua estabilidade, o mesmo ocorrendo com a antocianina proveniente da Zebrina pendula, demonstrando a ação dos grupamentos acil na manutenção da estabilidade dessas antocianinas.

A copigmentação intramolecular dentro de uma molécula de antocianina também pode causar uma mudança de cor nos vinhos. Nesse caso, os grupos acil ou glicosil interagem com o sistema π do anel de pirocílio plano de antocianina[181]. Essa interação protege as formas coloridas contra o ataque nucleofílico da água, aumentando a estabilidade de moléculas aciladas[173].

Segundo Hale *et al.* (2001)[182] os pigmentos isolados recentemente de *Petuniaintegrifolia* e *Triteleiabridgesii* apresentaram uma característica distinta que emite nova luz no entendimento da copigmentação intramolecular de antocianinas. Estas estão entre as antocianinas não frequentes que naturalmente apresentam um substituinte do ácido cumárico em ambas as formas *cis* e *trans*. Como uma consequência, os dois isômeros demonstram substanciais variações em suas constantes termodinâmicas, cinética e nas propriedades de cor. Uma possível explicação para estas características é apresentada, fazendo uso de modelagem molecular e levando em conta a estrutura tridimensional dos pigmentos.

Copigmentação intermolecular

A copigmentação intermolecular pode ser definida quando moléculas incolores, tais como flavonoides não antociânicos, alcaloides, aminoácidos e nucleosídeos interagem com as antocianinas. Na complexação intermolecular predominam, provavelmente, forças de Van der Waals e efeitos hidrofóbicos em meio aquoso como resultado do "empilhamento" entre a molécula de antocianina e o copigmento (Figura 10). O aumento da estabilidade ocorre porque o copigmento compete com a água e interage com as antocianinas, formando complexos com as formas coloridas e modificando a natureza do copigmento[171].

Figura 10 – Copigmentação intermolecular (1:1) entre apigenidina e quercetina-5'-ácido sulfônico

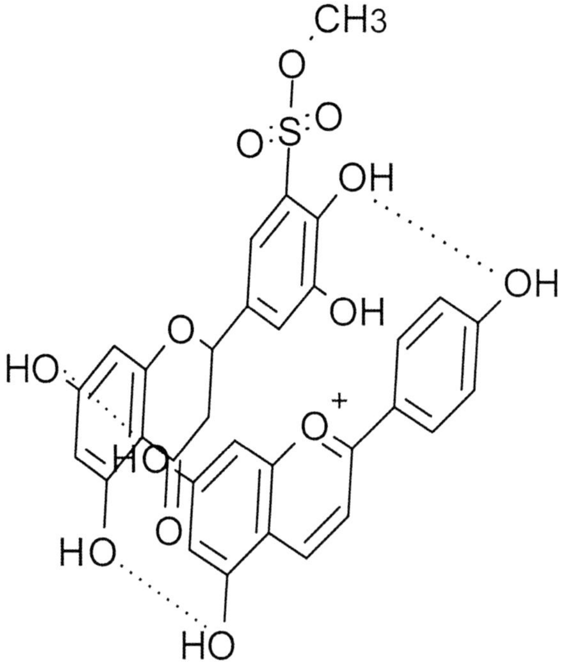

Fonte: Iacobocci e Sweeny (1983)[5]

Primeiramente, as ligações de hidrogênio foram sugeridas para explicar a formação do complexo a partir do fato de que a copigmentação era dependente da concentração e que o complexo formado poderia ser dissociado por aquecimento ou mesmo por adição de álcool ou dimetilformamida[183]. O complexo se formaria entre a base quinoidal (A), através de pontes de hidrogênio entre seu grupo cetona e as hidroxilas do glicosídeo do flavonoide usado como copigmento, produzindo um empilhamento horizontal, e o grau de associação do complexo depende, principalmente, do número de hidroxilas livres presentes no flavonoide[184,185]. Existe um grande número de substâncias orgânicas que podem atuar como copigmentos, incluindo flavonoides, outros polifenóis, aminoácidos, nucleotídeos, alcaloides e até mesmo as próprias antocianinas[181]. Na Tabela 4 estão listados vários copigmentos.

Tabela 4 – Copigmentação de 3,5-diglicosil cianidina ($2x10^{-3}$ M) a pH 3,32

Copigmento ($6 X 10^{-3}$ M)	**l_{max} (nm)**	**Dl_{max} (nm)**	**DA a l_{max}**	**% de D de *A* a l_{max}**
Sem copigmento	508	-	0,500	-
Aurona				
Aureusidina	540	32	2,135	327
Alcaloides				
Cafeína	513	5	0,590	18
Brucina	512	4	1,110	122
Aminoácidos				
Alanina	508	0	0,525	5
Arginina	508	0	0.600	20
Ácido aspártico	508	0	0,515	3
Ácido glutâmico	508	0	0,530	6
Glicina	508	0	0,545	9
Histidina	508	0	0,595	19
Prolina	508	0	0,625	25
Ácidos benzoicos				
Ácido benzoico	509	1	0,590	18
Ácido o-hidroxibenzoico	509	1	0,545	9
Ácido p-hidroxibenzoico	510	2	0,595	19
Ácido protocatequinico	510	2	0,612	23
Cumarina				
Esculina	514	6	0,830	66
Ácidos cinâmicos				
Ácido m-hidroxicinâmico	513	5	0,720	44
Ácido p-hidroxicinâmico	513	5	0,660	32
Ácido cafeico	515	7	0,780	56
Ácido ferúlico	517	9	0,800	60

Copigmento ($6 X 10^{-3}$ M)	l_{max} (nm)	Dl_{max} (nm)	DA a l_{max}	% de D de *A* a l_{max}
Ácido sinápico	519	11	1,085	117
Ácido clorogênico	513	5	0,875	75
Dihidrochalcona				
Floridizina	517	9	1,005	10
(+) – Catequina	514	6	0,890	78
Flavona				
Apigenina-7-glucosídeo	517	9	0,840	68
C-glicosil flavona				
8-glucosil apigenina (vitexina)	517	9	1,690	238
6-glucosil apigenina (isovitexina)	537	29	1,705	241
6-glucosil genkwanina (swertisina)	541	33	2,835	467
Flavononas				
Hesperidina	512	13	1,095	119
Naringina	518	10	0,985	97
Flavonóis				
3-glicosil kaenferol	530	22	1,693	239
3-robinobiosil-7-ramnosídeo kaenferol	524	16	1,423	185
3-glucosil quercetina (isoquercitrina)	527	19	1,440	188
3-ramnosil quercetina (quercitrina)	527	19	1,588	217
3-galactosil quercetina (hiperina)	528	23	1,910	282
3-rutinosil quercetina (rutina)	528	20	1,643	228
7-glucosil quercetina	518	10	1,363	173
7-o-metil-3-ramnosil quercetina	530	22	1,576	215

Fonte: Osawa (1982)[181]

Vários estudos têm sido realizados demonstrando o efeito protetor dos flavonoides sob as antocianinas. Shrikhande e Francis (1974)[186] estudando o efeito de flavonoides na estabilidade de ácido ascórbico e antocianinas em sistemas modelos descreveram uma diminuição da taxa de perda de antocianinas pela quercetina, quando as três substâncias estavam presentes, em contraste com soluções contendo apenas ácido ascórbico e antocianinas. A ação protetora dos flavonoides pode ser devida à sua capacidade de atuar como receptor de radicais livres, interferindo na cadeia de reações da auto oxidação do ácido ascórbico, ou ainda devido à sua propriedade complexante de metais.

Gris *et al.* (2007)[187] sugeriram a ocorrência de copigmentação entre antocianinas de uvas *Cabernet Sauvignon* e o ácido cafeico. O ácido cafeico é uma molécula orgânica fenólica que apresenta uma função metabólica expressiva, desempenhando papel importante no tecido vegetal de algumas plantas. Os referidos autores avaliaram o efeito dessa molécula sobre a estabilidade das antocianinas em diferentes temperaturas (4 e 29°C), na presença e ausência de luz, e em dois valores de pH (3,0 e 4,0). A reação de copigmentação intermolecular foi caracterizada por um aumento no comprimento de onda de máxima absorção e bem como na absorbância no espectro de absorção das antocianinas. Além disso, o aumento na concentração do ácido cafeico nas soluções de antocianinas estudadas intensificou os efeitos hipercrômico (aumento nos valores de absorbância) e batocrômico.

Zhao *et al.* (2020)[188] evidenciaram a copigmentação intermolecular entre cinco antocianinas (3-O-monoglicosídicas) e três fenólicos em soluções modelo de vinho tinto, com foco na influência do padrão substituinte do anel B de antocianina. Foi demonstrado que, segundo os resultados obtidos o padrão de substituintes no anel B de antocianinas teve grande influência na capacidade de ligação a copigmentos e sua capacidade de formar complexos de copigmentação com diferentes antocianinas variou bastante. Quanto à adição de três copigmentos (Ácido gálico [Ga], Catequina [Ec] e Quercetina-3-O-glucoside [Qg]) suas habilidades de ligação com antocianinas sempre seguiram a ordem de Qg>Ec>Ga. Além do mais, argumentaram que as estruturas dos copigmentos, bem como das antocianinas, influenciam a formação da copigmentação intermolecular.

Estudos envolvendo os aspectos estruturais do complexo antocianinas-flavonoides relatam que o principal fator na formação deste complexo é a interação de hidrogênio formada entre o grupo carbonil das formas de anidrobases das antocianinas e o grupo hidroxil dos anéis aromáticos das moléculas de flavonoides. A intensidade da formação do complexo depende principalmente do número de grupos hidroxil livres nos anéis aromáticos dos flavonoides. Assim, os hexahidroxilflavonoides formam complexos mais fortes que os pentahidroxilflavonoides, por exemplo[189].

A reação de copigmentação é provavelmente o principal mecanismo de interação molecular envolvido em variações da cor e da adstringência durante a reprodução e envelhecimento dos vinhos. Ela ocorre por meio de três tipos de interações moleculares. Uma é a copigmentação intermolecular, que ocorre entre antocianinas e outros copigmentos não coloridos ou coloridos, como flavonoides, aminoácidos, ácidos orgânicos e polissacarídeos[190].

González-Manzano *et al.* (2009)[191] avaliaram a importância do processo de copigmentação entre antocianinas e flavonoides na expressão da cor do vinho tinto. Foram realizados ensaios em sistemas modelo de vinho com misturas de compostos obtidos da casca e da semente de duas variedades de uvas *Vitis vinifera*. Todos os flavonoides utilizados induziram alterações significativas na cor, perceptíveis ao olho humano, das soluções de antocianinas semelhantes ao vinho em concentrações semelhantes às que podem existir nos vinhos tintos. A contribuição percentual da copigmentação com flavonoides para a cor das soluções de antocianinas foi encontrada na faixa de 2 a 20%.

Molaeafard, Jamei e Poursattar Marjani (2021)[192] investigaram as reações de copigmentação envolvendo antocianinas de cereja azeda (*Prunus cerasus* L.) com os ácidos tânico, cafeico, 4-hidroxibenzóico, gálico e málico em pH 3,5. A influência dos copigmentos com diferentes concentrações (120, 240, 480 e 960 mg/L) e temperaturas (20, 40, 60, 80 e 100°C), nos efeitos de copigmentação, razão estequiométrica (n), a constante de equilíbrio (K) e os parâmetros termodinâmicos ($\Delta G°$, $\Delta H°$ e $\Delta S°$) foram determinados. As reações de copigmentação imediata mais fortes foram observadas com 960 mg/L, sendo significativamente mais altas com ácido tânico. Os maiores efeitos batocrômicos e hipercrômicos foram razoáveis para seus valores de n, K e $\Delta G°$ de 0,64, 56,55 e −10,00 kJ/mol, respectivamente. Além disso, os ácidos tânico e cafeico, com os maiores valores negativos de $\Delta H°$ (−11,74 kJ / mol) e $\Delta S°$ (−8,08 J/K.mol) levaram à estabilidade excelente a 100°C. Os copigmentos melhoraram a intensidade da cor das antocianinas no extrato de cereja azeda.

Santos *et al.* (2020)[193] avaliaram o efeito do copigmento ácido fítico sobre a estabilidade de antocianinas em extrato de bagaço de amora-preta seco por *spray dryer*. Observaram que o copigmento desempenha um papel importante na proteção antocianina em altas temperaturas, por meio de interações intermoleculares com o íon flavilium.

Auto associação entre antocianinas

Em particular, interações intermoleculares entre moléculas de antocianina podem levar à copigmentação, denominada "autoassociação". A auto associação consiste em um desvio positivo da lei de Beer que ocorre no aumento da concentração de antocianinas em um dado meio. Foi comprovado que nesse caso, as moléculas de antocianina se empilham verticalmente em agregados quirais (helicoidais), podendo formar ligações de hidrogênio contribuindo para reforçar a estrutura e, assim, se intensificam em cores[194].

A relação entre a concentração de antocianinas e a cor da solução no caso da auto associação difere daquela que ocorre na copigmentação. Enquanto se espera que a cinética para o alcance do equilíbrio referente à resposta da cor seja de segunda ordem com relação à concentração de antocianina para o processo de auto associação, para o processo de copigmentação espera que se seja de primeira ordem. Além disso, ao contrário da copigmentação, a auto associação é caracterizada por um deslocamento hipercrômico no comprimento de onda da máxima absorbância, isto é, para valores mais baixos de comprimento de onda[195].

Leydet *et al.* (2021)[196] realizaram um estudo extenso da autoassociação nas seis antocianidinas 3-glicosídeos mais abundantes por meio de ressonância magnética nuclear e absorção de UV-Vis. Para cada antocianina, as constantes termodinâmicas e cinéticas da rede de reações químicas foram calculadas em diferentes concentrações de antocianina. Um aumento da constante de acidez do cátion flavilium para dar base quinoidal e uma diminuição da constante de hidratação do cátion flavilium para dar hemicetal foram observados aumentando a concentração de antocianina (6×10^{-6} M até 8×10^{-4} M). Esses efeitos são atribuídos à auto associação do cátion flavilium e da base quinoidal, que é mais forte no último caso.

Estabilização por agregados poliméricos

Outro método de estabilização de antocianinas conhecido é caracterizado pela inclusão de antocianinas no interior de agregados de polímeros. Esse método tem sido sugerido por ser muito efetivo no preparo de pigmentos vermelhos termicamente estáveis. Acredita-se que as antocianinas incorporadas ou embutidas no agregado de macromoléculas e na matriz de resinas são estabilizadas pelo ambiente químico fornecido pelo polímero, prevenindo-a do ataque da água.

Nesse sentido, Ngo e Zhao (2009)[197] investigaram a estabilização de antocianinas em cascas de ervilhas vermelhas processadas termicamente, através de complexação e polimerização, objetivando a retenção do pigmento vermelho sobre as cascas das ervilhas após processamento térmico. A hipótese dos autores era de que, a estabilidade térmica dos complexos de antocianinas com o metal estanho poderia ser aumentada por uma matriz resinosa fornecida por uma solução formulada composta de ácido tânico, formaldeído e ácido clorídrico. A capacidade de polimerização da solução foi influenciada pela composição, pelo ajuste de tempo, e a concentração de Estanho nas soluções formuladas. O pré-tratamento, juntamente com aquecimento, resultou em pigmentos vermelhos estáveis sobre as cascas de ervilhas em conserva. Os autores julgam que os novos pigmentos são constituídos de complexos de estanho com compostos fenólicos, incluindo antocianinas. Embora a metodologia desenvolvida não represente uma aplicação comercial, este estudo revelou uma abordagem eficaz de manter antocianinas em frutas vermelhas termicamente processadas.

Nesse sentido, Ngo e Zhao (2009)[197] investigaram a estabilização de antocianinas em cascas de ervilhas vermelhas processadas termicamente, por meio de complexação e polimerização, objetivando a retenção do pigmento vermelho sobre as cascas das ervilhas após processamento térmico. A hipótese dos autores era de que, a estabilidade térmica dos complexos de antocianinas com o metal estanho poderia ser aumentada por uma matriz resinosa fornecida por uma solução formulada composta de ácido tânico, formaldeído e ácido clorídrico. A capacidade de polimerização da solução foi influenciada pela composição, pelo ajuste de tempo, e a concentração de Estanho nas soluções formuladas. O pré-tratamento, juntamente ao aquecimento, resultou em pigmentos vermelhos estáveis sobre as cascas de ervilhas em conserva. Os autores julgam que os novos pigmentos são constituídos de complexos de estanho com compostos fenólicos, incluindo antocianinas. Embora a metodologia desenvolvida não represente uma aplicação comercial, este estudo revelou uma abordagem eficaz de manter antocianinas em frutas vermelhas termicamente processadas.

Zang *et al.* (2020)[128] avaliaram a estabilidade de processamento e a capacidade antioxidante de antocianinas de mirtilo na presença de isolado de proteína de soro de leite. Verificou-se que a proteína de soro de leite aumentou a estabilidade e a atividade antioxidante dos mirtilos durante o processamento e a digestão *in vitro* simulada, especialmente na concentração de 0,15 $mg.mL^{-1}$. Os resultados forneceram uma base fundamental importante para melhorar a estabilidade das antocianinas de mirtilo em sistemas de leite e contribuíram mais para a estabilidade e atividade antioxidante.

A copigmentação de antocianinas de uva com polifenóis de alecrim também demonstrou ter um efeito protetor no pigmento, é possível que a interação π-π possa limitar a acessibilidade ao cromóforo[5]. Há diversos métodos existentes para estabilização de antocianinas, nos quais diversas substâncias podem ser empregadas. A Figura 11 contém alguns exemplos de componentes que são utilizados com frequência em diversas matrizes alimentares.

Figura 11 – Exemplos de compostos utilizados para melhorar a estabilidade das antocianinas

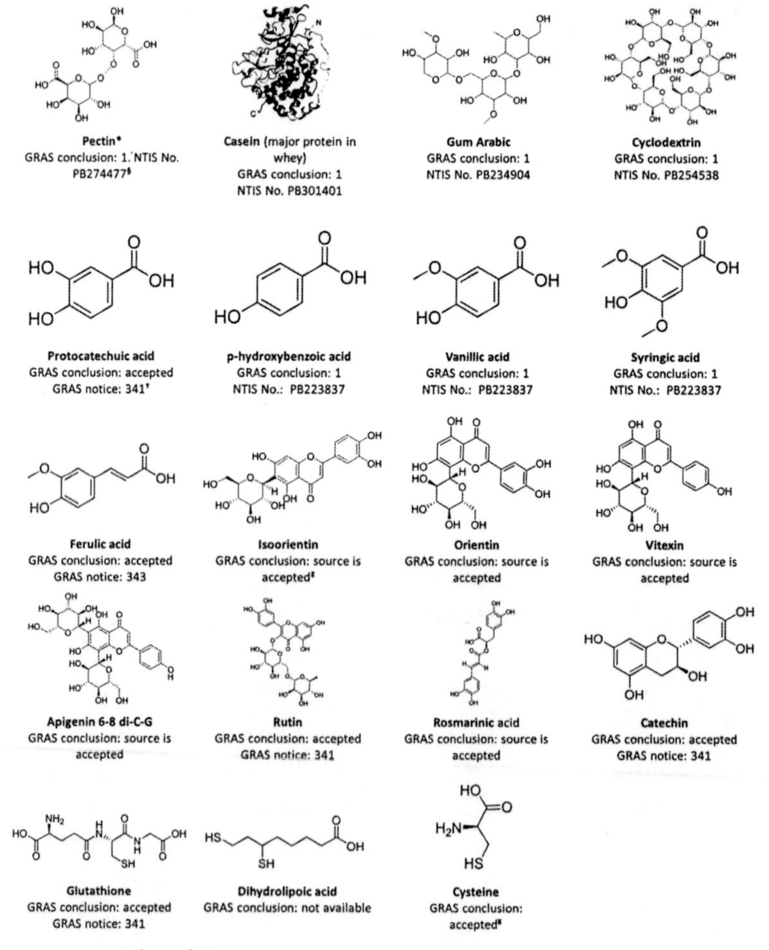

Fonte: Cortez *et al.* (2017)[198]

De fato, a estabilização de pigmentos naturais é um desafio a ser superado para sua utilização como corantes alimentares. Vários métodos e estratégias são discutidos e as diferenças nos resultados e na eficácia dependem das condições e variáveis usadas no planejamento da estratégia de estabilização. É necessário considerar também as características físico-químicas do produto no qual as antocianinas serão incorporadas[197].

Ren e Giust (2021)[199] avaliaram os efeitos da concentração de proteína de soro de leite (WP) e da temperatura de pré-aquecimento na cor da antocianina e estabilidade ao longo do tempo, na presença de ácido ascórbico. Antocianinas de milho roxo, uva e cenoura preta foram misturados com WP nativo ou WP pré-aquecido (40-80°C) em várias concentrações (0-10 mg / mL) em tampão de pH 3 contendo 0,05% de ácido ascórbico e armazenado no escuro a 25°C por 5 dias. A adição de WP aumentou a absorbância da antocianina e protegeu a antocianina da degradação mediada pelo ácido ascórbico. O aumento da temperatura de pré-aquecimento do WP resultou em mais perda de absorbância. A meia-vida da antocianina foi melhorada pela adição de WP de maneira dependente da dose. A adição de WP nativo (10 mg/mL) estendeu a meia-vida da antocianina em cerca de 2 vezes para milho roxo e uva, e 1,31 vezes para soluções de antocianina de cenoura preta. A temperatura de pré-aquecimento não afetou significativamente a proteção antocianina pelo WP. A adição de WP pode aumentar a estabilidade da antocianina em bebidas contendo ácido ascórbico, expandindo a aplicação de antocianina em alimentos.

Avaliando os efeitos protetores da albumina sérica bovina (BSA) sobre antocianinas de mirtilo sob condições de iluminação, adição de sacarose e adição de vitamina C, Lang *et al.* (2019)[200] relataram que a porcentagem de antocianina de todas as amostras diminuiu após exposição a iluminação, adição de açúcar e vitamina C, e com as amostras contendo a BSA a degradação de antocianinas de mirtilo foi reduzida indicando seu potencial uso como agente de protetor.

Considerações finais

As antocianinas são substitutos potenciais dos corantes sintéticos na indústria alimentícia, como resultado tanto da ação legislativa quanto das exigências dos consumidores. Esses pigmentos promovem cores atraentes como laranja, violeta, roxo, vermelho e azul, além de benefícios como redução do colesterol, atividade antioxidante e anti-inflamatória, entre outros, porém apresentam uso restrito como corantes alimentares devido a problemas relacionados à estabilidade (concentração, pH, temperatura, armazenamento, oxigênio, luz, enzimas, sulfatos e sulfitos, ácidos, açúcares, íons metálicos, estrutura química, adição de solventes, conservantes e processamento) e desafios em sua purificação.

Nesse sentido, mecanismos de estabilização como copigmentação, microencapsulação, autoassociação entre antocianinas e estabilização por agregados de polímeros têm sido usados como métodos potenciais para estender a estabilidade das antocianinas.

Novas abordagens utilizando manipulação genética com o objetivo de aumentar a concentração da síntese de antocianina estão sendo ativamente exploradas. Esses novos métodos poderiam possivelmente ser usados pelas indústrias agroalimentares para aumentar o rendimento das antocianinas, e poderiam se mostrar mais econômicos e viáveis para a indústria alimentícia.

Referências

1 CONSTANT, P. B. L.; STRINGHETA, P. C.; SANDI, D. Corantes Alimentícios. **Bol do Cent Pesqui Process Aliment**, v. 20, n. 2, p. 203-20, dec. 2002.

2 CONSTANT, P. B. L. **Extração, Caracterização e Aplicação de Antocianinas de Açaí (Euterpe oleraea, M.).** Tese (Doutorado) – Universidade Federal de Viçosa. 2003.

3 BOBBIO, P. A.; BOBBIO, F. O. **Química de processamento de Alimentos**. 3. ed. São Paulo: Varela, 2001.

4 MAZZA, G.; BROUILLARD, R. Color stability and structural transformations of cyanidin 3, 5-diglucoside and four 3-deoxyanthocyanins in aqueous solutions. **J Agric Food Chem**, v. 35, n. 3, p. 422-6, 1987.

5 IACOBUCCI, G. A.; SWEENY, J. G. The chemistry of anthocyanins, anthocyanidins and related flavylium salts. **Tetrahedron,** v. 39, p. 3005-3038, 1983.

6 TIMBERLAKE CF. Anthocyanins—Occurrence, extraction and chemistry. **Food Chem**, v. 5, n. 1, p. 69-80, 1980.

7 WAHYUNINGSIH, S.; WULANDARI, L.; WARTONO, M. W.; MUNAWAROH, H.; RAMELAN, A. H. The Effect of pH and Color Stability of Anthocyanin on Food Colorant. **IOP Conf Ser Mater Sci Eng.**, v. 193, p. 012-047, apr. 2017.

8 CEVALLOS-CASALS, B. A.; CISNEROS-ZEVALLOS, L. Stability of anthocyanin-based aqueous extracts of Andean purple corn and red-fleshed sweet potato compared to synthetic and natural colorants. **Food Chem.**, v. 86, n. 1, p. 69-77, jun. 2004.

9 CABRITA, L.; FOSSEN, T.; ANDERSEN, Ø. M. Colour and stability of the six common anthocyanidin 3-glucosides in aqueous solutions. **Food Chem.**, v. 68, n. 1, p. 101-7, jan. 2000.

10 GHAREAGHAJLOU, N.; HALLAJ-NEZHADI, S.; GHASEMPOUR, Z. Red cabbage anthocyanins: stability, extraction, biological activities and applications in food systems. **Food Chem**, v. 130482, jun. 2021.

11 PATRAS, A.; BRUNTON, N. P.; O'DONNELL, C.; TIWARI, B. K. Effect of thermal processing on anthocyanin stability in foods; mechanisms and kinetics of degradation. **Trends Food Sci Technol**, v. 21, n. 1, p. 3-11, 2010.

12 WANG, W-D.; XU, S-Y. Degradation kinetics of anthocyanins in blackberry juice and concentrate. **J Food Eng.**, v. 82, n. 3, p. 271-5, 2007.

13 LOPES, T. J.; XAVIER, M. F.; QUADRI, M. G. N.; QUADRI, M. B. Antocianinas: uma breve revisão das características estruturais da estabilidade. R. B. **Agrociência**, v. 13, n. 3, p. 291-897, jul./set, 2007.

14 CAVALCANTI, R. N.; SANTOS, D. T.; MEIRELES, M. A. A. Non-thermal stabilization mechanisms of anthocyanins in model and food systems — An overview. **Food Res Int**, v. 44, n. 2, p. 499-509, 2011.

15 KIRCA, A.; ÖZKAN, M.; CEMEROG ˇ LU, B. Stability of black carrot anthocyanins in various fruit juices and nectars. **Food Chem**, v. 97, n. 4, p. 598-605, 2006.

16 FISCHER, U. A.; CARLE, R.; KAMMERER, D. R. Thermal stability of anthocyanins and colourless phenolics in pomegranate (Punica granatum L.) juices and model solutions. **Food Chem**, v. 138, n. 23, p. 1800-9, 2013.

17 LALEH, G. H.; FRYDOONFAR, H.; HEIDARY, R.; JAMEEI, R.; ZARE, S. The effect of light, temperature, pH and species on stability of anthocyanin pigments in four Berberis species. **Pakistan J Nutr.**, v. 5, n. 1, p. 90-2, 2006.

18 RUBINSKIENE, M.; VISKELIS, P.; JASUTIENE, I.; VISKELIENE, R.; BOBINAS, C. Impact of various factors on the composition and stability of black currant anthocyanins. **Food Res Int.**, v. 38, n. 8-9, p. 867-71, 2005.

19 JIANG, Y.; YIN, Z.; WU, Y.; QIE, X.; CHEN, Y.; ZENG, M. *et al.* Inhibitory effects of soy protein and its hydrolysate on the degradation of anthocyanins in mulberry extract. **Food Biosci**, v. 40, n. 100911, 2021.

20 JACQUES, A. C.; PERTUZATTI, P. B.; BARCIA, M. T.; ZAMBIAZI, R. C.; CHIM, J. F. Estabilidade de compostos bioativos em polpa congelada de amora-preta (Rubus fruticosus) cv. **Tupy. Quim Nova.**, v. 33, n. 8, p. 1720-5, 2010.

21 CARVALHO, A. V.; MATTIETTO, R. DE A.; BECKMAN, J. C. Estudo da estabilidade de polpas de frutas tropicais mistas congeladas utilizadas na formulação de bebidas. **Brazilian J Food Technol.**, v. 20, 2017.

22 ARAMWIT, P.; BANG, N.; SRICHANA, T. The properties and stability of anthocyanins in mulberry fruits. **Food Research International**, v. 43, p. 1093-7, 2010.

23 WOJDYŁO, A.; NOWICKA, P.; TELESZKO, M. Degradation Kinetics of Anthocyanins in Sour Cherry Cloudy Juices at Different Storage Temperature. **Processes**, v. 7, n. 6, p. 367, 2019.

24 LANG, G. H.; LINDEMANN, I. DA S.; FERREIRA, C. D.; HOFFMANN, J. F.; VANIER, N. L.; DE OLIVEIRA, M. Effects of drying temperature and long-term storage conditions on black rice phenolic compounds. **Food Chem**, v. 287, p. 197-204, 2019.

25 FERNANDES, A.; BRANDÃO, E.; RAPOSO, F.; MARICATO, É.; OLIVEIRA, J.; MATEUS, N. *et al.* Impact of grape pectic polysaccharides on anthocyanins thermostability. **Carbohydr Polym**, v. 239, p. 116240, 2020.

26 DA MOTA, R. V. Caracterização física e química de geléia de amora-preta. **Cienc e Tecnol Aliment**, v. 26, n. 3, p. 539-43, 2006.

27 FRANK, K.; KÖHLER, K.; SCHUCHMANN, H. P. Stability of anthocyanins in high pressure homogenisation. **Food Chem**, v. 130, n. 3, p. 716-9, 2012.

28 FREITAS, C. A. S. DE; MAIA, G. A.; COSTA, J. M. C. DA; FIGUEIREDO, R. W. DE; SOUSA, P. H. M. DE.; FERNANDES, A. G. Estabilidade dos carotenoides,antocianinas e vitamina C presentes no suco tropical de acerola (Malpighia emarginata DC.) adoçado envasado pelos processos Hot-Fill e asséptico. **Ciência e Agrotecnologia**, v. 30, n. 5, p. 942-9, 2006.

29 GARCIA-PALAZON, A.; SUTHANTHANGJAI, W.; KAJDA, P.; ZABETAKIS, I. The effects of high hydrostatic pressure on □-glucosidase, peroxidase and polyphenoloxidase in red raspberry (Rubus idaeus) and strawberry (Fragaria×ananassa). **Food Chem**, v. 88, n. 1, p. 7-10, 2004.

30 TEREFE, N. S.; KLEINTSCHEK, T.; GAMAGE, T.; FANNING, K. J.; NETZEL, G.; VERSTEEG, C. *et al.* Comparative effects of thermal and high pressure processing on phenolic phytochemicals in different strawberry cultivars. **Innov Food Sci Emerg Technol**, v. 19, p. 57-65, 2013.

31 CORRALES, M.; BUTZ, P.; TAUSCHER, B. Anthocyanin condensation reactions under high hydrostatic pressure. **Food Chem**, v. 110, n. 3, p. 627-35, 2008.

32 MARTINSEN, B. K.; AABY, K.; SKREDE, G. Effect of temperature on stability of anthocyanins, ascorbic acid and color in strawberry and raspberry jams. **Food Chem**, v. 316, p. 126297, 2020.

33 CHARMONGKOLPRADIT, S.; SOMBOON, T.; PHATCHANA, R.; SANG-AROON, W.; TANWANICHKUL, B. Influence of drying temperature on anthocyanin and moisture contents in purple waxy corn kernel using a tunnel dryer. **Case Stud Therm Eng**, v. 25, 2021.

34 HUBBERMANN, E. M.; HEINS, A.; STÖCKMANN, H.; SCHWARZ, K. Influence of acids, salt, sugars and hydrocolloids on the colour stability of anthocyanin rich black currant and elderberry concentrates. **Eur Food Res Technol**, v. 223, n. 1, p. 83-90, 2006.

35 SAMOTICHA, J.; WOJDYŁO, A.; LECH, K. The influence of different the drying methods on chemical composition and antioxidant activity in chokeberries. **LWT - Food Sci Technol**, v. 66, p. 484-9, 2016.

36 JIMÉNEZ, N.; BASSAMA, J.; BOHUON, P. Estimation of the kinetic parameters of anthocyanins degradation at different water activities during treatments at high temperature (100–140°C) using an unsteady-state 3D model. **J Food Eng**., v. 279, 2020.

37 SONG, C.; MA, X.; LI, Z.; WU, T.; RAGHAVAN, G. S. V.; CHEN, H. Mass transfer during osmotic dehydration and its effect on anthocyanin retention of microwave vacuum-dried blackberries. **J Sci Food Agric**, v. 100, n. 1, p. 102-9, 2020.

38 THESSLEE, D. K.; PEDEESON, C. S. Preservation of grape juice. Ii. Factors controlling the rate of deterioration of bottled concord juice. **J Food Sci**., v. 1, n. 1, p. 87-97, 1936.

39 JACKMAN, R. L.; SMITH, J. L. Anthocyanins and betalains. **Natural Food Colorants**. Boston, MA: Springer US, 1996. p. 244-309.

40 FERNANDES, A. G.; MAIA, G. A.; SOUSA, P. H. M. DE.; COSTA, J. M. C. DA; FIGUEIREDO, R. W. DE.; PRADO, G. M Do. Comparaçao dos teores em vitamina C, carotenoides totais, antocianinas totais e fenólicos totais do suco tropical de goiaba nas diferentes etapas de produção e influência da armazenagem. **Aliment e Nutr Araraquara**, v. 18, p. 431-8, 2007.

41 BOULTON, R. The Copigmentation of Anthocyanins and Its Role in the Color of Red Wine: A Critical Review. **American Journal of Enology and Viticulture**, v. 52, n. 2, p. 67-87, 2001.

42 AVIZCURI, J. M.; SÁENZ-NAVAJAS, M. P.; ECHÁVARRI, J. F.; FERREIRA, V.; FERNÁNDEZ-ZURBANO, P. Evaluation of the impact of initial red wine compo-

sition on changes in color and anthocyanin content during bottle storage. **Food Chemistry**, v. 213, p. 123-34, 2016.

43 TARKO, T.; DUDA-CHODAK, A.; SROKA, P.; SIUTA, M. The Impact of Oxygen at Various Stages of Vinification on the Chemical Composition and the Antioxidant and Sensory Properties of White and Red Wines. **Int J Food Sci**., p. 1-11, 2020.

44 KIM, A. N.; LEE, K. Y.; KIM, B. G.; CHA, S. W.; JEONG, E. J.; KERR, W. L. *et al.* Thermal processing under oxygen–free condition of blueberry puree: Effect on anthocyanin, ascorbic acid, antioxidant activity, and enzyme activities. **Food Chem**, v. 342, 2021.

45 KIM, A. N.; LEE, K. Y.; JEONG, E. J.; CHA, S. W.; KIM, B. G.; KERR, W. L. *et al.* Effect of vacuum–grinding on the stability of anthocyanins, ascorbic acid, and oxidative enzyme activity of strawberry. **Lwt**, v. 136, 2020.

46 SONDHEIMER, E.; KERTESZ, Z. I. Participation of ascorbic acid in the destruction of anthocyanin in strawberry juice and model systems. **J Food Sci**., v. 18, n. 1-6, p. 475-9, 1953.

47 FARR, J.; GIUSTI, M. Investigating the Interaction of Ascorbic Acid with Anthocyanins and Pyranoanthocyanins. **Molecules**, v. 23, n. 4, p. 744, 2018.

48 POEI-LANGSTON, M.; WROLSTAD, R. Color Degradation in an Ascorbic Acid-Anthocyanin-Flavanol Model System. **J Food Sci**, v. 46, n. 4, p. 1218-36, 1981.

49 TALCOTT, S. T.; BRENES, C. H.; PIRES, D. M.; DEL POZO-INSFRAN, D. Phytochemical Stability and Color Retention of Copigmented and Processed Muscadine Grape Juice. **J Agric Food Chem**, v. 51, n. 4, p. 957-63, 2003.

50 GARCÍA-VIGUERA, C.; BRIDLE, P. Influence of structure on colour stability of anthocyanins and flavylium salts with ascorbic acid. **Food Chem**, v. 64, n. 1, p. 21-6, 1999.

51 ROSSO, V. V. DE.; MERCADANTE, A. Z. **Food Chemistry The high ascorbic acid content is the main cause of the low stability of anthocyanin extracts from acerola**, v. 103, p. 935-43, 2007.

52 SALAMON, B.; FARKAS, V.; KENESEI, G.; DALMADI, I. Effect of added sugar and ascorbic acid on the anthocyanin content of high pressure processed strawberry juices during storage. **J Phys Conf Ser**, v. 950, 2017.

53 CLEMENTE, E.; GALLI, D. Stability of the anthocyanins extracted from residues of the wine industry. **Ciência e Tecnol Aliment**, v. 31, n. 3, p. 765-8, 2011.

54 VANINI, L. S.; HIRATA, T. A.; KWIATKOWSKI, A.; CLEMENTE, E. Extraction and stability of anthocyanins from the Benitaka grape cultivar (Vitis vinifera L.). **Brazilian J Food Technol**, v. 12, n. 03, p. 13-219, 2009.

55 HURTADO, N. H.; MORALES, A. L.; GONZÁLEZ-MIRET, M. L.; ESCUDERO--GILETE, M. L.; HEREDIA, F. J. Colour, pH stability and antioxidant activity of anthocyanin rutinosides isolated from tamarillo fruit (Solanum betaceum Cav.). **Food Chem**, v. 117, n. 1, p. 88-93, 2009.

56 VARVARA, M.; BOZZO, G.; CELANO, G.; DISANTO, C.; PAGLIARONE, C. N.; CELANO, G. V. The use of ascorbic acid as a food additive: technical-legal issues. **Ital J food Saf**, v. 5, n. 1, 2016.

57 Sondheimer E, Kertesz Zi. Participation of ascorbic acid in the destruction of anthocyanin in strawberry juice and model systems. J Food Sci. 1953 Jan;18(1–6):475–9.

58 ZHAO, L.; PAN, F.; MEHMOOD, A.; ZHANG, Y.; HAO, S.; REHMAN, A. U. *et al.* Protective effect and mechanism of action of xanthan gum on the color stability of black rice anthocyanins in model beverage systems. **Int J Biol Macromol**, v. 164, 2020.

59 ZHAO, L.; PAN, F.; MEHMOOD, A.; ZHANG, H.; UR REHMAN, A.; LI, J. *et al.* Improved color stability of anthocyanins in the presence of ascorbic acid with the combination of rosmarinic acid and xanthan gum. **Food Chem**, v. 351, 2021.

60 FEI, P.; ZENG, F.; ZHENG, S.; CHEN, Q.; HU, Y.; CAI, J. Acylation of blueberry anthocyanins with maleic acid: Improvement of the stability and its application potential in intelligent color indicator packing materials. **Dye Pigment.**, v. 184, 2021.

61 BORDIGNON-LUIZ, M. T.; GAUCHE, C.; GRIS, E. F.; FALCÃO, L. D. **Colour stability of anthocyanins from Isabel grapes (Vitis labrusca L.) in model systems**. LWT, 2007. p. 594-599.

62 LIU, J.; ZHUANG, Y.; HU, Y.; XUE, S.; LI, H.; CHEN, L. *et al.* Improving the color stability and antioxidation activity of blueberry anthocyanins by enzymatic acylation with p-coumaric acid and caffeic acid. **Lwt**, v. 130, 2020.

63 Salamon B, Farkas V, Kenesei G, Dalmadi I. Effect of added sugar and ascorbic acid on the anthocyanin content of high pressure processed strawberry juices during storage. J Phys Conf Ser. 2017 Oct;950:042005.

64 Clemente E, Galli D. Stability of the anthocyanins extracted from residues of the wine industry. Ciência e Tecnol Aliment. 2011 Sep;31(3):765–8

65 SADILOVA, E.; STINTZING, F. C.; KAMMERER, D. R.; CARLE, R. Matrix dependent impact of sugar and ascorbic acid addition on color and anthocyanin stability of black carrot, elderberry and strawberry single strength and from concentrate juices upon thermal treatment. **Food Res Int.**, v. 42, n. 8, p. 1023-33, 2009.

66 TELESZKO, M.; NOWICKA, P.; WOJDYŁO, A. Effect of the addition of polysaccharide hydrocolloids on sensory quality, color parameters, and anthocyanin stabilization in cloudy strawberry beverages. **Polish J Food Nutr Sci.**, v. 69, n. 2, p. 167-78, 2019.

67 TÜRKYILMAZ, M.; HAMZAOĞLU, F.; ÖZKAN, M. Effects of sucrose and copigment sources on the major anthocyanins isolated from sour cherries. **Food Chem.**, v. 281, p. 242-50, 2019.

68 ZHANG, Y.; JIANG, L.; LI, Y.; CHEN, Q.; YE, Y.; ZHANG, Y. *et al.* Effect of Red and Blue Light on Anthocyanin Accumulation and Differential Gene Expression in Strawberry (Fragaria × ananassa). **Molecules**, v. 23, n. 4, p. 820, 2018.

69 MARKAKIS, P. Stability of anthocyanins in foods. **Anthocyanins as food Color**, v. 163, p. 180, 1982.

70 SNG, B. J. R.; MUN, B.; MOHANTY, B.; KIM, M.; PHUA, Z. W.; YANG, H. *et al.* Combination of red and blue light induces anthocyanin and other secondary metabolite biosynthesis pathways in an age-dependent manner in Batavia lettuce. **Plant Sci**, v. 310, 2021.

71 BAILONI, M. A.; BOBBIO, P. A.; BOBBIO, F. O. Preparação e estabilidade do extrato antociânico das folhas da Acalipha hispida. **Ciência e Tecnologia de Alimentos**, v. 18, p. 17-8, 1998.

72 DE ROSSO, V. V.; MERCADANTE, A. Z. Evaluation of colour and stability of anthocyanins from tropical fruits in an isotonic soft drink system. **Innov Food Sci Emerg Technol**, v. 8, n. 3, p. 347-52, 2007.

73 SWER, T. L.; CHAUHAN, K. Stability studies of enzyme aided anthocyanin extracts from Prunus nepalensis L. **LWT**, v. 102, p. 181-9, 2019.

74 BASTOS, R. D. A. S.; OLIVEIRA, K. K. G. DE; MELO, E. DE A.; LIMA, V. L. A. G. DE. Estabilidade de antocianinas do resíduo agroindustrial da uva isabel cultivada no vale do são francisco. **Rev Bras Frutic**, v. 39, n. 1, 2017.

75 MAEDA, R. N.; PANTOJA, L.; YUYAMA, L. K. O.; CHAAR, J. M. Estabilidade de ácido ascórbico e antocianinas em néctar de camu-camu (Myrciaria dubia (H. B. K.) McVaugh). **Ciência e Tecnol Aliment**, v. 27, n. 2, p. 313-6, 2007.

76 MARSZAŁEK, K.; SKĄPSKA, S.; WOŹNIAK, Ł.; SOKOŁOWSKA, B. Application of supercritical carbon dioxide for the preservation of strawberry juice: Microbial and physicochemical quality, enzymatic activity and the degradation kinetics of anthocyanins during storage. **Innov Food Sci Emerg Technol**, v. 32, p. 101-9, 2015.

77 TEREFE, N. S.; BUCKOW, R.; VERSTEEG, C. Quality-Related Enzymes in Fruit and Vegetable Products: Effects of Novel Food Processing Technologies, Part 1: High-Pressure Processing. **Crit Rev Food Sci Nutr**, v. 54, n. 1, p. 24-63, 2014.

78 ZHOU, D.; LI, R.; ZHANG, H.; CHEN, S.; TU, K. Hot air and UV-C treatments promote anthocyanin accumulation in peach fruit through their regulations of sugars and organic acids. **Food Chem**, v. 309, 2020.

79 NOGALES-BUENO, J.; BACA-BOCANEGRA, B.; HEREDIA, F. J.; HERNÁNDEZ-HIERRO, J. M. Phenolic compounds extraction in enzymatic macerations of grape skins identified as low-level extractable total anthocyanin content. **J Food Sci**, v. 85, n. 2, p. 324-31, 2020.

80 BENUCCI, I.; RÍO SEGADE, S.; CERRETI, M.; GIACOSA, S.; PAISSONI, M. A.; LIBURDI, K. *et al.* Application of enzyme preparations for extraction of berry skin phenolics in withered winegrapes. **Food Chem**, v. 237, p. 756-65, 2017.

81 ESTÉVEZ, L.; SÁNCHEZ-LOZANO, M.; MOSQUERA, R. A. Complexation of common metal cations by cyanins: Binding affinity and molecular structure. **Int J Quantum Chem**, v. 119, n. 6, 2019.

82 PINA, F.; OLIVEIRA, J.; DE FREITAS V. Anthocyanins and derivatives are more than flavylium cations. **Tetrahedron**, v. 71, n. 20, p. 3107-14, 2015.

83 COSTA, A. E. **Adsorção e purificação de corantes naturais com sílica amorfa.** Dissertação (Mestrado em Engenharia Química) – Setor de Engenharia Química. Universidade Federal de Santa Catarina, Florianópolis, 2005.

84 LI, Y. Effects of Different Metal Ions on the Stability of Anthocyanins as Indicators. **IOP Conf Ser Earth Environ Sci**, v. 300, 2019.

85 STRINGHETA, P. C. Identificação da Estrutura e Estudo da Estabilidade das Antocianinas Extraídas da Inflorescência de Capim Gordura (Mellinis minutiflora, Pal de Beauv). Tese (Doutorado em Engenharia de Alimentos) – Universidade Estadual de Campinas, Faculdade de Engenharia de Alimentos, 1991.

86 RATANAPOOMPINYO, J.; NGUYEN, L. T.; DEVKOTA, L.; SHRESTHA, P. The effects of selected metal ions on the stability of red cabbage anthocyanins and total phenolic compounds subjected to encapsulation process. **J Food Process Preserv,** v. 41, n. 6, 2017.

87 BRAGA, A. L.; KOLODZIEJCZYK, E.; SOUSAN, E.; SCHMITT, C. J. E. **Food-grade blue encapsulate and process for the production thereof.** Google Patents, 2014.

88 FENGER, J. A.; ROUX, H.; ROBBINS, R. J.; COLLINS, T. M.; DANGLES, O. The influence of phenolic acyl groups on the color of purple sweet potato anthocyanins and their metal complexes. **Dye Pigment**, v. 185, 2021.

89 PERUZZO, L. C. Extração, purificação, identificação e encapsulação de compostos bioativos provenientes do resíduo do processamento da indústria vinícola. **Univ Fed St Catarina Cent Tecnológico Programa Pós-Graduação Em Eng Química**, v. 1, p. 1-231, 2014.

90 PERUZZO, L. C. **Extração, purificação, identificação e encapsulação de compostos bioativos provenientes do resíduo do processamento da indústria vinícola.** Univ Fed St Catarina Cent Tecnológico Programa Pós-Graduação Em Eng Química, 2014. p. 1-231.

91 RIBÉREAU-GAYON, P.; GLORIES, Y.; MAUJEAN, A.; DUBOURDIEU, D. **Handbook of Enology**, Volume 2: The Chemistry of Wine - Stabilization and Treatments. John Wiley Sons, 2006. v. 2 d.

92 HE, J.; GIUSTI, M. M. High-purity isolation of anthocyanins mixtures from fruits and vegetables – A novel solid-phase extraction method using mixed mode cation-exchange chromatography. **J Chromatogr A**, v. 1218, n. 44, p. 7914-22, 2011.

93 LOTFI, L.; KALBASI-ASHTARI, A.; HAMEDI, M.; GHORBANI, F. Effects of sulfur water extraction on anthocyanins properties of tepals in flower of saffron (Crocus sativus L). **J Food Sci Technol**, v. 52, n. 2, p. 813-21, 2015.

94 PRABAVATHY, N.; SHALINI, S.; BALASUNDARAPRABHU, R.; VELAUTHAPILLAI, D.; PRASANNA, S.; WALKE, P. *et al.* Effect of solvents in the extraction and stability of anthocyanin from the petals of Caesalpinia pulcherrima for natural dye sensitized solar cell applications. **J Mater Sci Mater Electron**, v. 28, n. 13, p. 9882-92, 2017.

95 OANCEA, S.; STOIA, M.; COMAN, D. Effects of Extraction Conditions on Bioactive Anthocyanin Content of Vaccinium Corymbosum in the Perspective of Food Applications. **Procedia Eng**, v. 42, p. 489-95, 2012.

96 BARANI, H.; MALEKI, H. Red cabbage anthocyanins content as a natural colorant for obtaining different color on wool fibers. **Pigment Resin Technol**, v. 3, p. 229-38, 2020.

97 KOZLOWSKI A. On the reaction of anthocyanins with the sulfites. **Science**, v. 83, p. 465-465, 1936.

98 JURD, L. Reactions Involved in Sulfite Bleaching of Anthocyanins. **J Food Sci**., v. 29, n. 1, p. 16-9, 1964.

99 BROUILLARD, R.; EL HAGE; CHAHINE, J. M. Chemistry of Anthocyanin Pigments. 6.1 Kinetic and Thermodynamic Study of Hydrogen Sulfite Addition to Cyanin. Formation of a Highly Stable Meisenheimer-Type Adduct Derived from a 2-Phenylbenzopyrylium Salt. **J Am Chem Soc**., v. 102, n. 16, p. 5375-8, 1980.

100 BERKÉ, B.; CHÈZE, C.; VERCAUTEREN, J.; DEFFIEUX, G. **Bisulfite addition to anthocyanins:** Pharmaceutical, Food, and Cosmetic Industries. Sladonja B: InTech, 2013.

101 OJWANG, L. O.; AWIKA, J. M. Stability of Apigeninidin and Its Methoxylated Derivatives in the Presence of Sulfites. **J Agric Food Chem**, v. 58, n. 16, p. 9077-82, 2010.

102 XIONG, S.; MELTON, L. D.; EASTEAL, A. J.; SIEW, D. Stability and Antioxidant Activity of Black Currant Anthocyanins in Solution and Encapsulated in Glucan Gel. **J Agric Food Chem**, v. 54, n. 17, p. 6201-8, 2006.

103 JANGAM, S. V.; MUJUMDAR, A. S.; ADHIKARI, B. Drying: Physical and Structural Changes. *In:* CABALLERO, B.; FINGLAS, P.; TOLDRÁ, F. (ed.). **Encyclopedia of Food and Health**. São Paulo: Elsevier, 2015. p. 446-455.

104 ARPAGAUS, C. Production of food bioactive-loaded nanoparticles by nano spray drying. **Nanoencapsulation of Food Ingredients by Specialized Equipment**. São Paulo: Elsevier, 2019. p. 151-211.

105 TONON, R. V. Aplicação da secagem por atomização para a obtenção de produtos funcionais com alto valor agregado a partir do açaí. **Inclusão Soc**, v. 6, n. 2, p. 70-6, 2013.

106 ISABEL, J. OMES C. **Impacto da microencapsulação na estabilidade do corante natural obtido a partir dos subprodutos do morango e do mirtilo**. Dissertação de mestrado. Instituto Superior de Agronomia, Universidade de Lisboa, Portuga 2017.

107 RODRIGUES, L. M.; JANUÁRIO, J. G. B.; SANTOS, S. S. DOS; BERGAMASCO, R.; MADRONA, G. S. Microcapsules of 'jabuticaba' byproduct: Storage stability and application in gelatin. **Rev Bras Eng Agrícola e Ambient**, v. 22, n. 6, p. 424-9, 2018.

108 DE MOURA, S. C. S. R.; BERLING, C. L.; GERMER, S. P. M.; ALVIM, I. D.; HUBINGER, M. D. Encapsulating anthocyanins from Hibiscus sabdariffa L. calyces by ionic gelation: Pigment stability during storage of microparticles. **Food Chem**, v. 241, 2018.

109 ZHANG, R.; ZHOU, L.; LI, J.; OLIVEIRA, H.; YANG, N.; JIN, W. *et al.* Microencapsulation of anthocyanins extracted from grape skin by emulsification/internal gelation followed by spray/freeze-drying techniques: **Characterization, stability and bioaccessibility**. LWT, 2020.

110 MOREIRA, B. G. M.; PESENTI, M. C. **Microencapsulamento por spray dryer de antocianinas extraídas do bagaço de uva brs violeta (Vitis labrusca)**. Curitiba: Univ Tecnológica Fed do Paraná, 2018.

111 ERSUS, S.; YURDAGEL, U. Microencapsulation of anthocyanin pigments of black carrot (Daucus carota L.) by spray drier. **J Food Eng**, v. 80, n. 3, p. 805-12, 2007.

112 VALDUGA, E.; LIMA, L.; PRADO, R. DO; PADILHA, F. F.; TREICHEL, H. Extração, secagem por atomização e microencapsulamento de antocianinas do

bagaço da uva "Isabel" (Vitis labrusca). **Ciência e Agrotecnologia**, v. 32, n. 5, p. 1568-74, 2008.

113 LENGYEL, M. *et al.* Microparticles, microspheres, and microcapsules for advanced drug delivery. **Scientia Pharmaceutica**, v. 87, n. 3, p. 1-31, 2019.

114 SOBEL, R.; VERSIC, R.; GAONKAR, A. G. Introduction to Microencapsulation and Controlled Delivery in Foods. *In:* GAONKAR, A. G. *et al.* (ed.). **Microencapsulation in the Food Industry**. São Paulo: Elsevier, 2014. p. 3-12.

115 VIDAL JIMÉNEZ, L. V. Microencapsulated bioactive components as a source of health. *In:* GRUMEZESCU, A. M. (ed.). **Encapsulations**. 2. ed. [*S.l.*]: Academic Press, 2016. p. 455-501.

116 CHOUDHURY, N.; MEGHWAL, M.; DAS, K. Microencapsulation: An overview on concepts, methods, properties and applications in foods. **Food Frontiers**, v. 2, n. 4, p. 426-442, 2021.

117 ARENASJAL, M.; SUÑÉNEGRE, J. M.; GARCÍAMONTOYA, E. An overview of microencapsulation in the food industry: opportunities, challenges, and innovations. **European Food Research and Technology**, v. 246, p. 1371-1382, 2020.

118 SHARIF, N.; KHOSHNOUDI-NIA, S.; MAHDI, S. Nano/microencapsulation of anthocyanins; a systematic review and meta- analysis. **Food Research International**, v. 132, p. 109077, 2020.

119 VIJETH, S.; HEGGANNAVAR, G. B.; KARIDURAGANAVAR, M. Y. Encapsulating Wall Materials for Micro-/Nanocapsules. *In:* SALAÜN, F. (ed.). **Microencapsulation - Processes, Technologies and Industrial Applications be**. [*S.l.*]: IntechOpen, 2014. p. 1-19.

120 LI, J. *et al.* A review of the interaction between anthocyanins and proteins. **Food Science and Technology International**, v. 27, n. 5, p. 470-482, 2020.

121 EZHILARASI, P. N.; KARTHIK, P.; CHHANWAL, N. Nanoencapsulation Techniques for Food Bioactive Components: A Review. **Food Bioprocess Technology**, v. 6, p. 628-647, 2013.

122 MEHTA, N. *et al.* applied sciences Microencapsulation as a Noble Technique for the Application of Bioactive Compounds in the Food Industry: A Comprehensive Review. **Applied Sciences**, v. 12, n. 1424, p. 1-34, 2022.

123 PIECZYKOLAN, E.; KUREK, M. A. Use of guar gum, gum arabic, pectin, beta-glucan and inulin for microencapsulation of anthocyanins from chokeberry. **International Journal of Biological Macromolecules**, v. 129, p. 665-671, 2019.

124 CABRAL, B. R. P. *et al.* Improving stability of antioxidant compounds from Plinia cauliflora (jabuticaba) fruit peel extract by encapsulation in chitosan microparticles. **Journal of Food Engineering**, v. 238, p. 195-201, 2018.

125 RODRIGUES, L. M. *et al.* Microcapsules of 'jabuticaba' byproduct: Storage stability and application in gelatin. **Revista Brasileira de Engenharia Agrícola e Ambiental**, v. 22, n. 6, p. 424-429, 2018.

126 SOUZA, A. C. P.; GURAK, P. D.; MARCZAK, L. D. F. Maltodextrin, pectin and soy protein isolate as carrier agents in the encapsulation of anthocyanins-rich extract from jaboticaba pomace. **Food and Bioproducts Processing**, v. 2, p. 186-194, 2016.

127 SANTIAGO, M. C. P. DE A. *et al.* Effects of encapsulating agents on anthocyanin retention in pomegranate powder obtained by the spray drying process. **LWT - Food Science and Technology**, v. 73, p. 551-556, 2016.

128 ZHANG, R. *et al.* Microencapsulation of anthocyanins extracted from grape skin by emulsification/internal gelation followed by spray/freeze-drying techniques: Characterization, stability and bioaccessibility. **LWT - Food Science and Technology**, v. 123, p. 109097, 2020.

129 VERGARA, C. *et al.* Microencapsulation of Anthocyanin Extracted from Purple Flesh Cultivated Potatoes by Spray Drying and Its Effects on *In vitro* Gastrointestinal Digestion. **Molecules**, v. 25, n. 722, p. 1-14, 2020.

130 BERNARDES, A. L. *et al. In vitro* bioaccessibility of microencapsulated phenolic compounds of jussara (Euterpe edulis Martius) fruit and application in gelatine model-system. **Lwt**, v. 102, n. 2019, p. 173-180, 2019.

131 CAI, X. *et al.* Improvement of stability of blueberry anthocyanins by carboxymethyl starch/xanthan gum combinations microencapsulation. **Food Hydrocolloids**, v. 91, p. 238-245, 2019.

132 ROSA, J. R. DA *et al.* Microencapsulation of anthocyanin compounds extracted from blueberry (Vaccinium spp.) by spray drying : Characterization, stability and simulated gastrointestinal conditions. **Food Hydrocolloids**, v. 89, p. 742-748, 2019.

133 FREDES, C. *et al.* The Microencapsulation of Maqui (Aristotelia chilensis (Mol.) Stuntz) Juice by Spray-Drying and Freeze-Drying Produces Powders with Similar Anthocyanin Stability and Bioaccessibility. **Molecules**, v. 23, n. 1227, p. 1-15, 2018.

134 AHMAD, M. *et al.* Microencapsulation of saffron anthocyanins using glucan and cyclodextrin: Microcapsule characterization, release behaviour & antioxidant potential during in-vitro digestion. **International Journal of Biological Macromolecules**, v. 109, p. 435-442, 2018.

135 LIU J, TAN Y, ZHOU H, MURIEL MUNDO JL, MCCLEMENTS DJ. Protection of anthocyanin-rich extract from pH-induced color changes using water-in-oil--in-water emulsions. **J Food Eng**, v. 254, p. 1-9, 2019.

136 FANG, J.-L.; LUO, Y.; YUAN, K.; GUO, Y.; JIN, S-H. Preparation and evaluation of an encapsulated anthocyanin complex for enhancing the stability of anthocyanin. **Lwt**, v. 117, p. 108543, 2020.

137 MAHDAVI, S. A.; JAFARI, S. M.; GHORBANI, M.; ASSADPOOR, E. Spray-Drying Microencapsulation of Anthocyanins by Natural Biopolymers: A Review. **Dry Technol**, v. 32, n. 5, p. 509-18, 2014.

138 ERSUS, S.; YURDAGEL, U. Microencapsulation of anthocyanin pigments of black carrot (Daucus carota L.) by spray drier. **J Food Eng**, v. 80, n. 3, p. 805-12, 2007.

139 SANTOS, S. S. DOS; PARAÍSO, C. M.; MADRONA, G. S. Microesferas de bagaço de amora-preta: Uma abordagem sobre a degradação de antocianina. **Ciência e Agrotecnologia**, v. 44, 2020.

140 ESCOBAR-PUENTES, A. A.; GARCÍA-GURROLA, A.; RINCÓN, S.; ZEPEDA, A.; MARTÍNEZ-BUSTOS, F. Effect of amylose/amylopectin content and succinylation on properties of corn starch nanoparticles as encapsulants of anthocyanins. **Carbohydr Polym**, v. 250, 2020.

141 KANHA, N.; SURAWANG, S.; PITCHAKARN, P.; LAOKULDILOK, T. Microencapsulation of copigmented anthocyanins using double emulsion followed by complex coacervation: Preparation, characterization and stability. **Lwt**, v. 133, p. 110154, 2020.

142 LI, Z. *et al.* A review : Using nanoparticles to enhance absorption and bioavailability of phenolic phytochemicals. **Food hydrocolloids**, v. 43, p. 153-164, 2015.

143 ZANG, Z. *et al.* Effect of bovine serum albumin on the stability and antioxidant activity of blueberry anthocyanins during processing and *in vitro* simulated digestion. **Food Chemistry**, v. 373, p. 1-7, 2022.

144 LIAO, M. *et al.* The in-vitro digestion behaviors of milk proteins acting as wall materials in spray-dried microparticles: Effects on the release of loaded blueberry anthocyanins. **Food Hydrocolloids**, v. 115, p. 1-13, 2021.

145 LANG, Y. *et al.* Effects of α-casein and β-casein on the stability, antioxidant activity and bioaccessibility of blueberry anthocyanins with an *in vitro* simulated digestion. **Food Chemistry**, v. 334, p. 1-8, 2021a.

146 ZANG, Z. *et al.* Effect of whey protein isolate on the stability and antioxidant capacity of blueberry anthocyanins: A mechanistic and *in vitro* simulation study. **Food Chemistry**, v. 336, p. 1-10, 2021.

147 PEANPARKDEE, M.; BOROMPICHAICHARTKUL, C.; IWAMOTO, S. Bioaccessibility and antioxidant activity of phenolic acids, flavonoids, and anthocyanins of encapsulated Thai rice bran extracts during *in vitro* gastrointestinal digestion. **Food Chemistry**, v. 361, n. 130161, p. 1-9, 2021.

148 OANCEA, A. *et al.* Functional evaluation of microencapsulated anthocyanins from sour cherries skins extract in whey proteins isolate. **LWT - Food Science and Technology**, v. 95, p. 129-134, 2018.

149 LANG, Y. *et al.* Effects of αCasein on the Absorption of Blueberry Anthocyanins and Metabolites in Rat Plasma Based on Pharmacokinetic Analysis. **Journal of Agricultural and Food Chemistry**, v. 69, p. 6200-6213, 2021b.

150 LIANG, J. *et al.* Applications of chitosan nanoparticles to enhance absorption and bioavailability of tea polyphenols: A review. **Food Hydrocolloids**, v. 69, p. 286-292, 2017.

151 JÚLIA, E. *et al.* Polysaccharides as wall material for the encapsulation of essential oils by electrospun technique. **Carbohydrate Polymers**, v. 265, p. 1180068, 2021.

152 FATHI, M.; JULIAN, D. Nanoencapsulation of food ingredients using carbohydrate based delivery systems. **Trends in Food Science & Technology**, v. 39, p. 18-39, 2014.

153 WAYS, T. M. M.; LAU, W. M.; KHUTORYANSKIY, V. V. Chitosan and Its Derivatives for Application in Mucoadhesive Drug Delivery Systems. **Polymers**, v. 10, n. 267, p. 1-37, 2018.

154 LIANG, J. *et al.* Response surface methodology in the optimization of tea polyphenols-loaded chitosan nanoclusters formulations. **European Food Research and Technology**, v. 231, p. 917-924, 2010.

155 HE, B. *et al.* Loading of anthocyanins on chitosan nanoparticles influences anthocyanin degradation in gastrointestinal fluids and stability in a beverage. **Food Chemistry**, v. 221, p. 1671-1677, 2017.

156 WANG, M. *et al.* Preparing, optimising, and evaluating chitosan nanocapsules to improve the stability of anthocyanins from Aronia melanocarpa. **RSC Advances**, v. 11, n. 1, p. 210-218, 2021a.

157 GE, J. *et al.* Nanocomplexes composed of chitosan derivatives and □-Lactoglobulin as a carrier for anthocyanins: Preparation, stability and bioavailability *in vitro*. **Food Research International**, v. 116, p. 336-345, 2019.

158 ZHAO, C. *et al.* Impact of *in vitro* simulated digestion on the chemical composition and potential health benefits of Chaenomeles speciosa and Crataegus pinnatifida. **Food Bioscience**, p. 100511, 2020a.

159 SHWETHA, H. J. *et al.* Fabrication of chitosan nanoparticles with phosphatidylcholine for improved sustain release, basolateral secretion, and transport of lutein in. **International Journal of Biological Macromolecules**, v. 163, p. 2224-2235, 2020.

160 YAN, L. *et al.* Formulation and characterization of chitosan hydrochloride and carboxymethyl chitosan encapsulated quercetin nanoparticles for controlled applications in foods system and simulated gastrointestinal condition. **Food Hydrocolloids**, v. 84, n. june, p. 450-457, 2018.

161 KIM, E. S. *et al.* Mucoadhesive Chitosan–Gum Arabic Nanoparticles Enhance the Absorption and Antioxidant Activity of Quercetin in the Intestinal Cellular Environment. **Journal of Agricultural and Food Chemistry**, v. 67, p. 8609-8616, 2019.

162 MIN, J. BIN *et al.* Preparation, characterization, and cellular uptake of resveratrol- loaded trimethyl chitosan nanoparticles. **Food Science Biotechnology**, v. 27, p. 441-450, 2018.

163 PADIL, V. V. T. *et al.* Nanoparticles and nanofibres based on tree gums: Biosynthesis and applications. **Comprehensive Analytical Chemistry**. [*S.l.*]: Elsevier, 2021. v. 94, p. 223-265.

164 SILVA, D. A. DA; AIRES, G. C. M.; PENA, R. DA S. Gums — Characteristics and Applications in the Food Industry. *In:* BARROS, A. N. DE; GOUVINHAS, I. (ed.). **Innovation in the Food Sector Through the Valorization of Food and Agro-Food By-Products**. [*S.l.*]: IntechOpen, 2020. p. 1-26.

165 SABET, S. *et al.* The interactions between the two negatively charged polysaccharides: Gum Arabic and alginate. **Food Hydrocolloids**, v. 112, p. 106343, 2021.

166 TAN, C. *et al.* Polysaccharide-based nanoparticles by chitosan and gum arabic polyelectrolyte complexation as carriers for curcumin. **Food Hydrocolloids**, v. 57, p. 236-245, 2016.

167 TROUILLAS, P.; SANCHO-GARCÍA, J. C.; DE FREITAS, V.; GIERSCHNER, J.; OTYEPKA, M.; DANGLES, O. Stabilizing and Modulating Color by Copigmentation: Insights from Theory and Experiment. **Chem Rev**, v. 116, n. 9, p. 4937-82, 2016.

168 GOTO, T.; KONDO, T. Struktur und molekulare Stapelung von Anthocyanen — Variation der Blütenfarben. **Angew Chemie**, v. 103, n. 1, p. 17-33, 1991.

169 EIRO, M. J.; HEINONEN, M. Anthocyanin Color Behavior and Stability during Storage: Effect of Intermolecular Copigmentation. **J Agric Food Chem**, v. 50, n. 25, p. 7461-6, 2002.

170 MAZZA, J.; BROUILLARD, R. **The mechanism of co-pigmentation of anthocyanins aqueous solutions**, v. 29, n. 4, p. 1097-102, 1990.

171 BROUILLARD, R. Origin of the Exceptional Colour Stability of The Zebrina pendula Anthocyanin. **Phytochemistry,** p. 143-5, 1981.

172 FIGUEIREDO, P.; ELHABIRI, M.; SAITO, N.; BROUILLARD, R. Anthocyanin Intramolecular Interactions. A New Mathematical Approach To Account for the Remarkable Colorant Properties of the Pigments Extracted from Matthiola incana. **J Am Chem Soc**, v. 118, n. 20, p. 4788-93, 1996.

173 HOSHINO, T.; MATSUMOTO, U.; GOTO, T. Self-association of some anthocyanins in neutral aqueous solution. **Phytochemistry**, v. 20, n. 8, p. 1971-6, 1981.

174 BRIDLE, P.; TIMBERLAKE, C.F. Anthocyanins as natural food colours — selected aspects. **Food Chem**, v. 58, n. 1-2, p. 103-9, 1997.

175 GAO, L.; MAZZA, G. Rapid method for complete chemical characterization of simple and acylated anthocyanins by high-performance liquid chromatography and capillary gas-liquid chromatography. **J. Agric. Food Chem**, v. 42, n. 1, p. 118-25, 1994.

176 HARBORNE, J.B. The Natural Distribution in Angiosperms of Anthocyanins Acylated with Aliphatic Dicarboxilic Acids. **Phytochemistry,** v. 25, n. 8, p. 1887-94, 1986.

177 SAITO, N.; ABE, K.; HONDA, T.; TIMBERLAKE, C. F.; BRIDLE, P. **Phytochemistry,** v. 24, p. 1583-86, 1985.

178 BAUBLIS, A.; SPOMER, A. R. T.; BERBER-JIMÉNEZ, M. D. Anthocyanin pigments: comparison of extract stability. **J Food Sci**, v. 59, n. 6, p. 1219-21, 1994.

179 TEH, L. S.; FRANCIS, F.J. Stability of Anthocyanins from Zebrina pendula and Ipomoea tricolor in a Model Beverage. **Journal of Food Science,** v. 53, n. 5, p. 1580-1, 1988.

180 OSAWA, Y. Copigmentation of anthocyanins. *In:* MARKAKIS, P. (ed.). **Anthocyanins as food colors**. New York: Academic Press, 1982. p. 41-65.

181 HALE, K. L.; MCGRATH, S. P.; LOMBI, E.; STACK, S. M.; TERRY, N.; PICKERING, I. J. *et al.* Molybdenum sequestration in Brassica species. A role for anthocyanins? **Plant Physiol**, v. 126, n. 4, p. 1391-402, 2001.

182 ASEN, S.; STEWART, R.N.; NORRIS, K.H. Co-pigmentation of anthocyanins in plant tissues and its effect on color. **Phytochemistry**, v. 11, n. 3, p. 1139-44, 1972.

183 SHEFFELDT, P.; HRAZDINA, G. Co-pigmentation of Anthocyanins Under Physiological Conditions. **J. Food Sci**, v. 43, p. 517-20, 1978.

184 WILLIANS, M.; HRAZDINA, G. Anthocyanins as food colorants: effect of pH on the formation of anthocyanin-rutin complexes. **J. Food Sci.**, v. 44, n. 1, p. 66-8, 1979.

185 SHRIKHANDE, A. J.; FRANCIS, F. J. Effect of flavonols on ascorbic acid and anthocyanin stability in model systems. **J Food Sci**, v. 39, n. 5, p. 904-6, 1974.

186 GRIS, E. F.; FERREIRA, E. A.; FALCÃO, L. D.; BORDIGNON-LUIZ, M. T. Caffeic acid poigmentation of anthocyanins from Cabernet Sauvignon grape extracts in model systems. **Food Chemistry**, v. 100, p. 1289-1296, 2007.

187 ZHAO, X.; DING, B.-W.; QIN, J.-W.; HE, F.; DUAN, C.-Q. Intermolecular copigmentation between five common 3-O-monoglucosidic anthocyanins and three phenolics in red wine model solutions: The influence of substituent pattern of anthocyanin B ring. **Food Chem**, v. 326, p. 126960, 2020.

188 CHEN, L.-J.; HRAZDINA, G. Structural aspects of anthocyanin-flavonoid complex formation and its role in plant color. **Phytochemistry**, v. 20, n. 2, p. 297-303, 1981.

189 GONZÁLEZ-MANZANO, S.; DUEÑAS, M.; RIVAS-GONZALO, J. C.; ESCRIBANO-BAILÓN, M. T.; SANTOS-BUELGA, C. Studies on the copigmentation between anthocyanins and flavan-3-ols and their influence in the colour expression of red wine. **Food Chem**, v. 114, p. 649-656, 2009.

190 CASTAÑEDA-OVANDO, A.; PACHECO-HERNÁNDEZ, M. DE L.; PÁEZ-HERNÁNDEZ, M. E.; RODRÍGUEZ, J. A.; GALÁN-VIDAL, C. A. Chemical studies of anthocyanins: A review. **Food Chem**, v. 113, n. 4, p. 859-71, 2009.

191 MOLAEAFARD, S.; JAMEI, R.; POURSATTAR MARJANI, A. Co-pigmentation of anthocyanins extracted from sour cherry (Prunus cerasus L.) with some organic acids: Color intensity, thermal stability, and thermodynamic parameters. **Food Chem**, v. 339, p. 128070, 2021.

192 SANTOS, S. S. DOS; PARAÍSO, C. M.; MADRONA, G. S. Microesferas de bagaço de amora-preta: Uma abordagem sobre a degradação de antocianina. **Ciência e Agrotecnologia**, v. 44, 2020.

193 MAITE, T.; ESCRIBANO-BAILON; CELESTINO SANTOS-BUELGA. Anthocyanin Copigmentation - Evaluation, Mechanisms and Implications for the Colour of Red Wines. **Curr Org Chem**, v. 16, n. 6, p. 715-23, 2012.

194 BROUILLARD, R.; MAZZA, G.; SAAD, Z.; ALBRECHT-GARY, A. M.; CHEMINANT, A. The copigmentation reaction of anthocyanins: a microprobe for the structural study of aqueous solutions. **J. Am. Chem. Soc.**, v. 111, n. 7, p. 2604-10, 1989.

195 LEYDET, Y.; GAVARA, R.; PETROV, V.; DINIZ, A. M.; PAROLA, A. J.; LIMA, J. C.; PINA, F. The effect of self-aggregation on the determination of the kinetic and thermodynamic constants of the network of chemical reactions in 3-glucoside anthocyanins. **Phytochem**, v. 83, p. 125-135, 2012.

196 NGO, T.; ZHAO, Y. Stabilization of anthocyanins on thermally processed red D'Anjou pears through complexation and polymerization. **LWT - Food Sci Technol**, v. 42, n. 6, p. 1144-52, 2009.

197

198 CORTEZ, R.; LUNA-VITAL DA; MARGULIS, D.; GONZALEZ DE MEJIA, E. Natural Pigments: Stabilization Methods of Anthocyanins for Food Applications. **Compr Rev Food Sci Food Saf**, v. 16, n. 1, p. 180-98, 2017.

199 REN, S.; GIUSTI, M. M. The effect of whey protein concentration and preheating temperature on the color and stability of purple corn, grape and black carrot anthocyanins in the presence of ascorbic acid. **Food Res Int**, v. 144, p. 110350, 2021.

200 LANG, Y.; LI, E.; MENG, X.; TIAN, J.; RAN, X.; ZHANG, Y. *et al.* Protective effects of bovine serum albumin on blueberry anthocyanins under illumination conditions and their mechanism analysis. **Food Res Int**, v. 122, p. 487-95, 2019.

5

EXTRAÇÃO, PURIFICAÇÃO, IDENTIFICAÇÃO E QUANTIFICAÇÃO DE ANTOCIANINAS

Introdução

As antocianinas são pigmentos naturais solúveis em água, existes nos vacúolos de flores, frutos, caules e folhas de plantas, sendo responsáveis pelas cores vermelha, azul preta e roxa de vegetais como uvas, morangos, amoras, açaí, repolho roxo, entre outros. Esses compostos apresentam efeitos biológicos e farmacológicos benéficos à saúde como anti-inflamatórios, antivirais e antioxidantes. Sendo que essa atividade antioxidante possui um papel decisivo no controle da superprodução das espécies reativas de oxigênio e nitrogênio envolvidas na patogênese de inúmeras doenças crônicas, como doenças cardiovasculares, diabetes ou câncer. Por conta dessas características, antocianinas são compostos bioativos amplamente utilizadas em alimentos, medicamentos, cosméticos e outros campos[1,2].

Para transformar antocianinas presentes em uma matriz vegetal em um ingrediente funcional, alguns passos importantes são necessários, os quais incluem: extração do compostos bioativos da matriz vegetal, purificação do ingrediente ativo/separação de impurezas e contaminantes, caracterização de propriedades físicas e químicas, estudos de toxicidade, avaliação da bioatividade *in vitro, in vivo* e estudos com humanos, e, por último, estudos que visam aplicar estes compostos bioativos de forma estável em matrizes alimentares diversas[1,3].

Assim, a extração e purificação dos pigmentos presentes nas frutas e hortaliças são etapas cruciais para identificar e quantificar esses compostos. Para obter antocianinas em quantidade e qualidade adequadas, é necessário selecionar e otimizar métodos de extração e purificação, juntamente com as técnicas analíticas correspondentes, que incluem a escolha adequada dos solventes. Vários fatores influenciam a extração de antocianinas, incluindo as características da matriz vegetal, como atividade de água e rigidez da parede celular, e parâmetros do processo de extração, como pH, solvente, temperatura e tempo[1,4].

Nos últimos anos, para atender à crescente demanda por biocompostos, os métodos tradicionais de extração com solventes vêm evoluindo para técnicas que utilizam tecnologias emergentes, tais como extração assistida por micro-ondas, ultrassom e fluido supercrítico. Comparadas à extração convencional com solventes, essas novas tecnologias apresentam diversas vantagens, como maior taxa de extração, menor consumo de energia, tempo de extração reduzido e menor impacto ambiental. Contudo, é importante destacar que essas técnicas também podem apresentar algumas limitações, tais como a necessidade de equipamentos especializados e a exigência de otimização do processo.

Atualmente, as pesquisas sobre extração de antocianinas estão focadas na otimização de um processo específico ou na seleção do método de extração ideal, levando em consideração a taxa de recuperação das antocianinas totais. Para a purificação e separação desses compostos, os processos empregados geralmente consideram fatores como eficiência, custo de produção e facilidade de operação.

Quanto aos métodos analíticos para identificação e quantificação, os mais utilizados são os espectrofotométricos e cromatográficos, sendo que a cromatografia líquida de alta eficiência possui as maiores vantagens, principalmente quando acoplada a detectores apropriados[1,4]. Nesse contexto, este capítulo apresenta as principais técnicas de extração, purificação, identificação e quantificação de antocianinas a partir de diferentes matrizes vegetais, bem como suas principais vantagens e limitações.

Métodos de extração de antocianinas

A matriz vegetal consiste em uma miríade de componentes tais como carboidratos, lipídeos, proteínas, vitaminas, compostos bioativos, entre outros. Dessa forma, a extração é um processo que visa separar (ou extrair) compostos de interesse a partir da matriz vegetal. No processo de extração, a seleção adequada do solvente, bem como das condições físico-químicas (como tempo, temperatura, pH, razão sólido: líquido, número de ciclos de extração etc.) é essencial para promover um processo eficiente com alta taxa de recuperação do composto de interesse[5].

A extração de antocianinas a partir de fontes vegetais tem sido objeto de interesse por muito tempo e, nos últimos anos, devido aos avanços tecnológicos, é possível obter extratos com maiores rendimentos. Embora o rendimento global seja um parâmetro importante para avaliar o desempenho da extração, muitas vezes o foco do processo consiste na extração de compostos específicos, como antocianinas, a fim de evitar a extração de compostos indesejados, como carboidratos e lipídeos. Nesse caso, é importante considerar a melhoria da seletividade da extração[6].

A extração de compostos não voláteis por meio da técnica de extração sólido-líquido (ESL) é um método clássico, porém apresenta limitações, tais como um longo tempo de processo, baixa eficiência e alto consumo de solventes. Para superar essas limitações, técnicas modernas de extração, que utilizam tecnologias assistidas como ondas ultrassônicas, micro-ondas, pressão, entre outras, têm sido desenvolvidas. Essas técnicas visam reduzir o tempo de processo, economizar energia e solventes, e intensificar a extração. Os tratamentos físicos empregados nessas técnicas também podem afetar o mecanismo de extração, aumentando o rendimento e proporcionando diferentes seletividades em comparação com o método clássico. Algumas dessas novas técnicas incluem a extração assistida por micro-ondas (EAM), a extração assistida por ultrassom (EAU), a extração por fluído pressurizado (EFP), a extração em água subcrítica (EAS), a extração por fluído supercrítico (EFS), a extração por campo elétrico pulsado (ECEP) e a extração assistida por enzimas (EAE)[1,4,5,6].

De forma geral, para utilizar essas novas metodologias se faz necessário otimizar o processo, determinando os melhores parâmetros operacionais, geralmente com base no maior rendimento global do processo. No entanto, em casos que se deseja extrair compostos específicos, a seletividade é considerada para encontrar as melhores condições. Essa seletividade pode ser modulada para enriquecer o extrato com compostos de interesse, ou para evitar a extração de compostos indesejados, como interferentes e contaminantes. Neste último caso, a pureza do extrato é a variável otimizada[6].

Escolha do solvente

Na extração sólido-líquido, os solutos presentes no material vegetal migram para o solvente extrator, sendo que as propriedades físico-químicas do soluto e do solvente têm um papel fundamental nesse processo. Por isso, a escolha do solvente adequado é um fator crítico para aumentar a solubilidade e recuperação dos compostos de interesse durante a extração. Desse modo, qualquer que seja o método de extração utilizado, a natureza química do solvente de extração é de primordial importância para favorecer a solubilidade e recuperação dos compostos de interesse. Sendo assim, o conhecimento das propriedades químicas orienta a seleção apropriada de um solvente, para maximizar o rendimento ou a pureza da extração das moléculas de interesse[6].

As antocianinas presentes nas frutas como uvas e jabuticabas, geralmente, concentram-se nos vacúolos celulares das cascas. Já em frutas com características semelhantes às das amoras, esses compostos encontram-se em toda a polpa do vegetal [7,8]. Desse modo, a escolha de um método apropriado para extrair esses pigmentos depende, além do propósito da extração, da natureza dos constituintes das moléculas onde estão presentes as antocianinas. Além disso, quando se objetiva utilizar os pigmentos extraídos como ingrediente funcional (como corantes alimentares naturais, por exemplo), o rendimento máximo obtido, a força tintorial e a estabilidade também são itens de grande relevância[9].

Como as antocianinas são compostos solúveis em água, elas podem ser facilmente extraídas com solventes polares. Sendo os solventes alcoólicos e orgânicos, como metanol, etanol e acetona, os mais utilizados. Além disso, geralmente, esses solventes são acidificados para promover a hidrólise do material vegetal rígido e auxiliar a penetração do solvente nos tecidos vegetais de frutas e hortaliças, favorecendo a transferência de massa do processo, além de dificultar o aparecimento de micro-organismos que podem degradar os pigmentos. Ademais, o pH baixo favorece a predominância das estruturas das antocianinas na forma estável do cátion favilium, o qual apresenta coloração vermelha em solução aquosa. Dessa forma, o uso de soluções acidificadas é indicado, e os ácidos geralmente utilizados são o ácido clorídrico, fórmico e acético[10].

No entanto, é importante ressaltar que o uso de solventes ácidos para a extração de antocianinas deve ser cauteloso, pois soluções contendo mais que 1% de ácido clorídrico, por exemplo, pode promover a hidrólise parcial das antocianinas aciladas, resultando em um menor rendimento da extração, consequentemente, levando a estimação incorreta e subestimada do teor total de antocianinas presente na matriz vegetal[11]. Revilla *et al.* (1998)[10] ao comparar diversos procedimentos utilizados na extração de antocianinas de uvas vermelhas, constataram que solventes que continham cerca de 1% de ácido clorídrico 12N, eram mais eficientes na extração, porém causaram hidrólise parcial da mavidina-3-O-acetilglicosídeo.

A eficiência de diferentes solventes (água, etanol, acetato de etila, clorofórmio, acetona e metanol) na extração de antocianinas e compostos fenólicos em bagas de Mahonia aquifolium já foi avaliada. O melhor solvente de extração para os conteúdos fenólicos foi o metanol e para as antocianinas o etanol. Os principais fenólicos e antocianinas nas bagas de Mahonia foram o ácido clorogênico (373,12 mg/100 g) e a cianidina-3-O-glicosídeo (253,40 mg/100 g), respectivamente[12].

Geralmente, solventes como metanol e acetona são muito utilizados para a extração de antocianinas, apesar da toxidez. Segundo Rodriguez--Saona e Wrolstad (2001)[13], o metanol é o solvente mais empregado para a extração de antocianinas, uma vez que seu baixo ponto de ebulição permite uma rápida concentração subsequente do material extraído. Porém, por se tratar de um solvente tóxico, requer uma adicional purificação posterior. Dessa forma, diante de limitações de uso de metanol e acetona, a extração utilizando etanol ou água é recomendada especialmente quando a extração se faz com fim alimentício. Entretanto, o emprego desses solventes pode possuir limitações de uso, como uma menor eficiência de extração em comparação aos outros solventes, além de uma menor durabilidade dos extratos[14,15]. Dessa forma, para definir o melhor solvente para o processo de extração deve ser considerado, além do maior rendimento e eficiência do processo, fatores como segurança toxicológica e geração de resíduos químicos.

Outro solvente comumente utilizado para a extração de antocianinas é a acetona. Awika *et al.* (2004)[16] compararam os solventes metanol acidificado e acetona na eficiência de extração de antocianinas de sorgo. Os autores relataram que a extração com metanol acidificado obteve teores de antocianinas totais significativamente mais altos do que na extração com solução aquosa de acetona. Já no trabalho desenvolvido Jing e Giusti (2007)[17] o uso da acetona apresentou a vantagem de ser facilmente removida após a extração. A acetona é altamente volátil pois apresenta baixo ponto de ebulição, necessitando de uma menor temperatura de evaporação. Entretanto, esse solvente apresenta maior periculosidade e toxicidade quando comparado com outros solventes aquosos e alcoólicos utilizados como extratores de rotina industrial.

Barnes *et al.* (2009)[18] otimizaram o método de extração de antocianinas do mirtilo. Para isso, testaram tipo de solvente orgânico utilizado, além de tipo e quantidade de ácido utilizado. Os solventes orgânicos estudados foram etanol, metanol, propanol, isopropanol, acetonitrila e acetona. Os ácidos selecionados utilizados na otimização da extração foram os ácidos trifluoroacético, clorídrico, fórmico e acético. O estudo mostrou que acetona, etanol e metanol foram os solventes mais eficientes para a extração de antocianinas do mirtilo. Já o ácido trifluoroacético e clorídrico mostraram-se mais eficientes para acidificar os solventes.

Dentre os métodos de extração mais comumente realizados, estão aqueles que utilizam metanol acidificado ou etanol como extratores. O metanol é o solvente mais empregado para a extração de antocianina uma vez que seu baixo ponto de ebulição permite uma rápida concentração posterior do material extraído. No entanto, o extrato resultante contém polaridade baixa, e por se tratar de um solvente tóxico requer uma purificação posterior e adicional. Apesar da toxidez, solventes como metanol e acetona são muito utilizados para a extração de antocianinas. Diante das limitações de uso desses solventes, a extração com etanol ou água é recomendada especialmente quando a extração se faz com fim alimentício. Entretanto, o emprego desses solventes também possui limitações de uso, como uma menor eficiência de extração em comparação aos outros solventes, além de uma menor durabilidade de seus extratos[19,20].

Tabela 1 – Lista de solventes utilizados na extração de antocianinas

Solventes	Referências
Ácido clorídrico 0,1N em etanol 95%	Fuleki e Francis (1968a,b)[21]
Ácido acético 4% em metanol: água (1:1)	Bridle *et al.* (1984)[22]
Ácido clorídrico 1% em etanol	Andersen (1985)[23]
Ácido clorídrico 0,1 N em etanol 96%	Blom e Thomassen (1985)[24]
Ácido clorídrico 0,1% em etanol 80%	Oszmianski e Sapis (1988)[25]
Metanol: ácido acético: água (10:1:9)	Takeda *et al.* (1989)[26]
Ácido clorídrico 0,05% em metanol	Stringheta (1991)[27]
Ácido cítrico 0,5% em metanol	Guedes (1993)[28]
Ácido clorídrico 1% em metanol	Forni *et al.* (1993)[29]
Metanol: ácido fórmico: água (10:2:28)	Gao e Mazza (1996)[30]
Ácido cítrico 3% em metanol	Bailoni *et al.* (1998)[31]
Ácido cítrico 1% em etanol	Kuskoski (2000a)[32]
Ácido clorídrico 0,15% em metanol	Pazmiño-Durán *et al.* (2001a)[33]
Metano acidificado com ácido clorídrico	Mataix *et al.* (2001)[34]
Ácido clorídrico 0,1 N em metanol	Mullen *et al.* (2002)[35]
Ácido clorídrico pH 2,0 em etanol 70%	Constant (2003)[36]
HCl 0,03% e ácido cítrico 3% em etanol 70%	Ozela (2004)[37]

Fonte: Ozela (2004)[37]

Embora os solventes orgânicos convencionais, como metanol, acetona, clorofórmio, hexano, acetato de etila, entre outros, ainda sejam amplamente utilizados na extração de compostos, há uma tendência crescente de adotar técnicas de extração "verdes". Essas técnicas têm ganhado cada vez mais atenção devido à sua capacidade de eliminar substâncias tóxicas e solventes orgânicos voláteis que são considerados perigosos para a saúde humana e para o meio ambiente.

Nos últimos anos, surgiram vários métodos analíticos ecologicamente corretos, que buscam melhorar significativamente o desenvolvimento de técnicas sustentáveis, rentáveis e eficientes[18]. Essas técnicas utilizam solventes mais seguros e menos tóxicos, como água, etanol, glicerol, óleos vegetais, fluidos supercríticos, e sais orgânicos tais como líquidos iônicos[38].

Esses métodos verdes de extração não só oferecem uma alternativa mais segura e ecológica aos solventes convencionais, mas também podem produzir extratos de alta qualidade com alto teor de compostos de interesse. Portanto, é importante considerar essas opções de extração sustentável e ecologicamente correta ao desenvolver novos métodos de extração[18].

A química verde é definida como criação, estratégia e utilização de substâncias químicas e técnicas que visam reduzir ou abolir a geração de substâncias perigosas. Nessa abordagem, normalmente, usa-se solventes "verdes" obtidos de fontes renováveis que visam minimizar o impacto ambiental provocado pela indústria química. Dessa forma, as técnicas de extração são consideradas "verdes", se o processo reduz o consumo de energia, permite o uso de solventes renováveis, além de garantir a segurança e alta qualidade do extrato. Para uma extração eficaz de acordo com os princípios da química verde, a seleção correta do solvente ecológico verde é sempre uma tarefa desafiadora, tendo em vista que outros fatores também influenciam o processo de extração[18].

De forma geral, grande parte dos protocolos de extração incluem solventes não GRAS (do inglês *Generally Recognized As Safe* – geralmente reconhecido como seguro), os quais são contaminantes, biologicamente agressivos e, consequentemente, inadequados para indústrias alimentícias, cosméticas ou farmacêuticas. Desse modo, apesar do metanol apresentar maior eficiência que o etanol, sua alta toxicidade o torna inviável para aplicações que envolvam contato ou ingestão por humanos. Em vez disso, o etanol atende os requisitos da química verde, sendo obtido de fontes renováveis, pouco tóxico, amigo do meio ambiente, fornece boas taxas extrações de antocianinas e tem boas aptidões para processos em larga escala, portanto, sua utilização deve ser preferida[5].

Em um estudo realizado por Brandão *et al.* (2019)[38] foi avaliada a eficácia da extração de compostos fenólicos em extrato de polpa de jambolão (Syzygium cumini Lamark) com base na concentração de solvente (etanol e metanol, diluído em água) e no tempo de extração. Os resultados demonstraram que o solvente de extração composto de 60% de etanol em água v/v, em um tempo de extração de 10 minutos, apresentou a maior concentração de compostos fenólicos e uma grande vantagem em custo-benefício, uma vez que o etanol é mais barato e menos tóxico do que o metanol. Esse estudo está em concordância com as conclusões do estudo realizado por Kato *et al.* (2012)[39], que teve como objetivo avaliar e aperfeiçoar métodos de extração e purificação de antocianinas de uvas Bordô, utilizando diferentes solventes em diferentes concentrações e pH. Esse estudo mostrou que o etanol 60% acidificado a pH 2,0 é o solvente mais eficaz para extração de antocianinas. Esses resultados destacam a importância da escolha correta do solvente de extração para garantir a eficácia do processo e reduzir custos e impactos ambientais.

Por serem compostos hidrossolúveis, as antocianinas também podem ser extraídas utilizando somente água como solvente. Entretanto, o uso da água traz algumas limitações operacionais, pois seu alto ponto de ebulição pode dificultar uma etapa posterior de concentração. Sójka *et al.* (2015)[40] utilizaram água como solvente na extração convencional de compostos fenólicos de bagaço de ameixa e extraíram as seguintes antocianinas com suas respectivas concentrações: cianidina-glucosídeo (0,09 mg / 100 g de bagaço fresco), cianidina-rutinosídeo (0,27 mg / 100 g de bagaço fresco), peonidina-glucosídeo (0,01 mg / 100 g de bagaço fresco) e peonidina-rutinóideo (0,28 mg / 100 g de bagaço fresco.

Outro tipo de solvente comumente utilizado para extração de antocianinas são os derivados de enxofre, como o dióxido de enxofre (SO_2). Esses solventes reagem apenas com antocianinas monoméricas, formando o complexo antocianina-HSO_3^-. A presença de dióxido de enxofre no meio de extração pode aumentar o rendimento de extração de antocianinas, assim como aumentar a estabilidade do produto final. O complexo antocianina-sulfito é sem cor, portanto, o sulfito deve ser removido antes da concentração final e da filtração. Além disso, a adição de ácido na solução faz com que a extração seja mais eficiente, porém requer neutralização em alguma etapa posterior do processo. Ademais, outros complexos podem ser formados pela ação do ânion HSO_3^-, que são liberados dos tecidos em meio ácido, pela adição de etanol acidificado ao complexo antocianina-HSO_3^-, proporcionando a quebra da ligação entre a antocianina e o HSO_3^-, formando um pigmento carregado que pode ser separado e purificado posteriormente usando resinas trocadoras de íons[41,42].

Geralmente, o teor médio de SO_2 a ser utilizado na extração pode variar de 50 a 2000 ppm. Todavia, pesquisas concluem que o aumento no teor de SO_2 pode amentar o poder de extração das antocianinas[43,44,45]. Estudos que avaliaram o processo de extração de antocianinas de girassol em meio aquoso utilizando água sulfurada (1000 ppm SO_2) demonstrou-se mais eficiente que a extração convencional, que utiliza solução acidificada tradicional, com etanol: ácido acético: água. Esses estudos indicam que uma das possíveis razões para a melhora na extração com SO_2 está na interação das antocianinas com os íons HSO_3^-, os quais aumentam a solubilidade e difusão das antocianinas através da parede celular[46].

Li *et al.* (2019)[47] avaliaram métodos diferentes para extrair antocianinas do pericarpo do milho roxo por meio da maceração, utilizando quatro combinações de solventes: a) água deionizada; b) água deionizada e metabissulfito de sódio; c) água deionizada e ácido láctico; d) água deionizada, metabissulfito de sódio e ácido láctico. O estudo demostrou que o tratamento com a combinação de metabissulfito e ácido láctico obteve a maior recuperação de antocianina monomérica (22,9 ± 0,2 mg cianidina-3-O-glucosídeo / g de pericarpo seco) em comparação com os demais tratamentos.

Pré-tratamentos e fatores físico-químicos que influenciam o processo de extração

De forma geral, o processo de extração é precedido por pré-tratamentos físicos da amostra vegetal como secagem, trituração, moagem, homogeneização, entre outros. O objetivo de tais tratamentos é reduzir o tamanho das partículas e aumentar da área de superfície. Maiores áreas de superfície terão maior contato com o solvente extrator, facilitando a transferência de massa do processo, aumentando a cinética de extração e o rendimento da recuperação de antocianinas[5].

Além disso, parâmetros operacionais como tempo, temperatura e pH também devem ser ajustados para evitar o dano oxidativo, proteger a capacidade antioxidante e as propriedades funcionais das antocianinas extraídas de fontes vegetais. Nesse contexto, o aumento da temperatura diminui a viscosidade do solvente e a tensão superficial, aumentando a difusão e, assim, a taxa de transferência de massa. Além disso, a elevação da temperatura promove a diminuição da rigidez da célula vegetal o que facilita a liberação das antocianinas dos vacúolos celulares das frutas e hortaliças, aumentando o rendimento da extração de antocianinas e reduzindo o tempo do processo. No entanto, altas temperaturas podem acelerar a degradação destes pigmentos, reduzir a capacidade antioxidante e produzir a evaporação do solvente. Dessa forma, recomenda-se que a extração ocorra entre 25 e 55°C [5,48,49].

O tempo de extração também é um fator importante no processo de extração de antocianinas já que a exposição prolongada ao oxigênio, luz e calor pode acarretar a oxidação e deterioração destes pigmentos e, consequentemente, diminuir suas propriedades funcionais. Desse modo, dada a complexidade envolvida na seleção do melhor método de extração, é fortemente recomendada a modelagem e otimização *a priori* das variáveis envolvidas no processo, utilizando ferramentas estatísticas como superfícies de respostas e perfis de desejabilidade, os quais fornecem modelos preditivos a partir da combinação das variáveis, de forma simultânea, e impulsionam a geração processos eficientes[5].

Métodos clássicos de extração de antocianinas

A extração em sistemas sólido-líquido (ESL), também conhecida como extração convencional ou maceração com solventes, é a abordagem mais tradicional para produzir frações de antocianinas. Nesse método, as matrizes vegetais liberam as antocianinas de acordo com sua solubilidade no solvente extrator. Para maximizar o contato amostra-solvente, as amostras geralmente são maceradas, trituradas ou moídas para reduzir o tamanho das partículas. O processo de extração ocorre na pressão atmosférica e temperatura ambiente e pode durar minutos, horas ou até mesmo dias. Após a extração, o extrato resultante é filtrado e/ou centrifugado para separar o resíduo sólido da fração líquida. Além disso, o extrato bruto pode passar por processos adicionais de purificação ou separação para obter compostos de interesse específicos[5].

De forma geral, a extração convencional é considerada simples, pois pode ser realizada na pressão e temperatura ambiente, além de utilizar inúmeros tipos de solventes. Essa técnica possui uma eficiência razoável e sua alta acessibilidade torna essa alternativa a primeira opção como procedimento padrão para extração de antocianinas a partir de matrizes vegetais diversas. No entanto, a extração sólido-líquido frequente utiliza grandes volumes de solventes, que podem ter impactos à saúde e ao meio ambiente. Ademais, esse processo necessita de evaporação e/ou concentração subsequente, que aumenta os tempos de execução e a utilização de energia, além da baixa especificidade da extração, que representam sérios entraves ao uso dessa técnica. Desse modo, para superar as limitações da extração convencional com solventes, atualmente, metodologias avançadas e efetivas para extração de antocianinas vêm sendo desenvolvidas[1,5].

Tecnologias emergentes

Apesar dos métodos convencionais de extração de antocianinas utilizando solventes ainda serem os mais utilizados, atualmente, é cada vez mais comum, a busca de processos alternativos com melhores características econômicas e ambientais, que garantem maior eficiência, sustentabilidade, segurança e qualidade aos produtos obtidos[50].

Com relação a essa questão, tecnologias emergentes vêm sendo cada vez mais implementadas para reduzir a geração de resíduos, economizar tempo e aumentar eficiência do processo. Em resumo, essas novas abordagens buscam otimizar os parâmetros da extração (rendimento, pureza, seletividade) dentro dos padrões da química verde. Para atingir tais objetivos, a extração assistida por micro-ondas (EAM), extração assistida por ultrassom (EAU), extração por fluido pressurizado (EFP), extração em água subcrítica (EAS), extração por fluido supercrítico (EFS), extração por campo elétrico pulsado (ECEP), e a extração assistida por enzimas (EAE), têm recebido grande atenção nos últimos tempos. Em suma, essas tecnologias melhoram os padrões de qualidade da extração em três eixos estratégicos: volume de solvente reduzido, tempos de operação menores e economia de energia, conquistas que tornam estas técnicas benéficas ao meio ambiente. Ainda nesse cenário, a combinação de vários métodos de extração está sendo cada vez mais testada para superar as limitações de um único processo e aproveitar as sinergias que ocorrem pela junção dos tratamentos[5].

Todavia, apesar das tecnologias emergentes apresentarem vantagens obvias na taxa de extração, consumo de energia, tempo de extração e proteção ambiental, quando comparada com a extração convencional com solventes. As novas tecnologias também apresentam algumas deficiências, como altos requisitos de equipamentos e necessidade de otimização de processos. Já do ponto de vista da aplicação industrial, métodos de extração assistida por micro-ondas e ultrassom já têm sido utilizados na indústria, enquanto métodos de extração por fluído supercrítico e de extração assistida por campo elétrico pulsado são de difícil implementação industrial devido ao problema do alto custo do equipamento. Atualmente, a pesquisa sobre a extração de antocianinas é principalmente para otimizar o processo de extração de uma matéria-prima específica, ou selecionar o método de extração ideal comparando diferentes processos de extração, tomando como índice a taxa de recuperação de antocianinas totais. Deve se salientar, que processo de extração laboratorial deve estar intimamente relacionado à produção industrial, e o equipamento de extração laboratorial deve ser utilizado para fornecer mais suporte de dados para simular a produção industrial[1].

Extração assistida por micro-ondas

As micro-ondas são ondas eletromagnéticas, geralmente com uma frequência de cerca de 2,45 GHz, que interagem com moléculas polares, como água e etanol, gerando calor. Na extração assistida por micro-ondas (EAM), a umidade interna da célula é aquecida, aumentando a porosidade da matriz vegetal e permitindo uma melhor penetração do solvente. O aquecimento da matriz, tanto interna quanto externa, ocorre sem gradiente de temperatura, resultando em alta eficiência de extração e preservação de compostos bioativos naturais. Além disso, essa técnica é considerada econômica, pois requer menos energia e solvente. A EAM é uma técnica de extração robusta, devido ao tempo reduzido de extração, menor consumo de solventes e alto rendimento de extração[51,52].

No entanto, a EAM apresenta algumas limitações, como a dificuldade de recuperação de compostos não polares e a possibilidade de mudanças estruturais nos compostos de interesse devido às ondas eletromagnéticas. Por essa razão, é importante avaliar possíveis alterações na estrutura química dos compostos antes de selecioná-los para a extração assistida por micro-ondas[53]. Um estudo realizado por Liazid *et al.* (2010)[44] utilizou a EAM para extrair antocianinas de uvas, obtendo uma condição ótima com 40% (v/v) de metanol como solvente, a 100°C, por 5 minutos em micro-ondas. Em comparação com a extração convencional com solventes, o tempo necessário para obter uma extração similar seria de 5 horas.

Yang e Zhai (2010)[45] investigaram um método de extração de antocianinas por solvente assistida por micro-ondas em milho roxo (*Zea mays L.*). Eles obtiveram a maior recuperação de antocianinas (185,1 mg·100g-1) em apenas 19 minutos de extração, usando uma razão sólido: líquido de 1:20 m/v e a irradiação das micro-ondas com potência de 555 Watts. Esse valor foi 85,6% superior ao teor de antocianinas obtido pela extração convencional com solvente, que leva 60 minutos. Por outro lado, Moirangthem *et al.* (2021)[54] investigaram o efeito da técnica de extração com água subcrítica assistida por micro-ondas (AM-EAS) na recuperação de antocianinas totais a partir do farelo e palha de arroz preto de Manipur (*Chakhao*) e compararam com o método convencional de extração por solvente que utiliza metanol. Nesse estudo, a extração com água subcrítica assistida por micro-ondas a 90°C e 5 minutos aumentou a eficiência da extração de antocianinas da palha de arroz em 85,8%.

Cassol (2018)[55] estudou a extração assistida por micro-ondas (EAM) de compostos bioativos do hibisco (*Hibiscus sabdariffa L.*) em solução aquosa com 2% de ácido cítrico. Nesse estudo, foram analisados três tratamentos, A (EAM a 200, 300 e 700 W de potência, e tempos de 2, 5 e 8 minutos), B (dois períodos, a extração aquosa ácida com tempos de 1, 2, 4, 6, 18 e 24 horas, seguida de EAM nas potências de 200, 300 e 700 W) e C (EAM seguida de extração aquosa ácida, nos mesmos tempos e potências citados no tratamento B). A melhor condição para extração foi obtida pelo tratamento C.

Okur *et al.* (2019)[56] avaliaram diferentes técnicas de extração etanólica do bagaço de cereja (*Prunus cerasus* L.), a extração assistida por micro-ondas (900 W por 30, 60 e 90 segundos, 1900 MHz, 60°C), alta pressão hidrostática (400 e 500 MPa por 1, 5 e 10 minutos a 20°C), extração assistida por ultrassom (por 5,10 e 15 minutos com uma potência de 100%, 24 kHz, 400 W, 20°C) e a convencional, realizada em banho-maria por 30 minutos a 50°C. Entre as novas tecnologias, a de micro-ondas (90 segundos) destacou-se por apresentar maior teor das antocianinas cianidina-3-soforosídeo, cianidina-3-glicosilrutinosídeo, cianidina-3-glicosídeo e cianidina-3-rutinosídeo.

Extração assistida por ultrassom

A extração assistida por ultrassom (EAU) utiliza ondas ultrassônicas para extrair e recuperar antocianinas de fontes naturais. Nessa técnica, as frequências ultrassônicas, geralmente superiores a 20 kHz, aumentam o rendimento da extração por meio do fenômeno da cavitação acústica. A onda sonora se propaga por um meio líquido, induzindo um deslocamento longitudinal das partículas, resultando em sucessivas fases de compressão e rarefação no meio, funcionando de modo análogo a um pistão. Todo meio possui uma distância molecular crítica entre suas partículas, abaixo da qual o líquido permanece intacto, mas acima dessa distância, o líquido se quebra e bolhas de cavitação são geradas no meio. Essas bolhas de cavitação correspondem ao efeito ultrassônico[57,58].

As bolhas de cavitação, ao se romperem no meio líquido, funcionam como um microjato, gerando temperaturas e pressões pontuais de cerca de 5000°C e 50 MPa, respectivamente. Quando os microjatos colidem com as paredes celulares, formam-se canais que facilitam o acesso do solvente na amostra, aumentando a transferência de massa (Figura 1). O tamanho reduzido dessas bolhas, significa que o calor gerado no colapso pode ser dissipado rapidamente e o aumento da temperatura permanece limitado. Esse método de extração utilizando ultrassom traz diversas vantagens, tais como a redução do tempo, consumo de energia e uso de solventes, além de permitir a extração de compostos termolábeis. No entanto, é importante considerar que a separação sólido-líquido pode ser prejudicada pelo ultrassom, levando ao inchamento e degradação do material vegetal e, consequentemente, afetando as estruturas das antocianinas e suas propriedades. Assim, é fundamental realizar a otimização das variáveis envolvidas no processo, como tempo, temperatura e potência ultrassônica, para contornar esses problemas[53,57].

Figura 1 – Bolha de cavitação gerada na superfície do material (a), compressão e colapso da bolha (b), micro jato direcionado para superfície da matriz (b e c); destruição das paredes celulares da matriz vegetal e liberação de conteúdo ao meio (d). Liberação do material vegetal: exemplo de extração de óleo essencial de manjericão

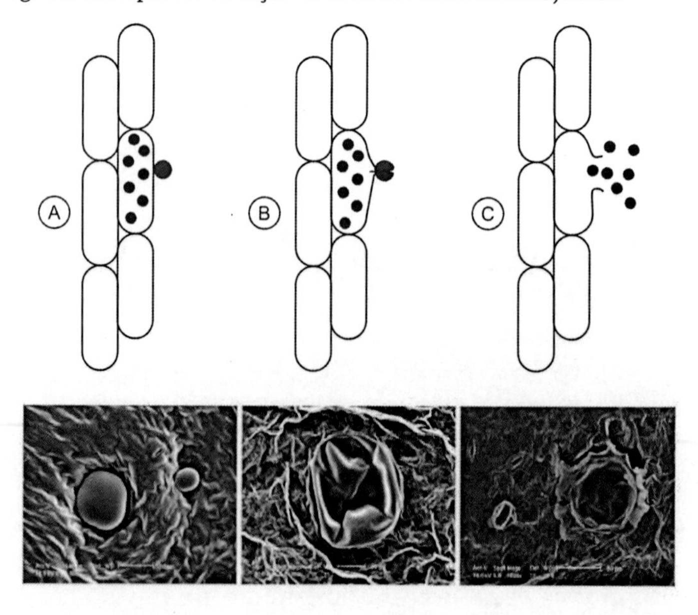

Fonte: Chemat *et al.* (2011)[59]

Nos últimos tempos, a EAU tem despontado como um método eficiente em diversos processos industriais e na extração de produtos naturais devido à sua rapidez, simplicidade, e baixo volume de solvente utilizado. Pesquisas utilizando esse método têm sido realizadas na extração dos conteúdos de antocianinas e compostos fenólicos de diferentes matrizes alimentares como, amoras[60], casca da berinjela[61], bagaço do vinho de mirtilos[62] e farelo de arroz preto e roxo[63], e demonstraram a intensificação de extração de compostos naturais e maior eficiência na extração de compostos como antioxidantes, pigmentos e corantes naturais, devido às maiores taxas de transferência de massa causada por possíveis rupturas da parede celular promovidas pela cavitação.

Pinela *et al.* (2018)[64] estudaram a extração de antocianinas a partir de *Hibiscus sabdariffa*, e mostrou que o método assistido por ultrassom promoveu a ruptura do material vegetal através da cavitação, que facilitou a entrada de solvente nos tecidos com consequente libertação de solutos, intensificando assim a transferência de massa do processo, aumentando a recuperação de antocianinas. Já Ravanfar *et al.* (2015)[65] demonstraram que o método assistido por ultrassom foi eficaz na extração de antocianinas do repolho roxo com um rendimento de 21 mg/L. No processo, foi utilizado um tempo de 30 min, temperatura de 15°C e potência de 100 W. A baixa temperatura de extração foi um fator diferenciado do processo, pois reduz a degradação das antocianinas que pode ser causada por aquecimento, que geralmente é utilizado em outros processos.

A otimização da extração de antocianinas de flores de Hibiscus sabdariffa empregando o ultrassom foi estudada por Yuniati *et al.* (2021)[66]. A otimização do método foi realizada analisando o efeito de frequência de onda ultrassônica, temperatura do processo, tempo de extração e proporção de massa de flores para o volume de água destilada, na concentração das antocianinas. Os resultados desse estudo mostraram que as condições ideias para extração dos pigmentos de flores foram na temperatura de 40°C, uma frequência de 24 kHz, um tempo de 5 minutos e uma proporção de 1:25.

Fernández *et al.* (2021)[67] investigaram as melhores condições para a extração assistida por ultrassom de cálices de Hibiscus sabdariffa L. Os extratos foram analisados considerando-se variáveis: solvente (água e água/etanol) e a razão temperatura/tempo de extração (25°C/60 min e 60°C/30 min). Os parâmetros utilizados para a análise foram: rendimento, pH, °Brix, composição química (fenólicos e antocianinas totais, HPLC-MS) e capacidade antioxidante (DPPH). A melhor condição de extração foi com água: etanol (80:20), a 60°C por 30 minutos. A presença de ácidos fenólicos, flavonol glicosídeos e antocianinas (delfinidina-3-sambubiosídeo e cianidina-3-sambubiosídeo) foram identificados como sinais de maior intensidade.

Diferentes condições de extração assistida por ultrassom já foram estudadas na extração de antocianinas. Ciccoritti *et al.* (2018)[68] realizaram a extração das antocianinas do bagaço de cereja (Prunus cerasus L.) utilizando o ultrassom por trinta minutos e o metanol 80% (v/v) acidificado como solvente extrator. Azarpazhooh *et al.* (2019)[125] também utilizaram o ultrassom para extrair as antocianinas da casca de romã (Punica granatum L.), por dez minutos e utilizaram etanol 96% (v/v) como solvente.

Extratos ricos em antocianinas foram obtidos a partir do subproduto e polpa de acerola, utilizando o ultrassom (30°C/49,3 minutos) e o solvente etanol 46,5% (v/v)[69]. Essa tecnologia também foi empregada na extração do mosto da uva Cabernet Sauvignon e na atividade enzimática. O uso do ultrassom proporcionou melhorias na extração do mosto e apresentou efeitos benéficos sobre as atividades enzimáticas, podendo ser empregado como uma técnica alternativa de processo.

Antocianinas das cascas de jabuticaba foram extraídas de forma assistida por calor e ultrassom, utilizando a metodologia de superfície resposta (RSM) para fornecer informações sobre a combinação ideal de fatores e otimizar a extração de antocianinas. Os resultados demostraram que a extração assistida por ultrassom foi o método que apresentou ser mais eficiente na extração de antocianinas na temperatura 47,1ºC, tempo de 21,8 minutos e na concentração de solvente 9,1% de etanol v/v[85]. Albuquerque, B. R.70, Na extração de antocianinas de Hibiscus sabdariffa o método de extração por ultrassom também foi mais eficiente que o método empregando calor[70].

Na comparação entre métodos de extração de compostos bioativos presentes em resíduos de jabuticaba (Plinia cauliflora), foram analisados compostos fenólicos totais, capacidade antioxidante e teor de antocianinas. Foi possível observar que a extração assistida por ultrassom promoveu melhores resultados em comparação com o método de maceração[71].

Chen *et al.* (2007)[72] destacaram o potencial do uso do ultrassom para melhorar a eficiência e reduzir o tempo dos processos de extração de antocianinas de framboesas vermelhas. Por meio da otimização das condições, foi observado que a razão sólido: líquido de 4:1 mL/g, o tempo de extração de 200 s e a potência ultrassônica de 400 W foram os parâmetros mais eficazes. Em comparação com a extração convencional, o método otimizado com ultrassom apresentou maior eficiência e rapidez na extração das antocianinas da framboesa vermelha.

Romero-Díez *et al.* (2019)[73] relataram em estudos com borras de vinho ricas em antocianinas, que a extração assistida por ultrassom proporcionou um rendimento de antocianinas superior ao dobro (6,20 mg/g) em relação à extração convencional (2,78 mg/g). Ademais, o tempo necessário para alcançar um rendimento constante foi reduzido de 15 minutos para 90 segundos. De forma similar, Espada-Bellido *et al.* (2017)[60] otimizaram a extração assistida por ultrassom para recuperar antocianinas totais em amoras. Para tal, diversas variáveis foram ajustadas, como composição de metanol (50 a 100%), temperatura (10 a 70°C), amplitude de ultrassom (30 a 70%), ciclo (0,2 a 0,7 s), pH do solvente (3 a 7) e razão sólido: líquido (1,5:10 – 1,5:20 v/m). Dessa forma, a condição ótima para extração de antocianinas observada foi utilizando solvente composto de 76% de metanol em água, pH 3, temperatura de 48°C, amplitude de ultrassom de 70%, ciclo de 0,7, e razão sólido: líquido de 1,5:12 m/v. Os resultados desse estudo indicaram que a temperatura e o pH foram as variáveis que mais influenciaram o processo de extração, sendo que a recuperação dos compostos estudados aumentou com o aumento da temperatura e diminuição do pH.

Extração por fluído pressurizado

A técnica de extração por fluído pressurizado (EFP) baseia-se no aumento da temperatura e pressão de um solvente, mantendo-o abaixo do seu ponto de ebulição, o que melhora a transferência de massa e modifica a superfície de equilíbrio da extração sólido-líquido. Nessa técnica, a extração é conduzida em altas temperaturas que podem variar de 50-200°C e em pressões 200 a 500 MPa), o que mantém o solvente em estado líquido. Essas condições facilitam a penetração do solvente nos poros da matriz celular, sendo que a temperatura elevada também modula a polaridade do solvente o que afeta a seletividade da extração[125].

Essa técnica de extração apresenta diversas vantagens, como altos rendimentos de extração utilizando pequenas quantidades de solvente. No entanto, ela pode ser inadequada para a extração de compostos sensíveis a altas temperaturas e pressões, já que pode danificar estruturas e afetar a funcionalidade de moléculas sensíveis a essas condições. Para superar essas limitações, é necessário otimizar fatores como o tipo de solvente, a temperatura, a pressão e o tempo de extração. É importante destacar que o equipamento utilizado nessa técnica ainda apresenta alto custo, o que pode limitar sua aplicação em alguns casos[38].

Zhang e Ma (2017)[74] avaliaram a influência da alta pressão na extração de antocianinas do bagaço de mirtilo (*Vaccinium ashei*). As condições ótimas do processo, para a maior recuperação de antocianinas, foram alcançadas na razão líquido: sólido 41 mL/g, concentração de etanol 63% e pressão de extração 443 MPa. Nessas condições, foram obtidos 107,9 mg/100 g de antocianinas, maior que extração controle (67,63 mg/100g).

Fernandes *et al.* (2017)[75] destacaram a eficiência da extração de compostos bioativos de flores de amor-perfeito utilizando a técnica de alta pressão. A utilização de condições ótimas de extração (384 MPa, 15 min e 35% v/v de etanol) permitiu obter altos rendimentos de compostos bioativos, como capacidade de redução total (TRC), taninos e antocianinas, em comparação ao método convencional de agitação, que leva em torno de 24 horas. Os rendimentos obtidos foram de 65,1 mg de TRC, 42,8 mg de taninos e 56,15 mg de antocianinas por grama de flor seca. Além disso, os solventes utilizados foram etanol e água, que são considerados solventes verdes. Portanto, a técnica de extração por alta pressão é promissora para a obtenção de compostos bioativos a partir de flores de amor-perfeito, reduzindo o tempo de extração e utilizando solventes mais sustentáveis.

Extração em água subcrítica

O método de extração em água subcrítica (EAS) consiste em manter a água em seu estado líquido em temperaturas acima do seu ponto de ebulição (100-374°C). O parâmetro principal a ser considerado nessa técnica é a variação da constante dielétrica da água, que é afetada pela temperatura. A temperatura crítica da água é 374°C e pressão (10-60 barr). A água é um solvente polar com constante dielétrica próxima a 80 em temperatura ambiente, mas esse valor diminui para cerca de 30 quando a temperatura aumenta para 250°C, apresentando valores similares ao etanol. Essa técnica oferece várias vantagens em relação às técnicas tradicionais de extração, como menor tempo de extração, extratos de melhor qualidade, uso de solventes de baixo custo e ecologicamente corretos. Além disso, é facilitada a extração de compostos não polares, sendo que a escolha do solvente adequado é fundamental[38].

Wang *et al.* (2021)[76] investigaram a extração em água subcrítica (EAS) para um processo de extração econômico, verde e sustentável de antocianinas de framboesa. As características críticas de extração que influenciam o processo foram examinadas e otimizadas obtendo o teor máximo de antocianina de 8,15 mg/g a partir das condições de extração otimizadas. Além disso, a atividade antioxidante das antocianinas extraídas por EAS foi superior à da extração convencional de acordo com a atividade de eliminação de radicais DPPH e atividade de eliminação de radicais ABTS. A eficiência de extração e atividade antioxidante de antocianinas de framboesas utilizando EAS foi significativamente maior do que a extração com água quente ou extração com metanol.

O estudo de Wang *et al.* (2018)[77] utilizou a extração de água subcrítica como método eficiente para extrair antocianinas de *Lycium ruthenicum Murr*, ao mesmo tempo que avaliou sua atividade antioxidante. Para otimizar a eficiência de extração, diversos fatores foram avaliados e ajustados, resultando nas condições ideais de extração: 55 minutos de tempo de extração e 3mL/min de vazão, a uma temperatura de 170°C. Nessa condição, houve um aumento de 26,33% no teor de antocianinas extraídas.

Os resultados mostraram que a extração de água subcrítica foi mais eficiente do que o uso de água quente ou metanol para a extração de antocianinas. Além disso, as antocianinas extraídas por EAS apresentaram atividade antioxidante significativamente superior em comparação às antocianinas extraídas por água quente ou metanol, conforme avaliado pelos ensaios DPPH e ABTS.

Extração por fluído supercrítico

A extração por fluído supercrítico (EFS) consiste em aumentar a pressão do sistema para que o solvente, geralmente dióxido de carbono (CO_2), atinja o estado supercrítico. No estado supercrítico, o solvente apresenta características de líquido e gás ao mesmo tempo, pois se comporta pesado como um líquido com a habilidade de penetração de um gás. Por conta disso, um fluído supercrítico pode aumentar o rendimento da extração, já que possui difusão simplificada por meio de materiais sólidos, devido às suas melhores propriedades de transporte. A indústria de alimentos geralmente utiliza o CO_2, que apresenta um baixo ponto crítico (31,1°C e 7,38 MPa), por se tratar de um composto incolor, inodoro, atóxico, seguro, facilmente removível, além de ser não-inflamável, inerte, não-corrosivo apresentando-se disponível em alto grau de pureza e baixo custo[78].

A técnica de EFS é considerada um método eficiente na extração de compostos bioativos de fontes vegetais. Sendo apropriada para a extração de compostos termicamente instáveis ou que apresentam baixo de ponto de ebulição, já que pode ser operada em temperatura ambiente, sendo comumente utilizados para extração de óleos essenciais e de carotenoides, com alta seletividade. Dentre suas vantagens, ressalta-se a facilidade de remoção do solvente extrator (que ocorre através da redução da pressão e/ou ajuste da temperatura), o baixo gasto energético, e os tempos de extração reduzidos, devido à alta eficiência do fluido supercrítico. Além disso, a técnica de EFS pode ser acoplada on-line a cromatógrafos, facilitando análises[79,80].

Porém, a utilização industrial da EFS é limitada devido ao alto custo dos equipamentos e a necessidade de manutenção frequente. Além disso, a técnica é mais recomendada para extração de compostos lipossolúveis e a eficiência do processo depende de fatores como a seleção adequada do fluido supercrítico, da matéria-prima, dos cossolventes e das condições de extração[38,53].

Xu *et al.* (2010)[81] compararam a cinética de extração de antocianinas de repolho roxo utilizando CO_2-supercrítico e o método convencional, que utiliza solução aquosa acidificada. O estudo revelou que a extração com CO_2-supercrítico exigiu apenas metade do tempo necessário no método convencional para alcançar a maior recuperação de antocianinas. Por outro lado, Jiao e Kermanshahi (2018)[82] utilizaram CO_2-supercrítico para extrair antocianinas da polpa de haskap berry (*Lonicera caerulea L.*) e avaliaram o efeito da composição do cossolvente e do pré-tratamento. As condições de extração, incluindo pressão, temperatura e quantidade de água, foram otimizadas, resultando em um rendimento maior na recuperação de antocianinas totais de 52,7%, obtido com 45 MPa, 65°C, 5,4 g de água a 3,2 g de pasta.

Extração por campo elétrico pulsado

A extração por campo elétrico pulsado (ECEP) é uma técnica que consiste em submeter a matriz vegetal a curtos períodos de um intenso campo elétrico, variando de nanosegundos a vários milissegundos, o que causa a formação de poros nas membranas celulares[53]. Essa técnica é muito útil na extração de compostos bioativos de frutas e hortaliças, pois é capaz de permeabilizar as membranas celulares sem produzir aumentos significativos de temperatura. Isso evita a degradação dos compostos e mantém a estrutura e qualidade do alimento, preservando seu valor nutricional. No entanto, a eficiência desse método depende da otimização de vários fatores do processo, como a força do campo elétrico, a entrada de energia específica, o número de pulsos, a temperatura e as propriedades do material a ser tratado[3,83].

Lončarić *et al.* (2020)[84] avaliaram tecnologias emergentes de descargas elétricas de alta tensão, campo elétrico pulsado (CEP), e tecnologia de ultrassom para extração polifenóis totais e individuais, bem como capacidade antioxidante de extratos de bagaço de mirtilo. Todas as extrações foram realizadas com solventes à base de metanol e etanol. O estudo demonstrou que os maiores rendimentos de antocianinas (1757,32 µg / g) e flavonóis (catequinas) (297,86 µg / g) foram obtidos em solvente à base de metanol, enquanto o ácido fenólico mais elevado (625,47 µg / g) e rendimentos de flavonóis (157,54 µg / g) foram obtidos a partir de solvente à base de etanol por extração assistida por CEP na entrada de energia de 41,03 kJ / kg.

Extração assistida por enzimas

A extração assistida por enzima (EAE) é utilizada para melhorar o rendimento da extração, já que a composição da parede celular vegetal pode ser um fator limitante para o processo de extração. A EAE é baseada em aplicar um pré-tratamento enzimático na matriz vegetal para facilitar a liberação de substâncias ligadas as paredes celulares e, deste modo, aumentar a recuperação dos compostos de interesse. Geralmente celulases, pectinases e hemicelulases são as enzimas mais empregadas. Esse método possui vantagens por ser rápido, apresentar alta especificidade de extração do composto de interesse e, além disso, é considerado um método não tóxico, pois não necessita do uso de solventes. Todavia, esse pré-tratamento apresenta alto custo, já que as enzimas, de forma geral, são caras, e exige o controle excessivo do processo, para não inviabilizar as enzimas ao longo dele[3,18,53].

Um processo ecológico usando extração aquosa assistida por enzima foi avaliado, para recuperar compostos lipofílicos e polifenóis hidrofílicos do bagaço de framboesa (*Rubus idaeus* L.). Métodos de extração utilizando solventes foram empregados para comparação. Os resultados mostraram que a extração com a protease alcalina aumentou significativamente o rendimento de extração de óleos e polifenóis. A extração com enzimas permitiu um aumento de 48% no rendimento de polifenóis, de 25% na capacidade antioxidante DPPH e de 20% na capacidade antioxidante ORAC, quando comparado a extração com solventes orgânicos. Logo, o uso de proteases alcalinas é uma alternativa favorável ao meio ambiente para a recuperação simultânea de compostos fitoquímicos lipofílicos e hidrofílicos[85].

Kumar *et al.* (2022)[86] desenvolveram uma otimização para a extração de antocianinas de cenouras pretas usando uma preparação multienzimática chamada Viscozyme. As condições ideais de extração utilizando o Viscozyme foram uma temperatura de 50,2°C, um tempo de extração de 58,4 minutos e uma concentração de enzima de 0,20%. O valor previsto do teor de antocianinas foi de 1380 mg/L, próximo ao valor experimental obtido de 1375 mg/L. O extrato de antocianinas resultante apresentou parâmetros de degradação mais baixos, como o índice de degradação (DI) de 0,86 e o índice de escurecimento (BI) de 1,31. O estudo concluiu que a extração assistida por Viscozyme é uma abordagem adequada para obter extratos de cenouras pretas com alta concentração de antocianinas e outros compostos fenólicos de alta qualidade.

Granato *et al.* (2022)[87] investigaram os efeitos de diferentes enzimas comerciais (pectinases, celulases, beta-1-3-glucanases e pectina liases) na extração de antocianinas e polifenóis da torta de groselha preta em duas razões sólido: líquido (1:10 e 1:4 m/v). A β-glucanase apresentou a maior recuperação de fenólicos totais (1142 mg/100g), enquanto a recuperação de antocianinas foi semelhante para todas as enzimas (~400 mg/100 g). O uso de celulases e pectinases aumentou a extração de compostos com maior capacidade antioxidantes (DPPH – 1080 mg/100 g; CUPRAC – 3697 mg/100 g).

González *et al.* (2022)[2] desenvolveram dois métodos de extração de antocianinas de amostras de groselha preta com base na extração assistida por ultrassom (EAU) e extração assistida por enzimas (EAE). O estudo mostrou que a composição do solvente de extração (% etanol em água) foi a variável mais influente tanto para EAU quanto para EAE. Os tempos de extração ideais foram de 5 min para EAU e 10 min para EAE. Não foram observadas diferenças na recuperação de antocianinas em ambas as metodologias. Ademais, os dois métodos foram aplicados a produtos derivados de groselha negra e provaram ser adequadas para análise de controle de qualidade.

Vantagens e desvantagens dos principais métodos de extração

De forma geral, para utilizar essas novas metodologias se faz necessário otimizar o processo, determinando os melhores parâmetros operacionais, geralmente com base no maior rendimento global do processo. No entanto, em casos que se deseja extrair compostos específicos, a seletividade é considerada para encontrar as melhores condições. Essa seletividade pode ser modulada para enriquecer o extrato com compostos de interesse, ou para evitar a extração de compostos indesejados, como interferentes e contaminantes. Nesse último caso, a pureza do extrato é a variável otimizada. O Quadro 1 descreve as vantagens e desvantagens dos diferentes métodos de extração de antocianinas.

Quadro 1 – Métodos de extração de antocianinas – vantagens e desvantagens

MÉTODOS	VANTAGENS	DESVANTAGENS	REFERÊNCIAS
Químicos			
Extração por Solventes Polares (ESP)	Operação conveniente; equipamentos simples e de fácil implementação; seletividade da extração; e baixo custo.	Baixa eficiência; processo demorado; consumo e descarte elevado de solvente; uso de altas temperaturas; toxicidade dos solventes; alto custo dependendo do solvente empregado.	(Azman; Charalampopoulos; Chatzifragkou, 2020)[88] (Herrera-Ramirez; Meneses-Marentes; Tarazona Díaz, 2020)[89]; (Tan *et al.*, 2022)[1].
Extração com ácidos sulfurados (EAS)	Aumenta a extração do pigmento; aumenta a estabilidade do produto final; maior quantidade e qualidade na extração quando comparados aos solventes polares.	Necessidade de otimização do processo, para evitar a degradação dos compostos extraídos.	(Lotfi *et al.*, 2015)[90]; (Cacace; Mazza, 2002)[91].

MÉTODOS	VANTAGENS	DESVANTAGENS	REFERÊNCIAS
		Físicos	
Extração por alta pressão hidrostática (EAPH)	Melhora a eficiência de extração; boa alternativa para materiais termossensíveis.	Pouco utilizado na extração de pigmentos.	(Zhang *et al.*, 2021)[92].
Extração por campo elétrico pulsado (ECEP)	Uso de temperaturas moderadas; minimização ou eliminação de solventes (etanol, metanol e acetona); menor perda de compostos sensíveis ao calor; melhora na extração, através da difusão; possibilita maior permeabilidade da membrana celular.	Necessidade de otimização dos fatores do processo, para uma maior eficiência da extração.	(Sarkis, 2014)[93]; (He *et al.*, 2018)[94]; (Teixeira, 2018)[95].
Extração assistida por ultrassom (EAU)	Menor custo; menor consumo de solvente; aumento da capacidade de extração; redução do tempo.	Risco de destruir a estrutura do composto de interesse; eficiência depende da otimização dos fatores utilizados no processo.	(Aslan Türker; Doğan, 2022)[96]; (José Aliaño González *et al.*, 2022)[97]; (Tan *et al.*, 2022)[1].
Extração assistida por micro-ondas (EAM)	Menor consumo de solvente e no tempo de extração; recuperações elevadas; boa reprodutibilidade; manipulação mínima de amostra durante o processo.	Redução na seletividade da extração, obtendo compostos não desejáveis; possível destruição estrutural dos compostos de interesse; favorece extração de compostos não polares.	(Yahya; Attanwahab, 2018)[98]; (Kurtulbaş Şahin; Bilgin; Şahin, 2021)[99]; (Tan *et al.*, 2022)[1]; (Pham *et al.*, 2022)[100]; (Odabaş; Koca, 2021)[101].

MÉTODOS	VANTAGENS	DESVANTAGENS	REFERÊNCIAS
Extração por fluido super-crítico (EFS)	Extração sus-tentável; menor gasto energético para a remoção do solvente; baixa degradação térmica de compostos; facilidade e seleti-vidade de extração do composto de interesse; acopla-mento com análises cromatográficas; seguro e ecológico.	Alto custo dos equipa-mentos e manutenção; grande investimento técnico; dificuldade no controle dos parâ-metros de extração; mais adequado para extração de compostos lipossolúveis.	(Brunner *et al.*, 1994)[102]; (Brunner, 2005)[103] (Garcia-Mendoza *et al.*, 2017)[104]; (Castro-Vargas *et al.*, 2019)[105]; (Tan *et al.*, 2022)[1].
Extração líquida pres-surizada (ELP)	Tecnologia efi-ciente; alto rendi-mento de extra-ção; consumo de solvente reduzido; menor degrada-ção por oxidação (sistema fechado); menos gasto de solvente; menor tempo de extração.	Inadequada para extração de compostos de interesse sensíveis a altas temperaturas e pressões; alto custo dos equipamentos.	(Garcia-Mendoza *et al.*, 2017)[104]; (Yahya *et al.*, 2018)[98]; (Santana, *et al.*, 2019)[106].
		Biológico	
Extração assistida por enzimas (EAE)	Processo simples e rápido; pouca ou ausência de uso de solventes; baixo consumo de energia, tempo e temperatura.	Alto custo; exige controle rigoroso do processo; poucas infor-mações sobre misturas enzimáticas otimiza-das para extração de antocianinas; neces-sidade de padroniza-ção para aplicações comerciais; otimização demorada do processo.	(Orts *et al.*, 2019)[107] (Domínguez-Rodríguez; Marina; Plaza, 2021)[108]; (José Aliaño González *et al.*, 2022)[97]; (Kumar *et al.*, 2019)[109].

Fonte: o autor

Métodos de purificação e isolamento das antocianinas

Durante o processo de extração de antocianinas, ocorre a extração de diversas impurezas, tais como açúcares solúveis, proteínas e ácidos orgânicos, junto às antocianinas[1]. Contudo, o excesso dessas impurezas pode impactar negativamente a estabilidade, qualidade e atividades fisiológicas do produto final. Por isso, a separação e purificação do extrato bruto é uma etapa crucial para obter antocianinas de alta qualidade, com forte atividade fisiológica e estabilidade. Os métodos mais utilizados para purificação de antocianinas incluem a cromatografia em coluna, a separação por membrana, a cromatografia em contracorrente e a cromatografia em papel.

Cromatografia em coluna

A cromatografia em coluna é o método mais comum utilizado na separação e purificação de antocianinas (Figura 2). A técnica baseia-se no fato de que os coeficientes de distribuição das antocianinas nas fases sólida e móvel são diferentes, permitindo assim a separação das antocianinas e das impurezas presentes no extrato. Nessa técnica, colunas contendo cadeias de carbono ligadas à sílica retêm compostos orgânicos, como antocianinas e compostos fenólicos, enquanto removem interferentes da matriz, como ácidos e alguns carboidratos. As antocianinas ficam fortemente ligadas aos adsorventes por seus grupos hidroxil não substituídos.

Na cromatografia em coluna, as substâncias mais polares que as antocianinas, como açúcares, ácidos e substâncias solúveis, são eluídas primeiro, enquanto os pigmentos antociânicos são eluídos posteriormente. Por último, os pigmentos retidos são removidos por lavagem com acetato de etila. As colunas são geralmente empacotadas com resinas macroporosas, sephadex, amberlite e resinas de poliamida. A resina macroporosa é um adsorvente de polímero que possui um esqueleto poroso e não contém grupos de troca iônica. Além disso, essa resina apresenta vantagens como rápida taxa de adsorção, grande capacidade de adsorção, baixo custo de produção e reciclagem.

Devido às suas vantagens, a cromatografia em coluna tornou-se um método de purificação rápido e amplamente utilizado na separação e purificação de compostos bioativos de origem vegetal[1].

Figura 2 – Fase sólida de purificação (C18) de antocianinas. Os componentes da amostra são separados por passos de lavagem subsequentes, conforme indicado. A última lavagem, com metanol acidificado, elui antocianinas

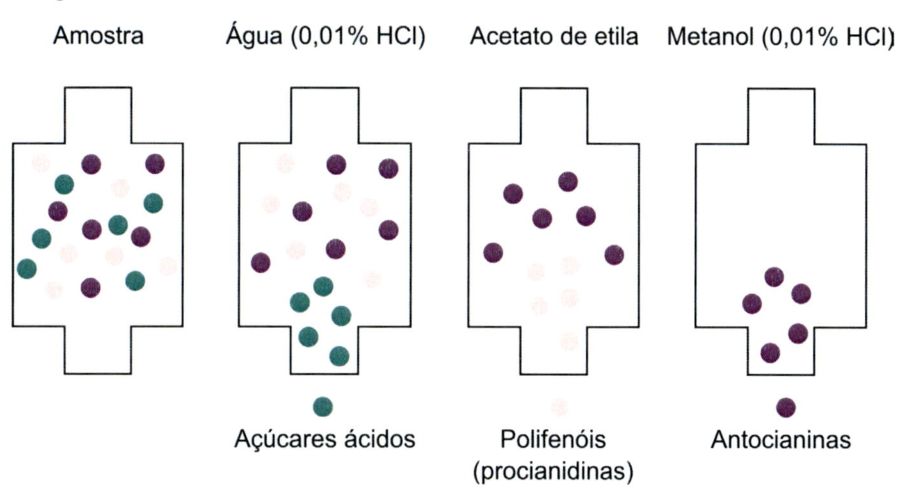

Fonte: Giusti e Wrolstad (2001)[110]

Coutinho *et al.* (2004)[111] utilizaram o processo de adsorção-dessorção com Amberlite XAD7 e resinas de Sephadex LH20 para a purificação parcial de antocianinas presentes em um extrato de repolho roxo. A Amberlite XAD7 é um polímero acrílico alifático não iônico com propriedades de adsorção derivadas de sua estrutura macro reticulada e com diâmetros de poros médios em torno de 400°A apresentando também grupos carbonilas que conferem uma polaridade moderada à resina. Já as resinas de Sephadex LH20 são géis de dextrano com unidades de glicose ligadas através de ramificações em 1-2, 1-3 e 1-4. Ambas as resinas foram eficazes na purificação das antocianinas, produzindo soluções com até 0,5 g/L de açúcares a partir de uma concentração inicial de mais de 25 g/L. Utilizando Amberlite XAD7, foi possível recuperar entre 24% e 95% do corante inicialmente presente no extrato, enquanto com Sephadex LH20, foi recuperado entre 11% e 56%. A dessorção da resina Amberlite XAD7 foi mais favorável do que a da resina Sephadex LH20, com uma maior massa recuperada no processo global.

Um estudo conduzido por Chandrasekhar *et al.* (2012)[112] investigou a extração e purificação de antocianinas de repolho roxo. Foi observado que uma mistura de 50% (v/v) de etanol e água acidificada resultou em um rendimento mais elevado (390,6 mg/L). A purificação foi realizada por meio de seis diferentes adsorventes, sendo o adsorvente não iônico Amberlite XAD-7HP selecionado por apresentar a mais alta capacidade de adsorção (0,84 mg/mL de resina) e razão de dessorção (92,85%). A solução resultante de antocianina purificada foi livre de açúcares, a principal causa de degradação, e não apresentou escurecimento. O Chroma aumentou em 27% em comparação com a antocianina bruta, indicando um aumento na estabilidade após a purificação.

Zhao *et al.* (2011)[113] realizaram um estudo sobre a purificação de antocianinas de cevada sem casca para uso como corante alimentar natural. Seis resinas macro porosas foram testadas e a Amberlite XAD-7 (AD7HP), um adsorvente não iônico, foi a mais eficiente devido à sua excelente capacidade de adsorção e dessorção. Os parâmetros tecnológicos ótimos foram pH da solução da amostra de 3,0, concentração da solução da amostra de 21,6 mg/L, velocidade do fluxo de adsorção de 1,0 mL/min, velocidade de eluição de 1,0 mL/min e eluente de cerca de 6,6 volumes de leito de etanol a 80%. A resina XAD-7HP pôde ser reutilizada sem alterações significativas na taxa de adsorção. Após a purificação com XAD-7HP, o valor da cor das antocianinas aumentou 9,1 vezes em relação ao extrato bruto, chegando a 41,1.

Cao *et al.* (2010)[114] realizaram um estudo no qual purificaram e identificaram antocianinas presentes nas laranjas "bloodorange" por meio de cromatografia em coluna. Foi constatado que a resina macroporosa NKA-9 foi a mais adequada para o isolamento das antocianinas, utilizando etanol a 50% com ácido cítrico (pH 2,5) como reagente de eluição. A melhor separação foi obtida empregando uma coluna TSK Toyopearl HW-40S e uma fase móvel composta de metanol a 35% com ácido fórmico a 2%, a uma velocidade de fluxo de 0,6 mL/min.

A combinação da resina macroporosa NKA-9 e da cromatografia em coluna TSK Toyopearl HW-40S para o isolamento e purificação das antocianinas mostrou-se eficaz. Inicialmente, as antocianinas e outras substâncias fenólicas presentes no sumo de laranja foram adsorvidas pela resina macroporosa, enquanto os ácidos orgânicos, proteínas, açúcares, sais e outras substâncias foram removidos. Em seguida, foi realizada a extração com solvente para remover os flavonoides. Por fim, a coluna de gel TSK Toyopearl HW-40S foi utilizada para separar e purificar as antocianinas.

Separação por membrana

A tecnologia de separação por membrana consiste em utilizar membranas sintéticas e naturais para separar e purificar substâncias. O princípio de separação é baseado em diferentes pesos moleculares para separar as impurezas e compostos de interesse. Atualmente, as membranas usadas para separação e extração bruta incluem principalmente membrana de microfiltração, membrana de ultrafiltração e membrana de nanofiltração. Como todo o processo de separação por membrana é físico, o qual não envolve reações químicas, possui vantagens de não ter mudança de fase durante a separação, resistência a ácidos e álcalis, baixo consumo de energia e assim por diante. Portanto, essa tecnologia é amplamente utilizada nas áreas de biologia, medicina, alimentos e tratamento de água[1].

Conidi *et al.* (2017)[115] realizaram um estudo para separar e purificar compostos fenólicos por meio do processo de ultrafiltração e nanofiltração. Inicialmente, foi feita uma análise para avaliar o desempenho de quatro membranas comerciais: Etna 01PP, PES 004H, SelRO MPF-36 e Desal GK. Os resultados mostraram que a membrana Desal GK apresentou o melhor desempenho, com destaque para a eficiência de separação de açúcares dos compostos fenólicos, menor índice de incrustação e maior fluxo de permeado.

Foram realizados experimentos de concentração e diafiltração para obter uma fração retida com alta concentração de polifenóis e antocianinas. O processo proposto pelo estudo permitiu um rendimento na corrente do retido de 84,8% para polifenóis e 90,7% para antocianinas. Dessa forma, o processo de ultrafiltração e nanofiltração demonstrou ser eficiente na separação e purificação de compostos fenólicos.

Cromatografia em contracorrente

A cromatografia em contracorrente é uma técnica contínua de separação líquido-líquido amplamente utilizada para preparar compostos bioativos a partir de fontes vegetais. Essa técnica oferece vantagens em relação à cromatografia em coluna tradicional, como a possibilidade de evitar a adsorção irreversível de amostras em suportes de fase sólida, melhorando assim a capacidade de tratamento de amostras e facilitando a preparação rápida e em larga escala de compostos bioativos.

Além disso, a cromatografia em contracorrente é capaz de reduzir significativamente as impurezas presentes na fração de interesse e aumentar a taxa de sucesso na separação dos compostos ativos. Com isso, essa técnica se torna uma opção eficiente e eficaz para a separação e purificação de compostos bioativos em larga escala[1].

Lu *et al.* (2011)[116] desenvolveram um método eficiente de cromatografia em contracorrente de alta velocidade em duas etapas para separação e purificação de antocianinas de batata-doce roxa. Na primeira etapa, uma mistura de dois compostos de antocianinas foi separada do extrato de batata-doce roxa utilizando um sistema solvente de duas fases composto de n-butanol/acetato de etila/0,5% de ácido acético (3:1:4, V/V), com a fase superior como fase estacionária e a fase inferior como fase móvel, a uma taxa de fluxo de 2,0 mL/min e um volume de injeção de 300 mg. Na segunda etapa, os dois compostos foram separados e purificados por uma corrida de refinação de cromatografia em contracorrente de alta velocidade, com um sistema solvente de duas fases de 0,2% de ácido trifluoroacético/n-butanol/metil terciário butil éter/acetonitrila (6:5:2:1, v/v) com a fase superior como fase estacionária e a fase inferior como fase móvel, a uma vazão de 1,5 mL/min e volume de injeção de 100 mg. Utilizando esse método em duas etapas, foram obtidos 63 mg do composto 1 com pureza de 98,5% e 48 mg do composto 2 com pureza de 96,7% a partir de 450 g de batata-doce roxa. Esse método mostrou-se estável, eficiente e confiável para isolamento de antocianinas de batata-doce roxa.

Cromatografia em papel

A cromatografia em papel é uma técnica clássica para separação e purificação de antocianinas, sendo ainda empregada pela sua simplicidade e facilidade de execução. Entretanto, essa técnica apresenta limitações em termos analíticos[117]. Para estudos que visam apenas a detecção da presença de antocianinas em extratos vegetais, o teste de cromatografia em papel é suficiente. Já em estudos que buscam identificar antocianinas individuais, a cromatografia em papel deve ser considerada como um teste preliminar, uma vez que existe a necessidade de uma melhor separação e isolamento dessas moléculas[118].

Na cromatografia em papel, uma amostra líquida é colocada em uma tira de papel adsorvente disposto verticalmente. O papel é composto por moléculas de celulose que possuem alta afinidade pela água presente na mistura de solvente, mas baixa afinidade pela fase orgânica, atuando como suporte inerte contendo a fase estacionária aquosa, polar. À medida que o solvente contendo o soluto flui através do papel, ocorre uma partição desse composto entre a fase móvel orgânica, pouco polar, e a fase estacionária aquosa. Conforme a fase móvel se movimenta sob a ação capilar do papel, ocorre a separação dos componentes da mistura, baseado nas diferenças de afinidade com os solventes das fases estacionária e móvel[118].

Existem vários sistemas de solventes empregados nesta técnica, sendo que a escolha depende fortemente da polaridade da amostra. Por isso, é necessário o conhecimento sobre a polaridade das moléculas dos compostos de interesse, pois as polares interagem mais intensamente com solventes polares, enquanto as apolares têm mais afinidade com solventes apolares. Variando a polaridade do solvente, ou misturas de solventes, pode-se separar os componentes de uma amostra. No caso de antocianinas, o solvente mais utilizado é a solução de butanol-ácido acético-água (BAW), geralmente na proporção 4:1:5[119].

Quantificação e identificação das antocianinas

Existem diversas técnicas para identificar e quantificar as antocianinas presentes em extratos fenólicos. Algumas abordagens mais generalizadas permitem uma estimativa global do conteúdo de antocianinas, como os métodos de pH único ou pH diferencial, utilizando espectrofotometria UV-Vis. Porém, análises mais específicas são baseadas na identificação de classes fenólicas individuais, como a cromatografia líquida de alta eficiência (CLAE) acoplada a diferentes tipos de detectores sensíveis, como o detector UV (UVD), o detector por arranjo de diodos (DAD), espectrometria de massas (MS) e espectrometria de ressonância magnética nuclear (RMN). Além disso, técnicas avançadas como eletroforese capilar (EC) e espectroscopia de infravermelho próximo (NIR) também são aplicadas para a quantificação das antocianinas. Vale ressaltar que todos esses métodos requerem a extração e purificação prévia das antocianinas dos alimentos a serem analisados. Portanto, os métodos de extração e purificação devem ser selecionados e otimizados de forma adequada, juntamente com as técnicas analíticas escolhidas. É importante considerar a fonte e natureza dos compostos a serem analisados, bem como suas propriedades físico-químicas e os solventes utilizados[4,118].

A espectrofotometria UV-Vis é uma técnica popular para a quantificação de antocianinas, devido à sua simplicidade, rapidez e baixo custo. Essa técnica baseia-se em princípios que permitem a medição das diversas estruturas cromóforas presentes nesses compostos. No entanto, uma limitação significativa desse método é a presença de interferentes que podem levar a resultados quantitativos imprecisos, especialmente se não houver um processo prévio de purificação das amostras. Portanto, a purificação adequada das amostras é crucial para garantir a precisão e a confiabilidade dos resultados obtidos pela espectrofotometria UV-Vis[4].

A região de absorção máxima das antocianinas compreende na faixa de aproximadamente 465 a 550 nm. Sendo que em frutas e hortaliças existem poucos compostos, além das antocianinas, que podem absorver energia nessa região. Dessa forma, a quantificação de antocianinas pode ser realizada por métodos espectrofotométricos baseados em medições simples de absorbância em comprimentos de onda adequados. Desse modo, a forma mais simples de quantificar antocianinas é pelo método de pH único ou pH diferencial. No método do pH diferencial são feitas duas leituras em espectrofotômetro, a primeira em pH igual a 1,0 e a segunda em pH igual a 4,5. Assim, por diferença de absorbância, calcula-se a quantidade de antocianinas totais presente no extrato. Esse método tem como vantagem, a eliminação de substâncias interferentes que podem estar presentes no meio. Apesar de ser mais segura, essa metodologia é mais trabalhosa e de maior custo, quando comparada ao método de pH único, pois demanda o preparo de mais tipos de soluções, com consequente maior gastos de reagentes, e tempo de análise. No caso do pH único, as antocianinas são quantificadas por leitura em espectrofotômetro com apenas um valor de pH, geralmente 2,0 e uma única solução. Para amostras que contêm mistura de antocianinas, as medidas de absorbância realizadas num valor único de pH são proporcionais à concentração total de antocianinas presentes na amostra. No entanto, esse método está sujeito a interferências e não pode ser utilizado na presença de produtos escuros, originados a partir da degradação antocianinas e, ou, de açúcares. Para esses casos, os métodos diferenciais ou indiretos substantivos são os mais indicados para determinar a concentração de antocianinas[110,120].

Os métodos diferenciais, utilizados para a quantificação de antocianinas, baseiam-se no fato de as características espectrais dos produtos de degradação não serem afetadas por alterações no pH e pelas mudanças de absorbância resultantes da variação do pH das soluções. É importante ressaltar que esse método quantifica as antocianinas monoméricas e que os resultados podem não estar relacionados com a intensidade da cor das amostras[120].

No estudo de Giusti e Wrolstad (2001)[110] foi feita a caracterização e quantificação de antocianinas por UV-vis, utilizando o método de pH-diferencial. Os pigmentos de antocianinas sofreram transformações estruturais reversíveis com uma mudança no pH. Esse comportamento foi detectado nos espectros de absorbância em pH 1,0 e pH 4,5 (Figura 3).

Teixeira *et al.* (2008)[120] compararam esses dois métodos para quantificação de antocianinas em dez fontes vegetais diferentes. O estudo mostrou que apenas para a quantificação em jabuticaba foi detectada diferença entre os métodos. Nesse caso, o método de pH único, possivelmente, apresentou valor subestimado em consequência da presença de interferentes, em especial taninos, que podem ter seus efeitos minimizados quando empregada a técnica do pH diferencial. Os autores concluíram que na ausência de interferentes, recomenda-se o método do pH único, dada a simplicidade e praticidade da técnica.

Figura 3 – Características espectrais de antocianinas purificadas rabanete (acylated pelargonidin-3-sophoroside-5-glucoside derivatives) em pH 1,0 e pH 4,5

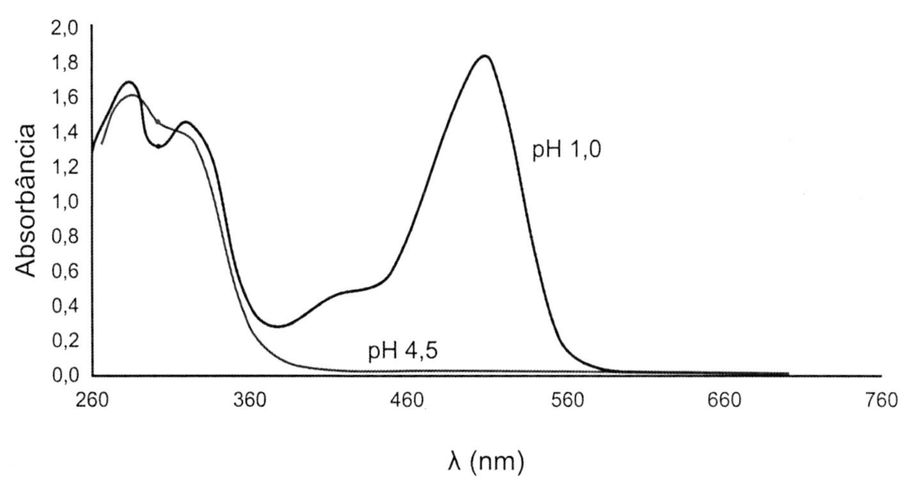

Fonte: Giusti e Wrolstad (2001)[110]

Atualmente, a cromatografia liquida de alta eficiência (CLAE) acoplada a diferentes detectores é a técnica mais utilizada para identificação e quantificação de antocianinas. Alguns fatores podem afetar a eficiência dessa técnica, tais como tipo de coluna cromatográfica, escolha da fase móvel, propriedades dos compostos a serem analisados, bem como os já citados detectores. Sendo que os sistemas de detecção mais utilizados para medir antocianinas são baseados na absorção UV. Além disso, a CLAE acoplada ao detector de arranjo de diodos (DAD) também é um método comum para analisar antocianinas oriundas de fontes vegetais. De forma geral, os princípios subjacentes ao DAD e o detector UV (UVD) são os mesmos, no entanto existem algumas diferenças. Pois enquanto os DADs são utilizados pra para medir simultaneamente comprimentos de onda de absorção multicanal, os UVDs são utilizados para medir o comprimento de onda de absorção em uma única faixa selecionada[4].

Na CLAE acoplada ao UVD ou DAD A identificação é feita pela comparação dos tempos de retenção obtidos da injeção da solução padrão do composto de interesse e da amostra analisada, obtendo assim cromatogramas onde é identificada a substância em estudo. A Figura 4 representa um cromatograma de suco de cranberry, com os picos das antocianinas identificadas[121]. As antocianinas também podem ser analisadas por cromatografia liquida combinada com espectroscopia de massa (CLAE-EM). Essa técnica consiste em um avanço analítico por apresentar alta sensibilidade e seletividade, podendo fornecer informações estruturais sobre compostos desconhecidos de amostras brutas ou parcialmente purificadas[4].

Figura 4 – Cromatograma de suco de cranberry, com picos identificados

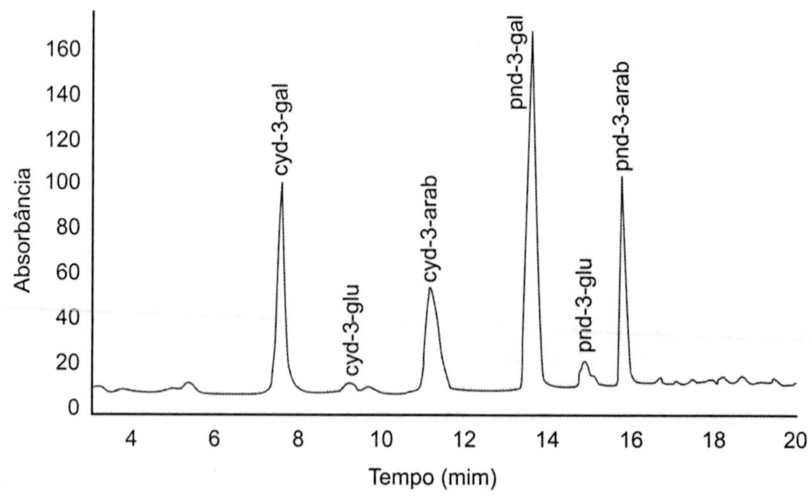

Fonte: Durst e Wrolstad (2003)[73,121]

Huang *et al.* (2009)[122] propuseram um método eficiente para identificação e quantificação de antocianinas presentes em uvas de diferentes cultivares por CLAE acoplado a ionização por eletro spray (IES) e ao EM (CLAE-IES-ES). As informações estruturais geradas a partir do método CLAE-IES-ES demonstraram que alguns tipos de antocianinas analisadas por outros métodos, foram falsamente identificados. Os tipos de antocianinas encontrados nas uvas foram delfinidina-3,5-diglicosídeo, cianidina, petunidina, peonidina e malvidina. A pelagornidina, identificada em estudos anteriores, não foi identificada neste estudo.

Hong *et al.* (2020)[123] desenvolveram e validaram um método de quantificação e caracterização de antocianinas em grãos de milhos pigmentados, utilizando CLAE-DAD-EM. Os glicosídeos à base de cianidina foram os principais pigmentos do milho doce de pericarpo roxo (75,5%) e do milho de aleurona azul (91,6%), enquanto a pelargonidina compunha as principais antocianinas do milho doce de pericarpo roxo-avermelhado (61,1%) e do milho de aleurona cereja (74,6%). Além disso, os autores enfatizaram o uso da acidificação das soluções para a melhor extração das antocianinas, com o intuito de estabilizar o cátion flavilium dos compostos.

Outra técnica utilizada para análise de antocianinas é a eletroforese capilar (EC), que apresenta excelente sensibilidade, alta resolução, baixo consumo de amostra e gasto mínimo de solventes. Essa técnica é realizada com uma solução de íons em uma coluna capilar estreita, que é especialmente adaptada para separar e quantificar compostos polares e carregados com peso molecular baixo e médio. A maior desvantagem dessa técnica é a baixa capacidade de discriminar compostos com relações carga-massa próximas. Dessa forma, utiliza-se solventes orgânicos para aumentar a capacidade de separação e consequentemente vencer tais limitações. Já a espectroscopia de infravermelho próximo (NIR) é uma técnica analítica avançada, precisa e não destrutiva para analisar antocianinas de fontes naturais. A região NIR do espectro eletromagnético cobre as regiões visível e infravermelha com uma faixa de comprimento de onda conhecida de 780–2500 nm. Além disso, nos últimos anos, a ressonância magnética nuclear em uma ou duas dimensões também tem sido usada na elucidação estrutural de antocianinas[124].

Considerações finais

As antocianinas são pigmentos naturais encontrados em diversas frutas e vegetais, que conferem cor e sabor aos alimentos. Além disso, possuem benefícios à saúde, devido à sua atividade antioxidante. Como resultado, a indústria alimentícia, farmacêutica e cosmética tem utilizado cada vez mais esses compostos como alternativa aos corantes sintéticos.

Para transformar as antocianinas em um ingrediente funcional, é necessário realizar processos de extração, purificação, identificação e quantificação. Nesse sentido, várias técnicas foram desenvolvidas e aperfeiçoadas nos últimos anos, visando superar as limitações das técnicas tradicionais, que são demoradas, apresentam baixo rendimento e utilizam grandes volumes de solvente. Algumas das técnicas emergentes utilizadas na extração de antocianinas incluem a extração assistida por micro-ondas, ultrassom, fluido pressurizado, água subcrítica, fluido supercrítico, campo elétrico pulsado e enzimas. Para obter antocianinas com alta estabilidade e qualidade, técnicas de separação e purificação, como a cromatografia em coluna, separação por membrana, cromatografia em contracorrente e cromatografia em papel, são amplamente utilizadas.

Quanto à identificação e à quantificação das antocianinas, os métodos mais utilizados são espectrofotométricos no UV-VIS, como as metodologias do pH único e do pH diferencial, e cromatográficos, especialmente a cromatografia líquida de alta eficiência, utilizando detectores variados. Essas técnicas são importantes para garantir a qualidade e eficácia dos produtos contendo antocianinas.

Referências

1 TAN, J.; HAN, Y.; HAN, B.; QI, X.; CAI, X.; GE, S.; XUE, H. Extraction and purification of anthocyanins: A review. **Journal of Agriculture and Food Research**, v. 8, p. 100306, 2022.

2 JOSÉ ALIAÑO GONZÁLEZ, M.; CARRERA, C.; BARBERO, G. F.; PALMA, M. A comparison study between ultrasound–assisted and enzyme–assisted extraction of anthocyanins from blackcurrant (Ribes nigrum L.). **Food Chemistry**: X, v. 13, 2022.

3 OKOLIE, C. L.; AKANBI, T. O.; MASON, B.; UDENIGWE, C. C.; ARYEE, A. N. A. Influence of conventional and recent extraction technologies on physicochemical properties of bioactive macromolecules from natural sources: A review. **Food Research International**, v. 116, p. 827-839, 2019.

4 XU, C. C.; WANG, B.; PU, Y. Q.; TAO, J. S.; ZHANG, T. Advances in extraction and analysis of phenolic compounds from plant materials. **Chinese Journal of Natural Medicines**, v. 15, n. 10, p. 721-731, 2017.

5 GIL-MARTÍN, E.; FORBES-HERNÁNDEZ, T.; ROMERO, A.; CIANCIOSI, D.; GIAMPIERI, F.; BATTINO, M. Influence of the extraction method on the recovery of bioactive phenolic compounds from food industry by-products. **Food Chemistry**, v. 378, 2022.

6 LEFEBVRE, T.; DESTANDAU, E.; LESELLIER, E. Selective extraction of bioactive compounds from plants using recent extraction techniques: A review. **Journal of Chromatography A**, v. 1635, p. 461770, 2021.

7 AGATI, G.; MEYER, S.; MATTEINI, P.; CEROVIC, Z.G. Assessment of anthocyanins in grape (Vitis vinifera L.) berries using a noninvasive chlorophyll fluorescence method. **Journal of Agricultural and Food Chemistry**, v. 55, p. 1053-1061, 2007.

8 CHAOVANALIKIT, A.; WROLSTAD, R. E. Total anthocyanins and total phenolics of fresh and processed cherries and their antioxidant properties. **Journal of Food Science**, v. 69, p. FCT67-FCT72, 2004.

9 JACKMAN, R. L.; SMITH, J. L. Anthocyanins and betalains. *In:* HENDRY, G. A. F.; HOUGHTON, J. D. (ed.). **NaT. Food Color**. 2. Ed. Londres: Chapman & Hall, 1996. P. 245-309.

10 REVILLA, E.; RYAN, J. M.; MARTIN-ORTEGA, G. Comparison of several procedures used for the extraction of anthocyanins from red grapes. **Journal of Agricultural and Food Chemistry**, v. 46, p. 4592-4597, 1998.

11 MALACRIDA, C. R.; DA MOTTA, S. Antocianinas Em Suco De Uva: Composição E Estabilidade. **Bol. Do Cent. Pesqui. Process. Aliment.**, v. 24, n. 1, p. 59-82, 2006.

12 COKLAR, H.; AKBULUT, M. Anthocyanins and phenolic compounds of Mahonia aquifolium berries and their contributions to antioxidant activity. **J. Funct. Foods,** v. 35, p. 166-174, 2017.

13 RODRIGUEZ-SAONA, L. E.; WROLSTAD, R. E. Extraction, Isolation, and Purification of Anthocyanins. **Curr. Protoc. Food Anal. Chem.**, v. 00, n. 1, p. F1.1.1-F1.1.11, apr. 2001.

14 NICOUÉ, E. E.; SAVARD, S.; BELKACEMI, K. Anthocyanins in wild blueberries of Quebec: extraction and identification. **Journal of Agricultural and Food Chemistry**, v. 55, p. 5626-5635, 2007.

15 TERCI, D. B. L. **Aplicações analíticas e didáticas de antocianinas extraídas de frutas**. 2004. 231p. Tese (Doutorado em Química Analítica) – Instituto de Química da UNICAMP, Universidade Estadual de Campinas, Campinas, SP, 2004.

16 AWIKA, J. M.; ROONEY, L. W.; WANISKA, R. D. Anthocyanins from black sorghum and their antioxidant properties. **Food Chem.**, v. 90, n. 1-2, p. 293-301, mar. 2005.

17 JING P.; GIUSTI, M. M. Effects of Extraction Conditions on Improving the Yield and Quality of an Anthocyanin-Rich Purple Corn (Zea mays L.) Color Extract. **J. Food Sci.**, v. 72, n. 7, p. C363-C368, sep. 2007.

18 BARNES, J. S.; NGUYEN, H. P.; SHEN, S.; SCHUG, K. A. General method for extraction of blueberry anthocyanins and identification using high performance liquid chromatography–electrospray ionization-ion trap-time of flight-mass spectrometry. **J. Chromatogr.**, v. 1216, n. 23, p. 4728-4735, jun. 2009.

19 SILVA, R. F.; CARNEIRO, C. N.; CHEILA, C. B. J. V.; GOMEZ, F.; ESPINO, M.; BOITEUX, J. *et al.* Sustainable extraction bioactive compounds procedures in medicinal plants based on the principles of green analytical chemistry: A review. **Microchemical Journal**, v. 175, 2022.

20 YAHYA, N. A.; ATTAN, N.; WAHAB, R. A. An overview of cosmeceutically relevant plant extracts and strategies for extraction of plant-based bioactive compounds. **Food and Bioproducts Processing**, v. 112, p. 69-85, 2018.

21 FULEKI, T.; FRANCIS, F. J. Quantitative methods for Anthocyanins. I. Extraction and Determination of Total Anthocyanin in Cranberries. **Journal of Food Science**, v. 33, p. 72-77, 1968a.

22 BRIDLE, P.; LOEFFLER, T.; TIMBERLAKE, C. F.; SELF, R. Cyanidinmalonyl-glucoside in Cichorium intybus. **Phytochemistry**, v. 23, n. 12, p. 2968-2969, 1984.

23 ANDERSEN, O. M.; FRANCIS, G. W. Simultaneous analysis of anthocyanins andanthocyanidins on cellulose thin layers. **Journal of Chromatography**, v. 318, p. 450-454, 1985.

24 BLOM, H.; THOMASSEN, M. S. Kinetic studies on strawberry anthocyanin étodoson by a thermostable anthocyanin-▯-glycosidase from Aspergillus niger. **Food Chemistry**, v. 17, p. 157-168, 1985.

25 OSZMIANSKI, J. C.; SAPIS, J. C. Anthocyanins in fruits of Aronia melanocarpa (Chokeberry). **Journal of Food Science**, v. 53, n. 4, p. 1241-1242, 1988.

26 TAKEDA, K.; ENOKI, S.; HARBORNE, J. B.; EAGLES, J. Malonated anthocyanins in malvaceaea: malonylmalvin from Malva sylvestris. **Phytochemistry**, v. 28, n. 2, p. 499-500, 1989.

27 STRINGHETA, P. C. **Identificação da estrutura e estudo da estabilidade das antocianinas extraídas da inflorescência de capim gordura (Mellinis minutiflora, Pal de Beauv).** Campinas: UNICAMP, 1991, 138p. Tese (Doutorado em Ciência e Tec. De Alimentos) – Faculdade de Engenharia de Alimentos, Universidade de Campinas, 1991.

28 GUEDES, M. C. Influência do anel B na estabilidade das antocianidinas e antocianinas. 126f. Tese (Doutorado em Ciência de Alimentos) – Faculdade de Engenharia de Alimentos, Universidade Estadual de Campinas, Campinas, 1993.

29 FORNI, E.; POLESELLO, A.; TORREGGIANI, D. Changes in anthocyanins in cherries (Prunus avium) during osmodehydration, pasteurization and storage. **Food Chemistry**, v. 48, p. 295-299, 1993.

30 GAO, L.; MAZZA, O. Extration of anthocyanin pigments from purple sunflower hulls. **Journal of Food Science**, v. 61, n. 3, p. 600-603, 1996.

31 BAILONI, M. A.; BOBBIO, P. A.; BOBBIO, F. O. Preparação e estabilidade do extrato antociânico das folhas da Acalipha híspida. **Ciência e Tecnologia de Alimentos**, v. 18, n. 1, p. 21-24, jan./abr. 1998.

32 KUSKOSKI, E. M. **Extração, identificação e estabilidade de pigmentos dos frutos de baguaçu (Eugênia étodoson, Berg.).** 113f. Dissertação (Mestrado em Ciência e Tec. De Alimentos) – Departamento de Tecnologia de Alimentos, Universidade Federal de Santa Catarina, Florianópolis, 2000ª.

33 PAZMIÑO-DURÁN, E. A.; GIUSTI, M. M.; WROLSTAD, R. E.; GLÒRIA, M. B. A. Anthocyanins from Oxalis triangularis as potential food colorants. **Food Chemistry**, v. 75, p. 211-216. 2001.

34 MATAIX, E.; LUQUE DE CASTRO, M. D. Determination of anthocyanins in wine based on flow-injection, liquid-solid extraction, continuous evaporation and highperformance liquid chromatography-photometric detection. **Journal of chromatography A**, v. 910, p. 255-263, 2001.

35 MULLEN, W.; MICHAEL, E. J.; LEAN, A. C. Rapid characterization of anthocyanins in red raspberry by high-performance liquid chromatography coupled to single quadrupole mass spectrometry. **Journal of Chromatography A**, v. 966, p. 63-70, 2002.

36 CONSTANT, P. B. L. **Extração caracterização e aplicação de antocianinas de açaí (Euterpe oleracea M.)**. 183f. Tese (Doutorado em Ciência e Tec. De Alimentos) – Departamento de Tecnologia de Alimentos, Universidade Federal de Viçosa, Viçosa, 2003.

37 OZELA, Eliana Ferreira. **Caracterização de flavonóides e estabilidade de pigmentos de frutos de bertalha (Basella rubra L.).** Tese (Doutorado) – Universidade Federal de Viçosa, 2004.

38 BRANDÃO, T. S. O.; PINHO, L. S.; TESHIMA, E.; DAVID, J. M.; RODRIGUES, M. I. Optimization of a technique to quantify the total phenolic compounds in jambolan (Syzygium cumini Lamark) éto. **Brazilian Journal of Food Technology**, v. 22, 2019.

39 KATO, C. G.; TONHI, C. D.; CLEMENTE, E. Antocianinas de uvas (vitis vinífera l.) produzidas em sistema convencional. **Ver. Bras. Tecnol. Agroindustrial**, v. 6, n. 2, nov. 2012.

40 SÓJKA, M. *et al.* Composition and properties of the polyphenolic extracts obtained from industrial plum pomaces. **J. Funct. Foods**, v. 12, p. 168-178, 2015.

41 TIMBERLAKE, C. F.; BRIDLE, P. Flavylium salts, anthocyanidins and anthocyanins II. Reactions with sulphur dioxide. **J. Sci. Food Agric.**, v. 18, n. 10, p. 479-485, oct. 1967.

42 POEI-LANGSTON, M. S.; WROLSTAD, R. E. Color Degradation in an Ascorbic Acid-Anthocyanin-Flavanol Model System. **J. Food Sci.**, v. 46, n. 4, p. 1218-1236, jul. 1981.

43 BAKKER, D. C. E. **Process studies of the air-sea exchange of carbon dioxide in the Atlantic Ocean**. Netherlands, 1998.

44 LIAZID, A.; GUERRERO, R. F.; CANTOS, E.; PALMA, M.; BARROSO, C. G. Microwave assisted extraction of anthocyanins from grape skins. **Food Chem.**, v. 124, n. 3, p. 1238-1243, feb. 2011.

45 YANG, Z.; ZHAI, W. Optimization of microwave-assisted extraction of anthocyanins from purple corn (Zea mays L.) cob and identification with HPLC –MS. **Innov. Food Sci. Emerg. Technol.**, v. 11, n. 3, p. 470-476, jul. 2010.

46 GAO, L.; MAZZA, G. Extraction of anthocyanin pigments from purple sunflower hulls. **J. Food Sci.**, v. 61, n. 3, p. 600-603, 1996.

47 LI, Q. *et al.* Efeito do dióxido de enxofre e do ácido lático na maceração da água na extração de antocianinas e bioativos do pericarpo do milho roxo. **Cereal Chemistry**, v. 96, n. 3, p. 575-589, 2019.

48 AURELIO, D. L.; EDGARDO, R. G.; NAVARRO-GALINDO, S. Thermal kinetic degradation of anthocyanins in a roselle (Hibiscus sabdariffa L. cv. Criollo.) infusion. **International Journal of Food Science & Technology**, v. 43, p. 322-325, 2008.

49 JU, Z.; HOWARD, L. R. Subcritical water and sulfured water étodoson of anthocyanins and other phenolics dried red grape skin. **Journal of Food Science**, v. 70, n. 4, 2005.

50 CORRALES, M.; BUTZ, P.; TAUSCHER, B. 92. **Food Chem.**, v. 110, n. 3, p. 627-635, oct. 2008.

51 KUREK, M.; HLUPI, L.; SCETAR, M.; BOSILJKOV, T.; GALI, K. Comparison of Two pH Responsive Color Changing Bio-Based Films Containing Wasted Fruit Pomace as a Source of Colorants. **J. Food Sci.**, v. 00, 2019.

52 PROESTOS, C.; KOMAITIS, M. Application of microwave-assisted extraction to the fast extraction of plant phenolic compounds. **LWT – Food Sci. Technol.**, v. 41, n. 4, p. 652-659, 2008.

53 RENARD, C. M. G. C. Extraction of bioactives from fruit and vegetables: State of the art and perspectives. **Lwt**, v. 93, p. 390-395, 2018.

54 MOIRANGTHEM, Kamaljit *et al.* Bioactivity and anthocyanin content of microwave-assisted subcritical water extracts of Manipur black rice (Chakhao) bran and straw. **Future Foods**, v. 3, p. 100030, 2021.

55 CASSOL, L. **Extração de compostos bioativos do hibisco (Hibiscus sabdariffa L.) por micro-ondas e seu encapsulamento por atomização e liofilização**, v. 55 2018.

56 OKUR, İ.; BALTACIOĞLU, C.; AĞÇAM, E.; BALTACIOĞLU, H.; ALPAS, H. Evaluation of the Effect of Different Extraction Techniques on Sour Cherry Pomace Phenolic Content and Antioxidant Activity and Determination of Phenolic Compounds by FTIR and HPLC. **Waste and Biomass Valorization,** v. 10, p. 3545-3555, 2019.

57 CHEMAT, F.; ROMBAUT, N.; SICAIRE, A. G.; MEULLEMIESTRE, A.; FABIANO-TIXIER, A. S.; ABERT-VIAN, M. Ultrasound assisted extraction of food and natural products. Mechanisms, techniques, combinations, protocols and applications. A review. **Ultrasonics Sonochemistry**, v. 34, p. 540-56, 2017.

58 ORTEGA-RIVAS, E. **Ultrasound in Food Preservation**, p. 251-262, 2012.

59 CHEMAT, F.; ZILL-E-HUMA; KHAN, M. K. Applications of ultrasound in food technology: Processing, preservation and extraction. **Ultrasonics Sonochemistry**, v. 18, n. 4, p. 813-835, 2011.

60 ESPADA-BELLIDO, E.; FERREIRO-GONZÁLEZ, M.; CARRERA, C.; PALMA, M.; BARROSO, C. G.; BARBERO, G. F. Optimization of the ultrasound-assisted extraction of anthocyanins and total phenolic compounds in mulberry (Morus nigra) pulp. **Food Chem.**, v. 219, p. 23-32, mar. 2017.

61 DRANCA, F.; OROIAN, M. Optimization of ultrasound-assisted extraction of total monomeric anthocyanin (TMA) and total phenolic content (TPC) from

eggplant (Solanum melongena L.) peel. **Ultrasonics Sonochemistry**, v. 31, p. 637-646, 2016.

62 HE B. *et al.* **Optimization of Ultrasound-Assisted Extraction of phenolic compounds and anthocyanins from blueberry (Vaccinium ashei) wine pomace**, v. 204, p. 70-76, 2016.

63 DAS, A. B.; GOUD, V. V.; DAS, C. Extraction of phenolic compounds and anthocyanin from black and purple rice bran (Oryza sativa L.) using ultrasound: A comparative analysis and phytochemical profiling. **Ind. Crops Prod.**, v. 95, p. 332-341, jan. 2017.

64 PINELA J. *et al.* Maximização da extração de antocianinas de Hibiscus sabdariffa por diferentes étodos para obtenção de corantes alimentares. *In:* **Anais [...]** XIV Encontro Química dos Aliment. 6 a 9 novembro 2018 Viana do Castelo, Port., 2018.

65 RAVANFAR, R.; TAMADON, A. M.; NIAKOUSARI, M. Optimization of ultrasound assisted extraction of anthocyanins from red cabbage using Taguchi design method. **Journal of Food Science and Technology**, v. 52, n. 12, p. 8140-8147, 2015.

66 YUNIATI, Y.; ELIM, P. E.; ALFANAAR, R.; KUSUMA, H. S.; MAHFUD. Extraction of anthocyanin pigment from hibiscus sabdariffa l. By ultrasonic-assisted extraction. **IOP Conf. Ser. Mater. Sci. Eng.**, v. 1010, n. 0-6, 2021.

67 CAMPO-FERNÁNDEZ, M.; GRANJA-RIZZO, D. F.; MATUTE-CASTRO, N. L.; CUESTA-RUBIO, O.; MÁRQUEZ-HERNÁNDEZ, I. Microencapsulation by spray drying from an extract of the calyces of Hibiscus sabdariffa L. *Rev. Colomb.* **Química,** v. 50, p. 40-50, 2021.

68 CICCORITTI, R.; PALIOTTA, M.; CENTIONI, L.; MENCARELLI, F.; CARBONE, K. The effect of genotype and drying condition on the bioactive compounds of sour cherry pomace. **Eur. Food Res. Technol.**, v. 244, p. 635-645, 2018.

69 REZENDE, Y. R. R. S.; NOGUEIRA, J. P.; NARAIN, N. Microencapsulation of extracts of bioactive compounds obtained from acerola (Malpighia emarginata DC) pulp and residue by spray and freeze drying : Chemical, morphological and chemometric characterization. **Food Chem.**, v. 254, p. 281-291, 2018.

70 PINELA, J. *et al.* Maximização da extração de antocianinas de Hibiscus sabdariffa por diferentes metodos para obtenção de corantes alimentares. *In:* **Anais [...]** XIV Encontro de Química dos Alimentos, 2018.

71 BARRETO, E.; AVILA, L. B.; ROSA, G. S. DA; MORAIS, M. M. Comparação entre métodos de extração de compostos bioativos presentes em resíduos de jabuticaba (Plinia cauliflora). *In:* **Anais [...]** Salão Internacional de Ensino, Pesquisa e Extensão, v. 11, 2020.

72 CHEN, F. *et al.* Optimization of ultrasound-assisted extraction of anthocyanins in red raspberries and identification of anthocyanins in extract using high-performance liquid chromatography-mass spectrometry. **Ultrasonics Sonochemistry**, v. 14, n. 6, p. 767-778, 2007.

73 ROMERO-DÍEZ, R. *et al.* Microwave and ultrasound pre-treatments to enhance anthocyanins extraction from different wine lees. **Food Chemistry**, v. 272, p. 258-266, 2019.

74 ZHANG, H.; MA, Y. Optimisation of High Hydrostatic Pressure Assisted Extraction of Anthocyanins from Rabbiteye Blueberry Pomace. **Food Technology and Economy, Engineering and Physical Properties**, v. 35, n. 2, p. 180-187, 2017.

75 FERNANDES, L.; CASAL, S. I. P.; PEREIRA, J. A.; RAMALHOSA, E.; SARAIVA, J. A. Optimization of high pressure bioactive compounds extraction from pansies (Viola × wittrockiana) by response surface methodology. **High Pressure Research**, v. 37, n. 3, p. 415-429, 2017.

76 WANG, Y.; YE, Y.; WANG, L.; YIN, W.; LIANG, J. Antioxidant activity and subcritical water extraction of anthocyanin from raspberry process optimization by response surface methodology. **Food Biosci.**, v. 44, p. 101394, 2021.

77 WANG, Y.; LUAN, G.; ZHOU, W.; MENG, J.; WANG, H.; HU, N.; SUO, Y. Subcritical water extraction, UPLC-Triple-TOF/MS analysis and antioxidant activity of anthocyanins from Lycium ruthenicum Murr. **Food Chemistry**, v. 249, p. 119-126, 2018.

78 BRUNNER, G. Supercritical fluids: technology and application to food processing. **J. Food Eng.**, v. 67, n. 1-2, p. 21-33, mar. 2005.

79 BRUNNER, K.; ABSTREITER, G.; BÖHM, G.; TRÄNKLE, G.; WEIMANN, G. Sharp-Line Photoluminescence and Two-Photon Absorption of Zero-Dimensional

Biexcitons in a GaAs/AlGaAs Structure. **Phys. Rev. Lett.**, v. 73, n. 8, p. 1138-1141, aug. 1994.

80 PERRUT, M. Supercritical Fluid Applications: Industrial Developments and Economic Issues. **Ind. Eng. Chem. Res.**, v. 39, n. 12, p. 4531-4535, dec. 2000.

81 XU Z.; WU J.; ZHANG Y.; HU X.; LIAO X.; WANG, Z. Extraction of anthocyanins from red cabbage using high pressure CO2. **Bioresour. Technol.**, v. 101, n. 18, p. 7151-7157, sep. 2010.

82 JIAO, G.; KERMANSHAHI. A. Extraction of anthocyanins from haskap berry pulp using supercritical carbon dioxide: Influence of co-solvent composition and pretreatment. **LWT**, v. 98, p. 237-244, 2018.

83 SIDDEG, A.; MANZOOR, M. F.; AHMAD, H. M.; AHMAD, N.; AHMED, Z.; KHAN, K. I. M.; MAAN, A. A.; MAHR-UN-NISA; ZENG, X.; AMMAR, A. Pulsed Electric Field-Assisted Ethanolic Extraction of Date Palm Fruits: Bioactive Compounds, Antioxidant Activity and Physicochemical Properties. **Processes**, v. 7, n. 585, 2019.

84 LONČARIĆ, Ante *et al.* Green Extraction Methods for Extraction of Polyphenolic Compounds from Blueberry Pomace. **Foods**, v. 9, n. 11, p. 1521, 2020.

85 SAAD, N. *et al.* Enzyme-Assisted Extraction of Bioactive Compounds from Raspberry (Rubus idaeus L.) Pomace. **J. Food Sci.,** v. 84, p. 1371-1381, 2019.

86 KUMAR, M.; DAHUJA, A.; SACHDEV, A.; TOMAR, M.; LORENZO, J. M.; DHUMAL, S. *et al.* Optimization of the use of cellulolytic enzyme preparation for the extraction of health promoting anthocyanins from black carrot using response surface methodology. **Lwt**, v. 163, 2022.

87 GRANATO, D.; FIDELIS, M.; HAAPAKOSKI, M.; DOS SANTOS LIMA, A.; VIIL, J.; HELLSTRÖM, J. *et al.* Enzyme-assisted extraction of anthocyanins and other phenolic compounds from blackcurrant (Ribes nigrum L.) press cake: From processing to bioactivities. **Food Chemistry**, v. 391, n. 133240, 2022.

88 AZMAN, E. M.; CHARALAMPOPOULOS, D.; CHATZIFRAGKOU, A. Acetic acid buffer as extraction medium for free and bound phenolics from dried blackcurrant (Ribes nigrum L.) skins. **Journal of Food Science**, v. 85, n. 11, p. 3745-3755, 2020.

89 HERRERA-RAMIREZ, J.; MENESES-MARENTES, N.; TARAZONA DÍAZ, M. P. Optimizing the extraction of anthocyanins from purple passion fruit peel using

response surface methodology. **Journal of Food Measurement and Characterization**, v. 14, n. 1, p. 185-193, 2020.

90 LOTFI, L. *et al.* Effects of sulfur water extraction on anthocyanins properties of tepals in flower of saffron (Crocus sativus L). **Journal of Food Science and Technology**, v. 52, n. 2, p. 813-821, 2015.

91 CACACE, J. E.; MAZZA, G. Extraction of anthocyanins and other phenolics from black currants with sulfured water. **Journal of Agricultural and Food Chemistry**, v. 50, n. 21, p. 5939-5946, 2002.

92 ZHANG, W.; SHEN, Y.; LI, Z.; XIE, X.; GONG, E. S.; TIAN, J.; LIU, R. H. Effects of high hydrostatic pressure and thermal processing on anthocyanin content, polyphenol oxidase and β-glucosidase activities, color, and antioxidant activities of blueberry (Vaccinium Spp.) puree. **Food Chemistry**, v. 342, p. 128564, 2021.

93 SARKIS, J. R. **Extração de compostos bioativos de tortas de nozes e sementes e aplicação de tecnologias elétricas no gergelim**. 2014. 227 f. Tese (Doutorado em Engenharia Química) – Escola de Engenharia, Universidade Federal do Rio Grande do Sul, Porto Alegre, 2014.

94 HE, Y.; WEN, L.; LIU, J.; LI, Y.; ZHENG, F.; MIN, W.; PAN, P. Optimisation of pulsed electric fields extraction of anthocyanin from Beibinghong Vitis Amurensis Rupr. **Natural product research**, v. 32, n. 1, p. 23-29, 2018.

95 TEIXEIRA B. A. **Otimização da extração assistida por ultrassom de antociainas e fenólicos totais de frutas vermelhas produzidas no Brasil.** 2018. Disponível em: https://locus.ufv.br//handle/123456789/24293. Acesso em: 1 jun. 2023.

96 ASLAN TÜRKER, D.; DOĞAN, M. Ultrasound-assisted natural deep eutectic solvent extraction of anthocyanin from black carrots: Optimization, cytotoxicity, in-vitro bioavailability and stability. **Food and Bioproducts Processing**, v. 132, p. 99-113, 2022.

97 JOSÉ ALIAÑO GONZÁLEZ, M. *et al.* A comparison study between ultrasound–assisted and enzyme–assisted extraction of anthocyanins from blackcurrant (Ribes nigrum L.). **Food Chemistry: X**, v. 13, n. oct. 2021, 2022.

98 YAHYA, N. A.; ATTAN, N.; WAHAB, R. A. An overview of cosmeceutically relevant plant extracts and strategies for extraction of plant-based bioactive compounds. **Food Bioprod Process**, v. 112, p. 69-85, 2018.

99 KURTULBAŞ ŞAHIN, E.; BILGIN, M.; ŞAHIN, S. Recovery of anthocyanins from sour cherry (Prunus cerasus L.) peels via microwave assisted extraction: monitoring the storage stability. **Preparative Biochemistry and Biotechnology**, v. 51, n. 7, p. 686-696, 2021.

100 PHAM, T. N. *et al.* Effects of process parameters in microwave-assisted extraction on the anthocyanin-enriched extract from Rhodomyrtus tomentosa (Ait.) Hassk and its storage conditions on the kinetic degradation of anthocyanins in the extract. **Heliyon**, v. 8, n. 6, p. e09518, 2022.

101 ODABAŞ, H. İ.; KOCA, I. Simultaneous separation and preliminary purification of anthocyanins from Rosa pimpinellifolia L. fruits by microwave assisted aqueous two-phase extraction. **Food and Bioproducts Processing**, v. 125, p. 170-180, 2021.

102 BRUNNER, G. Supercritical fluids: Technology and application to food processing. **Journal of Food Engineering**, v. 67, n. 1-2, p. 21-33, 2005.

103 BRUNNER, K. *et al.* Sharp-line photoluminescence and two-photon absorption of zero-dimensional biexcitons in a GaAs/AlGaAs structure. **Physical Review Letters**, v. 73, n. 8, p. 1138-1141, 1994.

104 GARCIA-MENDOZA, M. P.; ESPINOSA-PARDO, F. A.; BASEGGIO, A. M.; BARBERO, G. F.; MARÓSTICA JUNIOR, M. R.; ROSTAGNO, M. A.; MARTÍNEZ, J. Extraction of phenolic compounds and anthocyanins from jucara (Euterpe edulis Mart.) residues using pressurized liquids and supercritical liquids. **The Journal of Supercritical Fluids**, v. 119, p. 9-16, 2017.

105 CASTRO-VARGAS, H. I. *et al.* Valorization of papaya (Carica papaya L.) agroindustrial waste through the recovery of phenolic antioxidants by supercritical fluid extraction. **Journal of Food Science and Technology**, v. 56, n. 6, p. 3055-3066, 2019.

106 SANTANA, Á. L.; QUEIRÓS, L. D.; MARTÍNEZ J.; MACEDO, G. A. Pressurized liquid- and supercritical fluid extraction of crude and waste seeds of guarana (Paullinia cupana): Obtaining of bioactive compounds and mathematical modeling. **Food Bioprod Process**, v. 117, p. 194-202, 2019.

107 ORTS, A.; REVILLA, E.; RODRIGUEZ-MORGADO, B.; CASTAÑO, A.; TEJADA, M.; PARRADO, J.; GARCÍA-QUINTANILLA, A. Protease technology for obtaining a soy pulp extract enriched in bioactive compounds: isoflavones and peptides. **Heliyon**, v. 5, n. 6, p. e01958, 2019.

108 DOMÍNGUEZ-RODRÍGUEZ, G.; MARINA, M. L.; PLAZA, M. Enzyme-assisted extraction of bioactive non-extractable polyphenols from sweet cherry (Prunus avium L.) pomace. **Food Chemistry**, v. 339, n. sep. 2020, p. 128086, 2021.

109 KUMAR, M. *et al.* Evaluation of enzyme and microwave-assisted conditions on extraction of anthocyanins and total phenolics from black soybean (Glycine max L.) seed coat. International **Journal of Biological Macromolecules**, v. 135, p. 1070-1081, 2019.

110 GIUSTI, M. M.; WROLSTAD, R. E. Characterization and Measurement of Anthocyanins by UV-Visible Spectroscopy. **Curr. Protoc. Food Anal. Chem.**, v. 00, n. 1, p. F1.2.1-F1.2.13, apr. 2001.

111 COUTINHO, M. R.; QUADRI, M. B.; MOREIRA, R. F. P. M.; QUADRI, M. G. N. Partial Purification of Anthocyanins from Brassica oleracea (Red Cabbage). **Sep. Sci. Technol.**, v. 39, n. 16, p. 3769-3782, jan. 2004.

112 CHANDRASEKHAR, J.; MADHUSUDHAN, M. C.; RAGHAVARAO, K. S. M. S. Extraction of anthocyanins from red cabbage and purification using adsorption. **Food Bioprod. Process.**, v. 90, n. 4, p. 615-623, oct. 2012.

113 ZHAO, T.; MA, L.; DU, J. J.; ZHANG, L.; WU, X. Y. Purification of Hulless Barley Anthocyanins with Macroporous Resins. **Adv. Mater. Res.**, v. 236-238, p. 2701-2704, may 2011.

114 CAO, S.; PAN, S.; YAO, X.; FU, H. Isolation and Purification of Anthocyanins from Blood Oranges by Column Chromatography. **Agric. Sci. China**, v. 9, n. 2, p. 207-215, feb. 2010.

115 CONIDI, C. *et al.* Separation and purification of phenolic compounds from pomegranate juice by ultrafiltration and nanofiltration membranes. **Journal of Food Engineering**, v. 195, p. 1-13, 2017.

116 LU, Y.; LI, J. Y.; LUO, J.; LI, M. L.; LIU, Z. H. Preparative separation of anthocyanins from purple sweet potatoes by high-speed counter-current chromatography. **Fenxi Huaxue / Chinese Journal of Analytical Chemistry**, v. 39, n. 6, p. 851-856, 2011.

117 COLLINS, C. H.; BRAGA, G. L.; BONATO, P. S. **Introdução a Métodos Cromatográficos**, p. 262, 1997.

118 LOPES, T. J.; QUADRI, M. B.; QUADRI, M. G. N. Estudo Experimental da Adsorção de Antocianinas Comerciais de Repolho Roxo em Argilas no Pro-

cesso em Batelada. **Brazilian Jornal of Food Technology**, Campinas-SP, v. 9, p. 49-56, 2006.

119 TOEPFL, S.; MATHYS, A.; HEINZ, V.; KNORR, D. Review: Potential of High Hydrostatic Pressure and Pulsed Electric Fields for Energy Efficient and Environmentally Friendly Food Processing. **Food Rev. Int.**, v. 22, n. 4, p. 405-423, dec. 2006.

120 TEIXEIRA, L. N.; STRINGHETA, P. C.; OLIVEIRA, F. A. Comparação de métodos para quantificação de antocianinas. **Rev. Ceres**, v. 55, n. 4, p. 297-304, 2008.

121 DURST, R. W.; WROLSTAD, R. E. Separation and Characterization of Anthocyanins by HPLC. **Curr. Protoc. Food Anal. Chem.**, v. 00, n. 1, p. F1.3.1-F1.3.13, apr. 2001.

122 HUANG, Z.; WANG, B.; WILLIAMS, P.; PACE, R. D. Identification of anthocyanins in muscadine grapes with HPLC-ESI-MS. **LWT - Food Sci. Technol.**, v. 42, n. 4, p. 819-824, may 2009.

123 HONG, H. T.; NETZEL, M. E.; O'HARE, T. J. Optimisation of extraction procedure and development of LC–DAD–MS methodology for anthocyanin analysis in anthocyanin-pigmented corn kernels. **Food chemistry**, v. 319, p. 126515, 2020.

124 KONG, J. M.; CHIA, L. S.; GOH, N. K.; CHIA, T. F.; BROUILLARD, R. Analysis and biological activities of anthocyanins. **Phytochemistry**, v. 64, n. 5, p. 923-933, 2003.

6

ANTOCIANINAS NOS VEGETAIS

Introdução

O posicionamento mais crítico dos consumidores em relação aos alimentos de forma geral, inclusive em relação à composição deles, vem aumentando nos últimos anos[1]. Nesse cenário, nota-se um crescente interesse por produtos contendo ingredientes naturais, como, por exemplo, preferência por produtos contendo corantes naturais[2,3].

Certamente a preocupação com eventuais efeitos adversos, principalmente em crianças, pelo consumo de alimentos contendo corantes sintéticos fortalece essa reflexão acerca da versão sintética dos corantes[4].

Existem inúmeros compostos naturais que possuem a capacidade de atuar como corantes alimentícios, ou seja, que possuem a capacidade de conferir, intensificar ou mesmo restaurar a cor dos alimentos[5].

Um dos grupos de compostos naturais que possuem tal capacidade e de grande destaque atualmente são as antocianinas, que são compostos fenólicos derivados do cátion *flavilium*, pertencente ao grupo dos flavonoides, largamente distribuídas na natureza, e que conferem a muitos vegetais as várias nuances de cores, entre laranja, vermelho e azul. Tais substâncias são consideradas potenciais substituintes na utilização de corantes sintéticos devido ao seu brilho, cores atrativas e hidrossolubilidade, além de não serem tóxicas e possuírem efeitos benéficos à saúde, o que permite a sua incorporação em alimentos. No entanto, a sua instabilidade ainda é um fator limitante à sua utilização[6].

As antocianinas são encontradas em diversas famílias de vegetais como *Vitaceae* (uva), *Rosaceae* (cereja, ameixa, framboesa, morango, amora, pêssego), *Solanaceae* (tamarindo, batata), *Saxifragaceae* (groselha preta e vermelha), *Ericaceae* (mirtilo), *Cruciferae* (repolho roxo, rabanete), *Leguminoseae* (vagem) e *Gramineae* (sementes de cereais)[7,8]. Tais compostos são responsáveis pela maioria das cores azul, púrpura e quase todas as tonalidades de vermelho que aparecem em flores, frutas, algumas folhas, caules e raízes de plantas[9].

As cores vivas e intensas que elas produzem têm um papel importante na coloração dos vegetais que as possuem em sua composição, assim como dos produtos derivados das referidas plantas. Além disso, possuem fundamental importância em alguns mecanismos reprodutores das plantas, tais como a polinização e a dispersão de semente[7].

Assim sendo, diante desse contexto de crescente busca por informações sobre os corantes naturais, particularmente sobre as antocianinas, foi criado este capítulo. Trata-se de um estudo baseado em descobertas científicas recentes visando listar os alimentos que possuem em sua composição as antocianinas.

Vegetais como fontes de antocianinas

Diversos tipos de vegetais apresentam grandes quantidades de antocianinas em sua composição. Certos frutos, legumes, verduras, cereais e flores são alguns dos exemplos que serão explorados no decorrer do capítulo.

Informações sobre as quantidades e os tipos de antocianinas existentes nos produtos serão apresentadas baseando-se nos resultados de pesquisas científicas, entretanto, vale destacar que fatores como genética, condições climáticas, estágio de maturação, cuidados pós-colheita, dentre outros aspectos, podem afetar de alguma forma as respectivas quantidades[10].

Antocianinas em frutas

Açaí (*Euterpe oleracea*)

O açaí é o nome dado aos frutos colhidos no açaizeiro, que é uma planta geralmente cultivada na região da floresta amazônica brasileira. Trata-se de um fruto que contém vários compostos fenólicos como as antocianinas, além de lignoides, ácidos graxos, quinonas, terpenos e norisoprenoides[11].

As principais antocianinas encontradas nos frutos de açaí são a cianidina 3-glicosídeo e a cianidina 3-rutinosídeo[12,13]. Na Figura 1 são mostradas as estruturas químicas das antocianinas mais comumente encontradas no açaí.

Figura 1 – Estrutura química das principais antocianinas encontradas no açaí

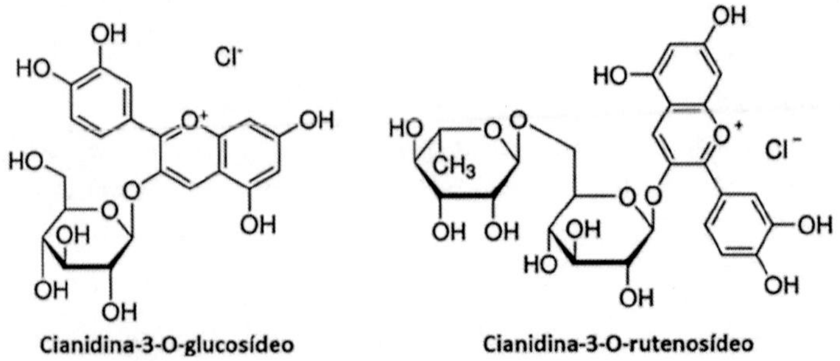

Cianidina-3-O-glucosídeo **Cianidina-3-O-rutenosídeo**

Fonte: Cedrim *et al.* (2018)[14]

Vale ressaltar que devido à sua rica composição em compostos bioativos, o açaí adquiriu o status de superalimento, o que acabou incentivando a indústria alimentícia a fabricar diversos produtos derivados do açaí, como, por exemplo, sorvetes, geleias e licores[11]. Além disso, é destacável o uso do açaí como matéria-prima para fabricação de corantes naturais devido à grande quantidade de tais pigmentos nele existentes[15,16].

Na Tabela 1 são mostradas as quantidades de antocianinas encontradas nas polpas de açaí por diferentes autores.

Tabela 1 – Teor de antocianinas encontrado em polpa de açaí em diferentes estudos

Autores	Teor de antocianinas (mg/100g)
Coutinho *et al.* (2017)[17]	12 a 25
Fernandes *et al.* (2016)[18]	36
Silva *et al.* (2016)[19]	63 a 135
Cipriano (2011)[20]	58

Fonte: Gordon *et al.* (2012)[21]

Conforme mostrado na Tabela 1, o teor de antocianinas na polpa pode apresentar grandes variações. Segundo relatado no estudo de Gordon *et al.* (2012)[22], diferentes formas de preparo da polpa, como variabilidade na quantidade de água adicionada pode ocasionar variações na quantidade de fitoquímicos. Além disso, as condições climáticas, do solo, as condições de colheita e transporte, e o estágio de maturação dos frutos também podem influenciar no conteúdo de tais compostos.

Acerola (*Malpighia glabra*)

A acerola é o fruto proveniente da aceroleira. Trata-se de um fruto pequeno, com sementes relativamente grandes, e muito perecíveis, o que faz com que seu consumo *in natura* seja limitado. Entretanto, apresenta um bom rendimento em polpa, cerca de 75%, sendo um dos principais produtos explorados comercialmente, seja na forma pasteurizada congelada e de suco pasteurizado[23,24].

Tal fruto é reconhecido principalmente pelo alto valor de ácido ascórbico (vitamina C). Em relação a tal nutriente, estudo realizado por Lima *et al.* (2003)[23] relatou valores de 2.000 a 3.000mg/100g de suco.

Além disso, é destacável no referido fruto a presença de antocianinas. A coloração avermelhada das polpas indica a presença de tais compostos, sendo, destacável, a malvidina, a cianidina e a pelargonidina[23,25].

Geralmente o congelamento é o método adotado para a conservação do fruto visando a manutenção de suas características originais, entretanto mudanças físicas e químicas costumam ocorrer. Uma das principais alterações observadas pelos produtores, processadores e distribuidores da acerola é a mudança da cor, que passa do vermelho para amarelo, o que se relaciona com possíveis degradações das antocianinas, possivelmente causadas pela presença de quantidades consideráveis do ácido ascórbico e de açúcares nos referidos frutos[9,26],[27],[28].

Na Tabela 2 são mostradas as quantidades de antocianinas encontradas nas polpas de acerola por diferentes autores.

Tabela 2 – Teor de antocianinas encontrado em polpa de acerola em diferentes estudos

Autores	Teor de antocianinas (mg/100g)
Lima *et al.* (2003)[23]	3,8 a 60
Lima *et al.* (2000)[28]	14 a 51

Fonte: Lima *et al.* (2000)[23] e Lima *et al.* (2003)[29]

Ainda em relação à degradação do teor de antocianinas com o tempo, no estudo de Lima *et al.* (2003)[23], foi constatada que a redução da quantidade de tais compostos com o tempo foi grande, atingindo até cerca de 25% durante um período de 6 meses sob congelamento a -18°C.

Ameixa (*Prunus domestica*)

A ameixa é um fruto amplamente distribuído no mundo, sendo muito apreciado pelos consumidores. Possuem consideráveis quantidades de substâncias bioativas como vitamina C, carotenoides, polifenóis e antocianinas. Há de se ressaltar que a coloração vermelha delas se relaciona com a presença de antocianina nos frutos[30].

O conteúdo de antocianina na casca da ameixa (onde há maior concentração de pigmentos) de três variedades (Stanley, Vânăt de Italia e Tuleu Gras) foi estudado. A variedade Stanley registrou um conteúdo de antocianinas entre 1,11 e 261,93 mg/100g. Para a variedade Vânăt de Italia, os valores encontrados foram entre 1,34 e 306,98 mg/100g. Já a variedade Tuleu Gras apresentou uma quantia de antocianinas entre 6,24 e 58,45 mg/100g. Um dos motivos para a grande variação do conteúdo de antocianinas na mesma variedade é a posição da fruta na planta antes de ser colhida. Isso ocorre porque a distribuição e concentração de antocianinas na casca da ameixa é influenciada por fatores como luz, temperatura, etileno, práticas culturais e grau de maturação[31].

Algumas das antocianinas mais comumente encontradas nas ameixas são cianidina 3-glucosídeo, cianidina 3-rutinosídeo, cianidina 3-galactosídeo[32].

Amora-preta (*Morus nigra*)

Figura 2 – Amora-preta

Fonte: Hermann e Richter (2016)[33]

A amora-preta é uma planta arbustiva de porte ereto ou rasteiro do gênero Rubus, formando um grupo diverso e bastante difundido, conhecidas como berries, cujo termo vem sendo usado comumente para descrever qualquer fruto pequeno, de sabor adocicado e formato arredondado[10,34].

Dentre as opções de espécies frutíferas com perspectivas de aumento de produção e aumento de oferta para a comercialização, a amoreira-preta vem se destacando. O cultivo da amoreira-preta caracteriza-se pelo retorno rápido, pois no segundo ano de plantio a produção é iniciada, proporcionando ao pequeno produtor opções de renda, pela destinação do produto ao mercado "in natura", e também como matéria-prima para indústrias processadoras de alimentos. A cor intensa e quase negra das amoras-pretas pode estar correlacionada com a composição e níveis elevados de várias antocianinas presentes em suas células[33].

Dentre as antocianinas identificadas em amora-preta, incluem-se a cianidina-3-glicosídeo, cianidina-3-arabinosídeo, cianidina-3-galactosídeo, malvidina-3-glicosídeo, pelargonidina-3-glicosídeo, cianidina--3-xilosídeo, cianidina-3-rutinosídeo, cianidina-malonoil-glicosídeo, cianidina-dioxaloil-glicosídeo, peonidina-3-glicosídeo emalvidina-acetilglicosídeo. Em termos quantitativos, 80% do total das antocianinas são na forma de cianidina-3-glicosídeo[35].

A composição das antocianinas na amora-preta é influenciada pela variedade da amora-preta, pelas condições de cultivo da amora-preta e pelo estágio de maturação[36]. O conteúdo de antocianinas da amora-preta varia entre 70,3 e 201 mg/100g de amora-preta[37].

Camu-camu (*Myrciaria dubia [H.B.K.] Mc Vaugh*)

Figura 3 – Camu-camu

Fonte: Gastronomia paraense (2024)[38]

O camu-camu é um fruto silvestre pertencente à família Myrtaceae, de ocorrência nativa nas margens de rios e de lagos da Amazônia[39]. A importância desse fruto como alimento deve-se principalmente ao seu elevado teor de vitamina C, com teores que variam de 1600 a 2994 mg/100g de polpa, o que é superior ao encontrado na maioria das plantas, além de vários compostos bioativos como antocianinas, carotenoides, taninos e vitaminas[40,41].

Em relação às antocianinas que existem nesse fruto, destaca-se a cianidina 3-glicosídeo como a principal, seguido pela delfinidina 3-glicosídeo[42]. Ainda no referido estudo há a descrição da quantidade total de antocianinas encontrada no fruto, que variou de 23 a 87 mg/100g.

Grigio *et al.* (2022)[43] destacam que a maior atividade antioxidante do camu-camu é observada em frutos colhidos na fase semimadura, enquanto os teores de carotenoides, flavonoides, antocianinas e vitamina C são mais elevados nas frutas maduras. Já as frutas imaturas apresentam maior conteúdo fenólico e atividade antioxidante. Assim sendo, se o objetivo for otimizar a extração de pigmentos como antocianinas, recomenda-se trabalhar com frutos maduros.

Neves *et al.* (2015)[44] destacaram que a elevada concentração de vitamina C e antocianinas na casca do camu-camu pode representar a possibilidade de agregação de valor na cadeia de produção do referido fruto, tendo em vista a possibilidade de utilizar a casca, que hoje é considerada um resíduo industrial, para fins mais nobres.

Cereja (*Prunus avium*)

As cerejas, frutos nativos da Europa e da Ásia Ocidental, vêm sendo cultivadas e comercializadas em vários países em todo o mundo. As variedades mais comuns incluem as cerejas doces (*Prunus avium L.*), as cerejas azedas (*Prunus cerasus L.*) e as cerejas pretas (*Prunus serotina Ehrh.*)[45].

Tais frutos são ricos em fitoquímicos como polifenóis, por exemplo, que atingem em média 175 mg em 100g de fruto. Já as antocianinas, que constituem uma proporção significativa do teor total de polifenóis das cerejas doces e azedas, podem apresentar quantidades variáveis dependendo de aspectos como tipo de cultivar, grau de maturação, condições de crescimento, condições de armazenamento e métodos de extração[46]. As antocianinas predominantes na cereja são a cianidina-3-rutinosídeo e a cianidina-3-glicosídeo[47]. Já a quantidade de antocianinas totais costuma variar de 350 a 450 mg/100g [48].

A pele dos frutos de cereja tem uma cor características e esse é um dos principais atributos que influenciam a aceitação do consumidor[49]. Tal atributo é o indicador mais importante de qualidade e maturidade de cerejas frescas, e está principalmente relacionada com o conteúdo e com a distribuição das antocianinas[50].

Framboesa (*Rubus idaeus*)

A framboesa pertence à família *Rosaceae*, gênero *Rubus*, subgênero *Idaeobatus*. Nas framboesas, os principais polifenóis encontrados são as antocianinas e os elagitaninos[51,52], que juntos representam cerca de aproximadamente 90% do conteúdo total de polifenóis nos referidos frutos.

Existem diferenças na composição e concentração de diferentes antocianinas nas framboesas. Dentre as principais antocianinas geralmente encontradas em tais frutos pode-se citar a cianidina-3-soforosídeo e a cianidina-3-(2^G-glicosilrutinosídeo), e outras em menor quantidade, como, por exemplo, a cianidina-3-glicosídeo, a pelargonidina-3-soforosídeo, a cianidina-3-rutinosídeo, a pelargonidina-3-(2^G-glucosilrutinosídeo), a pelargonidina-3-glicosídeo e a pelargonidina-3-rutinosídeo[50].

Figura 4 – Estrutura química das principais antocianinas encontradas na framboesa

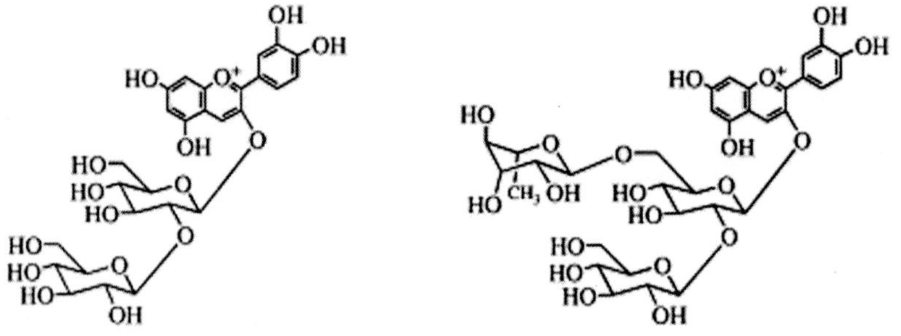

Cyanidin-3-*O*-sophoroside

Cyanidin-3-*O*-(2^G-*O*-glucosylrutinoside

Fonte: Mullen *et al.* (2002)[50]

A cor da framboesa é um componente importante da sua qualidade e está diretamente ligada à concentração e composição de antocianinas, sendo que framboesas pretas (*Rubus occidentalis* L.) geralmente apresentam maior quantidade de tais pigmentos, podendo atingir 400 mg/100g[53,54].

Durante o armazenamento, as cores das framboesas tornam-se mais escuras, ou seja, menos vermelhas e mais azuis, o que é um indicativo de aumento do conteúdo de antocianinas presentes. Vale destacar também a influência da acidez: durante o amadurecimento da framboesa, a concentração de ácidos orgânicos diminui, enquanto a concentração de antocianinas aumenta, fazendo com que a intensidade da coloração aumente[55].

Jabuticaba (*Myrciaria jaboticaba*)

A jabuticabeira é uma árvore frutífera cultivada principalmente na região sudeste do Brasil e gera a jabuticaba. É uma fruta nativa do Brasil, pertencente à família Myrtaceae. Seus frutos são pretos arroxeados, e sua polpa tem sabor adocicado e baixa acidez[56]. A jabuticaba é uma fonte considerável de carboidratos, fibra alimentar, vitamina C e sais minerais (Tabela 3). Além disso, essa fruta se destaca como uma fonte de compostos bioativos, pelo seu elevado conteúdo de compostos fenólicos[57].

A jabuticaba destaca-se pela grande quantidade e pelo perfil diferenciado de antocianinas. Geralmente apresenta majoritariamente as antocianinas cianidina-3-glicosídeo e delfinidina-3-glicosídeo[58] em sua composição, e, em menor proporção a peonidina-3-glicosídeo[59]. Outros flavonoides também foram identificados na jabuticaba como a quercetina, a quercetina-3-glicosídeo, a quercetina-3-ramnosídeo, a miricetina-3-ramnosídeo, a quercetina-7-glicosídeo e a quercetina-3-galactosídeo e alguns derivados, miricetina e derivados e ácidos, principalmente, o ácido elágico e o gálico[57,60,61,62,63].

As antocianinas presentes na jabuticaba são encontradas principalmente na casca e nas sementes. Tais partes dos frutos geralmente não são consumidas diretamente, mas podem ser utilizadas na produção de compotas, geleias e extratos para alguns segmentos da indústria alimentícia.

Devido ao seu elevado conteúdo de compostos fenólicos, tornou-se uma nova fonte em evidência de compostos bioativos. Vários estudos demonstraram que a jabuticaba apresenta atividades bioativas *in vitro* e *in vivo*, com promissores efeitos benéficos à saúde humana. Os principais efeitos biológicos relatados na literatura são ação hipoglicêmica, prevenção da resistência à insulina, redução do colesterol total e triacilgliceróis, controle do estresse oxidativo, propriedades anti-inflamatórias e efeitos antiproliferativos contra diferentes linhagens de células cancerosas[64,65,66,67,68,69,70].

Embora apresente potenciais benefícios à saúde, a jabuticaba normalmente é consumida in natura, e sua casca, onde estão concentrados os maiores teores de compostos fenólicos, é geralmente descartada[71],[72].

Nesse contexto, a exploração do potencial bioativo dos compostos da casca da jabuticaba é uma alternativa promissora visando seus benefícios para a saúde e seu potencial uso para incorporação em alimentos e fármacos, além da redução do impacto ambiental e econômico gerado pelo descarte deste resíduo[60].

Na Tabela 3 são mostradas as quantidades de antocianinas encontradas nas cascas de jabuticaba por diferentes autores.

Tabela 3 – Teor de antocianinas encontrado na casca de jabuticaba em diferentes estudos

Autores	**Teor de antocianinas (mg/100g)**
Leite (2010)[73]	533
Neves e Santos (2019)[74]	672 a 766
Teixeira *et al.* (2008)[75]	641

Fonte: Gordon *et al.* (2012)[21]

Jambo-vermelho (*Eugenia sp*)

Figura 5 – Jambo-vermelho

Fonte: Kaluaratchie (2019)[76]

O jambo-vermelho (*Syzygium malaccensis*, [L.] Merryl e Perry) é um fruto geralmente cultivado nas regiões norte e nordeste do Brasil. Tais frutos apresentam coloração vermelho escuro, são levemente adocicados e exalam aroma de rosas. Podem ser consumidos *in natura* ou processados, como, por exemplo, como compotas, doces, geleias e licores. Além disso, devido à sua composição, podem ser utilizados para a produção de corante e antioxidante natural para ser usado em vários segmentos industriais. Vale destacar também que possuem propriedades aromáticas interessantes, o que possibilita a utilização como agente flavorizante em alimentos e bebidas[77].

As cascas do jambo-vermelho geralmente são descartadas como resíduos, mas a tendência é que esse comportamento seja revisto, tendo em vista a grande quantidade de nutrientes existentes em tal estrutura: carboidratos – 59g/100g, proteínas – 8,6g/100g, lipídeos – 4,5g/100g e vitamina C – 293mg/100g. O epicarpo, estrutura equivalente à casca em tais frutos, possui elevados teores de taninos e flavonoides, sendo que desta última classe se destacam as antocianinas (300mg/100g de casca), que são responsáveis pela coloração vermelha escura, típica do produto[76],[78].

Ainda segundo relatado no estudo de Martins *et al.* (2014)[77], as antocianinas destacáveis na casca do jambo-vermelho são a cianidina--3,5-diglicosídeo e a cianidina-3-glicosídeo.

Jambolão (*Syzygium cumini*)

Figura 6 – Jambolão

Fonte: Sarangl (2013)[79]

O jambolão (*Syzygium cumini*) é originário da Ásia. Pertence à família *Myrtaceae*, que engloba diversas espécies de outros frutos tropicais amplamente como a goiaba (*Psidium guajava* L.) e a pitanga (*Eugenia uniflora* L.). Trata-se de um fruto que pode ser consumidor *in natura* ou processado, na forma de geleias, sucos, doces ou licores, por exemplo[80,81].

O fruto é pequeno e de formato ovalar, ficando com coloração roxa escura quando maduro, cor essa que o torna bastante atrativo visualmente. Possui a polpa também roxa e carnosa, a qual reveste um caroço único e grande. Já o sabor é ligeiramente adstringente. Vale destacar que a cor típica do jambolão é dada pela presença de antocianinas[82,83,84].

Estudo de Veigas *et al.* (2007)[85] analisou os pigmentos de antocianina das cascas de jambolão e encontrou cerca de 230mg/100g (base seca). As antocianinas encontradas foram: delfinidina-diglicosídeo, petunidina-diglicosídeo e malvidina-diglucosídeo. Vale destacar que no referido estudo também avaliou a atividade antioxidante do material, tendo sido encontrados resultados positivos, o que indica importante capacidade de eliminação de radicais livres dele. Assim sendo, o extrato de jambolão apresenta-se como uma importante alternativa para uso como aditivo natural para alimentos (corante) e para formulações farmacêuticas (atividade antioxidante).

Juçara (*Euterpe edulis*)

O fruto da palmeira juçara (*E. edulis*) é semelhante ao açaí. Trata-se de um fruto drupa esférica com pericarpo fino e liso. A coloração dele é roxa quando maduro. É comum que a frutificação dessa palmeira ocorra entre os meses de março e junho[86]. O fruto juçara possui elevado teor de nutrientes como açúcares, ácidos graxos poli-insaturados, compostos fenólicos e antocianinas[87,88].

Segundo estudo de Bicudo *et al.* (2015)[89], as juçaras apresentam grande capacidade antioxidante, superando inclusive a de frutos ricos em antocianinas como o açaí e a amora. Além disso, tais autores constataram que as principais antocianinas presentes na polpa da juçara eram a cianidina-3-glicosídeo (109 mg/100 g de polpa seca) e a cianidina-3-rutinosídeo (137 mg/100 g de polpa seca). Já Bernardes *et al.* (2019)[86] relataram em seu estudo que o teor de cianidina-3-glicosídeo na amostra úmida de polpa de juçara era de 234 mg/100g.

Garcia-Mendoza *et al.* (2017)[90], ao avaliarem os resíduos do processamento da juçara, composto por cascas e partes da polpa localizadas próximas às sementes, constataram a existência de consideráveis quantidades de compostos fenólicos e antocianinas nos mesmos, evidenciando assim a possibilidade de utilizá-los como fonte de tais compostos em vez de descartá-los no meio ambiente. As principais antocianinas encontradas foram cianidina-3-glicosídeo e cianidina-3-rutinosídeo, sendo que, além disso, também foram encontradas peonidina-3-glicosídeo e peonidina-3-rutinosídeo.

Mirtilo (*Vaccinium spp.*)

Figura 7 – Mirtilo

Fonte: Perron (2014)[91]

O mirtileiro (*Vaccinium* spp.) é uma frutífera pertencente à família *Ericaceae*, subfamília *Vaccinioideae*, que produz mirtilos, frutos de sabor agridoce com propriedades nutracêuticas e alto potencial antioxidante, principalmente em razão da elevada presença de compostos fenólicos[92,93,94,95].

O mirtilo é rico em antioxidantes, principalmente antocianinas, as quais são os pigmentos responsáveis por sua coloração. Já foram identificados 27 tipos de antocianinas na sua composição, sendo mais comumente encontradas as cianidinas, as petunidinas, as peonidinas, as delfinidinas e as malvidinas[96]. Há de se destacar que a malvidina-3-O-galactosídeo, a delfinidina-3-O-galactosídeo, a malvidina-3-O-arabinosídeo, a cianidina-3-O-arabinosídeo e a delfinidina-3-O-arabinosídeo constituíam cerca de 70% do total de antocianinas encontradas nos mirtilos congelados[97].

Ao quantificar a concentração de antocianinas em algumas variedades de mirtilo, constatou-se que a faixa de concentração variou de 212 e 384 mg/100g de frutos congelados Camargo *et al.* (2017)[98] encontraram valores entre 325 e 639 mg/100g.

Já no estudo de Crizel *et al.* (2016)[99], que analisou o teor de antocianinas no bagaço de mirtilo, resíduo proveniente da extração do suco do referido fruto, obteve-se valores próximos a 2063 mg/100 g de amostra seca. Além disso, houve a identificação e a quantificação das antocianinas no bagaço de mirtilo: delfinidina-3-glicosídeo, encontrada em maior concentração (825 mg/100 g), seguida da malvidina-3-glicosídeo (513 mg/100 g), cianidina-3-glicosídeo (303 mg/100 g), pelargonidina 3-glicosídeo (224 mg/100 g), as agliconas cianidina (113 mg/100 g), delfinidina (48 mg/100 g) e malvidina (39 mg/100 g). Tais resultados evidenciaram a existência de quantidades relevantes de compostos bioativos em tal resíduo, apontando assim para uma interessante possibilidade de sua utilização.

As antocianinas de mirtilo degradam-se facilmente durante o armazenamento e o processamento, o que dificulta sua aplicação em alimentos. Diversos fatores influenciam em sua estabilidade, como, por exemplo, o pH, a temperatura, a presença de oxigênio, a luz e a presença de metais[100]. Diante disso, Rosa *et al.* (2021)[101] avaliaram a estabilidade da antocianina obtida pelo extrato de mirtilo microencapsulado por *Spray-dryer*, utilizando quatro componentes como materiais de parede (maltodextrina DE20, goma arábica, inulina e amido resistente) por 60 dias. Como principal resultado, o tratamento com goma arábica se destacou, apresentando a menor perda do conteúdo de antocianinas (6% em temperatura ambiente), e a meia vida mais longa (680 dias em temperatura ambiente). Esse resultado demonstra a melhoria na estabilidade e proteção das antocianinas oriundas do extrato de mirtilo, potencializando assim seu uso como ingrediente funcional pela indústria de alimentos.

Morango (*Fragaria vesca*)

O morango é um pseudofruto bastante conhecido, podendo ser consumido *in natura* ou mesmo na forma de sucos, doces, geleias ou iogurtes produzidos pela indústria alimentícia. Vários estudos demonstraram que o morango possui atividades biológicas importantes, como atividades antioxidantes, anti-inflamatórias e anti-hipertensivas, relacionadas à presença principalmente de antocianinas.

Os morangos representam uma fonte importante de compostos bioativos como fenólicos e antocianinas, que beneficiam a saúde de quem os consumir conforme mencionado no estudo de Musa *et al.* (2015)[102]. Ainda no referido estudo houve quantificação de tais componentes no morango, sendo encontrados valores entre 81 e 87 mg de ácido gálico no caso dos compostos fenólicos e 41 a 56 mg de antocianinas totais, ambos em 100g de morango fresco. Silva *et al.* (2007)[103] também relataram valores similares de antocianinas em morangos: 20 a 60 mg de antocianinas / 100g de morango fresco.

Ainda segundo por Silva *et al.* (2007)[102], houve a indicação da existência de cerca de 25 pigmentos de antocianina em morangos, sendo que as principais formas encontradas foram pelargonidina-3-glucosídeo (77 a 90%), cianidina-3-glucosídeo (3 a 10%) e pelargonidina-3-rutinosídeo (6 a 11%).

Dzhanfezova *et al.* (2020)[104], ao analisarem a composição e o conteúdo total de antocianinas de 18 cultivares de morango, observaram que 12 cultivares não comerciais apresentaram concentrações mais altas de antocianinas – entre 113 e 189 mg de antocianina / 100g de morango peso fresco, sendo pelargonidina-3-glicosídeo como a principal e cianidina--3-glicosídeo como a segunda mais abundante, valores esses superiores ao relatado em estudos anteriores, como o de Musa *et al.* (2015)[101] e o de Silva *et al.* (2007)[102], conforme descrito anteriormente –, o que os torna candidatos adequados para o desenvolvimento de corantes alimentícios. Entre todas, a cultivar S 94 apresentou maiores atividades antioxidantes com alto teor de antocianinas e cianidina-3-glicosídeo. Além disso, o potencial genético do morango silvestre, variedade *Fragaria vesca*, foi destacado, tendo em vista a grande atividade antioxidante apresentada e o elevado teor de cianidina-O-glicosídeo. Assim sendo, no referido estudo foram destacadas variedades de morango com características desejáveis para a produção de corantes alimentícios, o que pode ajudar em programas de melhoramento genéticos para a produção de morangos mais saudáveis.

Romã (*Punica granatum*)

A romã (*Punica granatum* L.) é uma planta originária do Oriente Médio, estendendo-se por toda a área do Mediterrâneo, a leste até China e Índia, e no sudoeste americano, Califórnia e México. É apta para ser cultivada em condições climáticas áridas e semiáridas. Pode ser consumida *in natura* ou processada na forma de suco ou geleia, por exemplo. Atualmente, o seu consumo tem sido associado a efeitos positivos na saúde humana pelo fato de possuir quantidades consideráveis de fitoquímicos, como os polifenóis, que incluem as antocianinas[105,106].

O suco de romã é considerado uma excelente fonte de antocianinas. Estudo de Gil *et al.* (2000)[107], por exemplo, encontrou valores totais de antocianinas variando de 172 a 387 mg/L, sendo que nos sucos produzidos com matérias-primas previamente congeladas e armazenadas por um certo período ou que passaram por tratamento térmico (processo de concentração prévia), o teor era menor em comparação com o suco obtido da matéria-prima fresca. Além disso, evidenciou que a cianidina 3-glicosídeo era a de maior quantidade, havendo também a detecção de delfinidina--3,5-diglicosídeo, cianidina-3,5-diglicosídeo, delfinidina-3-glicosídeo e pelargonidina-3-glicosídeo. Nesse mesmo estudo constatou-se que a atividade antioxidante dos sucos de romã é elevada, chegando inclusive a superar o encontrado em outros produtos como sucos de frutas em geral, vinhos e chá verde.

Cascas de romã, obtidas durante o processo de obtenção de suco de tal fruto, são geralmente destinados à alimentação animal devido à ausência de uma destinação mais apropriada para tal, entretanto é de conhecimento a existência de certa quantidade de antocianinas em tais estruturas. Visando à extração de tais compostos das cascas para uso em formulações farmacêuticas, por exemplo, Azarpazhooh *et al.* (2019)[108] propuseram a técnicas para extração, liofilização e encapsulamento das antocianinas oriundas das cascas, com o objetivo de dar uma destinação mais apropriada para as mesmas e para estabilizar as antocianinas extraídas. Para tal, utilizou uma extração com etanol e ácido, liofilização e encapsulamento usando uma combinação de maltodextrina e alginato de cálcio. Os resultados obtidos foram satisfatórios, indicando a possibilidade de uso de tais tecnologias.

Uva (*Vitis vinífera*)

As uvas estão entre os frutos que se destacam como fonte de compostos fenólicos com importantes características biológicas, sendo destacadas suas propriedades antioxidantes. Os taninos, juntamente com as antocianinas, são as substâncias fenólicas do grupo dos flavonoides de maior concentração e maior importância nas uvas e nos vinhos[109,110].

As antocianinas são as principais substâncias responsáveis pela coloração arroxeada das uvas. Tais substâncias estão presentes nas bagas e nos fluidos celulares. Nas videiras (*Vitis vinífera* L.), acumulam-se nas folhas durante a senescência e são responsáveis pela coloração das cascas das uvas tintas, podendo ser encontradas também na polpa de algumas variedades[111,112].

A quantidade e os tipos de antocianinas que existem nas uvas variam de acordo com a espécie, com a variedade, com o estágio de maturação e com as condições climáticas, podendo atingir até cerca de 750 mg/100g de uva fresca. Em uvas Concord, por exemplo, podem variar de 61-112 mg/100 g, nas Pinot Noir, Cabernet Sauvignon e Vincent (variedades estas usualmente destinadas para a produção de vinho) geralmente ficam próximos de 33, 92 e 439 mg/100 g, respectivamente[8,113]. A luz solar é um fator ambiental crítico para o acúmulo de antocianinas, pois quando as uvas não são devidamente expostas à luz solar, a biossíntese de tal composto é menos intensa: Niu *et al.* (2013)[114], por exemplo, evidenciaram um acúmulo de antocianinas mais de 1000% maior nas uvas expostas à luz solar em relação às não expostas.

As uvas apresentam como pigmentos antociânicos principalmente a malvidina-3-glicosídio, a petunidina-3-glicosídio, a cianidina-3-glicosídio, a delfinidina-3-glicosídio e a peonidina-3-glicosídio[74,115,116].

O suco de uva também é uma importante fonte de compostos fenólicos, entretanto, a quantidade e o tipo destes compostos podem ser diferentes do existente nas uvas frescas[116]. Isso ocorre pelas operações unitárias pelos quais a uva passa até ser transformada em suco. A extração do mosto à quente, por exemplo, pode contribuir para uma maior quantidade de fenólicos no suco, já o uso de altas temperaturas durante a pasteurização pode implicar na degradação das antocianinas[117,118]. Além disso, durante o armazenamento pode ocorrer a formação de pigmentos poliméricos formados a partir de reações como condensação entre antocianinas e flavonóis e/ou a polimerização das próprias antocianinas[116,119].

No estudo de Malacrida e Motta (2005)[116] foi encontrado um teor médio de antocianinas de cerca de 29 mg/L em sucos de uvas tintos e 17 mg/L em sucos de uva tintos reconstituídos.

Outro produto derivado das uvas é o vinho, que também é considerado fonte importante de compostos fenólicos como derivados dos ácidos hidroxibenzoico e hidroxicinâmico, flavonoides tais como flavan-3-óis, flavan-3,4-dióis, antocianinas e antocianidinas, flavonóis, flavonas e taninos condensados Tais componentes contribuem para a manutenção de características sensoriais importantes nos vinhos, como coloração e sabor, por exemplo. Auxiliam também na garantia da integridade higiênico-sanitária dos mesmos pela ação bactericida[120].

Estudo de Burns *et al.* (2000)[121] encontrou valores de 11 a 33 mg/L de antocianinas em vinhos, já Torres (2002)[122] encontrou valores médios entre 20 e 28 mg/L.

No processo de vinificação ocorre a geração de grande quantidade de resíduo na forma de bagaço (cascas e sementes de uvas), o qual possui grandes quantidades de flavonoides, incluindo as antocianinas. Geralmente o bagaço é destinado para a alimentação animal, logo, caso haja mudança no uso de tal resíduo de forma a utilizá-lo para a extração de antocianinas, por exemplo, haveria agregação de valor importante ao material[123]. Estudo de Peixoto *et al.* (2018)[124] relatou a existência de vários compostos bioativos no bagaço: flavan-3-óis (derivados de catequina, epicatequina e proantocianinas), antocianinas (derivados de malvidina, delfinidina, petunidina e peonidina), flavonóis (derivados de quercetina, laricitrina e seringatina), derivados de ácido hidroxibenzoico e derivados de ácido hidroxicinâmico.

Antocianinas em legumes

Alcachofra (*Cynara scolymus*)

Figura 8 – Alcachofra

Fonte: Böckel (2021)[125]

A alcachofra é uma planta de porte herbáceo, podendo atingir no máximo 1 metro de altura. É nativa do Mediterrâneo e norte da África[126].

A alcachofra tem atraído a atenção do setor farmacêutico por ser considerada fonte de diversas substâncias benéficas para a saúde, as quais possuem diversas propriedades terapêuticas, como, por exemplo: antioxidante, anti-inflamatória e hepatoprotetora[127,128,129].

Trata-se de um vegetal com baixo teor de lipídeos, níveis elevados de sais minerais, vitamina C, fibras, inulina e polifenóis[130]. Em relação aos polifenóis, Latanzzio *et al.* (2009)[126] destacam que existem em consideráveis quantidades nas alcachofras, principalmente os derivados de ácido mono e di-cafeloquímico. Também é destacável a presença dos flavonoides antocianinas, que são os pigmentos responsáveis pela coloração roxa.

Estudo de Schütz *et al.* (2006)[131] analisou o teor de antocianinas em diferentes variedades de alcachofras, tendo obtido resultados variáveis: 8,4 a 1.705,4 mg/Kg de matéria seca. Dentre os compostos encontrados, destaca-se a cianidina 3-(6"-malonil)glicosídeo. Vale ressaltar que também houve detecção de cianidina 3-(3"-malonil)glicosídeo, cianidina 3,5-malonildiglicosídeo, cianidina 3-glicosídeo e cianidina 3,5-diglicosídeo.

Berinjela (*Solanum melongena*)

A berinjela (*Solanum melongena* L.) é uma hortaliça amplamente cultivada e consumida em todo o mundo. É uma importante fonte de diversos nutrientes como vitaminas e fenólicos, como as antocianinas. Além disso, a berinjela possui glicoalcaloides, substâncias com potencial uso farmacêutico pelos possíveis efeitos anticarcinogênicos e antiparasitários[132].

A polpa de berinjela, por exemplo, é a fonte mais rica de ácidos fenólicos de todos os vegetais da família *Solanaceae*, que é a mesma da batata, do pepino, da pimenta e do tomate. Já as folhas são uma boa fonte do flavonol kaempferol. Nas cascas existem vários compostos, sendo destacáveis as antocianinas[131,133].

Estudo de Condurache *et al.* (2021)[132] relatou a existência das seguintes antocianinas no extrato da casca da berinjela: delfinidina-3-O-rutinosídeo-5-glucosídeo, delfinidina-3-O-glucosídeo, cianidina-3-O-rutinósideo; petunidina-3-O-rutinósideo e delfinidina-3-O-rutinosídeo. Vale ressaltar que a última é que apresentou maior quantidade no extrato.

A quantidade total de antocianinas na berinjela pode apresentar grandes variações. No estudo de Wu *et al.* (2006)[134], por exemplo, o teor encontrado foi de 86mg/100g de vegetal; já Koponen *et al.* (2007)[135] encontrou apenas 7,5g/100g de vegetal.

Cenoura preta (*Daucus carota ssp. sativus var. atrorubens Alef.*)

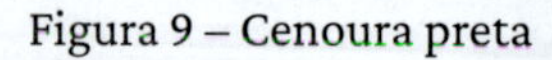
Figura 9 – Cenoura preta

Fonte: Congerdesign (2015)[136]

As cenouras pretas (*Daucus carota*) são originárias da Turquia, do Oriente Médio e do Extremo Oriente, e são reconhecidas pelo importante valor nutricional, principalmente pela presença de quantidades consideráveis de antocianinas[137,138]. Atualmente o consumo das cenouras pretas está aumentando, entretanto vale ressaltar que as alaranjadas ainda dominam o mercado[136,139].

Estudo realizado por Algarra *et al.* (2014)[138] constatou que a quantidade de compostos fenólicos e de antocianinas nas cenouras pretas é bastante superior ao das alaranjadas: fenólicos totais nas cenouras pretas variando de 188 a 492 mg ácido gálico equivalente/100g de cenoura e nas alaranjadas o teor era de cerca de 9 mg ácido gálico equivalente/100g de cenoura; no caso das antocianinas, as cenouras pretas apresentaram os teores variando de 94 a 126 mg/100g de cenoura enquanto não houve detecção nas alaranjadas. Ainda segundo os mesmos autores, as principais antocianinas detectadas nas cenouras pretas foram: cianidina-3-xilosilglicosilgalactosídeo, cianidina-3-xilosilgalactosídeo e os ácidos sinápico, ferúlico e cumárico derivados da cianidina-3-xilosilglicosilgalactosídeo. Foi ressaltado também que as antocianinas presentes nas cenouras pretas eram essencialmente aciladas, o que tende a potencializar suas respectivas capacidades antioxidantes.

Assim sendo, as cenouras pretas possuem quantidades consideráveis de antocianinas, as quais apresentam reconhecida propriedade de atuação como corante, além de também contribuir com benefícios à saúde pela capacidade antioxidante. Por isso, são consideradas fontes de corantes naturais para alimentos, sendo matéria-prima para produção de extratos, os quais são comumente usados em diversos segmentos da indústria alimentícia. Trata-se de uma alternativa de aditivo importante para substituir os corantes sintéticos[140,141].

O bagaço é um dos resíduos gerados por indústrias que processam a cenoura preta para obtenção de sucos é reconhecidamente uma importante fonte de antocianinas. Por isso, visando otimizar o aproveitamento de tal resíduo, Agcam *et al.* (2017)[142] realizaram um estudo visando identificar as condições ideais de extração de antocianina de tais materiais utilizando termossonicação. Como resultado constataram que a melhor condição é 83,1 J/g em temperatura de 50°C e que o rendimento de extração de cinco compostos foi otimizado: cianidina-3-xilosídeo-galactosídeo-glicosídeo--ácido ferúlico, cianidina-3-xilosil-glucosil-galactosídeo-sinápico ácido, cianidina-3-xilosil-gluco-sil-galactosídeo-ácido cumárico, cianidina--3-xilosil-glucosil-galactosídeo e cianidina- 3-xilosídeo-galactosídeo.

Antocianinas em verduras

Repolho roxo (*Brassica oleracea L. var. Capitataf. Rubra*)

O Repolho roxo (*Brassica oleracea* L. var. *Capitataf. Rubra*) pertence à família das *Brassicaceae*, é um vegetal nativo da região do Mediterrâneo e da Europa[143]. Recentemente, tem atraído muita atenção por causa de suas funções fisiológicas, possibilitando o uso pelo segmento farmacêutico, e aplicações como corantes naturais de alimentos, principalmente pela abundância de antocianinas[144,145].

Segundo descrito no estudo de McDougall *et al.* (2007)[144], por exemplo, a quantidade total de antocianinas no extrato de repolho roxo é de cerca de 140 mg/100g.

Francis e Markakis (1989)[146] ressaltaram que as antocianinas do repolho roxo são quase que inteiramente aciladas, tendo assim altos valores de pK_a e alta capacidade de coloração. Chandrasekhar *et al.* (2012)[143] mencionaram em seu estudo que devido a essas características, as antocianinas do repolho roxo possuem maior estabilidade que as obtidas de outras fontes, possibilitando assim que sejam utilizadas em uma ampla faixa de pH.

Os pigmentos de antocianina existentes em maior quantidade no repolho roxo segundo relatado por Sapers *et al.* (1981)[147] são: cianidina-3-soforosídeo-5-glicosídeo e cianidina-3-soforosídeo-5-glicosídeo acilado com ácidos sinápico, ferúlico, p-cumárico e malônico. Já Wiczkowski *et al.* (2013)[148] destacam que as formas predominantes no repolho roxo são: cianidina-3-diglicosídeo-5-glicosídeo, seguido por cianidina-3-(sinapoil)(sinapoil)-diglicosídeo-5-glicosídeo e cianidina-3-(p-cumaroil)-diglicosídeo-5-glicosídeo.

Em relação à forma de extração de antocianina de repolho roxo, Chandrasekhar *et al.* (2012)[143] avaliaram diferentes meios extratores e constataram que a mistura de 50% (v/v) etanol e água acidificada resultou em melhores resultados. Também foram testadas técnicas de purificação com diferentes adsorventes. O que teve melhores resultados foi o adsorvente éster acrílico não iônico, o Amberlite XAD-7HP, que apresentou a maior capacidade de adsorção (0,84 mg/mL de resina) e maior taxa de dessorção (92,85%). Além disso, os referidos autores destacaram que a solução de antocianina resultante após a purificação estava livre de açúcares, que são a principal causa da degradação da antocianina. Xu *et al.* (2010)[149] realizaram testes de extração de antocianina de repolho roxo utilizando CO_2 supercrítico e constataram ser um método inovador e viável, entretanto ressaltaram a necessidade de se fazer estudos complementares visando otimizar a técnica.

Alface Roxa (*Lactuca sativa*)

A alface é uma hortaliça folhosa amplamente consumida no mundo todo. É considerada fonte de vitaminas, minerais e compostos fitoquímicos, como fenólicos e clorofilas, por exemplo[150]. A coloração da alface geralmente é verde, mas existem variedades de coloração arroxeada devido à presença de antocianinas[151].

Estudo realizado por Rosa *et al.* (2014)[152] evidenciou a presença de quantidades relevantes de antocianinas em alfaces cv. Mimosa Rosa de coloração roxa: variação de cerca de 37 a 88 mg/100g de amostra. Já no estudo de Martins (2016)[149], que avaliou alfaces cv. Rubra, os teores detectados foram menores: 0,3 a 0,5 mg/100g de amostra.

Assim como ocorre para outros vegetais, diversos fatores podem interferir na quantidade de antocianinas totais. Variedade, temperatura de cultivo, estrese hídrico e luminosidade são alguns exemplos[149,153].

Antocianinas em cereais

Arroz pigmentado (*Oryza sativa*)

Figura 10 – Arroz (a) vermelho; (b) preto

(a) (b)

Fonte: Kosmowski (2019)[154]; Pictavio (2021)[155]

O arroz pigmentado natural apresenta principalmente as cores pretas, vermelhas e roxas escuras. Contém uma variedade de compostos bioativos que apresentam potenciais benefícios à saúde como variados tipos de fenólicos como as flavonas, os taninos e as antocianinas, por exemplo. Estas pertencem ao grupo dos flavonoides e são consideradas um dos principais componentes funcionais encontrados no arroz preto, vermelho e roxo; contribuindo substancialmente para a coloração típica de tais produtos[156].

Vale destacar que é nas camadas mais externas dos grãos de arroz que se concentra a maior parcela de tais compostos, e que essas partes costumam ser consideradas resíduos da produção do arroz, logo, nota-se claramente um relevante potencial de agregação de valor na cadeia produtiva de tal produto[155].

Estudo de Abdel-Aal *et al.* (2006)[157] analisou vários cereais como milho, trigo, cevada e arroz; e encontrou que o arroz preto é o que tinha maior teor de antocianinas, com média de aproximadamente 228mg/100g. Também destacou a presença de certa quantidade de antocianina no arroz vermelho, entretanto, nesse caso a quantidade era menor: aproximadamente 2,2mg/100g. Ainda segundo o referido estudo, a cianidina-3-glicosídeo era a antocianina mais abundante no arroz preto (201mg/100g) e no vermelho (1,4mg/100g), e a peonidina-3-glicosídeo também estava presente: 16mg/100g no preto e 0,3g/100g no vermelho.

Estudo de Pereira-Caro *et al.* (2013)[158] também avaliou o teor de antocianinas totais em arroz e encontrou os seguintes resultados: preto (347mg/100g), vermelho (0,4g/100g) e branco (sem detecção). Já em relação aos tipos de antocianinas detectadas, ainda segundo os mesmos autores, destacam-se: cianidina-3-glicosídeo (286mg/100g no preto e 0,3g/100g no vermelho) e peonidina-3-glicosídeo (50g/100g no preto).

Milho roxo (*Zea mays*)

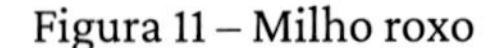

Figura 11 – Milho roxo

Fonte: White (2019)[159]

O milho é um grão muito importante na dieta da população mundialmente, servindo de fonte de diversos macronutrientes, como carboidratos e proteínas, e micronutrientes, como carotenoides, tocoferóis e compostos fenólicos[160,161].

Os milhos que apresentam uma pigmentação intensa, como os roxos, por exemplo, possuem ainda uma quantidade relevante de atividade antioxidante e de vários compostos bioativos, como as antocianinas[160].

Abdel-Aal *et al.* (2006)[156] constataram relevantes diferenças no teor de antocianinas em certas variedades de milho, conforme mostrado na Tabela 4.

Tabela 4 – Teor de antocianinas encontrado em diferentes variedades de milho

Tipo de milho	Teor de antocianinas (mg/100g)
Azul	23
Rosa	9,3
Roxo	97
Vermelho	56
Multicolorido	10

Fonte: Abdeel-Aal *et al.* (2006)[156]

No caso do milho roxo, que foi o tipo com maior quantidade de antocianina entre os avaliados, foi constatado que a cianidina-3-glicosídeo era a componente dessa classe que existia em maior quantidade (30mg/100g). A maior quantidade de tal antocianina também foi constatada nas variedades vermelha, azul e multicolorida. Já na rosa, a predominância era da pelargonidina-3-glicosídeo (4mg/100g) (Abdel-Aal *et al.*, 2006)[156].

Hong *et al.* (2020a)[162] avaliaram diferentes tipos de milhos doces de pigmentação roxa e também constataram a existência de consideráveis quantidades de antocianinas. Nesses casos, foram encontrados valores de 244 a 667 mg de antocianina/100g. Vale ressaltar também que os pigmentos existentes em maiores quantidades nesses milhos eram os derivados de cianidinas.

Hong *et al.* (2020b)[163] estudaram o perfil de antocianina do milho doce roxo "superdoce", recentemente desenvolvido a partir do milho roxo peruano, e o efeito da maturidade do grão no acúmulo de antocianina.

Encontraram 20 compostos de antocianinas, consistindo principalmente de glicosídeos à base de cianidina, e em menor quantidade à base de peonidina e de pelargonidina. Observaram também que à medida que os grãos continuavam a amadurecer, a cobertura de pigmento em todo o pericarpo aumentava progressivamente de uma pequena mancha na extremidade do estigma do grão, para gradualmente se espalhar por todo o grão.

Sorgo preto (*Sorghum bicolor L.*)

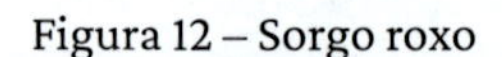
Figura 12 – Sorgo roxo

Fonte: disponível em: https://portal.syngenta.com.br/noticias/sorgo-como-ter-uma-lavoura-protegida-desde-o-plantio. Acesso em: 1 jun. 2020[164]

Os grãos de sorgo apresentam em sua constituição pigmentos coloridos da classe das antocianinas de potencial interesse como fonte de corantes naturais. Segundo relatado por Awika (2000)[165], os sorgos pretos possuem maiores quantidades destes pigmentos em relação aos outros tipos de sorgos, fazendo, portanto, com que seja uma excelente opção para obtenção de antocianinas. Além disso, o sorgo é um cereal pouco perecível, podendo assim, ser armazenado por longos períodos sem alterações na sua pigmentação.

As antocianinas mais comuns no sorgo são as 3-desoxiantocianidinas abrangendo as luteolinidinas e as apigeninidinas[166,167]. Essas antocianinas são escassas na natureza[168], e são diferentes das antocianidinas comumente encontradas em outros vegetais pela ausência de oxigênio na posição C-3, conforme mostrado na Figura 13. Acredita-se que essa diferença estrutural implique em melhora da estabilidade das 3-desoxiantocianidinas quando comparada com as antocianidinas oriundas de outras fontes de vegetais, fazendo assim com que o sorgo seja uma interessante fonte de antocianinas[169].

Figura 13 – Comparativo das estruturas de 3-desoxiantocianidinas e derivadas encontradas no sorgo (a) com as de outras antocianidinas (b)

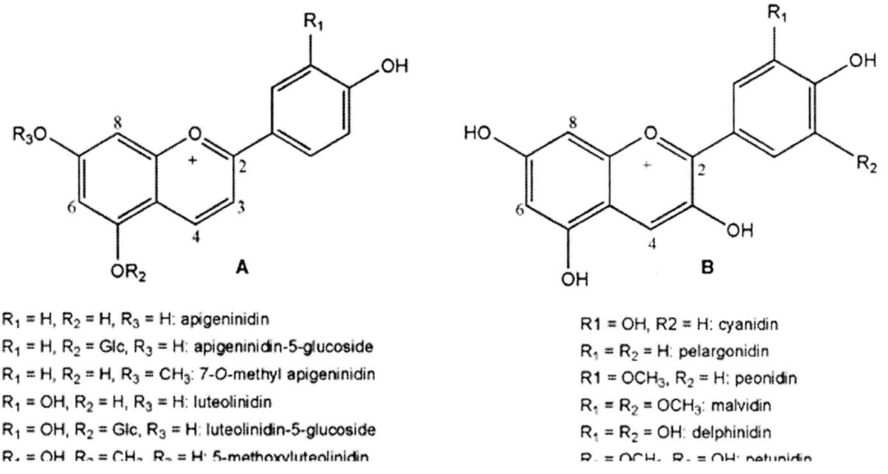

(a) (b)

Fonte: Awika *et al.* (2005)[169]

O sorgo negro apresenta maiores concentrações de antocianinas em relação a outros sorgos e em relação a outros vegetais reconhecidos como fontes de tais compostos bioativos, podendo atingir de 400 a 980mg de antocianinas em 100g de farelo de sorgo preto[168].

Estudo de Yang *et al.* (2014)[170] avaliou a estabilidade de 3-desoxiantocianidinas oriundas de sorgo em diferentes condições de pH e temperatura. Os resultados obtidos indicaram alta retenção de cor nas condições avaliadas (95°C/2 h e 121°C/30 min, em faixa de pH de 1 a 7). Assim sendo, tais resultados indicaram as 3-desoxiantocianidinas extraídas de sorgo possuem um grande potencial para uso em alimentos.

O fator limitante para uma maior aplicação das 3-desoxiantocianinas é a sua maior dificuldade na extração e principalmente, por apresentar uma coloração caramelada, pouco definida, diferente da cor vermelha, característica das antocianinas presentes em frutas e hortaliças.

Trigos roxo e azul (*Fagopyrum esculentum*)

O grão de trigo é um cereal muito importante na alimentação das pessoas. É reconhecido como uma boa fonte de componentes potencialmente benéficos para a saúde, como fibra dietética, fenólicos, tocoferóis e carotenoides[171]. Há de se ressaltar que vem sendo utilizado bastante na indústria alimentícia, principalmente no segmento de panificação para a produção de pães, bolos e biscoitos, por exemplo[172].

As variedades de trigo roxo e azul possuem teores de antocianinas consideravelmente superiores ao existente nas vermelhas e brancas, conforme mostrado na Tabela 5.

Tabela 5 – Teor de antocianinas encontrado em diferentes variedades de trigo

Tipo de trigo	Teor de antocianinas (mg/100g)
Azul	21
Roxo	3,8 a 9,6
Vermelho	0,7 a 0,8
Branco	0,7

Fonte: Abdeel-Aal *et al.* (2006)[156]

A antocianina mais comum encontradas no trigo é a cianidina, mas também são encontradas compostos contendo delfinidina, peonidina ou perlargonidina[170]. Em relação ao tipo de antocianina com abundância nos trigos roxo e azul, Abdel-Aal e Hucl (2003)[169] destacam a cianidina-3-glicosídeo, e também a peonidina-3-glicosídeo, sendo que esta última foi encontrada em quantidades consideravelmente menores que a primeira.

Antocianinas em flores

Capim-gordura (*Melinis minutiflora*)

Figura 14 – Capim-gordura

Fonte: Subágio (2022)[173]

O capim-gordura (*Melinis minutiflora*) é uma gramínea nativa do continente africano. Apresenta folhagem perfumada e pegajosa, e inflorescências avermelhadas pela presença de antocianinas e vem sendo usado principalmente como alimentação animal[61]. Tais compostos ficam concentrados principalmente nas inflorescências da planta, podendo atingir valores de cerca de 100mg de antocianinas em 100g de tais estruturas[74]. Essa concentração chega a ser superior à encontrada em algumas fontes comerciais, logo o capim-gordura apresenta-se como uma fonte viável e promissora para obtenção deste pigmento.

Estudo recente realizado por Neves *et al.* (2021)[61] caracterizou o perfil de antocianinas do capim-gordura e constatou a existência apenas de derivados de cianidina-3-glicosídeos, que totalizavam 21 compostos. Além disso, constatou que vários destes compostos possuíam alto grau de resíduos acilados, o que poderia contribuir substancialmente para a estabilidade destes pigmentos em processos industriais.

No entanto, vale ressaltar que inúmeros favores podem afetar a estabilidade das antocianinas, como, por exemplo, estrutura química, pH, temperatura e luz[9]; logo, se faz necessário buscar alternativas para minimizar essa redução de estabilidade. Diante deste contexto, diversos pesquisadores vêm desenvolvendo estratégias como a nano/microencapsulação para superar essas limitações. Oliveira *et al.* (2015)[174], por exemplo, caracterizaram e avaliaram a estabilidade de pigmentos antociânicos microencapsulados. Na presença e na ausência de luz analisaram a diferença global de cor, a capacidade antioxidante e o teor de antocianinas. Contaram que o microencapsulamento com 5,5% de maltodextrina se mostrou eficiente, uma vez que não se observou perda significativa no teor de antocianinas e na diferença global de cor até o 35º dia de estocagem.

Hibiscus (*Hibiscus sabdariffa*)

Hibiscus sabdariffa L. (*Hs*), também conhecido como rosela ou hibisco, é uma cultura de manejo relativamente simples, tendo grande utilização nas indústrias alimentícias, farmacêuticas e têxteis. Desse vegetal, destacam-se duas variedades como sendo as principais: *altissima* Wester e *sabdariffa*. A primeira geralmente é cultivada visando à obtenção da juta, que é uma fibra têxtil vegetal; já a segunda é mais direcionada para a preparação de chás e de bebidas de ervas[175].

O *Hibiscus sabdariffa* L. apresenta diversos compostos que são benéficos para a saúde e esse motivo é relevante para as indústrias alimentícias e farmacêuticas. Os principais compostos presentes no *Hibiscus sabdariffa* L. são os ácidos orgânicos, os polissacarídeos e os flavonoides, como as antocianinas. As principais antocianinas identificadas em tal vegetal são a delfinidina-3-sambubiosídeo e cianidina-3-sambubiosídeo[176]. Tais compostos influenciam diretamente na coloração vermelha característica do referido vegetal, podendo ainda ser recuperadas para uso subsequente como corantes em diferentes setores industriais[173,175,177].

O teor de antocianinas totais no cálice e hibisco fresco foi analisado por Piovesana *et al.* (2019)[178], sendo encontrado valores próximos de 290 mg/100g.

Figura 15 – Estruturas químicas das principais antocianinas encontradas na rosela

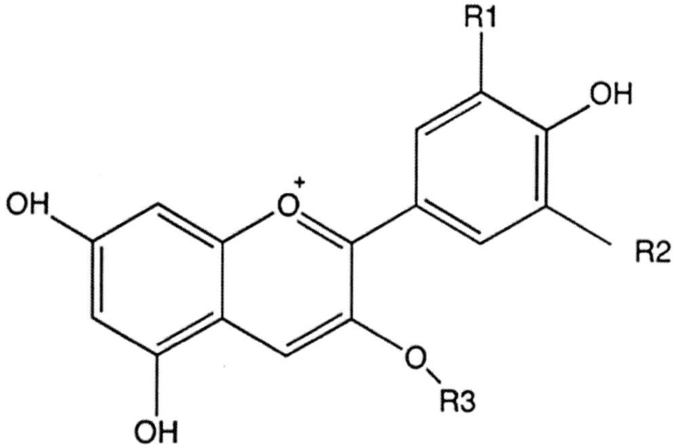

Cyanidin-3-sambubioside (R1= OH; R2= H; R3= Sambubioside)
Delphinidin-3-sambubioside (R1= OH; R2= OH; R3= Sambubioside)
Cyanidin-3-glucoside (R1= OH; R2= H; R3= Glucose)
Delphinidin-3-glucoside (R1= OH; R2= OH; R3= Glucose)

Fonte: Da-Costa-Rocha *et al.* (2014)[173]

Por fim, vale destacar que alguns estudos têm demonstrado que os extratos de *Hibiscus sabdariffa* L. vêm exibindo propriedades bioativas que podem desempenhar um papel relevante contra doenças como diabetes[177,179,180]. Estudos mostraram também que componentes do *Hibiscus sabdariffa* L. como as delfinidinas, por exemplo, podem ajudar na inibição do crescimento de células de melanoma[181], e também metástases[182].

Considerações finais

Diversos vegetais como frutos, legumes, verduras, cereais e flores, mostrados no decorrer do presente capítulo, possuem em sua composição uma série de compostos bioativos, os quais podem contribuir substancialmente para o perfeito funcionamento do organismo humano.

Dentre esses compostos, destacam-se as antocianinas, que, dentre outras funções, atuam como pigmentos responsáveis por uma variedade de cores (variações do vermelho vivo ao violeta/azul). Além de colorir diversos vegetais *in-natura*, tais compostos apresentam grande potencial para uso como corante natural de diversos alimentos industrializados. Complementarmente, vale destacar o potencial de utilização na indústria farmacêutica.

Por fim, vale destacar que as quantidades e as características das antocianinas existentes nos diferentes vegetais são variáveis. No açaí, por exemplo, as principais antocianinas detectadas foram a cianidina 3-glicosídeo e a cianidina 3-rutinosídeo; já nas cenouras pretas foram a cianidina-3-xilosilglicosilgalactosídeo, a cianidina-3-xilosilgalactosídeo e os ácidos sinápico, ferúlico e cumárico derivados da cianidina-3-xilosilglicosilgalactosídeo.

Assim sendo, apesar de todas serem antocianinas, é importante conhecer as características de tais compostos para potencializar os resultados a serem obtidos.

Referências

1 VILAS BOAS, S. H. T.; SETTE, R. S.; BRITO, M. J. Comportamento do Consumidor de Produtos Orgânicos: Uma Aplicação da Teoria da Cadeia de Meios e Fins. **Organizações Rurais & Agroindustriais**, v. 8, n. 1, p. 25-39. 2006.

2 DAXIA. Daxia Ingredientes e a FIB. Food Ingredients Brasil. **Tendência de preferência por Corantes naturais.** Disponível em: https://revista-fi.com/artigos/corantes/tendencia-de-preferencia-por-corantes-naturais. Acesso em: 15 jun. 2022.ditivos. **Corantes naturais.** Disponível em: https://www.daxia.com.br/divisoes/corantes-naturais/. Acesso em: 15 jun. 2022.

3 FIB. Food Ingredients Brasil. **Tendência de preferência por Corantes naturais.** Disponível em: https://revista-fi.com/artigos/corantes/tendencia-de-preferencia-por-corantes-naturais. Acesso em: 15 jun. 2022.

4 ALBUQUERQUE, B. R.; OLIVEIRA, M. B. P.P.; BARROS, L.; FERREIRA, I. C. F. R. Could fruits be a reliable source of food colorants? Pros and cons of these natural additives. **Critical Reviews in Food Science and Nutrition**, v. 61, n. 5, p. 1-31, 2020.

5 BRASIL. Portaria nº 540, de 27 de outubro de 1997: Aprova o Regulamento Técnico: Aditivos Alimentares - definições, classificação e emprego. **Diário Oficial da República Federativa do Brasil,** Brasília, 28 out. 1997, Seção 1, n. 208, p. 24338-24339.

6 BORDIGNON-LUIZ, M. T.; GAUCHE; C., GRIS, E. F.; FALCÃO, L. D. Colour stability of anthocyanins from Isabel grapes (*Vitis labrusca L.*) in model systems. **LWT - Food Science and Technology**, v. 40, n. 4, p. 594-599, 2007.

7 IOSUB, I.; KAJAR, F.; MAKOWSKA-JANUSIK, M.; MEGHEA, A.; TANE, A.; RAU, I. Electronic structure and optical properties of some anthocyanins extracted from grapes. **Optical Materials**, v. 34, n. 10, p. 1644-1650, 2012.

8 MALACRIDA, C. R.; MOTTA, S. Antocianinas em suco de uva: composição e estabilidade. **Boletim do Centro de Pesquisa e Processamento de Alimentos**, v. 24, n. 1, p. 59-82, 2006.

9 YU, Z.; LIAO, Y.; SILVA, J. A. T.; YANG, Z.; DUAN, J. Differential accumulation of anthocyanins in *Dendrobium officinale* stems with red and green peels. **International Journal of Molecular Sciences**, v. 19, n. 10, p. 1-14, 2018.

10 GUEDES, M. N. S.; PIO, R.; MARO, L. A. C.; LAGE, F. F.; ABREU, C. M. P.; SACZK A. A. Antioxidant activity and total phenol content of blackberries cultivated in a highland tropical climate. **Acta Scientiarum Agronomy**, v. 39, n. 1, p. 43-48, 2017.

11 YAMAGUCHI, K. K. L.; PEREIRA, L. F. R.; LAMARÃO, C. V.; LIMA, E. S.; VEIGA-JÚNIOR, V. F. Amazon Acai: chemistry and biological activities: a review. **Food Chemistry**, v. 179, p. 137-151, 2015.

12 ROSSO, V. V.; MERCADANTE, A. Z. The high ascorbic acid content is the main cause of the low stability of anthocyanin extracts from acerola. **Food Chemistry**, v. 103, n. 3, p. 935-943, 2007.

13 TÜRKYILMAZ, M.; HAMZAOĞLU, F.; ÖZKAN, M. Effects of sucrose and copigment sources on the major anthocyanins isolated from sour cherries. **Food Chemistry**, v. 281, p. 242-250, 2019.

14 CEDRIM, P. C. A. S.; BARROS, E. M. A.; NASCIMENTO, T. G. Propriedades antioxidantes do açaí (*Euterpe oleracea*) na síndrome metabólica. **Brazilian Journal of Food Technology**, v. 21, e2017092, 2018.

15 COÏSSON, J. D.; TRAVAGLIA, F.; PIANA, G.; CAPASSO, M.; ARLORIO, M. *Euterpe oleracea* juice as a functional pigment for yogurt. **Food Research International**, v. 38, n. 8-9, p. 893-897, 2005.

16 SIGURDSON, G. T.; TANG, P.; GIUSTI, M. M. Natural Colorants: Food Colorants from Natural Sources. **Annual Review of Food Science and Technology**, v. 8, p. 261-280, 2017.

17 COUTINHO, R. M. P.; FONTES, E. A. F.; VIEIRA, L. M.; BARROS, F. A. R. D.; CARVALHO, A. F. D.; STRINGHETA, P. C. Physicochemical and microbiological characterization and antioxidant capacity of açaí pulps marketed in the states of Minas Gerais and Pará, Brazil. **Ciência Rural**, v. 47, n. 1, e20151172, 2017.

18 FERNANDES, E. T. M. B.; MACIEL, V. T.; SOUZA, M. L. D.; FURTADO, C. D. M.; WADT, L. H. D. O.; CUNHA, C. R. D. Physicochemical composition, color and sensory acceptance of low-fat cupuaçu and açaí nectar: characterization and changes during storage. **Food Science and Technology**, v. 36, n. 3, p. 413-420, 2016.

19 SILVA, L. B.; ANNETTA, F. E.; ALVES, A. B.; QUEIROZ, M. B.; FADINI, A. L.; SILVA, M. G.; EFRAIM, P. Effect of differently processed açai (*Euterpe oleracea Mart.*)

on the retention of phenolics and anthocyanins in chewy candies. **International Journal of Food Science & Technology**, v. 51, n. 12, p. 2603- 2612, 2016.

20 CIPRIANO, P. A. **Antocianinas de Açaí (*Euterpe oleracea Mart.*) e casca de jabuticaba (*Myrciaria jaboticaba*) na formulação de bebidas isotônicas.** 2011. 131 f. Dissertação (Mestrado em Ciências e Tecnologia de Alimentos) – Universidade Federal de Viçosa, Brasil, 2011.

21 GORDON, A.; CRUZ, A. P. G.; CABRAL, L. M. C.; FREITAS, S. C.; TAXI, C. M. A. D.; DONANGELO, C. M.; MATTIETTO, R. A.; FRIEDRICH, M.; MATTA, V. M.; MARX, F. Chemical characterization and evaluation of antioxidant properties of Açaí fruits (*Euterpe oleraceae Mart.*) during ripening. **Food Chemistry**, v. 133, n. 2, p. 256-263, 2012.

22 GORDON, A.; CRUZ, A. P. G.; CABRAL, L. M. C.; FREITAS, S. C.; TAXI, C. M. A. D.; DONANGELO, C. M.; MATTIETTO, R. A.; FRIEDRICH, M.; MATTA, V. M.; MARX, F. Chemical characterization and evaluation of antioxidant properties of Açaí fruits (*Euterpe oleraceae Mart.*) during ripening. **Food Chemistry**, v. 133, n. 2, p. 256-263, 2012.

23 ARAÚJO, P. G. L.; FIGUEIREDO, F. W.; ALVES, R. E.; MAIA, G. A.; PAIVA, J. R. □-caroteno, ácido ascórbico e antocianinas totais em polpa de frutos de aceroleira conservada por congelamento durante 12 meses. **Food Science and Technology**, v. 27, n. 1, p. 104-107, 2007.

24 LIMA, V. L. A. G.; MÉLO, E. A.; MACIEL, M. I. S.; LIMA, D. A. S. Avaliação do teor de antocianinas em polpa de acerola congelada proveniente de frutos de 12 diferentes aceroleiras (*Malpighia emarginata* D.C.). **Food Science and Technology**, v. 23, n. 1, p. 101-103, 2003.

25 SILVA, M. F. V.; GUEDES, M.C.; MENEZES, H.C. Caracterização dos pigmentos antociânicos de diferentes cultivares de acerola (*Malpighia glabra*) por CLAE. **VII Congresso Latino-Americano de Cromatografia,** Águas de São Pedro, SP, 25-27 mar. 1998.

26 AQUINO, A. C. M. S.; MÓES, R. S.; CASTRO, A. A. Estabilidade de ácido ascórbico, carotenoides e antocianinas de frutos de acerola congelados por métodos criogênicos. **Brazilian Journal of Food Technology**, v. 14, n. 2, p. 154-163, 2011.

27 OJWANG, L. O.; AWIKA, J.M. Stability of Apigeninidin and Its Methoxylated Derivatives in the Presence of Sulfites. **Journal of Agricultural and Food Chemistry**, v. 58, n. 16, p. 9077-9082, 2010.

28 SAMOTICHA, J.; WOJDYŁO, A.; LECH, K. The influence of different the drying methods on chemical composition and antioxidant activity in chokeberries. **LWT - Food Science and Technology**, v. 66, p. 484-489, 2016.

29 LIMA, V. L. A. G.; MÉLO, E. A.; LIMA, L. S.; NASCIMENTO, P. P. Flavonóides em seleções de acerola (*Malpighia* sp l.). 1- Teor de antocianinas e flavonóis totais. **Ciência Rural**, v. 30, n. 6, p. 1063-1064, 2000.

30 FANG, Z. Z.; ZHOU, D. R.; YE, X.F.; JIANG, C. C.; PAN, S. L. Identification of candidate anthocyanin-related genes by transcriptomic analysis of 'furongli' plum (Prunus salicina lindl.) during fruit ripening using RNA-seq. **Frontiers in Plant Science**, v. 7, p. 1-15, 2016.

31 VLAIC, R. A.; MUREŞAN, V.; MUREŞAN, A. E.; MUREŞAN, C. C.; PĂUCEAN, A.; MITRE, V.; CHIŞ S. M.; MUSTE, S. The changes of polyphenols, flavonoids, anthocyanins and chlorophyll content in plum peels during growth phases: from fructification to ripening. **Notulae Botanicae Horti Agrobotanici Cluj-Napoca**, v. 46, n. 1, p. 148-155, 2018.

32 USENIK, V.; ŠTAMPAR, F.; VEBERIČ, R. Anthocyanins and fruit colour in plums (*Prunus domestica* L.) during ripening. **Food Chemistry**, v. 114, n. 2, p. 529-534, 2009.

33 HERMANN, S.; RICHTER, F. **Amora Silvestre**. 26 jul. 2016. 1 fotografia. Disponível em: https://pixabay.com/pt/photos/amora-silvestre-amora-bagas--fresco-1539540/. Acesso em: 26 jun. 2022.

34 VEBERIC, R.; STAMPAR, F.; SCHMITZER, V.; CUNJA, V.; ZUPAN, A.; KORON, D.; MIKULIC-PETKOVSEK, M. Changes in the Contents of Anthocyanins and Other Compounds in Blackberry Fruits Due to Freezing and Long-Term Frozen Storage. **Journal of Agricultural and Food Chemistry**, v. 62, n. 29, p. 6929-6935, 2014.

35 JACQUES, A. C.; ZAMBIAZI, R. C. Fitoquímicos em amora-preta (*Rubus* spp). **Semina:** Ciências Agrárias, v. 32, n. 1, p. 245-260, 2011.

36 ZHANG, L.; ZHOU, J.; LIU, H.; KHAN, M.A.; HUANG, K.; GU, Z. Compositions of anthocyanins in blackberry juice and their thermal degradation in relation to antioxidant activity. **European Food Research and Technology**, v. 237, p. 637-645, 2012a.

37 CASTAÑEDA-OVANDO, A.; PACHECO-HERNÁNDEZ, M. L.; PÁEZ-HERNÁNDEZ, M. E.; RODRÍGUEZ, J. A.; GALÁN-VIDAL, C. A. Chemical studies of anthocyanins: A review. **Food Chemistry**, v. 113, n. 4, p. 859-871, 2009.

38 GASTRONOMIA PARAENSE. Camu-camu: a fruta amazônica com poderosos benefícios à saúde. **Gastronomia paranaense**, 2024. Disponível em: https://www.gastronomiaparaense.com/post/camu-camu-a-fruta-amaz%C3%B4nica-com-poderosos-benef%C3%ADcios-%C3%A0-sa%C3%BAde. Acesso em: 15 ago. 2024.

39 YUYAMA, K. A cultura de camu-camu no Brasil. **Revista Brasileira de Fruticultura**, v. 33, n. 2, p. 335-690, 2011.

40 CUNHA-SANTOS, E. C. E.; VIGANÓ, J.; NEVES, D. A.; MATÍNEZ, J.; GODOY, H. T. Vitamin C in camu-camu [*Myrciaria* dubia (H.B.K.) McVaugh]: evaluation of extraction and analytical methods. **Food Research International**, v. 115, p. 160-166, 2019.

41 NERI-NUMA, I. A.; SANCHO, R. A. S.; PEREIRA, A. P. A.; PASTORE, G. M. Small Brazilian wild fruits: Nutrients, bioactive compounds, health-promotion properties and commercial interest. **Food Research International**, v. 103, p. 345-360, 2018.

42 ZANATTA, C. F.; CUEVAS, E.; BOBBIO, F. O.; WINTERHALTER, P.; MERCADANTE, A. Z. Determination of Anthocyanins from Camu-camu (*Myrciaria dubia*) by HPLC–PDA, HPLC–MS, and NMR. **Journal of Agricultural and Food Chemistry**, v. 53, n. 24, p. 9531-9535, 2005.

43 GRIGIO, M. L.; MOURA, E. A.; CARVALHO, G. F.; ZANCHETTA, J. J.; CHAGAS P. C.; CHAGAS, E. A.; DURIGAN, M. F. B. Nutraceutical potential, quality and sensory evaluation of camu-camu pure and mixed jelly. **Food Science and Technology**, v. 42, e03421, 2022.

44 NEVES, L. C.; SILVA, V. X.; CHAGAS, E. A.; LIMA, C. G. B.; ROBERTO, S. R. Determining the harvest time of camu-camu [*Myrciari adubia* (H.B.K.) McVaugh] using measured pre-harvest attributes. **Scientia Horticulturae**, v. 186, p. 15-23, 2015.

45 SERRANO, M.; GUILLÉN, F.; MARTÍNEZ-ROMERO, D.; CASTILLO, S.; VALERO. D. Chemical Constituents and Antioxidant Activity of Sweet Cherry at Different Ripening Stages. **Journal of Agricultural and Food Chemistry**, v. 53, n. 7, p. 2741-2745, 2005.

46 KENT, K.; HÖLZEL, N.; SWARTS, N. Polyphenolic compounds in sweet cherries: A focus on anthocyanins. *In:* WATSON, R. R.; PREEDY, V. R.; ZIBADI, S. **Polyphenols:** Mechanisms of Action in Human Health and Disease. Academic Press, 2018. p. 103-118.

47 CHAOVANALIKIT, A.; WROLSTAD, R. E. Anthocyanin and polyphenolic composition of fresh and processed cherries. **Journal of Food Science**, v. 69, n. 1, p. 73-83, 2004.

48 MAZZA, G.; MINIATI, E. **Anthocyanins in fruits, vegetables, and grains**. CRC press, 2018. 384 p.

49 CRISOSTO, C. H.; CRISOSTO, G. M.; METHENEY, P. Consumer acceptance of 'Brooks' and 'Bing' cherries is mainly dependent on fruit SSC and v isual skin color. **Postharvest Biology and Technology**, v. 28, n. 1, p. 159-167, 2003.

50 ESTI, M.; CINQUANTA, L.; SINESIO, F.; MONETA, E.; MATTEO, M. D. Physicochemical and sensory fruit characteristics of two sweet cherry cultivars after cool storage. **Food Chemistry**, v. 76, n. 4, p. 399-405, 2002.

51 MULLEN, W.; LEAN, M. E. J.; CROZIER, A. Rapid characterization of anthocyanins in red raspberry fruit by high-performance liquid chromatography coupled to single quadrupole mass spectrometry. **Journal of Chromatography A**, v. 966, n. 1-2, p. 63-70, 2002.

52 MCDOUGALL, G.; MARTINUSSEN, I.; STEWART, D. Towards fruitful metabolomics: High throughput analyses of polyphenol composition in berries using direct infusion mass spectrometry. **Journal of Chromatography B**, v. 871, n. 2, p. 362-369, 2008.

53 ANTTONEN, M. J.; KARJALAINEN, R. O. Environmental and genetic variation of phenolic compounds in red raspberry. **Journal of Food Composition and Analysis**, v. 18, n. 8, p. 759-769, 2005.

54 WEBER, C. A.; PERKINS-VEAZIE, P.; MOORE, P. P.; HOWARD, L. Variability of Antioxidant Content in Raspberry Germplasm. **ISHS Acta Horticulturae**, v. 777, p. 493-498, 2008.

55 KRÜGER, E.; DIETRICH, H.; SCHÖPPLEIN, E.; RASIM, S.; KÜRBEL, P. Cultivar, storage conditions and ripening effects on physical and chemical qualities of red raspberry fruit. **Postharvest Biology and Technology**, v. 60, n. 1, p. 31-37, 2011.

56 JAGTAP, U. B.; BAPAT, V. A. Wines from fruits other than grapes: Current status and future prospectus. **Food Bioscience**, v. 9, p. 80-96, 2015.

57 SALOMÃO, L. C. C.; SIQUEIRA, D. L.; AQUINO, C. F.; LINS, L. C. R. Jabuticaba – *Myrciaria* spp. *In:* RODRIGUES, S.; SILVA, E. O.; BRITO, E. S. (ed.). **Exotic fruit reference guide**. Cambridge: Academic Press, 2018. p. 237-244.

58 INADA, K. O. P.; OLIVEIRA, A. A.; REVORÊDO, T. B; MARTINS, A. B. N.; LACERDA, E. C. Q.; FREIRE, A. S.; BRAZ, B. F.; SANTELLI, R. E.; TORRES, A. G.; PERRONE, D.; MONTEIRO, M. C. Screening of the chemical composition and occurring antioxidants in jabuticaba (*Myrciaria jaboticaba*) and jussara (*Euterpe edulis*) fruits and their fractions. **Journal of Functional Foods,** v. 17, p. 422-433, 2015.

59 TREVISAN, L. M.; BOBBIO, F. O.; BOBBIO, P. A. Carbohydrates, Organic Acids and Anthocyanins of Myrciaria Jaboticaba, Berg. **Journal of Food Science**, v. 37, n. 6, p. 818-819, 1972.

60 INADA, K. O. P. *et al.* Bioaccessibility of phenolic compounds of jaboticaba (Plinia jaboticaba) peel and seed after simulated gastrointestinal digestion and gut microbiota fermentation. **Journal of Functional Foods**, v. 67, p. 1-10, 2020.

61 NEVES, N. A.; STRINGHETA, P. C.; GÓMEZ-ALONSO, S.; HERMOSÍN-GUTIÉRREZ, I. Flavonols and ellagic acid derivatives in peels of different species of jabuticaba (*Plinia* spp.) identified by HPLC-DAD-ESI/MSn. **Food Chemistry**, v. 252, p. 61-71, 2018.

62 NEVES, N. A.; STRINGHETA, P. C.; GÓMEZ-ALONSO, S.; HERMOSÍN-GUTIÉRREZ, I. Anthocyanin Composition of *Melinis minutiflora* cultivated in Brazil. **Revista Brasileira de Farmacognosia**, v. 31, p. 112-115, 2021.

63 WU, S.; LONG, C.; KENNELLY, E. J. Phytochemistry and health-benefits of jaboticaba, an emerging fruit crop from Brazil. **Food Research International**, v. 54, n. 1, p. 148-159, 2013.

64 ALBUQUERQUE, B. R. *et al.* Jabuticaba residues (Myrciaria jaboticaba (Vell.) Berg) are rich sources of valuable compounds with bioactive properties. **Food Research International**, v. 309, p. 125735, 2020b.

65 ALEZANDRO, M. R.; GRANATO, D.; GENOVESE, M. I. Jaboticaba (Myrciaria jaboticaba (Vell.) Berg), a Brazilian grape-like fruit, improves plasma lipid profile

in streptozotocin- mediated oxidative stress in diabetic rats. **Food Research International,** v. 54, n. 1, p. 650-659, 2013.

66 BATISTA, Â. G. *et al.* Intake of jaboticaba peel attenuates oxidative stress in tissues and reduces circulating saturated lipids of rats with high-fat diet-induced obesity. **Journal of Functional Foods**, v. 6, n. 1, p. 450-461, 2014.

67 DRAGANO, N. R. V. *et al.* Freeze-dried jaboticaba peel powder improves insulin sensitivity in high-fat-fed mice. **British Journal of Nutrition**, v. 110, n. 3, p. 447-455, 2013.

68 MOURA, M. H. C. *et al.* Phenolic-rich jaboticaba (Plinia jaboticaba (Vell) Berg) extracts prevent high-fat-sucrose diet-induced obesity in C57BL/6 mice. **Food Research International**, v. 107, p. 48-60, 2018.

69 PLAZA, M. *et al.* Characterization of antioxidant polyphenols from Myrciaria jaboticaba peel and their effects on glucose metabolism and antioxidant status: A pilot clinical study. **Food Chemistry**, v. 211, p. 185-197, 2016.

70 RODRIGUES, L. *et al.* Phenolic compounds from jaboticaba (Plinia jaboticaba (Vell.) Berg) ameliorate intestinal inflammation and associated endotoxemia in obesity. **Food Research International**, v. 141, p. 110139, 2021.

71 ALVES, H. G. *et al.* Estudo cinético da secagem da casca de jabuticaba (Myrciaria Cauliflora Berg) utilizando modelos empíricos e semi-empíricos Kinetic study of the drying of the bark of jabuticaba (Myrciaria Cauliflora Berg) using empirical and semi-empirical models. **Research, Society and Development**, v. 10, n. 5, p. 1-9, 2021.

72 MARQUETTI, C. *et al.* Jaboticaba skin flour: analysis and sustainable alternative source to incorporate bioactive compounds and increase the nutritional value of cookies. **Food Science and Technology**, v. 2061, n. 4, p. 629-638, 2018.

73 LEITE, A. V. **Avaliação da composição e da capacidade antioxidante" in vivo" e "in vitro" de antocianinas da casca de jabuticaba (*Myrciaria jaboticaba* (Vell.) Berg) liofilizada em ratos Wistar**. Campinas, 2010. 121 f. Dissertação (Mestrado em Nutrição Básica Experimental Aplicada a Tecnologia de Alimentos) – Universidade Estadual de Campinas, Brasil, 2010.

74 NEVES L. S. S; SANTOS, R. P. **Extração de antocianinas da casca de jabuticaba (*Myrciaria Jaboticaba* Berg.) assistida por ultrassom**. 2019. 43 f. Trabalho

de Conclusão de Curso (Bacharelado em Ciência e Tecnologia de Alimentos) – Instituto Federal de Educação, Ciência e Tecnologia de Goiás, Brasil.

75 TEIXEIRA, L. N.; STRINGHETA, P. C.; OLIVEIRA, F. A. Comparação de métodos para quantificação de antocianinas. **Revista Ceres**, v. 55, n. 4, p. 297-304, 2008.

76 KALUARATCHIE, D. **Aguado Jambo**. 16 fev. 2019. 1 fotografia. Disponível em:https://pixabay.com/pt/photos/aguado-jambo-syzygium-aqueum-3998971/. Acesso em: 26 jun. 2022.

77 AUGUSTA, I. M.; RESENDE, J. M.; BORGES, S. V.; MAIA, M. C. A.; COUTO, M. A. P. G. Caracterização física e química da casca e polpa de jambo vermelho (Syzygium malaccensis, (L.) Merryl & Perry). **Food Science and Technology**, v. 30, n. 4, p. 928-932, 2010.

78 MARTINS, V. C.; GODOY, R. L. O.; BORGUINI, R. G.; SANTIAGO, M. C. P. A.; GOUVÊA, A. C. M. S.; PACHECO, S.; NASCIMENTO, L. S. M.; TORQUILHO, H. S. Estudo da estabilidade das antocianinas majoritárias do fruto do jambo vermelho (*Syzygium malaccense* L. Merryl & Perry). *In:* **Anais [...]** REUNIÃO ANUAL DA SOCIEDADE BRASILEIRA DE QUÍMICA, 37., 2014, Natal. O papel da Química no cenário econômico atual: competitividade com responsabilidade: anais. São Paulo: Sociedade Brasileira de Química, 2014. 1 CD-ROM.

79 SARANGI, B. **Amora**. 17 ago. 2013. 1 fotografia. Disponível em: https://pixabay.com/pt/photos/amora-jamun-syzygium-cumini-frutas-173374/. Acesso em: 26 jun. 2022.

80 ALBERTON, J. R.; RIBEIRO, A.; SACRAMENTO, L. V. S.; FRANCO, S. L.; LIMA, M. A. P. Caracterização farmacognóstica do jambolão (*Syzypiam cumini* (L.) Skeels). **Revista brasileira de farmacognosia**, v. 11, n. 1, p. 37-50, 2001.

81 CARDOSO, I. C.; SANTOS, E. L.; PEREIRA, R. J.; ZUNIGA, A. G.; BEZERRA, R. T. Avaliação sensorial de jambolão-passa (Syzygium cumini (L.) Skeels) obtido por técnicas combinadas de desidratação osmótica e secagem. **Revista Terra & Cultura:** Cadernos de Ensino e Pesquisa, v. 31, n. 60, p. 55-65, 2018.

82 BOBBIO, F. O.; SCAMPARINI, A. R. P. Carbohydrates, organic acids and anthocyanin of *Eugenia jambolana* Lamark. **Industrie Alimentari**, v. 21, p. 296-298, 1982.

83 LAGO, E. S.; GOMES, E.; SILVA, R. Produção de geléia de jambolão (*Syzygium cumini* Lamarck): processamento, parâmetros físico - químicos e avaliação sensorial. **Food Science and Technology**, v. 26, n. 4, p. 847-852, 2006.

84 MORTON, J. F. Jambolan. *In:* MORTON, J. F. **Fruits of warm climates.** Miami: FL, 1987. p. 375-378.

85 VEIGAS, J. M.; NARAYAN, M. S.; LAXMAN, P. M.; NEELWARNE, B. Chemical nature, stability and bioefficacies of anthocyanins from fruit peel of *Syzygium cumini* Skeels. **Food Chemistry**, v. 105, n. 2, p. 619-627, 2007.

86 CERISOLA, C. M.; ANTUNES, A. Z.; PORT-CARVALHO, M. Consumo de frutos de Euterpe edulis Martius (Arecaceae) por vertebrados no Parque Estadual Alberto Löfgren, São Paulo, Sudeste do Brasil. **Revista do Instituto Florestal e IF Série Registros**, n. 31, p. 167-71, 2007.

87 BERNARDES, A. L.; MOREIRA, J. A.; TOSTES, M. G. V.; COSTA, N. M. B.; SILVA, P. I.; COSTA, A. G. V. *In vitro* bioaccessibility of microencapsulated phenolic compounds of jussara (*Euterpe edulis* Martius) fruit and application in gelatine model-system. **LWT**, v. 102, p. 173-180, 2019.

88 FANG, J. Bioavailability of anthocyanins. **Drug Metabolism Reviews**, v. 46, n. 4, p. 508-520, 2014.

89 BICUDO, M. O. P.; JÓ, J.; OLIVEIRA, G. A.; CHAIMSOHN, F. P.; SIERAKOWSKI, M. R.; FREITAS, R. A.; RIBANI, R. H. Microencapsulation of Juçara (*Euterpe edulis* M.) Pulp by Spray Drying Using Different Carriers and Drying Temperatures. **Drying Technology**, v. 33, n. 2, p. 153-161, 2015.

90 GARCIA-MENDOZA, M. DEL P.; ESPINOSA-PARDO, F. A.; BARSEGGIO, A. M.; BARBERO, G. F.; MARÓSTICA JÚNIOR, M. R.; ROSTAGNO, M. A.; MARTÍNEZ, J. Extraction of phenolic compounds and anthocyanins from juçara (*Euterpe edulis* Mart.) residues using pressurized liquids and supercritical fluids. **The Journal of Supercritical Fluids**, v. 119, p. 9-16, 2017.

91 PERRON, J. **Mirtilo.** 20 nov. 2014. 1 fotografia. Disponível em: https://pixabay.com/pt/photos/mirtilo-fruta-azul-539135/. Acesso em: 26 jun. 2022.

92 ANTUNES, L. E. C.; GONÇALVES, E. D.; RISTOW, N. C.; CARPENEDO, S.; TREVISAN, R. Fenologia, produção e qualidade de frutos de mirtilo. **Pesquisa Agropecuária Brasileira**, v. 43, n. 8, p. 1011-1015, 2008.

93 CHILDERS, N. F.; LYRENE, P. M. **Blueberries for growers, gardeners, promoters**. Florida: E. O. Painter Printing Company, 2006. 266p.

94 KALT, W.; JOSEPH, J. A.; SHUKITT-HALE, B. Blueberries and human health: a review of current research. **Journal of the American Pomological Society**, v. 61, p. 151-160, 2007.

95 TREHANE, J. **Blueberries, cranberries and other vacciniums**. Cambridge: Timber Press, 2004. 256p.

96 GAVRILOVA, V.; KAJDZANOSKA, M.; GJAMOVSKI, V.; STEFOVA, M. Separation, characterization and quantification of phenolic compounds in blueberries and red and black currants by HPLC-DAD-ESI-MSn. **Journal of Agricultural and Food Chemistry**, v. 59, n. 8, p. 4009-4018, 2011.

97 YOUSEF, G. G.; BROWN, A. F.; FUNAKOSHI, Y.; MBEUNKUI, F.; GRACE, M. H.; BALLINGTON, J. R.; LORAINE, A.; LILA, M. A. Efficient quantification of the health-relevant anthocyanin and phenolic acid profiles in commercial cultivars and breeding selections of blueberries (*Vaccinium* spp.). **Journal of Agricultural and Food Chemistry**, v. 61, n. 20, p. 4806-4815, 2013.

98 CAMARGO, T. M.; PEREIRA, E. S.; RAPHAELLI, C. O.; RIBEIRO, J. A.; ARAÚJO, V. F.; VIZZOTTO, M. Potencial Antioxidante correlacionado a fenóis totais e antocianinas de cultivares de pequenas frutas. **Revista da Jornada de Pós-Graduação e Pesquisa-Congrega Urcamp**, p. 2239-2251, 2017.

99 CRIZEL, T. M.; HERMES, V. S.; RIOS, A. O.; FLÔRES, S. H. Evaluation of bioactive compounds, chemical and technological properties of fruits byproducts powder. **Journal of Food Science and Techonoly**, v. 53, n. 11, p. 4067-4075, 2016.

100 LOPES, T.; XAVIER, M; QUADRI, M. G.; QUADRI, M. Antocianinas: uma breve revisão das características estruturais e da estabilidade. **Revista Brasileira de Agrocência**, v. 13, n. 3, p. 291-297, 2007.

101 ROSA, J. R.; WEIS, G. C. C.; MORO, K. I. B.; ROBALO, S. S.; ASSMANN, C. E.; SILVA, L. P.; MULLER, E. I.; SILVA, C. B.; MENEZES, C. R.; ROSA, C. S. Effect of wall materials and storage temperature on anthocyanin stability of microencapsulated blueberry extract. **LWT – Food Science and Technology,** v. 142, n. 32, p. 1-8, 2021.

102 MUSA, C. I.; WEBER, B.; GALINA, J.; LAGEMANN, C. A.; SOUZA, C. F. V.; OLIVEIRA, E. C. Teor de compostos bioativos em três cultivares de morangos cultivados em solo convencional no município de bom princípio/rs: sua importância para a saúde humana. **Caderno Pedagógico**, v. 12, n. 1, p. 56-66, 2015.

103 SILVA, F. L.; ESCRIBANO-BAILÓN, M. T.; PÉREZ-ALONSO, J. J.; RIVAS--GONZALO, J. C.; SANTOS-BUELGA, C. Anthocyanin pigments in strawberry. **LWT - Food Science and Technology**, v. 40, n. 2, p. 374-382, 2007.

104 DZHANFEZOVA, T.; BARBA-ESPÍN, G.; MÜLLER, R.; JOERNSGAARD, B.; HEGELUND, J. N.; MADSEN, B.; LARSEN, D. H.; VEGA, M. M.; TOLDAM-ANDERSEN, T. B. Anthocyanin profile, antioxidant activity and total phenolic content of a strawberry (*Fragaria* × *ananassa* Duch) genetic resource collection. **Food Bioscience**, v. 36, 2020.

105 DÍAZ-MULA H. M., TOMÁS-BARBERÁN F. A., GARCÍA-VILLALBA R. Pomegranate fruit and juice (cv. Mollar), rich in ellagitannins and anthocyanins, also provide a significant content of a wide range of proanthocyanidins. **Journal of Agricultural and Food Chemistry**, v. 67, n. 33, p. 9160-9167, 2019.

106 ROBERT P.; GORENA T.; ROMERO N.; SEPULVEDA E.; CHAVEZ J.; SAENZ C. Encapsulation of polyphenols and anthocyanins from pomegranate (*Punica granatum*) by spray drying. **International Journal of Food Science and Technology**, v. 45, p. 1386-1394, 2010.

107 GIL, M. I.; TOMA ´S-BARBERÁN, F. A.; HESS-PIERCE, B.; HOLCROFT, D. M.; KADER, A. A. Antioxidant activity of pomegranate juice and its relationship with phenolic composition and processing. **Journal of Agricultural and Food Chemistry**, v. 48, n. 10, p. 4581-4589, 2000.

108 AZARPAZHOOH, E.; SHARAYEI, P.; ZOMORODI, S.; RAMASWAMY, H. S. Physicochemical and phytochemical characterization and storage stability of freeze-dried encapsulated pomegranate peel anthocyanin and in vitro evaluation of its antioxidant activity. **Food and Bioprocess Technology,** v. 12, p. 199-210, 2019.

109 MACHEIX, J. J.; FLEURIET, A.; BILLOT, J. The main phenolics of fruits. *In:* MACHEIX, J. J. **Fruit Phenolics**. Boca Raton: CRC Press, 1990. p. 1-98.

110 SANCHEZ-BALLESTA, M. T.; ROMERO, I.; JIMÉNEZ, J. B.; OREA, J. M.; GONZÁLES-UREÑA, A.; ESCRIBANO, M. A.; MERODIO, C. Involvement of the phenylpropanoid pathway in the response of table grapes to low temperature and high CO 2 levels. **Postharvest Biology and Technology**, v. 46, n. 1, p. 29-35, 2007.

111 BOULTON, R. B.; SINGLETON, V. L.; BISSON, L. F.; KUNKEE, R. E. **Principles and Practices of Winemaking**. New York: Chapman & Hall, 1995.

112 REVILLA, E.; RYAN, J. M.; MARTÍN-ORTEGA, G. Comparison of several procedures used for the extraction of anthocyanins from red grapes. **Journal of Agricultural and Food Chemistry**, v. 46, n. 11, p. 4592-4597, 1998.

113 MAZZA, G. Anthocyanins in grape and grape products. **Critical Review of Food Science and Nutrition**, v. 35, p. 341-371, 1995.

114 NIU, N.; CAO, Y.; DUAN, W.; WU, B.; LI, S. Proteomic analysis of grape berry skin responding to sunlight exclusion. **Journal of Plant Physiology**, v. 170, n. 8, p. 748-757, 2013.

115 KELEBEK, H.; CANBAS, A.; SELLI, S.; SAUCIER, C.; JOUDES, M.; GLORIES, Y. Influence of different maceration times on the anthocyanins composition of wines made from *Vitis vinifera* L. cvs. Bogazkere and Öküzgözü. **Journal of Food Engineering**, v. 77, n. 4, p. 1012-1017, 2006.

116 RIZZON, L. A.; MIELE, A.; MENEGUZZO, J. Avaliação da uva cv. Isabel para a elaboração de vinho tinto. **Ciência e Tecnologia de Alimentos**, v. 20, n. 1, p. 115-121, 2000.

117 MALACRIDA, C. R.; MOTTA, S. Compostos fenólicos totais e antocianinas em suco de uva. **Food Science and Technology**, v. 25, n. 4, p. 659-664, 2005.

118 FRANKEL, E. N.; BOSANEK, C. A.; MEYER, A. S.; SILLIMAN, K.; KIRK, L. L. Commercial grape juice inhibits the in vitro oxidation of human low-density lipoproteins. **Journal of Agricultural and Food Chemistry**, v. 46, n. 3, p. 834-838, 1998.

119 FRANCIA-ARICHA, E. M.; GUERRA, M. T.; RIVAS-GONZALO, J. C.; SANTOS-BUELGA, C. New anthocyanin pigments formed after condensation with flavanols. **Journal of Agricultural and Food Chemistry**, v. 45, n. 6, p. 2262-2266, 1997.

120 SCHLEIER, R. **Constituintes fitoquímicos de *Vitis vinífera* L. (uva).** 43 f. Monografia (Especialização em Fitoterapia) – Instituto Brasileiro de Estudos Homeopáticos, Brasil, 2004.

121 BURNS, J.; GARDNER, P. T.; O'NEIL, J.; CRAWFORD, S.; MORECROFT, I.; MCPHAIL, D. B.; LISTER, C.; MATHEWS, D.; MACLEAN, M. R.; LEAN, M. E.; DUTHIE, G. G.; CROZIER, A. Relationship among antioxidant activity, vasodilatation capacity, and phenolics content of red wines. **Journal of Agricultural and Food Chemistry**, v. 48, n. 2, p. 220-230, 2000.

122 TORRES, A. G. **Avaliação de Compostos Fenólicos em Vinhos Tintos Brasileiros Cabernet Sauvignon, Cabernet Franc e Merlot.** 107 f. Dissertação (Mestrado em Ciência de Alimentos) – Universidade Federal de Minas Gerais, Brasil, 2002.

123 ROCKENBACH, I. I.; SILVA, G. L.; RODRIGUES, E.; KUSKOSKI, E. M.; FETT, R. Influência do solvente no conteúdo total de polifenóis, antocianinas e atividade antioxidante de extratos de bagaço de uva (*Vitis vinifera*) variedades Tannat e Ancelota. **Food Science and Technology**, v. 28, p. 238-244, 2008.

124 PEIXOTO, C. M.; DIAS, M. I.; ALVES, M. J.; CALHELHA, R. C.; BARROS, L.; PINHO, S. P.; FERREIRA, I. C. F. R. Grape pomace as a source of phenolic compounds and diverse bioactive properties. **Food Chemistry**, v. 253, p. 132-138, 2018.

125 BÖCKEL, M. **Alcachofras**. 06 set. 2021. 1 fotografia. Disponível em: https://pixabay.com/pt/photos/alcachofras-planta-vegetais-em-flor-6593764/. Acesso em: 29 jun. 2022.

126 BOTSARIS, A. S.; ALVES, L. F. *Cynara scolymus* L. (Alcachofra). **Revista Fitos**, v. 3, n. 2, p. 51-63, 2007.

127 LATTANZIO, V.; KROON, P.A.; LINSALATA, V.; CARDINALI, A. Globe artichoke: a functional food and source of nutraceutical ingredients. **Journal Funcional Food**, v. 1, n. 2, p. 131-144, 2009.

128 LLORACH, R.; ESPIN, J.C.; TOMAS-BARBERAN, F. A.; FERRERES, F. Artichoke (*Cynara scolymus* L.) byproducts as a potential source of health-promoting antioxidant phenolics. **Journal of Agricultural and Food Chemistry**, v. 50, v. 12, p. 3458-3464, 2002.

129 REOLON-COSTA, A.; GRANDO, M. F.; CRAVERO, V. P. Alcachofra (*Cynara cardunculus* L. var. *scolymus* (L.) Fiori): Alimento funcional e fonte de compostos promotores da saúde. **Revista Fitos**, v. 10, n. 4, p. 526-538, 2017.

130 CECCARELLI, N.; CURADI, M.; PICCIARELLI, P.; MARTELLONI, L.; SBRANA, C.; GIOVANNETTI, M. Globe artichoke as a functional food. **Mediterranean Journal of Nutrition** and **Metabolism**, v. 3, n. 1, p. 197-201, 2010.

131 SCHÜTZ, K., PERSIKE, M.; CARLE, R.; CHIEBER, A. Characterization and quantification of anthocyanins in selected artichoke (*Cynara scolymus* L.) cultivars by HPLC–DAD–ESI–MS^n. **Analytical and Bioanalytical Chemistry,** v. 384, p. 1511-1517, 2006.

132 GÜRBÜZ, N.; ULUIŞIK, S.; FRARY, A.; FRARY, A.; DOĞANLAR, S. Health benefits and bioactive compounds of eggplant. **Food Chemistry**, v. 268, p. 602-610, 2018.

133 CONDURACHE N. N.; CROITORU C.; ENACHI E.; BAHRIM G. E.; STĂNCIUC, N.; RÂPEANU G. Eggplant peels as a valuable source of anthocyanins: Extraction, thermal stability and biological activities. **Plants**, v. 10, n. 3, p. 1-16, 2021.

134 WU, X.; BEECHER, G. R.; HOLDEN, J. M.; HAYTOWITZ, D. B.; GEBHARDT, S. E.; PRIOR, R. L. Concentrations of anthocyanins in common foods in the United States and estimation of normal consumption. **Journal of Agricultural and Food Chemistry**, v. 54, n. 11, p. 4069-4075, 2006.

135 KOPONEN, J. M.; HAPPONEN, A. M.; MATTILA, P. H.; TÖRRÖNEN, A. R. Contents of anthocyanins and ellagitannins in selected foods consumed in Finland. **Journal of Agricultural and Food Chemistry**, v. 55, n. 4, p. 1612-1619, 2007.

136 CONGERDESING. **Cenouras pretas**. 30 mar. 2015. 1 fotografia. Disponível em: https://pixabay.com/pt/photos/cenouras-pretas-cenoura-original-696974/. Acesso em: 29 jun. 2022.

137 KAMILOGLU, S.; PASLI, A. A.; OZCELIK, B.; CAMP, J. V; CAPANOGLU, E. Colour retention, anthocyanin stability and antioxidant capacity in black carrot (*Daucus carota*) jams and marmalades: Effect of processing, storage conditions and *in vitro* gastrointestinal digestion. **Journal of Functional Foods**, v. 13, p. 1-10, 2015.

138 MONTILLA, E. C.; ARZABA, M. R.; HILLEBRAND, S.; WINTERHALTER, P. Anthocyanin composition of black carrot (*Daucus carota* ssp. sativus var. atrorubens Alef.) cultivars antonina, beta sweet, deep purple, and purple haze. **Journal of Agricultural and Food Chemistry**, v. 59, n. 7, p. 3385-3390, 2011.

139 ALGARRA, M.; FERNANDES, A.; MATEUS, N.; FREITAS, V.; SILVA, J. C. G. E.; CASADO J. Anthocyanin profile and antioxidant capacity of black carrots (*Daucus carota* **L. ssp.** *sativus* **var.** *atrorubens* **Alef.) from Cuevas Bajas, Spain. Journal of Food Composition and Analysis**, v. 33, n. 1, p. 71-76, 2014.

140 GIZIR, A. M., TURKER, N.; ARTUVAN, E. Pressurized acidified water extraction of black carrot [*Daucus carota* ssp. *sativus* var. *atrorubens* Alef.] anthocyanins. **European Food Research and Technology**, p. 363-370, 2008.

141 KAMMERER, D. R.; SCHILLMÖLLER, S; MAIER, O.; SCHIEBER, A.; CARLE, R. Colour stability of canned strawberries using black carrot and elderberry juice concentrates as natural colourants. **European Food Research and Technology**, v. 224, p. 667-679, 2007.

142 AGCAM E.; AKYILDIZ A.; BALASUBRAMANIAM V. M. Optimization of anthocyanins extraction from black carrot pomace with thermosonication. **Food Chemistry**, v. 237, p. 461-470, 2017.

143 ARAPITSAS, P.; TURNER, C. Pressurized solvent extraction and monolithic column-HPLC/DAD analysis of anthocyanins in red cabbage. **Talanta**, v. 75, n. 5, p. 1218-1223, 2008.

144 CHANDRASEKHAR, J.; MADHUSUDHAN, M. C.; RAGHAVARAO, K. S. M. S. Extraction of anthocyanins from red cabbage and purification using adsorption. **Food and Bioproducts Processing**, v. 90, n. 4, p. 615-623, 2012.

145 MCDOUGALL, G. J.; FYFFE, S.; DOBSON, P.; STEWART, D. Anthocyanins from red cabbage – stability to simulated gastrointestinal digestion. **Phytochemistry**, v. 68, n. 9, p. 1285-1294, 2007.

146 FRANCIS, F. J.; MARKAKIS, P. C. Food colorants: Anthocyanins. Journal of **Food Science**, v. 28, n. 4, p. 273-314, 1989.

147 SAPERS, G. M.; TAFFER, R.; ROSS, L. R. Functional Properties of a Food Colorant Prepared from Red Cabbage. **Journal of Food Science**, v. 46, n. 1, p. 105-109, 1981.

148 WICZKOWSKI, W.; SZAWARA-NOWAK, D.; TOPOLSKA, J. Red cabbage anthocyanins: Profile, isolation, identification, and antioxidant activity. **Food Research International**, v. 51, n. 1, p. 303-309, 2013.

149 XU, Z.; WU, J.; ZHANG, Y.; HU, X.; LIAO, X.; WANG, Z. Extraction of anthocyanins from red cabbage using high pressure CO2. **Bioresource Technology**, v. 101, n. 18, p. 7151-7157, 2010.

150 MARTINS, L. M. **Cultivares de alface produzidas em três sistemas de produção**. 71 f. Dissertação (Mestrado em Ciências Agrárias) – Universidade Federal de São João Del Rei, Brasil, 2016.

151 SANTANA, C. V. S.; ALMEIDA, A.C.; TURCO, S.H.N. Produção de alface roxa em ambientes sombreados na região do submédio São Francisco-BA. **Revista Verde**, v. 4, n. 3, p. 1-6, 2009.

152 ROSA, A. M.; SEÓ, H. L. S.; VOLPATO, M. B.; FOZ, N. V.; SILVA, T. C.; OLIVEIRA, J. L. B.; PESCADOR, R.; OGLIARI, J. B. Production and photosynthetic activity of Mimosa Verde and Mimosa Roxa lettuce in two farming systems. **Revista Ceres**, Viçosa, v. 61, n. 4, p. 494-501, 2014.

153 SIVANKALYANI, V.; FEYGENBERG, O.; DISKIN, S.; WRIGHT, B.; ALKAN, N. Increased anthocyanin and flavonoids in mando fruit peel are associated with cold and pathogen resistance. **Postharvest Biology and Technology**, v. 111, p. 132-139, 2016.

154 KOSMOWSKI, J. **Arroz vermelho.** 25 maio 2019. 1 fotografia. Disponível em: https://pixabay.com/pt/photos/arroz-vermelho-arroz-saud%c3%a1vel--dieta-4228393/. Acesso em: 26 jun. 2022.

155 PICTAVIO. **Arroz Venere.** 18 ago. 2021. 1 fotografia. Disponível em: https://pixabay.com/pt/photos/arroz-venere-o-arroz-preto-arroz-6547217/. Acesso em: 26 jun. 2022.

156 LIMTRAKUL, P.; SEMMARATH, W.; MAPOUNG, S. Anthocyanins and Proanthocyanidins in natural pigmented rice and their bioactivities. *In:* RAO, V.; MANS, D.; RAO, L. **Phytochemicals in Human Health.** London: IntechOpen, 2019. p. 1-24.

157 ABDEL-AAL, E. S. M.; YOUNG, J. C.; RABALSKI I. Anthocyanin Composition in Black, Blue, Pink, Purple, and Red Cereal Grains. **Journal of Agricultural and Food Chemistry**, v. 54, n. 13, p. 4696-4704, 2006.

158 PEREIRA-CARO, G.; CROS, G.; YOKOTA, T.; CROZIER, A. Phytochemical profiles of black, red, brown, and white rice from the Camargue region of France. **Journal of Agricultural and Food Chemistry,** v. 61, n. 33, p. 7976-7986, 2013.

159 WHITE, L. **Milho.** 23 set. 2019. 1 fotografia. Disponível em: https://pixabay.com/pt/photos/milho-indiano-colheita-comida-cair-4496878/. Acesso em: 26 jun. 2022.

160 CHANDER, S.; MENG, Y.; ZHANG, Y.; YAN, J.; LI, J. Comparison of Nutritional Traits Variability in Selected Eighty-Seven Inbreds from Chinese Maize (Zea mays L.) Germplasm. **Journal of Agricultural and Food Chemistry**, v. 56, n. 15, p. 6506-651, 2008.

161 HU, Q.; XU, J. Profiles of carotenoids, anthocyanins, phenolics, and antioxidant activity of selected color waxy corn grains during maturation. **Journal of Agricultural and Food Chemistry**, v. 59, n. 5, p. 2026-2033, 2011.

162 HONG, H. T.; NETZEL, M. E.; O'HARE, T. J. Optimisation of extraction procedure and development of LC–DAD–MS methodology for anthocyanin analysis in anthocyanin-pigmented corn kernels. **Food chemistry**, v. 319, p. 1-8, 2020a.

163 HONG H. T.; NETZEL M. E.; O'HARE T. J. Anthocyanin composition and changes during kernel development in purple-pericarp supersweet sweetcorn. **Food Chemistry**, v. 315, p. 1-8, 2020b.

164 Disponível em: https://portal.syngenta.com.br/noticias/sorgo-como-ter--uma-lavoura-protegida-desde-o-plantio. Acesso em: 1 jun. 2020.

165 AWIKA, J. M. **Sorghum phenols as antioxidants**. Master's thesis: Texas A&M University, 2000.

166 DYKES, L.; ROONEY, L. W.; WANISKA, R. D.; ROONEY, W. L. Phenolic Compounds and Antioxidant Activity of Sorghum Grains of Varying Genotypes. **Journal of Agricultural and Food Chemistry**, v. 53, n. 17, p. 6813-6818, 2005.

167 GOUS, F. Tannins and phenols in black sorghum. Ph.D. Dissertation. Texas A&M University: College Station, TX, 1989.

168 CLIFFORD, M. N. Anthocyanins – nature, occurrence and dietary burden. **Journal of the Science of Food and Agriculture**, v. 80, n. 7, p. 1063-1072, 2000.

169 AWIKA, J. M.; ROONEY, L. W.; WANISKA, R. D. Anthocyanins from black sorghum and their antioxidant properties. **Food Chemistry**, v. 90, n. 1-2, p. 293-301, 2005.

170 YANG, L.; DYKES, L.; AWIKA, J. M. Thermal stability of 3-deoxyanthocyanidin pigments. **Food Chemistry,** v. 160, p. 246-254, 2014.

171 ABDEL-AAL, E. S. M.; HUCL, P. Composition and Stability of Anthocyanins in Blue-Grained Wheat. **Journal of Agricultural and Food Chemistry**, v. 51, n. 8, p. 2174-2180, 2003.

172 KRÜGER, S.; MORLOCK, G. E. Fingerprinting and characterization of anthocyanins in 94 colored wheat varieties and blue aleurone and purple pericarp wheat crosses. **Journal of Chromatography A**, v. 1538, p. 75-85, 2018.

173 SUBÁGIO, H. **Capim rabo-de-raposa.** 23 mar. 2022. 1 fotografia. Disponível em: https://pixabay.com/pt/photos/capim-rabo-de-raposa-relva-planta-7082048/. Acesso em: 26 jun. 2022.

174 OLIVEIRA, I. R. N.; STRINGHETA, P. C.; TEÓFILO, R. F. Extração de antocianinas de capim-gordura (*Melinis minutiflora*) e estudo de estabilidade. *In:* **Anais [...]** V Simpósio de Segurança Alimentar, Alimentação e Saúde. Bento Gonçalves, RS, 2015.

175 DA-COSTA-ROCHA, I.; BONNLAENDER, B.; SIEVERS, H.; PISCHEL, I.; HEINRICH, M. *Hibiscus sabdariffa* L. – A phytochemical and pharmacological review. **Food Chemistry**, v. 165, p. 424-443, 2014.

176 KHAFAGA, E. R.; KOCH, H.; EL AFRY, M. M. F.; PRINZ, D. Stage of maturity and quality of karkadeh (*Hibiscus sabdariffa* L. var. *sabdariffa*). 1. organic acids. 2. anthocyanins. 3. mucilage, pectin and carbohydrates. 4. improved drying and harvesting systems. **Angewandte Botanik**, v. 54, n. 5/6, p. 287-318, 1980.

177 MOURA, S. C. S. R.; BERLING, C. L.; GARCIA, A. O.; QUEIROZ, M. B.; ALVIM, I. D.; HUBINGER, M. D. Release of anthocyanins from the hibiscus extract encapsulated by ionic gelation and application of microparticles in jelly candy. **Food Research International**, v. 121, p. 542-552, 2019.

178 PIOVESANA, A.; RODRIGUES, E.; NOREÑA, C. P. Z. Composition analysis of carotenoids and phenolic compounds and antioxidant activity from hibiscus calyces (*Hibiscus sabdariffa* L.) by HPLC-DAD-MS/MS. **Phytochemical Analysis,** v. 30, n. 2, p. 208-217, 2019.

179 AJIBOYE, T. O.; RAJI, H. O.; ADELEYE, A. O.; ADIGUN, N. S.; GIWA, O. B.; OJEWUYI, O. B.; OLADIJI, A. T. *Hibiscus sabdariffa* calyx palliates insulin resistance, hyperglycemia, dyslipidemia and oxidative rout in fructose-induced metabolic syndrome rats. **Journal of the Science of Food and Agricultura**, v. 96, n. 5, p. 1522-1531, 2016.

180 JAMROZIK, D.; BORYMSKA, W.; KACZMARCZYK-ZEBROWSKA, I. *Hibiscus sabdariffa* in Diabetes Prevention and Treatment—Does It Work? An Evidence--Based Review. **Foods**, v. 11, n. 14, p. 1-32, 2022.

181 KERAVIS, T.; FAVOT, L.; ABUSNINA, A. A.; ANTON, A.; JUSTINIANO, H.; SOLETI, R.; ALIBRAHIM, E. A.; SIMARD, G.; ANDRIANTSITOHAINA, R.; LUGNIER, C. Delphinidin Inhibits Tumor Growth by Acting on VEGF Signalling in Endothelial Cells. **PLoS ONE**, v. 22, n. 10, p. 1-18, 2015.

182 CHIU, C. T.; CHEN, J. H.; CHOU, F. P.; LIN, H. H. *Hibiscus sabdariffa* Leaf Extract Inhibits Human Prostate Cancer Cell Invasion via Down-Regulation of Akt/NF-(B/MMP-9 Pathway. **Nutrients**, v. 7, n. 7, p. 5065-5087, 2015.

7

ANTOCIANINAS: BIOSSÍNTESE, BIODISPONIBILIDADE, ABSORÇÃO E METABOLISMO

Introdução

As antocianinas são consideradas o maior e mais importante grupo de pigmentos solúveis em água na natureza e foram descritas como tendo múltiplas propriedades de promoção à saúde.

Antocianinas dietéticas, normalmente fornecidas por bagas e outras frutas, são consideradas potentes antioxidantes atuando na eliminação de radicais livres, inibição do crescimento de células cancerosas, além de exibir potencial anti-inflamatório e vasoprotetor. Tais efeitos auxiliam na prevenção de câncer, diabetes tipo 2, doenças cardiovasculares, neurológicas e oculares[1,2,3].

O interesse nos efeitos bioquímicos e biológicos dos compostos antociânicos cresceu durante a última década devido à variedade de estudos que demonstram os seus potenciais efeitos terapêuticos. As antocianinas estão sendo estudadas em todo o mundo como agentes da coloração natural em alimentos, sendo as responsáveis pelos tons variando entre vermelho/azul em frutas, legumes e hortaliças.

Pertencentes ao grupo dos flavonoides, as antocianinas representam um importante grupo responsável pela pigmentação de frutas, como o açaí, ameixa, amora, uva, morango, cereja, acerola, jabuticaba, groselha e vegetais, como o repolho roxo, batata roxa, berinjela, entre outros. O organismo humano não produz essas substâncias químicas protetoras, cabendo ao homem obtê-las por meio da alimentação. No organismo humano as antocianinas são rapidamente absorvidas, e eliminadas do corpo, atingindo concentrações mínimas no plasma e na urina após algumas horas[4,5].

Há muitos estudos que sustentam um efeito terapêutico das antocianinas *in vitro, in vivo* e em estudos clínicos. Todos os efeitos terapêuticos dependem da bioacessibilidade, biodisponibilidade e metabolismo, o que está fortemente ligado as características da matriz alimentar que se encontram. As antocianinas exibem uma bioquímica complexa e alguns estudos mais aprofundados sobre a atividade bioquímica destes compostos são necessários. Diante disso, o presente capítulo tem como objetivo avaliar informações disponíveis na literatura, sobre a biossíntese, bioacessibilidade, biodisponibilidade e metabolismo de antocianinas.

Biossíntese das antocianinas

As antocianinas são pigmentos flavonoides sintetizados através da via fenilpropanoide. Tem-se estabelecido experimentalmente que o anel A das antocianinas é sintetizado pela rota do ácido malônico com a condensação de três moléculas de manlonil-CoA. No entanto, o anel B é sintetizado pela rota do ácido chiquímico. O ácido chiquímico cede a fenilalanina por ação de uma fenilalanina-amônia-liase (PAL), e depois da perda NH_3 converte-se em ácido p-cumárico.

O metabolito de entrada na via é o aminoácido aromático fenilalanina (Figura 1). Esse precursor é inicialmente desaminado pela fenilalanina amônia liase (FAL) no citoplasma, na superfície externa da membrana do retículo endoplasmático (RE) para produzir ácido trans-cinâmico, que é então convertido em ácido p-cumárico pela 4-hidroxilase de cinamato. O ácido p-cumárico, geralmente é o intermediário mais limitante nessa via, e é conjugado pela coenzima A para produzir p-cumaroil-CoA pela 4-cumarato-CoA ligase (4CL). Nesse estágio, a via fenilpropanoide se ramifica para a biossíntese de cumarinas, monolignóis ou policetídeos. A via flavonoide avança com a condensação de p-cumaroil-CoA com três moléculas de malonil-CoA para produzir chalcona pela chalcona sintase (CS). A chalcona é convertida pela chalcona isomerase (CI) na flavanona narigenina, um intermediário flavonoide central. Adiante, a flavanona 3-hidroxilase (F3H) converte a naringenina no flavononol di-hidrokaempferol (DHK ou aromadendrina), que pode ser usado pela flavonoide 3'-hidroxilase (F3'H) para produzir di-hidroquercetina (taxifolin) ou alternativamente pela flavonoide 3 5'-hidroxilase (F3'5'H) para formar di-hidromiricetina (ampelopsina). Em seguida, um conjunto de enzimas com ampla especificidade de substrato aceita flavononóis para avançar a via. A di-hidroflavonol 4-redutase (DFR) converte o di-hidrokaempferol em leucoantocianidinas, que são então convertidas em antocianidinas coloridas pela antocianidina sintase (ANS). Essas antocianidinas podem ser sintetizadas ainda mais por transferases, como metiltransferases (OMT) e acetilases, e posteriormente processadas por 3-O-glicosiltransferases, para produzir antocianidina-3-O-glicosídeos, que são pigmentos quimicamente estáveis e solúveis em água.

Figura 1 – Biossíntes das Antocianinas

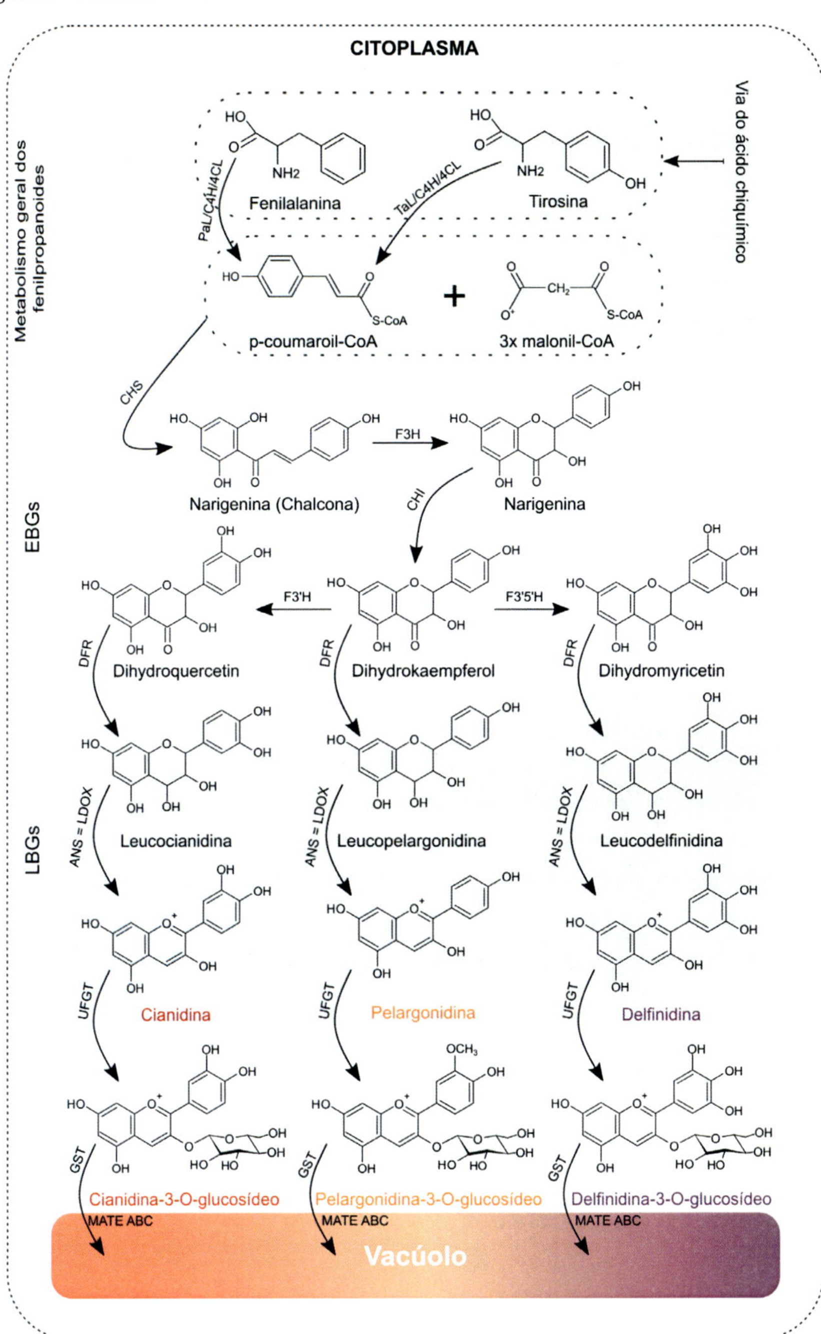

Fonte: adaptado de Chaves-Silva (2018)[6]

A via de biossíntese de antocianinas é a mais estudada em plantas, sendo regulada por estímulos ambientais bióticos e abióticos e coordenada pela regulação da transcrição de vários genes, os quais têm sido isolados e caracterizados em um grande número de espécies de plantas[7,8].

A regulação da biossíntese de antocianinas e seu acúmulo em plantas são controlados pela expressão coordenada de genes que codificam enzimas-chave da via biossintética. Essa expressão coordenada é controlada transcricionalmente[8,9,10]. Dois grupos de genes são necessários para a biossíntese de antocianinas. O primeiro é representado por genes estruturais, codificadores de enzimas responsáveis pela produção de precursores de flavonoides e que também estão envolvidas na formação de moléculas particulares de antocianinas "decoradas". O segundo tipo inclui genes que codificam fatores de transcrição, que controlam a expressão dos genes estruturais. Esses genes pertencem a três grandes famílias conservadas de fatores de transcrição: MYB, basic-helix-loop-helix (bHLH) e WD40.

Biodisponibilidade dos compostos fenólicos

Os efeitos benéficos de qualquer composto funcional estão intimamente ligados à sua absorção ao longo do trato gastrointestinal (GI). Por essa razão, é fundamental avaliar como o processo de digestão afeta a estabilidade e a bioatividade desses compostos antes de se concluir qualquer efeito potencial para a saúde. Nesse contexto, a bioacessibilidade e a biodisponibilidade dos compostos bioativos representam um grande desafio no desenvolvimento de nutracêuticos e alimentos funcionais.

A bioacessibilidade é definida como a quantidade de um composto que é liberado de sua matriz no trato gastrointestinal, ficando disponível para absorção. Enquanto a biodisponibilidade representa o grau em que os nutrientes ou substâncias exógenas dos alimentos são absorvidos na corrente sanguínea após serem digeridos no sistema gastrointestinal e depois redistribuídos no organismo. Os compostos dietéticos não digeridos ou não absorvidos podem atingir o cólon e ficar disponíveis como substrato para serem parcial ou completamente fermentados pela microbiota intestinal, sendo bioconvertidos em outros compostos com diferentes níveis de absorção e efeitos metabólicos. Nesse sentido, as transformações digestivas dos alimentos no trato gastrointestinal humano pelas enzimas e pela microbiota podem alterar os mecanismos de absorção, transporte, biodisponibilidade e bioatividade de compostos antioxidantes. Em relação aos polifenóis, considerando a diferença entre seu conteúdo na matriz alimentar e sua absorção, estudos mostraram que a biodisponibilidade de polifenóis bioacessíveis no intestino delgado (cerca de 48%) é muito baixa, atingindo valores entre 2 e 20% [11].

Estudos epidemiológicos relacionam a ingestão de frutas com a saudabilidade, que tem sido associada principalmente ao conteúdo fenólico e às propriedades antioxidantes das frutas. Embora um número crescente de estudos tenha mostrado uma correlação entre o consumo de polifenóis e uma redução nos fatores de risco para doenças crônicas, foram encontradas discrepâncias na explicação de seus efeitos positivos em termos de biodisponibilidade[12]. A quantidade total desses compostos presentes nos alimentos não reflete necessariamente a quantidade absorvida e metabolizada pelo organismo. Na realidade, os testes *in vitro* são essenciais para elucidar o mecanismo da ação dos compostos, porém, para que possuam credibilidade é essencial que esses compostos bioativos estejam presentes em concentrações fisiológicas relevantes no plasma. Ademais, as concentrações que atingem os tecidos alvos são muito baixas quando comparadas com as utilizadas em ensaios *in vitro*.

A biodisponibilidade de compostos fenólicos não é fácil de ser estudada e é dependente de alguns fatores importantes, tais como: efeito sinergístico da mistura dos fenóis contidos na matriz alimentar, fatores ambientais, como a exposição ao sol, chuva, tipos de cultura, quantidade de produção de frutos etc. Além disso, as proporções dos compostos fenólicos são afetadas de diferentes maneiras pelo grau de maturação das frutas e hortaliças, pois geralmente as concentrações de compostos fenólicos diminuem durante a maturação, enquanto as concentrações de antocianinas aumentam. Os tratamentos térmicos, o armazenamento e a interação com outros compostos também podem alterar o teor dos fenólicos.

A estrutura química do composto fenólico é outro fator importante relacionado à sua biodisponibilidade. Na maioria dos alimentos, os compostos fenólicos estão como aglicona ou ligados a um açúcar (glicona), devendo, portanto, a forma glicona ser hidrolisada pelas enzimas gastrointestinais ou pela microbiota do cólon antes da absorção.

O processo de liberação dos compostos fenólicos da matriz alimentar ocorre desde o início da digestão na cavidade oral durante o processo de mastigação e continua no estômago e no intestino delgado, onde essa liberação é facilitada que pela ação das enzimas gastrointestinais que favorecem a difusão desses compostos através da camada superficial do enterócito, tornando-os disponíveis para absorção (Figura 2).

No fígado, os compostos fenólicos atuam como substratos de desintoxicação do corpo, desenhados para reduzir a toxicidade de compostos estranhos, metabolizando-os para que sejam eliminados rapidamente.

Figura 2 – Esquema de digestão e absorção dos compostos fenólicos no organismo

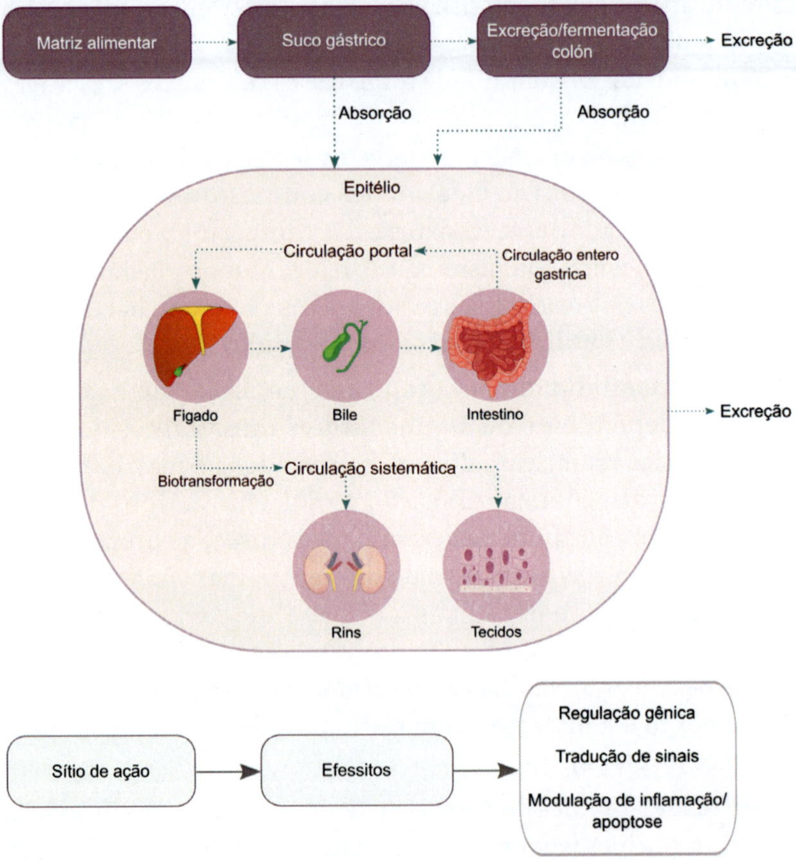

Fonte: Stahl *et al.* (2002), adaptada[13]

A porção do fenol que atinge a superfície do intestino delgado está disponível para absorção pelos enterócitos (Figura 3). Os fenóis devem passar através dos enterócitos, para acessar o fluxo sanguíneo e ter uma distribuição sistêmica. A absorção de fenóis nos enterócitos ocorre através da ação do ácido monocarboxílico (MCT), por difusão facilitada. Após atingir o interior dos enterócitos, os compostos fenólicos são transportados para o fígado, onde eles sofrem outras reações de acoplamento, de forma semelhante a outros xenobióticos, para limitar a ação dos compostos químicos e facilitar a sua eliminação na bile e urina, causando um aumento em sua solubilidade[14].

Figura 3 – Processos digestivos e de absorção envolvidos na biodisponibilidade de fenóis

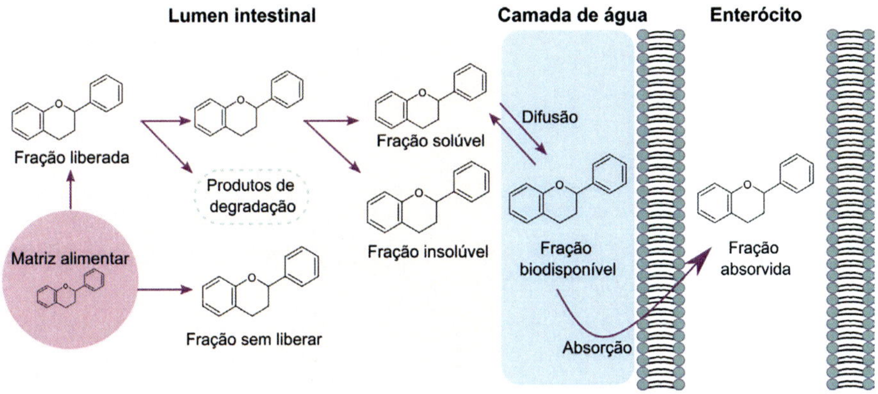

Fonte: Neilson e Ferruzzi (2013)[15]

Os polifenóis apresentam baixa biodisponibilidade devido a diversos fatores: interação com a matriz alimentar, processos metabólicos mediados pelo fígado (metabolismo das fases I e II), intestino e microbiota. Por outro lado, as atividades biológicas dos compostos fenólicos podem ser mediadas por seus metabólitos, e estudos recentes confirmaram que essas moléculas podem ter propriedades antioxidantes e antiflogísticas[12].

Os índices de bioacessibilidade de compostos fenólicos em extrato etanólico de sementes de *T. gardneriana* (EETg) foram de 48,65 e 69,28% na presença e ausência de enzimas digestivas, respectivamente. Por análise *in vitro*, dentre as classes fenólicas identificadas, os flavonoides, representados pelas procianidinas acrescidas de grupos galoil, mostraram-se mais bioacessíveis (81,48 e 96,29% na fase pós-intestinal com e sem enzimas, respectivamente)[16].

A administração oral de EETg em ratos Wistar resultou em uma diminuição da capacidade antioxidante total (CAT) do plasma pelo ensaio FRAP 4h após o início do experimento. Para as amostras de urina, um aumento na

CAT pelos testes DPPH e FRAP foi observado a partir de 1 e 4h após a administração, respectivamente. Análises por UPLC-QTOF da urina detectaram 2 metabólitos oriundos da degradação de compostos fenólicos: ácido hipúrico e fenilacetil glicina. Esses resultados sugerem que os compostos fenólicos de T. gardneriana, apesar do seu potencial antioxidante, são instáveis em condições gastrointestinais, sendo os flavonoides os componentes com maior bioacessibilidade. Além disso, mostraram biodisponibilidade limitada devido à sua rápida biotransformação e eliminação urinária[16].

Cervantes *et al.* (2020)[17] estudaram a digestibilidade dos compostos fenólicos de morango, framboesa e mirtilo. Após a digestão *in vitro* fizeram uma comparação com o conteúdo antioxidante das frutas sem digerir, para avaliar seus potenciais efeitos bioativos. Os perfis polifenólicos quantificados por espectrofotometria e CLAE, mostraram que o mirtilo apresentou a maior capacidade antioxidante associada ao maior teor de fenólicos totais na fruta antes da digestão, enquanto após a digestão, o morango apresentou o maior teor de fenólicos totais e capacidade antioxidante nas frações biodisponíveis.

Em estudo da biodisponibilidade dos polifenóis do chá de alecrim (*Rosmarinusofficinalis L.*) em humanos, 48 compostos foram identificados no plasma e na urina. Os polifenóis do alecrim foram metabolizados e conjugados de fase II com rápido aparecimento e depuração no plasma, apontando para absorção no intestino delgado. O ácido diidrocafeico e seus derivados de fase II foram o principal grupo de metabólitos. A excreção urinária total dos fenóis foi de 235 μmol, correspondendo a 22,3% da quantidade ingerida (1055 μM). Em conclusão, os polifenóis do chá de alecrim são principalmente metabolizados pela microbiota colônica e parcialmente biodisponíveis[18].

Em ratos alimentados com uma dose única de extrato bruto de mirtilo obtido por meio do solvente eutético profundo natural (CE-NADES) ou solvente orgânico (CE-SORG), foi observado que CE-NADES aumenta a biodisponibilidade das antocianinas em 140% em comparação com o CE-SORG. Além disso, CE-NADES aumenta a estabilidade dos compostos fenólicos durante a digestão *in vitro*. Esses aspectos mostraram como os processos de extração e a matriz alimentar afetam a digestão (bioacessibilidade) e, por fim, a biodisponibilidade de antocianinas. Assim, o NADES mostra-se como um solvente ecologicamente sustentável, à base de ácido cítrico, que pode ser usado como um extrator interessante a ser avaliado em outros produtos naturais[19].

As formas de amenizar os sintomas do Covid-19 estão sendo alvo de interesse de pesquisa em todo o mundo. Esse vírus atinge múltiplos órgãos por meio de mecanismos inflamatórios e imunológicos. O uso de compostos bioativos na dieta, como os compostos fenólicos (PC), surgiu como uma suposta terapêutica nutricional ou adjuvante, isso devido eles serem associados a benefícios para a saúde contra várias patologias, incluindo efeitos antivirais, antioxidantes, imunomoduladores e anti-inflamatórios (Figura 4).

Figura 4 – Efeitos dos PCs que provavelmente contribuem para atenuar as manifestações do Covid-19

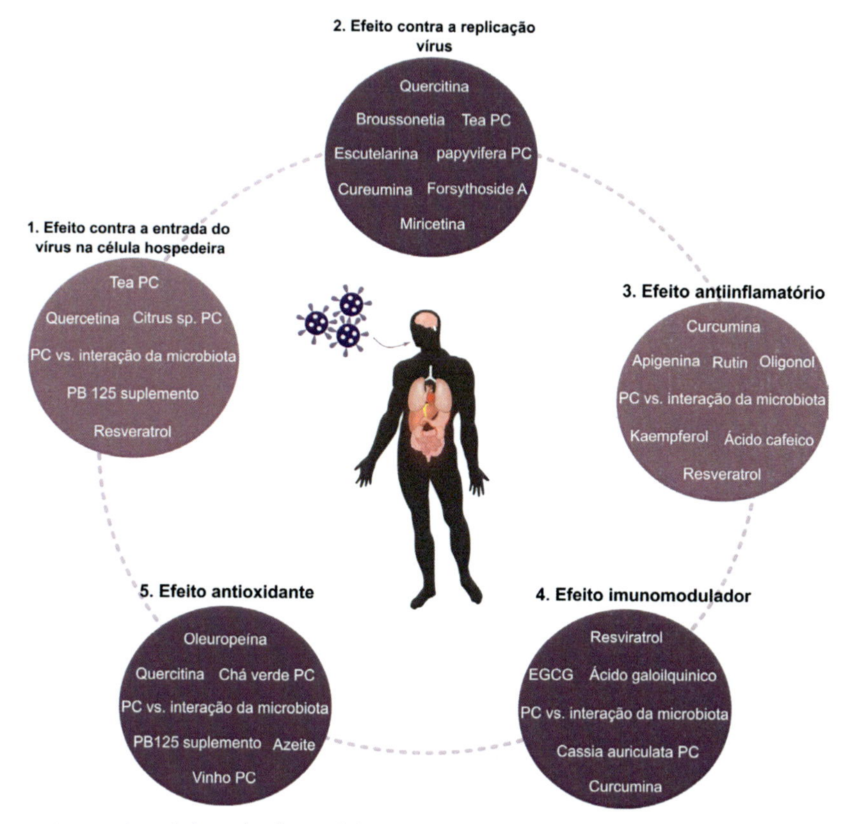

Fonte: Augusti *et al.* (2021) adaptada[20]

Embora um número crescente de estudos tenha mostrado uma correlação entre o consumo de polifenóis e uma redução nos fatores de risco para doenças crônicas, foram encontradas discrepâncias na explicação de seus efeitos positivos em termos de biodisponibilidade[12]. A quantidade total desses compostos presentes nos alimentos não reflete necessariamente a quantidade absorvida e metabolizada pelo organismo. Na realidade, os testes *in vitro* são essenciais para elucidar o mecanismo da ação antioxidante, porém, para que possuam credibilidade é essencial que esses compostos bioativos estejam presentes em concentrações fisiológicas relevantes no plasma. Ademais, as concentrações que atingem os tecidos alvos são muito baixas quando comparadas com as utilizadas em ensaios *in vitro*. Estudos epidemiológicos relacionam a ingestão de frutas com a saudabilidade, que tem sido associada principalmente ao conteúdo fenólico e às propriedades antioxidantes das frutas. No entanto, o processo de digestão pode afetar a liberação de antioxidantes, ou seja, a bioacessibilidade e a absorção, ou seja, a biodisponibilidade[17].

Mecanismos de conjugação, transporte no plasma e eliminação

Após serem absorvidos no intestino delgado, os polifenóis passam por um processo de metabolismo hepático que envolve diversos mecanismos de conjugação, como a metilação, sulfatação e glicuronidação. Esses processos são realizados pelas enzimas uridina 5'-difosfato glicuronídeo transferase, sulfonato transferase e catecol O-metiltransferase, visando à formação de compostos mais hidrossolúveis e facilmente excretáveis pelos rins[21]. Essa etapa tem a função de diminuir a toxicidade do composto e aumentar seu tempo de circulação pelo organismo antes da sua eliminação.

A importância relativa desses três tipos de conjugações parece variar de acordo com a natureza do substrato e a dose ingerida. O equilíbrio entre sulfatação e glucuronidação de polifenóis também parece ser afetada pela espécie e sexo[22].

A metilação geralmente ocorre na posição C3' do polifenol, mas pode ocorrer em C4' para uma quantidade notável de 4'-methylepigallocatechin, o qual foi detectado no plasma humano após a ingestão de chá. A atividade da catecol-O-metil-transferase é mais elevada no fígado e nos rins, embora esteja presente num certo número de tecidos. A sulfatação ocorre principalmente no fígado, mas a posição de sulfatação para polifenóis ainda não foram claramente identificados. A glucuronidação ocorre no intestino e no fígado, e a mais elevada taxa de conjugação é observada na posição C3.

Os mecanismos de conjugação são altamente eficientes na metabolização dos polifenóis, resultando em baixas concentrações ou até mesmo na ausência de agliconas livres no plasma após o consumo de doses nutricionais. No entanto, uma exceção notável são as catequinas presentes no chá verde, cujas agliconas podem constituir uma proporção significativa da quantidade total no plasma, chegando a representar até 77% do epigalocatequinagalato[23].

Após a conjugação, os metabólitos dos polifenóis circulam no sangue, ligados a proteínas, em particular a albumina, que representa a principal proteína responsável pela ligação. A afinidade para albumina de polifenóis varia de acordo com a sua estrutura química. A ligação à albumina pode ter consequências para a taxa de depuração de metabolitos e para a sua entrega a células e tecidos. É possível que a absorção celular de metabolitos seja proporcional a sua concentração livre. Finalmente, ainda não é claro se os polifenóis tendem estar na forma livre ou em união com as albuminas para exercer sua atividade biológica.

É importante identificar os metabolitos circulantes, incluindo a natureza e as posições da conjugação de grupos na estrutura de polifenol, porque as posições podem afetar as propriedades biológicas dos conjugados. No entanto, poucos dados sobre as proporções dos tipos de conjugados e as percentagens de formas livres no plasma são disponíveis.

O conhecimento da metabolização dos compostos fenólicos ainda não é dominado por completo. A presença do composto na corrente sanguínea, tal qual na forma ingerida, é muito baixa e os testes que permitem o seu doseamento no sangue ainda não são capazes de detectar com precisão os compostos em todas as formas metabolizadas. Esse fator prejudica a avaliação do potencial do composto na ação antioxidante *in vivo*.

Um fator que tem influência na eliminação do composto é a estrutura/tamanho da molécula. Os compostos fenólicos com elevados pesos moleculares e alto grau de polimerização não sofrem ação enzimática no trato gastrointestinal e não são absorvidos no intestino delgado, passando ao cólon, onde são hidrolisados ou degradados pelas enzimas da microflora colônica a ácidos fenólicos mais simples. A eliminação dos compostos de menor peso molecular é realizada pela urina ou pela bile, via pela qual os compostos ainda podem chegar ao duodeno e sofrer ação das enzimas bacterianas (especialmente da β-glicuronidase) e serem reabsorvidos. Por fim, os compostos fenólicos resistentes à degradação pela microflora colônica (como os taninos insolúveis) são excretados nas fezes[24,25].

Em estudo realizado para investigar a biodisponibilidade dos compostos fenólicos da erva-mate em humanos saudáveis, demonstrou-se a presença de mais de 34 metabólitos em fluidos biológicos, dos quais 13,1% foram identificados como metabólitos urinários. A excreção fenólica total correspondeu a 13,2% dos fenóis ingeridos, indicando que os polifenóis da erva-mate são parcialmente biodisponíveis e sofrem extenso metabolismo. Esses achados sugerem que a absorção e utilização desses compostos podem variar no organismo humano[26].

Biodisponibilidade de antocianinas

De uma forma geral, pesquisas revelam que as frações de antocianinas encontradas no plasma e na urina após o consumo de alimentos ricos nesse composto são relativamente baixas[27]. Além disso, as doses detectadas na maioria dos estudos *in vitro* são superiores em relação ao *in vivo*. Outro fator relevante é a forma dos metabolitos que estão presentes nos tecidos, visto que alguns podem apresentar diferentes bioatividades em relação a seus precursores. Dessa forma, para fazer uma análise correta do metabolismo das antocianinas, é essencial entender a sua biodisponibilidade.

A biodisponibilidade das antocianinas é relatada como extremamente baixa, e é afetada por fatores, como as características inerentes à molécula, bem como pelo efeito do processamento dos alimentos, transformações durante o processo digestivo e seus níveis nas frutas[1].

A digestão é um processo bastante complexo que envolve muitos fatores como enzimas, microbiota e pH. Sabe-se que pH varia muito durante o sistema digestivo: saliva (6,4), estômago (1,5), intestino (7,0) e duodeno (5,5). Assim, sob condições fisiológicas, as antocianinas podem ocorrer em diferentes formas químicas. Em contato com a saliva, podem sofrer oxidação nítrica. No estômago, com o pH mais ácido, normalmente conseguem manter-se em uma forma mais estável. No entanto, na maior parte do intestino, o ambiente possui pH neutro, acarretando uma diminuição da estabilidade. Na Figura 5 está apresentado um esquema das possíveis vias de absorção, distribuição, metabolismo e excreção das antocianinas.

Figura 5 – Vias hipotéticas da absorção, distribuição, metabolismo e excreção das antocianinas com base na informação

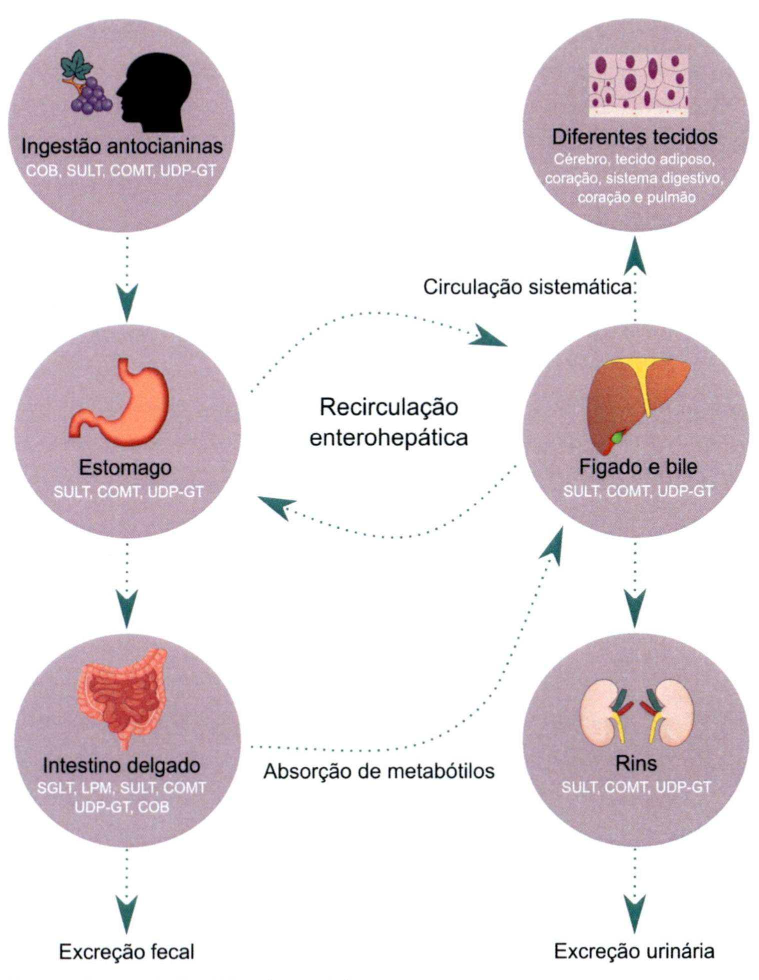

Fonte: Fernandes *et al.* (2013), adaptada[5]

Alguns estudos mais recentes sobre a digestão e absorção de antocianinas, de uvas e vinho, através da cavidade oral, estômago e trato intestinal, observaram que na cavidade oral, a condição do pH e as enzimas secretadas pelas bactérias podem levar a hidrólise de antocianinas em ácidos fenólicos ou as correspondentes agliconas. Que no estomago as antocianinas são relativamente estáveis e podem ser absorvidas com uma pequena porção sendo hidrolisada. E que o intestino é o principal local para o metabolismo e absorção das antocianinas, onde a microbiota e o pH alcalino catabolizam as antocianinas em pequenos ácidos fenólicos moleculares e aldeídos. Os quais podem ser transportados através do epitélio intestinal por difusão passiva ou transportadores ativos[28].

Glicosídeos de antocianina podem ser rapidamente absorvidos a partir do estômago após a ingestão. Alguns autores já detectaram as antocianinas em sua forma intacta em plasma e/ou urina de ratos[29] e em humanos[30,31], possivelmente como resultado da sua absorção por difusão facilitada através da parede gástrica. Tal fato é confirmado por estudos que determinaram suas concentrações no estômago, entretanto as antocianinas nativas e metiladas seriam encontradas em outros órgãos como: jejuno, fígado e rim[5]. Depois da absorção gástrica, as antocianinas são transportadas para o fígado e podem ser metabolizadas por metilação, glucuronidação e sulfoconjugação, por meio de atuações de enzimas como a catecol-o-metiltransferase e as sulfotransferases. Essa fase tem como principal objetivo diminuir possíveis efeitos tóxicos deste composto, bem como aumentar o tempo de retenção e circulação no organismo.

As antocianinas que não são absorvidas no estômago, são movidas para o intestino delgado, onde pelo pH mais elevado se convertem a uma combinação hemiacetal de chalcona e formas quinoidais. Pode também ocorrer à absorção no jejuno. O mecanismo de transporte envolvido não foi identificado, mas se é semelhante ao dos flavonóis, pode envolver a hidrólise dos glicosídeos por várias hidrolases e absorção da aglicona fenólico. A absorção de um composto depende do quão disponível ele encontra-se para a liberação da matriz e absorção no intestino delgado pelos enterócitos. Nas células intestinais ocorrem duas importantes ações: a deglicosilação dos compostos ligados pelas enzimas glicosidases presentes na mucosa intestinal e a glicuronação do composto fenólico na forma livre a uma molécula de albumina, ação que influencia na sua capacidade de difusão através das membranas biológicas.

O principal modo de absorção intestinal de antocianinas é por meio dos transportadores de glicose, cotransportador 1 de sódio / glicose (sGLT1) e transportador de glicose tipo 2 (GLUT2). Afinidades de ligação mais fortes podem permitir que as antocianinas sejam mais inibidoras da absorção de glicose em comparação com o inverso, onde a expressão de GLUT2 também pode ser afetada. A inibição genética ou química de sGLT1 ou GLUT2 demonstra sua função essencial na absorção de antocianinas pelo enterócito, onde o primeiro interage com uma grande variedade de antocianinas, mas o último é o principal transportador de antocianinas-glicosídeos específicos [2]. Em outro estudo, o silenciamento do mRNA de GLUT1 e GLUT3 resultou em uma redução do transporte da malvidina-3-glicosídeo e outras antocianinas de um extrato de casca de batata-doce roxa, sugerindo que esses dois transportadores desempenham um papel importante no transporte de antocianinas[32]. No entanto, os transportadores parecem ter afinidades diferentes com as antocianinas, dependendo do nível de glicosilação.

Uma vez absorvidas, as antocianinas modulam positivamente a densidade e função do transportador periférico de glicose tipo 4 tanto no músculo esquelético quanto no tecido adiposo por meio da regulação positiva da proteína quinase ativada por monofosfato de adenosina e restauração da sensibilidade à insulina. As propriedades antioxidantes e a inibição da fosfodiesterase pelas antocianinas promovem a função mitocondrial e a densidade, que podem ser novos alvos para o manejo dietético da obesidade e suas complicações[2].

Recentemente alguns pesquisadores sugeriram que as antocianinas ingeridas podem ser eficazes dependendo do indivíduo. Isso pode ser devido a uma variação interindividual na absorção e metabolismo dessas substâncias ou devido a uma variabilidade em seu efeito intrínseco aos genes ou proteínas alvo. Aspectos intrínsecos como genética, idade, sexo e estados fisiológicos ou patológicos são fatores importantes nessa variabilidade. A variação genética para enzimas envolvidas na absorção e metabolismo das antocianinas pode resultar em grandes diferenças na expressão de uma enzima funcional. As diferenças na microbiota intestinal de uma pessoa e nas enzimas metabolizadoras também podem influenciar a absorção, distribuição, metabolismo e excreção (ADME) das antocianinas e, consequentemente, sua bioatividade e efeitos sobre a saúde. Além disso, a forma química e a matriz alimentar na qual esses pigmentos estão dispersos em combinação com a variabilidade fisiológica individual podem afetar essa biodisponibilidade. Dessa forma, todos esses fatores mencionados podem ser a razão para resultados conflitantes ou contraditórios de estudos clínicos sobre os efeitos das antocianinas nas pessoas[3].

Uma vez que apenas uma pequena percentagem das antocianinas que é consumida por seres humanos ou animais é excretada na urina, existe a possibilidade de que a maioria das antocianinas que são consumidas permaneçam no trato gastrointestinal. No entanto, estudos têm demonstrado que as antocianinas são absorvidas a partir do estômago e do intestino delgado. Embora esses estudos demonstrem o potencial de absorção substancial, geralmente avaliam a absorção, como o desaparecimento das antocianinas a partir do sistema de teste, não considerando sua biotransformação[33]. Dessa forma, outra possibilidade que também deve ser discutida é a de que as antocianinas se transformem em estrutura molecular que não é detectada, ao invés de ser absorvida. Alguns estudos têm mostrado que as antocianinas podem ser extensivamente transformadas por populações microbianas tomadas a partir do intestino, o que sugere a possibilidade de que grandes concentrações de compostos derivados de antocianinas podem estar presentes no TGI.

A biodisponibilidade e a biocinética das antocianinas de suco de uva e vinho tinto (400 mL com 283,5 mg e 279,6 mg, de antocianinas, respectivamente) foi avaliada após o consumo por 9 voluntários em um estudo comparativo. A excreção urinária do total de antocianinas ingeridas diferiu significativamente em relação à quantidade da dose administrada, com valores de 0,18% (vinho tinto) e 0,23% (suco de uva)[30].

A atividade antioxidante plasmática apresentou maiores níveis depois do consumo do suco de uva comparado ao vinho tinto. A absorção intestinal das antocianinas do suco pareceu ser maior quando foi comparado ao vinho, sugerindo uma possível ação sinérgica com o conteúdo de glicose do suco. As antocianinas podem interagir com o transportador da glicose no intestino, podendo ser absorvidas desta maneira. Ainda, foi verificado que a excreção total das antocianinas ingeridas com açúcar foi menor quando comparadas com uma ingestão sem açúcar, indicando que carreadores do açúcar podem de fato desempenhar um papel importante na absorção das antocianinas. Dessa forma os autores sugerem que uma maior absorção de antocianinas do suco de uva resulta em uma bioatividade plasmática mais efetiva, ou seja, maior poder antioxidante[30].

O intestino delgado é geralmente o local mais importante de absorção de nutrientes. A absorção intestinal das antocianinas é no geral, considerada baixa[34], no entanto é preciso ter em atenção que vários fatores poderão estar envolvidos na complexidade desse fenômeno[35]. Os processos físico-químicos que antecedem a absorção gastrointestinal, nomeadamente interação com proteínas dos alimentos ou com proteínas salivares e enzimas digestivas[26,36,37] podem contribuir para essa reduzida biodisponibilidade a nível intestinal.

A ingestão oral de frutas ricas em antocianinas, ou de seus extratos antociânicos tem apresentado efeitos benéficos na prevenção ou supressão de doenças *in vivo*. Estudos de administração oral de antocianinas têm confirmado um aumento no status antioxidante do soro sanguíneo, mas esse fato também tem sido acompanhado por uma presença muito baixa de antocianinas no soro (<1% da dose) e apresentam baixos níveis de excreção urinária tanto nas formas intactas como nas formas conjugadas. As doses reportadas na maioria dos estudos *in vitro* têm pouca relevância para as condições *in vivo*, uma vez que são muito superiores àquelas que estarão efetivamente presentes nos tecidos, resultado das baixas concentrações de antocianinas intactas no sangue. Assim, a baixa biodisponibilidade aparente de antocianinas leva a dúvidas sobre a habilidade de antocianinas em exercer seus efeitos benéficos[38].

Após a administração oral de cianidina-3-glicosídeo em ratos observou-se o aparecimento rápido no plasma da dessa antocianina sua forma intacta, sem a detecção da sua forma aglicada, apesar da aglicona estar presente no jejuno. Os autores detectaram uma elevada concentração plasmática de ácidos protocatecuicos, oito vezes maior do que a de cianidina-3-glicosídeo. O ácido protocatequínico pode ser produzido pela degradação das antocianinas. Há um grande número de compostos que potencialmente podem ser formados a partir da degradação de antocianinas no TGI, o que apresenta um desafio significativo. Os mesmos autores encontraram, depois de 15 minutos, uma grande concentração de cianidina-3-glicosídeo no tecido estomacal, evidenciando que as antocianinas podem ser absorvidas por este órgão e já na forma glicosilada[39].

De fato, sobre a metabolização desses flavonoides, uma quebra do grupo glicosídico das antocianinas para absorção posterior não ocorre como a maioria dos compostos glicosilados da dieta. No intestino delgado, considera-se que a lactase florizina hidrolase (LPH) hidrolisa glicosídeos em suas agliconas, que podem então entrar nas células por difusão passiva. No entanto, as antocianinas são uma exceção a isso, pois estão presentes principalmente como glicosídeos. Os glicosídeos podem entrar nas células epiteliais por meio de transportadores como o transportador de glicose dependente de sódio 1 (SGLT1) e ser hidrolisadas nas células.

Após a absorção, as antocianinas sofrem metabolismo de fase I no fígado por P450 monooxigenases e metabolismo de fase II por enzimas como urina-50-difosfato, glucuronosiltransferases (UGT) ou catecol-O-

-metiltransferases (COMT). Além disso, descobriu-se que a reciclagem entero-hepática é responsável, até certo ponto, pela persistência dos conjugados de antocianinas e pela complexidade dos metabólitos produzidos a partir de uma dose de antocianinas, demonstrando assim as complexidades envolvidas na compreensão da biodisponibilidade das antocianinas[33].

Pesquisas usando 500 mg de 13C marcaram isotopicamente a cianidina-3--glicosídeo (C3G) e coletaram amostras biológicas ao longo de 48 h. A porcentagem média de 13C recuperado na urina, respiração e fezes foi de 43,9 ± 25,9%. A biodisponibilidade relativa foi de 12,38 ± 1,38% (5,37 ± 0,67% excretada na urina e 6,91 ± 1,59% na respiração). Eles também encontraram um total de 24 metabólitos marcados. Estes incluíam conjugados de fase II (cianidina-glicuronídeo, metilcianidina-glicuronídeo e metil C3G-glicuronídeo), mas também produtos de degradação (ácido protocatecuico e seus próprios conjugados de fase II (ou seja, ácido vanílico ou ácido isovanílico) e floroglucinaldeído), ácido hipúrico e ácido ferúlico. Enquanto a concentração sérica de C3G atingiu o pico cerca de 2h após o consumo, seus degradantes atingiram o pico aproximadamente 6h pós-consumo. Outros metabólitos, como ácido vanílico ou ácido ferúlico, atingiram sua concentração máxima 11-16h após o consumo[40,41,42].

As antocianinas presentes nas matrizes alimentares, consumidas com proteínas, polissacarídeos e outros componentes podem modular a microbiota intestinal (aproximadamente 10^{13}-10^{14} células bacterianas)[43]. Sabe-se que essas bactérias participam do metabolismo das antocianinas, da síntese de vitaminas e quebra de carboidratos com o envolvimento de α-L-rhamnosidases, β-D-glucosidases e β-D-glucuronidases. Grandes quantidades das antocianinas ingeridas chegam ao cólon (pH 7,4–8), onde, por meio do metabolismo bacteriano, sofrem a clivagem de ligações glicosídicas e decomposição do heterociclo de antocianidina (do anel C), degradação em derivados de floroglucinol (do anel A) e ácidos benzoicos (do anel B)[43].

Embora o número de estudos realizados, ainda seja limitado, já foi demonstrado em um modelo *in vitro*, usando microflora isolada a partir das fezes de porco, que as antocianinas podem ser modificadas substancialmente. Os autores investigaram cinco diferentes antocianinas e mostraram que a exposição à microflora intestinal resultou em desglicosilação rápida e desmetilação das agliconas correspondentes. As agliconas são instáveis a pH neutro e são rapidamente degradadas para os seus correspondentes ácidos fenólicos e aldeídos por meio de clivagem do anel C[44]. Resultados semelhantes foram obtidos em estudos utilizando duas antocianinas cianidina e uma antocianina acilada e incubando com microbiota fecal humana[45,46]. Tais estudos sugerem que esse composto sofre poucas alterações devido a condições gástricas, no entanto são altamente modificados pela microbiota presente.

Ao estudar o metabolismo das antocianinas, é importante também ter conhecimento sobre o mecanismo de toxicologia dela. Em uma pesquisa de 90 dias para avaliar toxicidade crônica, foram utilizados ratos de linhagem Wistar, de ambos os sexos, com um mês e meio de idade. As doses de antocianinas administradas foram de 1,2 a 3 g/dia. Os resultados demonstraram que não houve quaisquer tipos de lesões derivadas do consumo de antocianinas. Verificou-se também que nem o comportamento e nem o crescimento dos animais sofreram alterações, apresentando-se normais[47].

Com a evidência dos efeitos terapêuticos de fitoquímicos e antocianinas, é cada vez mais importante compreender a natureza da absorção e o metabolismo *in vivo*. A maior compreensão desses processos permitirá o desenvolvimento de novos produtos alimentícios, tanto frescos como manufaturados, com maior eficácia terapêutica. Atualmente, pouco se sabe sobre como as antocianinas e compostos derivados delas entram no corpo, se distribuem para os tecidos e exercem efeitos benéficos à saúde[33].

Tendo como base todas as informações citadas supra, fica evidente que o metabolismo e absorção de antocianinas envolvem um processo complexo, sendo necessário aperfeiçoar cada vez mais os estudos para que se possa elucidar melhor todo o fenômeno envolvido. Assim, pesquisas relacionadas a bioacessibilidade e a biodisponibilidade de compostos fenólicos em matrizes sólidas a partir de abordagens *in vitro e in vivo*, assim como em técnicas de cromatografia líquida acoplada à espectrometria de massa (LC-MS), têm contribuído para um melhor entendimento da digestão gastrointestinal, absorção e metabolismo desses fitoquímicos[48].

Alguns estudos em animais

Os estudos em animais têm sido frequentemente utilizados para investigar a biodisponibilidade de antocianinas. A maioria dos estudos descobriu que as antocianinas são absorvidas principalmente intactas, na sua forma glicosídica, e rapidamente atingem o sistema circulatório

0,25-2h. Após uma administração única por via oral [400 mg/kg de peso corporal] de *Vaccinium myrtilus* as concentrações de antocianinas no plasma atingiram o pico (2-3 µg/mL) depois de apenas 15 minutos e, em seguida, rapidamente diminuíram dentro de 2 horas[49].

As antocianinas são absorvidas pelo trato gastrointestinal, mais especificamente pelo jejuno e íleo. A taxa de absorção das antocianinas varia de acordo com sua estrutura química, com valores que vão de 10,7% para a malvidina-3-glicosídeo a 22,4% para a cianidina-3-glicosídeo. Além disso, estudos demonstraram que as antocianinas são rapidamente metabolizadas e eliminadas pelo organismo através da bile e urina, mantendo sua forma intacta como glicosídeo, assim como na forma de metilados e derivados glicuronidados[29].

A administração oral de antocianinas de frutas vermelhas em ratos resultou em um rápido aparecimento de antocianina intacta no plasma, indicado por um pico de concentração de 3.8 µmol/L em 15 minutos. No entanto, nem as agliconas (forma não glicosilada) nem os conjugados de antocianinas foram encontrados no plasma dos ratos. Além disso, foi observada a presença de ácido protocatecuico no plasma, que os pesquisadores sugerem ser produzido pela degradação da cianidina, com uma concentração oito vezes maior do que a de cianidina-3-glicosídeo[29].

Estudos mais recentes da absorção de antocianinas em ratos relataram a ocorrência de metilados de antocianinas no plasma. Após a administração oral de 100 mg definidina-3-glicosídeo/kg de peso corporal, uma concentração máxima (0,4 µmol/L) apareceu no plasma dentro de 15 min[49]. A forma metilada da delfinidina-3-glicosídeo mostrou máxima concentração plasmática após 1h. Mais estudos detectaram os glucuronatos de antocianinas em plasma de rato, e foi sugerido que esses metabólitos são produzidos principalmente no fígado, em vez da flora intestinal[34].

A medição da excreção urinária muitas vezes tem sido usada como um parâmetro para avaliar a biodisponibilidade e metabolismo. Antocianinas purificadas (delfinidina-3-rutinosídeo, cianidina-3-rutinosídeo, cianidina-3-glicosídeo) de groselha, foram detectadas no sangue (2h) e rapidamente excretadas na urina em suas formas glicosiladas após administração. De forma semelhante, antocianinas de amora preta são excretadas intactas na urina. Entretanto, observaram-se valores baixos de antocianinas, assim como agliconas em conteúdo fecal, sugerindo que houve a degradação de antocianinas pela microbiota. Ademais, as antocianinas e os seus metabólitos têm sido relatados na bílis, o que sugere uma rápida absorção e metabolismo[31,49].

Nanocomplexos de antocianinas e polímero aniônico fucoidan, foram produzidos com o intuito de aumentar a absorção e estabilidade das antocianinas. Os resultados obtidos *in vitro* demonstraram que o complexo aumentou a absorção e a permeabilidade celular, além de proporcionar maior estabilidade química no plasma em comparação com as antocianinas na forma livre. Em um experimento *in vivo* realizado em ratos, o complexo apresentou uma biodisponibilidade 3,24 vezes maior do que as antocianinas na forma livre. Esses resultados sugerem possíveis aplicações do complexo de antocianinas para melhorar a estabilidade e a absorção celular. No entanto, é necessário investigar esses parâmetros em seres humanos[4].

Estudos em humanos

O número de estudos em humanos sobre a biodisponibilidade das antocianinas tem aumentado consideravelmente nas últimas décadas. Em um estudo inicial, foi investigada a biodisponibilidade das antocianinas após a ingestão de uma quantidade equivalente a dois copos de vinho tinto, contendo 218 mg de antocianina em 300 mL. Verificou-se uma taxa de excreção urinária de 5% da dose ao longo de um período de 12 horas, uma taxa mais alta do que em estudos mais recentes[50]. Em outra pesquisa, foi relatada evidência direta da absorção das antocianinas em sua forma glicosídica em seres humanos. Após consumir um extrato de sabugueiro, com uma ingestão total de antocianinas de 1,5 g, foi observada uma concentração plasmática de antocianina de pelo menos 100 µg/L após 30 minutos[51].

Em estudo conduzido em humanos investigou-se a absorção, distribuição e excreção de antocianinas de groselha. Para isso, os participantes receberam uma dose única de groselha negra concentrada contendo 3,57 mg de cianidina-3-glicosídeo/kg de peso corporal. Os resultados obtidos indicaram que os glicosídeos antociânicos podem ser absorvidos rapidamente, dentro de 2 horas após a ingestão, e excretados na urina na forma intacta[52].

Outro estudo investigou a absorção e o metabolismo das antocianinas da amora preta em seres humanos, quando administradas oralmente em altas doses (2,69 ± 0,085 g/dia). Após 2 horas da administração oral, foram observadas as maiores concentrações plasmáticas de quatro antocianinas presentes na amora preta. Essas antocianinas foram excretadas na urina, tanto na forma intacta como em derivados metilados, após 4-8 horas da ingestão. Além disso, menos de 1% da dose administrada das antocianinas presentes nas amoras foi absorvida e excretada na urina[53].

De forma geral, os estudos com humanos tem demonstrado que as antocianinas apresentam uma biodisponibilidade extremamente baixa. Após a ingestão de 180 mg de antocianina, na forma de cápsulas gelatinosas contendo suco de sabugueiro, a concentração plasmática máxima encontrada foi de 35 ng/mL após 1 hora, mas rapidamente se deteriorou-[51,52,53,54]. A absorção e o metabolismo dos monoglicosídeos de delfinidina, cianidina, petunidina, peonidina e malvidina em seres humanos, também demonstrou baixa detecção de antocianinas no plasma. Sete voluntários saudáveis participaram do estudo, sendo que após um jejum de 12 horas, eles receberam 12 g de extrato de antocianina. A concentração máxima de antocianinas no plasma foi observada após 30 min após a ingestão. As antocianinas foram detectadas em sua forma intacta tanto no plasma quanto na urina, e outros metabólitos também foram identificados, como os glicuronídeos de peonidina e malvidina. A excreção urinária total de antocianinas do vinho tinto foi 0,05 ± 0,01% da dose administrada dentro das 24 horas. Aproximadamente 94% da antocianina excretada foi encontrada na urina dentro de 6 horas[54].

Em outro estudo, os pesquisadores encontraram baixa excreção de antocianinas na urina (0,01-0,06%) ao longo de um período de 7h após a ingestão de baga-Boysen concentrado (345 mg de antocianina), groselha concentrada (189 mg de antocianina), e extrato de mirtilo (439 mg de antocianina)[55].

Existe uma alta variação inter e intraindividual na resposta à ingestão de antocianinas que, em muitos casos, leva a resultados contraditórios em testes em humanos. Essa variabilidade pode ser causada em dois níveis, um no nível de biodisponibilidade e outro no efeito e mecanismos de ação. A variabilidade na biodisponibilidade das antocianinas pode ser produzida pela falta de homogeneidade introduzida em três níveis diferentes: matriz alimentar e processamento de alimentos, enzimas envolvidas no metabolismo e transporte de antocianinas e microbiota intestinal que metaboliza as antocianinas. Resultados sobre a biodisponibilidade de antocianinas considerando a variabilidade inter ou intraindividual ainda são muito escassos, o que torna difícil chegar a qualquer conclusão firme sobre o assunto[3].

Estudos toxicológicos

As antocianinas (E163) são autorizadas como aditivos alimentares na União Europeia e foram previamente avaliadas pelo JECFA (o Joint FAO/WHO Expert Committee on Food Additives) em 1982. O JECFA estabeleceu uma ingestão diária aceitável (IDA) de 2,5 mg/kg de peso corporal/dia para antocianinas.

A dose letal (DL_{50}) de antocianinas (mistura de cianidina, petunidina e delfinidina) extraídas de groselha, mirtilo e baga de sabugueiro, foram determinadas conforme mostrado na Tabela 1. O estudo foi realizado em ratos utilizando doses que variaram de 0 a 25000 $mg.Kg^{-1}$ e em camundongos com doses de 0 a 20000 $mg.Kg^{-1}$ de peso corporal por diferentes vias de aplicação. Os resultados demostraram que as antocianinas são atóxicas por via oral, em contrapartida, doses elevadas, por via intravenosa ou intraperitonial, são tóxicas podendo resultar em sedação, convulsão e, finalmente, morte dos animais[55]. Além disso, antocianinas extraídas de groselha, mirtilo e baga de sabugueiro, não apresentaram efeito teratogênico em ratos, camundongos e coelhos quando foram administradas nas doses de 1,5; 3 ou 9 $g.Kg^{-1}$ por três gerações sucessivas[55].

Tabela 1 – DL_{50} das antocianinas por diferentes vias de administração em camundongos e ratos

ANIMAL	VIA DE ADMINISTRAÇÃO	DL_{50} (g/Kg peso corporal)
Camundongos	Intraperitonial	4,11
	Intravenosa	0,84
	Oral	25
Ratos	Intraperitonial	2,35
	Intravenosa	0,24
	Oral	20

Fonte: Pourrat *et al.* (1967)[55]

Para avaliação de toxicidade crônica em estudo de 90 dias, foram utilizados ratos de linhagem Wistar, de ambos os sexos, com seis semanas de idade, e foram administradas doses de antocianinas de 1,2 a 3 $g.dia^{-1}$. Não foram observadas alterações hematológicas ou lesões anatomopatológicas acentuadas. Também foi observado um comportamento e crescimento normal dos animais. Assim sendo, nota-se que em tal estudo a toxicidade encontrada estava consideravelmente baixa[47].

Durante um estudo de 13 semanas sobre o efeito tóxico da antocianina da uva em pó, não foram observados efeitos tóxicos significativos. Além disso, não foram identificados efeitos adversos na reprodução ou efeitos mutagênicos em ratos que receberam 15% desse corante em suas dietas[56].

Outra pesquisa analisou os efeitos da antocianina e do própolis em coelhos diabéticos, utilizando doses de 20 mg e 150 mg, respectivamente. O objetivo era verificar os efeitos dessas substâncias nos níveis de glicose e triacilglicerol. A ingestão diária de 20 mg de antocianinas por coelhos saudáveis não afetou o ganho de massa corporal nem os metabolismos mineral, lipídico, proteico e de carboidratos. Portanto, com base na dosagem avaliada, o consumo de antocianinas na dieta não apresentou toxicidade em animais, sugerindo também uma não-toxicidade em humanos[57].

Em cobaias e cães, não foram observados efeitos tóxicos de curto prazo ou subcrônicos com doses de antocianinas de até 3 g/kg de extrato de casca de uva. Além disso, em ratos alimentados com extrato de semente de uva (GSE) ou extrato de casca de uva (GSKE) em níveis dietéticos de até 2,5% (1780 mg/kg de peso corporal/dia em machos e 2150 mg/kg de peso corporal /dia em fêmeas) por um período de 90 dias, não foram observados efeitos adversos relevantes relacionados ao tratamento[58].

O valor relatado pelo JECFA de 3% de teor de antocianinas em GSKE (e assumindo o mesmo nível em GSE), resultaria em uma dose diária equivalente a 53 mg antocianinas/kg para machos e 64 mg antocianina/kg para fêmeas. Em um estudo de reprodução de 2 gerações com antocianinas de GSKE, nenhum efeito foi observado no desempenho reprodutivo ou na viabilidade dos filhotes em níveis dietéticos de até 15% (equivalente a 225 mg de antocianinas/kg de peso corporal/dia) com base em um teor assumido de 3% de antocianinas em GSKE. Como o GSKE contém aproximadamente 3% de antocianinas, esse nível foi correlacionado com um NOAEL de 225 mg/kg de peso corporal/dia para antocianinas. Esse nível foi convertido em um ADI estimado de 0-2,5 mg/kg de peso corporal/dia para antocianinas[59].

Não há indicações de que glicosídeos de antocianinas de groselhas, mirtilos ou sabugueiro induzam efeitos no desenvolvimento de ratos, camundongos ou coelhos em doses de até 9 g/kg de peso corporal. Várias antocianidinas e antocianinas (cianidina, delfinidina, GSE e GSKE) foram negativas em testes de mutagenicidade bacteriana[60]. Ensaios cometa *in vitro* em células de mamíferos também não resultaram em aumento de alterações no DNA quando expostos a 0,1-100 μg/mL (GSE) ou 1-10 μM (delfinidina, malvidin, pelargonidina e peonidina). Pelargonidina (doses ≤ 2 μM) foi considerada não genotóxica em um teste de micronúcleo em células HL-60. No geral, na maioria dos ensaios *in vitro*, as antocianinas, testadas em doses baixas, não foram genotóxicas. Algumas evidências de genotoxicidade foram fornecidas por um único estudo *in vitro* usando antocianidinas puras. Devido à falta de dados, nenhuma conclusão pode ser tirada com relação à toxicidade em longo prazo ou carcinogenicidade das antocianinas[59].

A Comissão Europeia à Autoridade Europeia para a Segurança dos Alimentos (EFSA) solicitou ao Painel Científico de Aditivos Alimentares e Fontes de Nutrientes adicionados aos Alimentos (ANS) uma opinião sobre a reavaliação da segurança das antocianinas (E 163). O Painel concluiu que as informações disponíveis no banco de dados toxicológicos não eram adequadas para estabelecer um ADI numérico para as antocianinas. A maioria dos dados é sobre o extrato aquoso de casca de uva (GSKE) e extratos de groselha negra. O Painel considerou que é improvável que as exposições estimadas a partir das utilizações atuais e dos níveis de utilização desses extratos sejam uma preocupação. Uma nova caracterização e novos dados toxicológicos seriam necessários para permitir uma reavaliação da ADI incluindo dados comparativos envolvendo extratos aquosos de antocianinas[61].

Tendências na área

A pesquisa aplicada em ciência e tecnologia alimentar tem focado no desenvolvimento de modelos e protótipos alimentares "funcionalizados" pela adição de compostos bioativos, como as antocianinas. No entanto, a baixa biodisponibilidade desses compostos é um desafio significativo, já que apenas 5-10% são absorvidos e estão sujeitos a extensas transformações no trato gastrointestinal, como desglicosilação, desidroxilação e desmetilação[62]. Portanto, aumentar a bioacessibilidade e biodisponibilidade desses compostos é essencial para sua aplicação tecnológica em alimentos.

A melhoria da biodisponibilidade pode ser alcançada pela modificação da estrutura química dos flavonoides, seja pela síntese de novos compostos com alterações na molécula, ou pela adição de resíduos específicos. Por exemplo, ésteres de flavonoides podem ser produzidos através da adição de ácidos graxos, como ácido esteárico, oleico, linoleico, linolênico, docosahexaenoico e eicosapentaenoico. Pesquisas têm mostrado que flavonoides quimicamente modificados pela adição de resíduos com diferentes pesos moleculares em uma ou mais hidroxilas fenólicas resultam em lipofilização, o que, por sua vez, aumenta a absorção[63].

Outra estratégia para melhorar a absorção é a produção de microesferas, onde os flavonoides são revestidos com materiais "quimicamente protetores", como alginato de sódio, quitosana ou celulose cristalina, que os protegem da degradação durante a digestão. O sistema de microencapsulamento é desenvolvido de acordo com as características dos ingredientes e dos alimentos nos quais serão aplicados. Estudos recentes indicam que proteínas e lipídios do leite protegem compostos fenólicos adicionados a bebidas lácteas, devido à micelização no intestino delgado[67,64].

Apesar dos avanços, os mecanismos exatos de biodisponibilidade, metabolismo e efeitos tóxicos desses compostos ainda não são totalmente compreendidos, como mostram as publicações científicas. A inconsistência observada nos processos metabólicos entre diferentes estudos deve-se, principalmente, às variações nas matrizes alimentares, dados de modelos in vitro, e à escassez de estudos em humanos, que ainda apresentam variações relacionadas à dosagem, tempo de intervenção e características individuais da população.

Para preencher essas lacunas e melhorar a compreensão dos processos metabólicos, estudos recentes têm empregado engenharia de tecidos intestinais. O uso de células-tronco adultas (ACS), células-tronco pluripotentes induzidas (iPSC) e linhagens celulares imortalizadas têm fornecido informações valiosas sobre o metabolismo, segurança e bioatividade desses compostos. No futuro, modelos de cultura organoide 3D, que são estruturas semelhantes a órgãos geradas a partir de ASCs, serão cada vez mais utilizados para superar as limitações das culturas de células 2D[65].

A pesquisa tecnológica é essencial para a observação de células em condições fisiológicas tridimensionais (3D), o que é relevante tanto para a estrutura quanto para a função biológica. Essa abordagem tem grande importância translacional, e tem se tornado de interesse científico crescente por possibilitar a redução ou até eliminação de estudos em animais. Além disso, modelos computacionais (in silico) e técnicas matemáticas são ferramentas cruciais para a compreensão de conceitos biomoleculares complexos.

Nesse contexto, a ciência e a tecnologia de modelos biológicos desempenham um papel fundamental na adaptação, como no desenvolvimento de alimentos funcionais e nutracêuticos, contribuindo para o design otimizado de estruturas e o planejamento personalizado voltado à saúde humana. Esses procedimentos permitem a implementação do princípio dos 3Rs (Redução, Refinamento e Substituição) na ciência básica, bem como nas configurações pré-clínicas e regulatórias[66].

Essas práticas estão alinhadas com a crescente demanda da ciência e da sociedade por uma mudança de paradigma na avaliação da segurança química e dos riscos, sem o uso de animais, em conformidade com os objetivos éticos relacionados aos estudos in vivo[67].

De forma geral as pesquisas atuais têm se concentrado em entender como o processamento, matriz alimentar, microbiota intestinal, uso se adjuvantes etc. influenciam na digestão e absorção das antocianinas. Essas abordagens têm o objetivo principal de melhorar a absorção e utilização desses compostos benéficos pelo organismo, ampliando assim os benefícios para quem os consome[68].

Estudos recentes têm investigado as interações entre as antocianinas e outros nutrientes presentes na alimentação, como fibras, lipídios e proteínas. Acredita-se que essas interações possam influenciar a biodisponibilidade das antocianinas e melhorar sua absorção[69,70,71]. Outros ainda buscam entender como diferentes técnicas de processamento de alimentos, como a cocção, fermentação e liofilização, podem afetar a biodisponibilidade das antocianinas. Algumas técnicas podem levar à degradação ou perda desses compostos, enquanto outras podem aumentar sua disponibilidade[72,73].

Considerações finais

A antocianina é um pigmento natural que tem despertado grande interesse nos últimos anos, principalmente por apresentar potencial antioxidante e possíveis benefícios à saúde humana. A biodisponibilidade de antocianinas difere de outros flavonoides, e é aparentemente baixa, mas deve ser mais estudada a fim de eliminar algumas dúvidas e questionamentos. Sua absorção acontece rapidamente após o consumo, de modo que a concentração máxima se dá após 15 a 60 minutos e excreção completa após 6 a 8 horas. Essas observações sugerem que as antocianinas são absorvidas pelo estômago, mas pouco se sabe sobre o que acontece no intestino no que diz respeito ao metabolismo da substância. A maioria dos estudos sobre o assunto é realizada *in vitro* ou *in vivo*, sendo necessária maior investigação com seres humanos.

Referências

1 BARS-CORTINA, David; SAKHAWAT, Ali; PIÑOL, Felis Carme; MOTILVA, María-Jose. Chemopreventive effects of anthocyanins on colorectal and breast cancer: A review. **Seminars in Cancer Biology**, v. 81, p. 241-258, jun. 2022.

2 SOLVERSON, Patrick. Anthocyanin bioactivity in obesity and diabetes: The essential role of glucose transporters in the gut and periphery. **Cells**, v. 9, n. 11, p. 2515, 2020.

3 EKER, Merve Eda *et al.* A review of factors affecting anthocyanin bioavailability: Possible implications for the inter-individual variability. **Foods**, v. 9, n. 1, p. 2, 2020.

4 LEE, Joo Young *et al.* Anthocyanin-fucoidan nanocomplex for preventing carcinogen induced cancer: Enhanced absorption and stability. **International Journal of Pharmaceutics**, v. 586, p. 119597, 2020.

5 FERNANDES, Iva *et al.* Bioavailability of anthocyanins and derivatives. **Journal of functional foods**, v. 7, p. 54-66, 2013.

6 CHAVES-SILVA, S.; SANTOS, A. L. DOS; CHALFUN-JÚNIOR, A.; ZHAO, J.; PERES, L. E. P.; BENEDITO, V. A. Understanding the genetic regulation of anthocyanin biosynthesis in plants – Tools for breeding purple varieties of fruits and vegetables. **Phytochemistry,** v. 153, p. 11-27, 2018.

7 GROTEWOLD, Erich. The genetics and biochemistry of floral pigments. **Annu. Rev. Plant Biol.**, v. 57, p. 761-780, 2006.

8 CHIU, Li-Wei *et al.* The purple cauliflower arises from activation of a MYB transcription factor. **Plant physiology**, v. 154, n. 3, p. 1470-1480, 2010.

9 ALLAN, Andrew C.; HELLENS, Roger P.; LAING, William A. MYB transcription factors that colour our fruit. **Trends in plant science**, v. 13, n. 3, p. 99-102, 2008.

10 SHANG, Yongjin *et al.* The molecular basis for venation patterning of pigmentation and its effect on pollinator attraction in flowers of Antirrhinum. **New Phytologist**, v. 189, n. 2, p. 602-615, 2011.

11 CARBONELL-CAPELLA, J. M.; BUNIOWSKA, M.; BARBA, F. J.; ESTEVE, M. J.; FRÍGOLA, A. Analytical Methods for Determining Bioavailability and Bioaccessibility of Bioactive Compounds from Fruits and Vegetables: A Review. **Comprehensive Reviews in Food Science and Food Safety**, v. 13, p. 155-171, 2014.

12 DI LORENZO, Chiara *et al.* Polyphenols and human health: the role of bioavailability. **Nutrients**, v. 13, n. 1, p. 273, 2021.

13 STAHL, W.; BERG, H.; ARTHUR, J.; BAST, A.; DAINTY, J.; FAULKS, R. M.; GÄRTNER, C.; HAENEN, G.; HOLLMAN, P.; HLST, B.; KELLY, F. J.; POLIDORI, M. C.; RICE-EVANS, C.; SOUTHON, S.; VLIET, T.; VIÑA-RIBES, J.; WILLIAMSON, G.; ASTLE, S. B. Bioavaliability and metabolism. **Molecular Aspects of Medicine**, v. 23, p. 39-100, 2002.

14 D'ARCHIVIO, Massimo *et al.* Bioavailability of the polyphenols: status and controversies. **International journal of molecular sciences**, v. 11, n. 4, p. 1321-1342, 2010.

15 NEILSON, Andrew P.; GOODRICH, Katheryn M.; FERRUZZI, Mario G. Bioavailability and metabolism of bioactive compounds from foods. **Nutrition in the Prevention and Treatment of Disease**. Academic Press, p. 301-319, 2017.

16 NETO, José Joaquim Lopes *et al.* **Impact of bioaccessibility and bioavailability of phenolic compounds in biological systems upon the antioxidant activity of the ethanolic extract of *Triplaris gardneriana* seeds**, v. 88, p. 999-1007, 2017.

17 CERVANTES, Lucía *et al.* Bioavailability of phenolic compounds in strawberry, raspberry and blueberry: Insights for breeding programs. **Food Bioscience**, v. 37, p. 100680, 2020.

18 ACHOUR, Mariem *et al.* Bioavailability and nutrikinetics of rosemary tea phenolic compounds in humans. **Food Research International**, v. 139, p. 109815, 2021.

19 DA SILVA, Dariane Trivisiol *et al.* Natural deep eutectic solvent (NADES): a strategy to improve the bioavailability of blueberry phenolic compounds in a ready-to-use extract. **Food Chemistry**, p. 130370, 2021.

20 AUGUSTI, Paula R. *et al.* Bioactivity, bioavailability, and gut microbiota transformations of dietary phenolic compounds: implications for covid-19. **The Journal of nutritional biochemistry**, p. 108787, 2021.

21 HUSSAIN; MUHAMMAD, Bilal; SADIA, Hassan; MARWA, Waheed; AHSAN, Javed; MUHAMMAD, Adil Farooq; ALI, Tahir. Bioavailability and Metabolic Pathway of Phenolic Compounds. **Plant Physiological Aspects of Phenolic Compounds**, p. 1-18, 2019

22 LIU, Zhongqiu; HU, Ming. Natural polyphenol disposition via coupled metabolic pathways. **Expert opinion on drug metabolism & toxicology**, v. 3, n. 3, p. 389-406, 2007.

23 JARDINI, Fernanda Archilla. **Avaliação da atividade antioxidante da romã (Punica granatum, L.)-participação das frações de ácidos fenólicos no processo de inibição da oxidação.** 2005. Tese (Doutorado) – Universidade de São Paulo, 2005.

24 MANACH, Claudine *et al.* Polyphenols: food sources and bioavailability. **The American journal of clinical nutrition**, v. 79, n. 5, p. 727-747, 2004.

25 RODRÍGUEZ, Héctor *et al.* Metabolism of food phenolic acids by Lactobacillus plantarum CECT 748T. **Food Chemistry**, v. 107, n. 4, p. 1393-1398, 2008.

26 GÓMEZ-JUARISTI, Miren *et al.* Absorption and metabolism of yerba mate phenolic compounds in humans. **Food chemistry**, v. 240, p. 1028-1038, 2018.

27 HE, Jian; GIUSTI, M. Monica. Anthocyanins: natural colorants with health-promoting properties. **Annual review of food science and technology**, v. 1, p. 163-187, 2010.

28 HAN, Fuliang *et al.* Digestion and absorption of red grape and wine anthocyanins through the gastrointestinal tract. **Trends in Food Science & Technology**, v. 83, p. 211-224, 2019.

29 TALAVERA, Severine *et al.* Anthocyanins are efficiently absorbed from the stomach in anesthetized rats. **The Journal of nutrition**, v. 133, n. 12, p. 4178-4182, 2003.

30 BITSCH, Roland *et al.* Bioavailability and biokinetics of anthocyanins from red grape juice and red wine. **Journal of Biomedicine and Biotechnology**, v. 2004, n. 5, p. 293, 2004.

31 CAO, Guohua *et al.* Anthocyanins are absorbed in glycated forms in elderly women: a pharmacokinetic study. **The American journal of clinical nutrition**, v. 73, n. 5, p. 920-926, 2001.

32 OLIVEIRA, H. *et al.* GLUT1 and GLUT3 involvement in anthocyanin gastric transport- Nanobased targeted approach. **Scientific Reports**, v. 9, n. 1, 2019.

33 MCGHIE, Tony K.; WALTON, Michaela C. The bioavailability and absorption of anthocyanins: towards a better understanding. **Molecular nutrition & food research**, v. 51, n. 6, p. 702-713, 2007.

34 LATTANZIO, Vincenzo *et al.* Plant phenolics — secondary metabolites with diverse functions. **Recent advances in polyphenol research**, v. 1, p. 1-35, 2008.

35 VANZO, Andreja *et al.* Uptake of grape anthocyanins into the rat kidney and the involvement of bilitranslocase. **Molecular nutrition & food research**, v. 52, n. 10, p. 1106-1116, 2008.

36 WIESE, Stefanie *et al.* Protein interactions with cyanidin-3-glucoside and its influence on []-amylase activity. **Journal of the Science of Food and Agriculture**, v. 89, n. 1, p. 33-40, 2009

37 MCDOUGALL, G. J. *et al.* Anthocyanins from red wine–their stability under simulated gastrointestinal digestion. **Phytochemistry**, v. 66, n. 21, p. 2540-2548, 2005

38 TSUDA, T.; HORIO, F. H.; OSAWA, T. Absorption and metabolism of cyanidin 3-O-beta-D-glucoside in rats. **FEBS Lett**, v. 449, n. 2-3,179-82, 1999.

39 GOULD, Kevin; DAVIES, Kevin M.; WINEFIELD, Chris (ed.). **Anthocyanins:** biosynthesis, functions, and applications. Springer Science & Business Media, 2008.

40 HICHRI, Imène *et al.* Recent advances in the transcriptional regulation of the flavonoid biosynthetic pathway. **Journal of experimental botany**, v. 62, n. 8, p. 2465-2483, 2011.

41 OCKERMANN, Philipp; LAURA, Headley; ROSARIO, Lizio; JAN, Hansmann. A Review of the Properties of Anthocyanins and Their Influence on Factors Affecting Cardiometabolic and Cognitive Health. ***Nutrients,*** v. 13, n. 8, p. 2831, 2021

42 TIAN, Lingmin *et al.* Metabolism of anthocyanins and consequent effects on the gut microbiota. **Critical reviews in food science and nutrition**, v. 59, n. 6, p. 982-991, 2019.

43 KEPPLER, Katrin; HUMPF, Hans-Ulrich. Metabolism of anthocyanins and their phenolic degradation products by the intestinal microflora. **Bioorganic & medicinal chemistry**, v. 13, n. 17, p. 5195-5205, 2005.

44 AURA, A.-M.; MARTIN-LOPEZ, P.; O'LEARY, K. A.; WILLIAMSON, G.; OKSMAN-CALDENTEY, K.-M.; POUTANEN, K.; SANTOS-BUELGA, C. In vitro metabolism of anthocyanins by human gut microflora. **European Journal of Nutrition**, v. 44, n. 3, p. 133-142, 2004.

45 FLESCHHUT, J.; KRATZER, F.; RECHKEMMER, G.; KULLING, S. E. Stability and biotransformation of various dietary anthocyanins in vitro. **European Journal of Nutrition**, v. 45, n. 1, 7-18, 2005.

46 FAO/WHO. Toxicological evaluation of certain food additives. International Programme on Chemical safety. **Expert Commitee on Food Additives**, Roma, 1982, 65p.

47 GLEICHENHAGEN, Maike; SCHIEBER, Andreas. Current challenges in polyphenol analytical chemistry. **Current Opinion in Food Science**, v. 7, p. 43-49, 2016.

48 MORAZZONI, P.; LIVIO, S.; SCILINGO, A.; MALANDRINO, S. *Vacci-nium myrtillus* anthocyanosides pharmacokinetics in rats. **Drug Res**, v. 41, p. 128-131, 1991.

49 LAPIDOT, Tair *et al.* Bioavailability of red wine anthocyanins as detected in human urine. **Journal of agricultural and food chemistry**, v. 46, n. 10, p. 4297-4302, 1998.

50 CAO, Guohua; PRIOR, Ronald L. Comparison of different analytical methods for assessing total antioxidant capacity of human serum. **Clinical chemistry**, v. 44, n. 6, p. 1309-1315, 1998.

51 MURKOVIC, M.; ADAM, U.; PFANNHAUSER, W. Analysis of anthocyane glycosides in human serum. **Fresenius' journal of analytical chemistry**, v. 366, n. 4, p. 379-381, 2000.

52 WANG, Li-Shu; STONER, Gary D. Anthocyanins and their role in cancer prevention. **Cancer letters**, v. 269, n. 2, p. 281-290, 2008.

53 GARCIA-ALONSO, Maria *et al.* Red wine anthocyanins are rapidly absorbed in humans and affect monocyte chemoattractant protein 1 levels and antioxidant capacity of plasma. **The Journal of Nutritional Biochemistry**, v. 20, n. 7, p. 521-529, 2009.

54 POURRAT, H. *et al.* Préparation et activité thérapeutique de quelques glycosides d'anthocyanes. **Chim Thérap**, v. 2, p. 33-38, 1967.

55 HALLAGAN, J. B.; ALLEN, D. C.; BORZELLECA, J. F. The safety and regulatory status of food, drug and cosmetics colour additives exempt from certification. **Food and chemical toxicology**, v. 33, n. 6, p. 515-528, 1995.

56 DE OLIVEIRA, Tânia Toledo *et al.* Efeito de antocianina e própolis em diabetes induzida em coelhos. **Medicina,** Ribeirao Preto, v. 35, n. 4, p. 464-469, 2002.

57 COX, G. E.; BABISH, J. C. **A 90-day feeding study of special grape color powder (type BW-AT) to Beagle dogs.** Unpublished report No. 5417 by Food and Drug Research Laboratories, Inc., submitted to the World Health Organization by FDA (as referred to by JECFA, 1982),1978B.

58 JECFA 26th report. WHO/FAO Joint Expert Committee on Food Additives. Toxicological evaluation of certain food additives and contaminants. **WHO Food Additives Series**, n. 17, 1982.

59 EFSA Panel on Food Additives and Nutrient Sources added to Food (ANS); Scientific Opinion on the re-evaluation of anthocyanins (E 163) as a food additive. **EFSA Journal,** v. 11, n. 4, p. 3145, 2013.

60 EFSA Panel on Food Additives and Nutrient Sources added to Food (ANS); Scientific Opinion on the re-evaluation of anthocyanins (E 163) as a food additive. **EFSA Journal,** v. 11, n. 4, p. 3145, 2013.

61 EFSA Panel on Food Additives and Nutrient Sources added to Food (ANS); Scientific Opinion on the re-evaluation of anthocyanins (E 163) as a food additive. **EFSA Journal,** v. 11, n. 4, p. 3145, 2013.

62 Martinelli, E., Granato, D., Azevedo, LUCIANA., Lorenzo, M., Munekata, P. E. S., Simal-gandara, J., Barba, F. J., Carrillo, C., Shahid, M., Rajoka, R., & Lucini, L. (2021). Trends in Food Science & Technology Current perspectives in cell-based approaches towards the definition of the antioxidant activity in food. 116 (April), 232–243. https://doi.org/10.1016/j.tifs.2021.07.024.

63 Nair, S. V. G., Ziaullah, H. P., Rupasinghe, V. Fatty Acid Esters of Phloridzin Induce Apoptosis of Human Liver Cancer Cells through Altered Gene Expression. Plos One, 9 (9). E1087149, 2014.

64 Rein, M. J., Renouf, M., Cruz-Hernandez, C., Actis-Goretta, L., Thakkar, S. K., & da Silva Pinto, M. (2013). Bioavailability of bioactive food compounds: A challenging journey to bioefficacy. British Journal of Clinical Pharmacology, 75 (3), 588–602. https://doi.org/10.1111/j.1365- 2125.2012.04425.x

65 MALIJAUSKAITE, S.; MULVIHILL, J. J. E.; GRABRUCKER, A. M.; MCGOURTY, K. IPSC-derived intestinal organoids and current 3D intestinal scaffolds. **iPSCs in Tissue Engineering**. São Paulo: Elsevier, 2021. p. 293-327.

66 63 ZIETEK, T.; GIESBERTZ, P.; EWERS, M.; REICHART, F.; WEINMÜLLER, M.; URBAUER, E.; HALLER, D.; DEMIR, I. E.; CEYHAN, G. O.; KESSLER, H.; RATH, E. Organoids to Study Intestinal Nutrient Transport, Drug Uptake and Metabolism – Update to the Human Model and Expansion of Applications. **Frontiers in Bioengineering and Biotechnology**, v. 8, 2020.

67 CHENG, M.; LIU, W.; ZHANG, J.; ZHANG, S.; GUO, Z.; LIU, L.; TIAN, J.; ZHANG, X.; CHENG, J.; LIU, Y.; DENG, G.; GAO, G.; SUN, L. Regulatory considerations for animal studies of biomaterial products. **Bioactive Materials**, v. 11, p. 52-56, 2022.

68 KAMILOGLU, S.; TOMAS, M.; OZDAL, T.; CAPANOGLU, E. Effect of food matrix on the content and bioavailability of flavonoids. **Trends in Food Science & Technology**, v. 117, p. 15-33, 2021.

69 PHAN, M. A. T.; BUCKNALL, M. P.; ARCOT, J. Co-ingestion of red cabbage with cherry tomato enhances digestive bioaccessibility of anthocyanins but decreases carotenoid bioaccessibility after simulated in vitro gastro-intestinal digestion. **Food Chemistry**, v. 298, p. 125040, 2019.

70 RIBNICKY, D. M.; ROOPCHAND, D. E.; OREN, A.; GRACE, M.; POULEV, A.; LILA, M. A.; HAVENAAR, R.; RASKIN, I. Effects of a high fat meal matrix and protein complexation on the bioaccessibility of blueberry anthocyanins using the TNO gastrointestinal model (TIM-1). **Food Chemistry**, v. 142, p. 349-357, 2014.

71 SENGUL, H.; SUREK, E.; NILUFER-ERDIL, D. Investigating the effects of food matrix and food components on bioaccessibility of pomegranate (Punica granatum) phenolics and anthocyanins using an in-vitro gastrointestinal digestion model. **Food Research International**, v. 62, p. 1069-1079, 2014.

72 KAMILOGLU, S.; PASLI, A. A.; OZCELIK, B.; VAN CAMP, J.; CAPANOGLU, E. Colour retention, anthocyanin stability and antioxidant capacity in black carrot (Daucus carota) jams and marmalades: Effect of processing, storage conditions and in vitro gastrointestinal digestion. **Journal of Functional Foods**, v. 13, p. 1-10, 2015.

73 JANARNY, G.; GUNATHILAKE, K. D. P. P. Changes in rice bran bioactives, their bioactivity, bioaccessibility and bioavailability with solid-state fermentation by Rhizopus oryzae. **Biocatalysis and Agricultural Biotechnology**, v. 101510, 2020a.

8

ANTOCIANINAS E AÇÕES NA SAÚDE

Introdução

Os compostos fenólicos como as antocianinas podem o organismo ao dano produzido por agentes oxidantes como os raios ultravioletas, poluição ambiental, substâncias químicas presentes nos alimentos, estresses, dentre outros. O organismo humano não produz essas substâncias químicas protetoras, cabendo ao homem obtê-las por meio da alimentação[1].

As antocianinas são consideradas compostos bioativos com um duplo interesse, sendo um deles tecnológico, devido a seu impacto sobre as características sensoriais dos alimentos; e o outro por suas propriedades benéficas a saúde por meio de diferentes atividades biológicas[2]. Esses benefícios incluem a sua capacidade antioxidante e anti-inflamatória, redução do colesterol, propriedades potencialmente anticancerígenas, entre outros[3]. Além disso, acredita-se que o consumo dessas substâncias representa proteção do risco de doença cardiovascular e doenças neurodegenerativas[2].

Quando as antocianinas são adicionadas aos alimentos, além do poder de coloração, há os benefícios para a saúde humana, especialmente no que diz respeito a prevenção da autoxidação e peroxidação de lipídios em sistemas biológicos[4].

Embora as antocianinas sejam reconhecidas como benéficas para a saúde, a pesquisa ainda está em desenvolvimento para determinar os efeitos específicos das antocianinas sobre a saúde e como eles podem variar dependendo do tipo de antocianina e da dosagem. Nesse sentido, este capítulo tem como objetivo discutir as ações das antocianinas sobre a saúde, a fim de fornecer a base para alunos e pesquisadores sobre o tema.

Biodisponibilidade e metabolismo

A ingestão diária de antocianinas por humanos é bastante variável dependendo, sobretudo, dos hábitos alimentares de cada indivíduo. Nos EUA, o consumo diário estimado de antocianinas é relativamente elevado (entre 180 e 215 mg/dia), enquanto o consumo diário da maior parte dos outros flavonoides, incluindo a genisteína, a quercetina e a apigenina foi estimado em 20-25 mg/dia[5,6].

No Brasil, um estudo desenvolvido pela Carnaúba (2020)[7] demonstrou que o consumo de compostos fenólicos pela população brasileira chegou a 204 mg/dia, sendo 83,2 de ácidos fenólicos e 64 mg/dia de flavonóis.

Os glicosídeos antociânicos que não são absorvidos no estômago atingem os intestinos delgado e grosso, onde em pH levemente alcalino (7,0 a 7,3) ocorre a conversão para formas moleculares múltiplas incluindo hemicetais, chalconas e quinoidais, que são absorvidos parcialmente no jejuno. No entanto, a sua absorção varia muito de acordo com a estrutura de antocianina[8,9].

As antocianinas são rapidamente absorvidas, seja no estômago ou no intestino delgado e são detectadas no sangue ou na urina nas formas intactas, metiladas, sulfoconjugadas ou conjugadas com o ácido glicurônico. Elas são rapidamente eliminadas na urina, entre 4 e 6 horas. No intestino, a atividade da microflora intestinal e a baixa estabilidade das antocianinas no pH intestinal, estimulam a conversão delas em outros compostos fenólicos mais estáveis e menores, principalmente ácidos fenólicos, cujas estruturas não foram totalmente elucidadas[10,11]. Assim, a Figura 1 relata as reações físico-químicas observadas durante as três etapas principais do processo de digestão humana.

Figura 1 – Estruturas químicas das antocianinas influenciadas pelas etapas do processo de digestão, pH

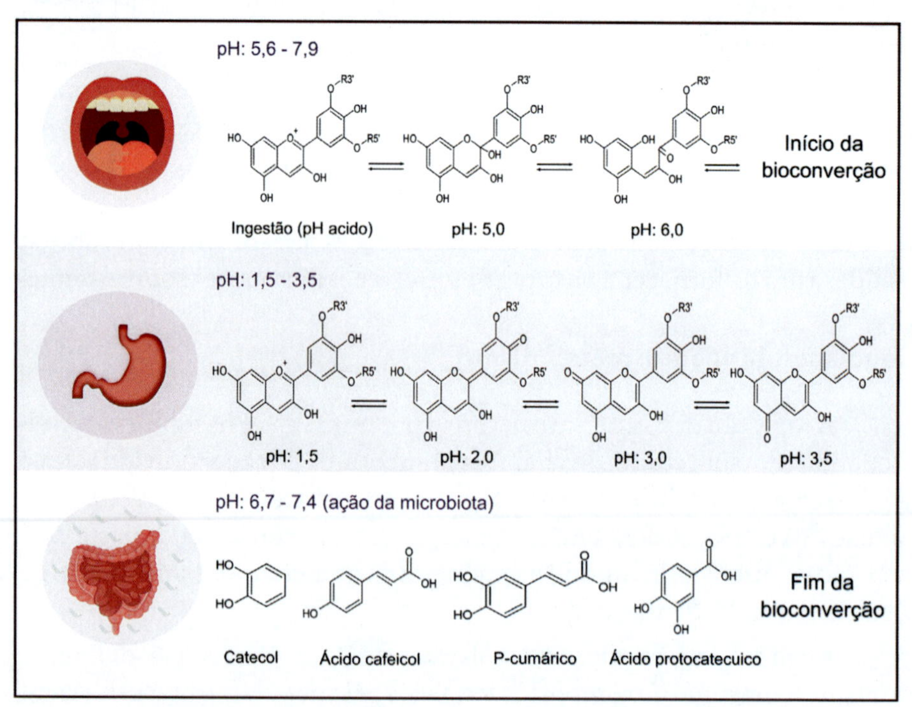

Fonte: adaptado de Braga *et al.* (2018)[11]

Embora pouco se saiba sobre as concentrações efetivas desses pigmentos após a sua administração oral, os últimos estudos realizados em animais e humanos sugerem que a sua biodisponibilidade é inferior a 1% da dose administrada[12,13].

A biodisponibilidade pode estar subestimada, provavelmente porque alguns metabólitos importantes podem estar sendo ignorados ou os métodos usados podem necessitar de otimização para a análise de seus metabólitos[14]. Além disso, vários fatores, incluindo variações na dose de antocianina, composição química nas diferentes fontes, tipo de processamento empregado para a produção do alimento ou bebida, a idade e o sexo dos indivíduos, a digestão e a metodologia analítica utilizada, podem ter um enorme efeito sobre a estabilidade, biodisponibilidade e metabolismo das antocianinas[14].

Os fatores que afetam a biodisponibilidade e os efeitos biológicos das antocianinas, não ocorrem apenas durante o processo de digestão, causado principalmente pelo pH e enzimas intrínsecas e bacterianas, mas também durante os diferentes métodos de processamento pelos quais podem ser submetidos os alimentos que contém esse composto. Fatores como processamento térmico e não térmico, armazenamento, degradação oxidativa e encapsulação demonstraram influenciar na estabilidade das antocianinas e nos seus efeitos biológicos[15].

Algumas técnicas estão sendo desenvolvidas para aumentar a eficiência dos compostos bioativos, aumentando sua solubilidade, biodisponibilidade, estabilidade ou controlando sua liberação[14]. Por exemplo, Lee e colaboradores (2020)[16] em seu estudo produziram um nanocomplexo de antocianinas e polímero aniônico fucoidan, com o intuito de aumentar a absorção e estabilidade das antocianinas. O complexo exibiu biodisponibilidade 3,24 vezes maior do que a antocianina em sua forma livre em ratos.

Salah *et al.* (2020)[17] avaliaram extrato de antocianinas obtido do bagaço de framboesa vermelha microencapsulado com nanopartículas β-Lactoglobulina. De forma geral, a dessolvatação da β-Lactoglobulina aumentou a estabilidade ao calor e a biodisponibilidade das antocianinas durante a digestão *in vitro*. Esses resultados são promissores e demonstram a viabilidade de sua utilização em várias matrizes alimentares e farmacêuticas. Entretanto, é necessária a investigação desses parâmetros nos seres humanos para estabelecer futuras aplicações efetivas.

O rearranjo das estruturas das antocianinas em resposta a variações de pH e temperatura como mostra a Figura 2 também ocorrem durante a absorção e metabolismo das antocianinas no organismo mostrado na Figura 3. As temperaturas fisiológicas são altamente adequadas do ponto de vista termodinâmico e cinético na observação do tautômero chalcona[8,18].

Figura 2 – Estruturas das antocianinas em função do pH

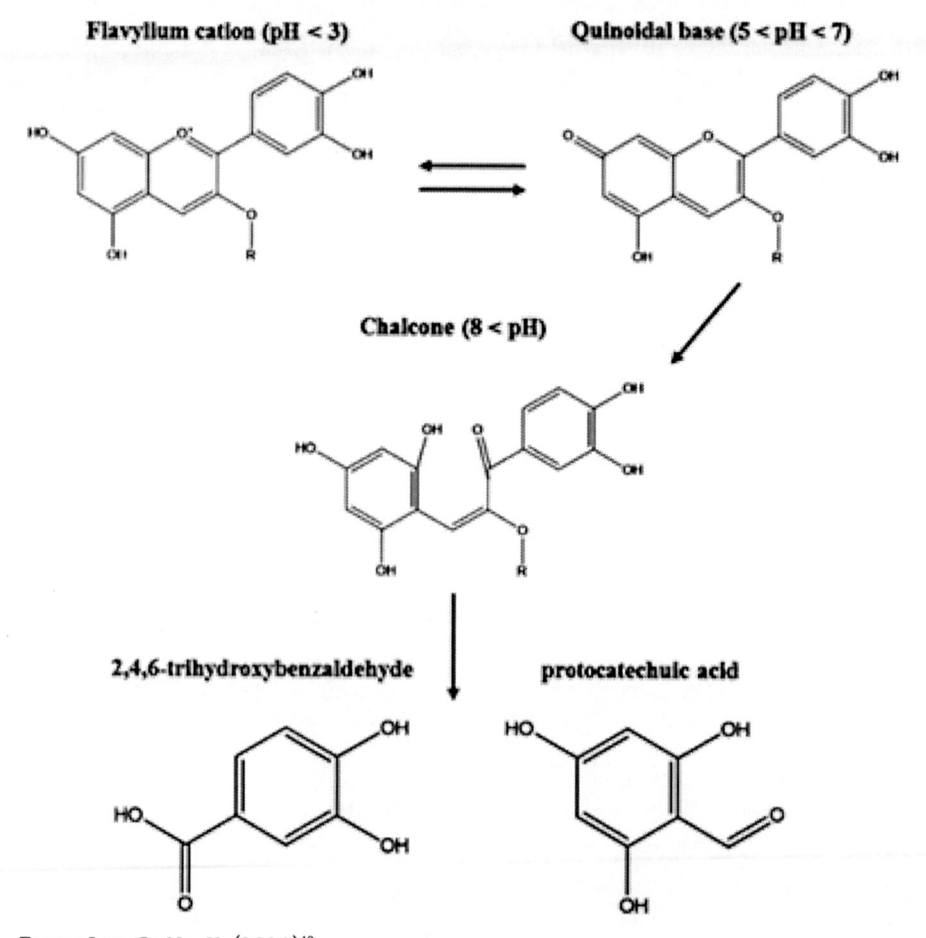

Fonte: Lee, C.; Na, K. (2020)[19]

Figura 3 – Representação esquemática da fração molar das formas das antocianinas em equilíbrio de acordo com o pH fisiológico

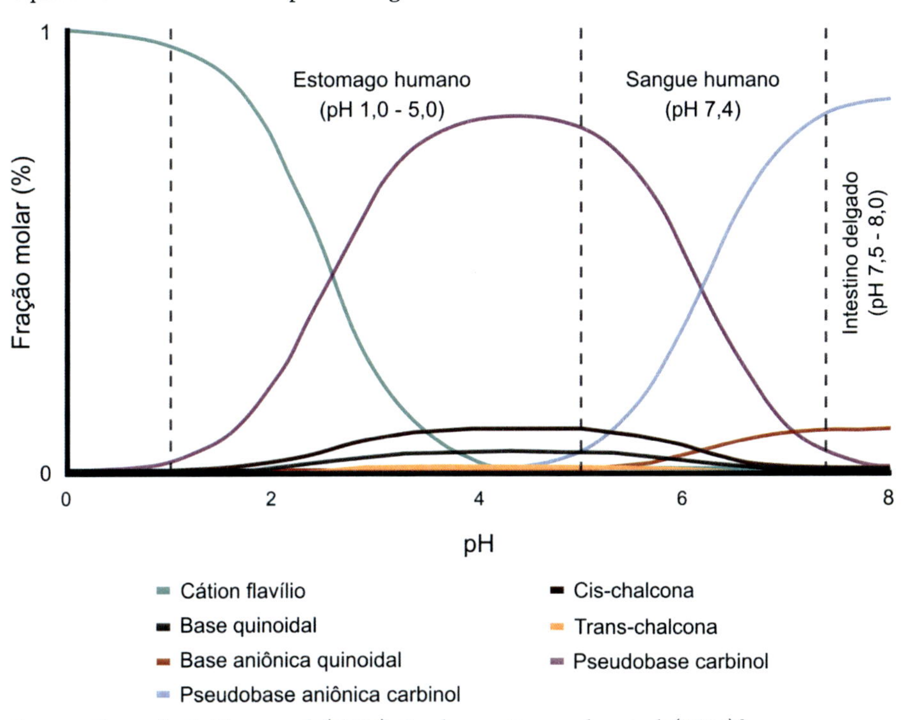

Fonte: adaptado de Nave *et al.* (2010) citado por Fernandes *et al.* (2014)[8]

A evidência experimental disponível indica que, nas condições ácidas dos compartimentos gástricos, as antocianinas estão na forma flavílio carregada positivamente, ao passo que todos os outros flavonoides dietéticos ficam neutros[8,15,13].

Os glicosídeos antociânicos que não são absorvidos no estômago atingem os intestinos delgado e grosso, onde em pH levemente alcalino (7,0 a 7,3) ocorre a conversão para formas moleculares múltiplas incluindo hemicetais, chalconas e quinonaidais, que são apenas parcialmente absorvidos no jejuno. No entanto, a sua absorção varia muito de acordo com a estrutura de antocianina e esses podem ser rapidamente excretados na bile como formas intactas e/ou metabolizadas[14,12].

Carkeet, Clevidence e Novotny (2008)[20] investigaram a excreção de antocianinas. Para tal, utilizaram indivíduos saudáveis que deveriam consumir três diferentes porções de morango, fruta rica em pelargonidina-3-glicosídeo. Os autores observaram que apenas 2% do total de antocianinas consumidas nas diferentes porções foi excretado e a maior parte da molécula excretada estava conjugada com o ácido glicurônico. O não aumento da excreção com o aumento da porção fornecida mostrou que as antocianinas podem ser absorvidas eficientemente mesmo em maiores concentrações.

Em seu trabalho, Talavéra *et al.* (2005)[9] investigaram a biodisponibilidade de antocianinas provenientes da amora (*Rubusfruticosus* L.) no trato digestório, rins e cérebro de ratos. No jejuno, órgão em que foi observada a maior concentração de antocianinas, foram encontrados também traços delas metiladas ou conjugadas com o ácido glicurônico. No fígado e nos rins, foram encontradas antocianinas intactas, metiladas e traços de glicuronoconjugadas. No cérebro foram identificadas antocianinas, sendo a cianidina-3-glicosídeo encontrada em alta concentração e também na forma metilada. No plasma foram obtidas antocianinas na forma intacta, metiladas, glicuronoconjugadas e também na forma aglicona. A excreção urinária foi baixa comparada à quantidade ingerida. Tais resultados demonstraram a permeabilidade das antocianinas nas células estomacais, indicando eficácia da absorção nesse órgão.

Garcia-Alonso *et al.* (2009)[21] avaliaram a absorção e o metabolismo dos 3-monoglucosídeos de delfinidina, cianidina, petunidina, peonidina e malvidina em humanos. Como resultado foi observado que as antocianinas foram detectadas na sua forma intacta tanto nas amostras de sangue quanto de urina.

Netzel *et al.* (2005)[22], estudando a excreção de antocianinas, observaram que indivíduos que ingeriram 200, 300 ou 400 mL de suco de drupa (*Sambucusnigra* L.), contendo teor de antocianinas de 361, 541 e 722 mg/mL, respectivamente, excretaram menos de 0,050% de antocianinas. Os indivíduos que ingeriram 400 mL tiveram a capacidade antioxidante do plasma em quase 30%. Estes resultados mostram que os compostos polifenólicos da drupa após absorvidos podem melhorar a eficiência antioxidante humana.

Chen *et al.* (2017)[23] investigaram o metabolismo de três monômeros de antocianinas de amora, a cianidina-3-glucosídeo (C3G), cianidina-3-rutinosídeo (C3R) e delfinidina-3-rutinosido (D3R), pela microflora intestinal. Antocianinas e metabólitos foram analisados e caracterizados por cromatografia líquida de alta eficiência (HPLC-ESI-MS). Ao analisarem os resultados constataram que o C3G desapareceu após 6 horas de metabolismo, enquanto C3R e D3R não foram mais detectados após 8 horas.

O metabolismo de C3G e C3R resultou principalmente na formação de protocatecuicos, vanílicos e *p*-ácidos-cumáricos, bem como 2,4,6-trihidroxibenzaldeído, enquanto os principais metabólitos do D3R foram ácido gálico, ácido síngico e 2,4,6-trihidroxibenzaldeído. Esse estudo indicou que a ingestão de antocianinas pode resultar no aparecimento de metabólitos específicos que exercem efeito protetor na fisiologia do hospedeiro.

Por fim, também vale ressaltar que os níveis de compostos fenólicos *in vivo* também podem ser subestimados pelas limitações nos procedimentos de extração de laboratório, porque esses compostos podem se ligar a proteínas e outros compostos, fazendo com que sua extração para análises químicas seja difícil[24].

Benefícios das antocianinas à saúde

As plantas ricas em polifenóis com atividade antioxidante, como as antocianinas, contribuem para a relação inversa entre a ingestão de frutas e hortaliças e doenças crônicas. A administração oral de frutos ou extratos ricos em antocianinas tem evidenciado ter efeitos benéficos na prevenção ou supressão de vários estágios de doença *in vivo*[25].

O consumo de alimentos ricos em antocianinas está associado à redução do risco de várias doenças crônicas não transmissíveis como doenças cardiovasculares, câncer e diabetes, principalmente devido a sua ampla ação antioxidante e anti-inflamatória[11]. Estão relacionadas também a melhora da visão, ação neuroprotetora[11,26], redução da agregação de plaquetas, dos teores de colesterol e triglicerídeos, evitando doenças degenerativas e a ocorrência de cataratas no globo ocular de indivíduos diabéticos[27]. Na saúde cardiovascular podem agir ainda contra isquemia, reperfusão do miocárdio ventricular, fibrilação ventricular, taquicardia e apoptose do cardiomiócito[28].

Sugere-se que as antocianinas não absorvidas podem exercer efeitos na proteção das mucosas gastrintestinais e estomacais contra potenciais danos oxidativos, inibindo o desenvolvimento de cânceres no estômago, cólon ou reto[29]. Ao mesmo tempo, a ingestão a longo prazo das antocianinas de *Lyciumruthenicum* possivelmente, podem melhorar a capacidade antioxidante e o estado anti-inflamatório do organismo, aumentar a barreira intestinal e regular a microbiota intestinal. Esses resultados têm implicações importantes para o desenvolvimento de antocianinas como um ingrediente alimentar funciona[35,30].

A seguir, estão descritos alguns potenciais efeitos benéficos que as antocianinas, quando consumidas de forma regular, podem exercer ao organismo de indivíduos. Essas características estão relacionadas com a capacidade anti-inflamatória, doenças cardiovasculares, atividade anti-carcinogênica, antidiabetogênica e a danos cerebrais.

Atividade antioxidante

A definição mais ampla de antioxidante é que são substâncias que, retardam significativamente ou inibem a oxidação de algum substrato oxidável, mesmo estando presente em concentrações baixas quando comparadas a esse substrato[31].

De acordo com seu modo de ação, os antioxidantes, podem ser classificados em primários e secundários. Os primários atuam interrompendo a cadeia da reação mediante a doação de elétrons ou hidrogênio aos radicais livres, convertendo-os em produtos termodinamicamente estáveis e/ou reagindo com os radicais livres, formando o complexo lipídio-antioxidante que pode reagir com outro radical livre. Os antioxidantes secundários atuam retardando a etapa de iniciação da auto oxidação, por diferentes mecanismos que incluem complexação de metais, sequestro de oxigênio, decomposição de hidroperóxidos para formar espécie não radical, absorção da radiação ultravioleta ou desativação de oxigênio singlete[32].

O excesso de radicais livres no organismo é combatido por antioxidantes produzidos pelo corpo ou absorvidos da dieta. Quando há um desequilíbrio entre a produção de radicais livres e os mecanismos de defesa antioxidantes, ocorre o chamado "estresse oxidativo", o que pode gerar danos à saúde como doenças cardiovasculares, degenerativas, tumores etc. Os antioxidantes exógenos, oriundos da adoção de uma dieta rica em alimentos de origem vegetal têm papel crucial na minimização dos danos causados pelo excesso de radicais livres[33].

Os efeitos antioxidantes das antocianinas dependem da sua estrutura química, tais como grau de glicosilação e o números de grupos hidroxilas[40,34]. O número de hidroxilas (-OH) total, a presença de hidroxilas nas posições C3' e C4' no anel B e no C3 do anel C do núcleo fundamental flavonico parecem ser os principais requisitos estruturais para as antocianinas inibirem a injúria oxidativa das células endoteliais e a atividade intracelular de radicais livres. Por outro lado, a presença de metilações nas posições (C3', C4'e C3) reduz esses efeitos. Comparando as substituições por diferentes açúcares, as antocianinas que possuem os monossacarídeos glicose e galactose apresentam benefícios antioxidantes superiores com relação às que contêm dissacarídeos[35].

Azevedo (2007)[36] avaliou e comparou as propriedades antioxidantes de quatro antocianinas estruturalmente relacionadas, a pelargonidina, a cianidina, a malvidina e a malvidina-3-glucosídeo, contra a oxidação de LDL humana *in vitro*. Com os resultados deste estudo, o autor concluiu que há forte capacidade das antocianinas para protegerem as LDL do dano oxidativo.

Fukumoto e Mazza (2000)[37] demonstraram que o poder antioxidante de antocianinas foi duas vezes mais efetivo que antioxidantes comercialmente disponíveis, como BHA e alfa-tocoferol (vitamina E), comprovando o potencial dessas moléculas como ingrediente em alimentos funcionais e produtos farmacêuticos.

Comparando a eficácia do consumo de flocos de três tipos de batata doce, branca, roxa e roxa escura no estado antioxidante de ratos alimentados com uma dieta hipercolesterolêmica, Han e colaboradores (2007)[47,38] observaram menor peroxidação lipídica no plasma e no fígado, maior atividade das enzimas glutationa redutase e glutationa-S-transferase e aumento na concentração da glutationa no fígado devido ao consumo das batatas roxa e roxa escura. Esses resultados demonstram a eficácia antioxidante das antocianinas contra os prejuízos decorrentes do excessivo teor de colesterol na dieta[38].

Doenças cardiovasculares

Mais da metade de todos os eventos cardiovasculares podem ser evitados por meio de uma dieta alimentar melhor. Evidências crescentes de estudos prospectivos, apoiados por recentes ensaios clínicos randomizados, sugerem que os benefícios de frutas/vegetais podem ser devido a substâncias bioativas chamadas flavonoides, especificamente as antocianinas[39].

Estudos indicam que o consumo de antocianinas podem influenciar e reduzir o risco e a incidência de doenças cardiovasculares em indivíduos. As antocianinas podem interagir com outros fitoquímicos, exibindo efeitos biológicos sinérgicos. Contudo, os efeitos de seus componentes individuais são difíceis de serem determinados. Apesar de promissores, os estudos empregando ensaios clínicos em humanos são escassos. O papel das antocianinas na prevenção de doenças cardiovasculares está fortemente ligado à proteção contra o estresse oxidativo de compostos presentes no organismo[40].

O conhecido estudo "paradoxo francês" foi o primeiro que chamou a atenção para os efeitos protetores de vinho tinto contra doenças cardiovasculares. O grupo francês teve um menor risco e incidência de mortalidade por doenças cardiovasculares, apesar de um maior consumo de gordura saturada em comparação com outros grupos de 17 países ocidentais, incluindo os Estados Unidos e o Reino Unido[40].

Os compostos polifenólicos ao exercerem atividade antioxidante e anti-inflamatória, podem melhorar o perfil lipídico e contribuírem para a homeostasia da agregação plaquetária e, consequentemente, redução do risco de desordens cardiovasculares[41].

O potencial antioxidante do açaí, fruta rica em antocianinas foi avaliado por De Souza *et al.* (2012)[42]. Os autores demonstraram que a fruta apresentou considerável efeito hipocolesterolêmico. O efeito hipocolesterolêmico em ratos alimentados com polpa de açaí foi atribuído à maior expressão do ABCG5 e ABCG8 transportadores. Essas alterações aumentam diretamente a taxa de excreção biliar de esteróis e aumento da absorção de colesterol LDL pelo fígado.

Do Rosario *et al.* (2021)[43] investigaram os efeitos das antocianinas alimentares na função vascular e biomarcadores inflamatórios associados a doença cardiovascular após uma refeição com alto teor de gordura e alta energia, em idosos com excesso de peso. As antocianinas à base de frutas atenuaram os potenciais efeitos prejudiciais pós-prandiais nas respostas vasculares e inflamatórias.

Um consumo moderado de vinho tinto pode ser benéfico para o sistema cardiovascular do indivíduo. As antocianinas presentes no vinho podem contribuir para a inibição da agregação plaquetária e da oxidação da LDL no organismo[44,45].

Um estudo sobre a atividade antioxidante de vinho tinto italiano mostrou que a fração de antocianina foi o mais eficaz, tanto no varrimento de espécies reativas de oxigênio, quanto na inibição da oxidação de lipoproteínas e de agregação de plaquetas. Esse resultado sugeriu que as antocianinas poderiam ser os componentes chave na composição do vinho tinto que tem ação de proteger o organismo contra possíveis doenças cardiovasculares[44].

O consumo de amora (*Morus alba* L) associado a um alto teor de colesterol (C) por coelhos, foi capaz de reduzir em 53% o colesterol total 66% a fração LDL-C, e 56% os triglicerídeos, além inibirem a migração das células musculares lisas da região média para a íntima e reduzirem a área da placa aterosclerótica na artéria torácica, comparando ao grupo que não foi suplementado com esse extrato, o qual continha 2,5% de antocianinas[46].

O tegumento da soja escura é rico em fibras e antocianinas. Kwon e colaboradores (2007)[47] forneceram uma dieta altamente lipídica a ratos e compararam os efeitos antiobesidade e hipolipidêmico do tegumento dessa leguminosa com seu extrato de antocianinas e compararam os resultados com os animais que não receberam essa dieta. Os animais que receberam apenas a dieta rica em lipídios, ganharam mais peso, cerca de 15% e tiveram um maior perfil lipídico sérico de triglicerídeos e colesterol, além de uma menor quantidade de HDL-C. O perfil lipídico e o ganho de peso dos animais que consumiram o extrato ou o tegumento foram parecidos com o dos animais que não receberam dieta aterogênica. Esses resultados sugerem que as antocianinas são as principais responsáveis por essas melhoras, devido ao fato de que os resultados dos animais que consumiram apenas estes pigmentos foram similares aos que ingeriram o tegumento[47].

A ingestão de frutas ricas em antocianinas por indivíduos com risco de desenvolverem doenças cardiovasculares, durante o período de oito semanas, resultou na homeostase da agregação plaquetária e contribuiu para o aumento da lipoproteína de alta densidade (HDL), a qual inibe a oxidação da LDL e transporta o colesterol dos tecidos extra-hepáticos para o fígado. Esses resultados sugerem que essas frutas podem auxiliar na prevenção de doenças cardiovasculares[48].

O fator de necrose tumoral alfa (TNF-a) é uma citocina pró-inflamatória que é ativada na isquemia-reperfusão (I/R), ela contribui para a transcrição de moléculas de adesão, da COX-2 e para a ativação do NFkB. Ao ativar a transcrição de outros genes, o TNF-a estimula a migração dos leucócitos para o endotélio, aumentando prejuízos decorrentes de um infarto. A incorporação de um extrato de tegumento da soja rico em antocianinas demonstrou ser eficaz na diminuição da expressão de TNF-a·, moléculas de adesão, COX-2 e NFkB em células endoteliais da aorta de bovinos, além de reduzir a área do miocárdio enfartada de ratos que sofreram I/R. Esses resultados indicam que as antocianinas podem ser benéficas na proteção das células endoteliais, reduzindo as desordens cardiovasculares decorrentes da I/R[49].

Lesões ateroscleróticas

O aumento das concentrações plasmáticas de colesterol (hipercolesterolemia) estimula o aumento da concentração da lipoproteína de baixa densidade (LDL) no plasma, a qual se torna mais citotóxica e susceptível à oxidação, estimulando a diapedese de monócitos nos endotélios, os quais se acumulam na camada íntima arterial, diferencia-se em macrófagos, que ao incorporarem a LDL-oxidada viram células espumosas e contribuem para a formação da placa aterosclerótica[46].

Na aterosclerose, o fator de crescimento endotelial vascular (VEGF) é o principal responsável pela angiogênese das células musculares lisas vasculares (VSMCs) estimulando o crescimento dos ateromas. A delfinidina e a cianidina foram responsáveis por inibir a liberação de VEGF por VSMCs humanas. Essa habilidade em inibirem esse fator, pode ser uma justificativa para a diminuição do desenvolvimento da aterosclerose devido ao consumo dessas antocianidinas[50].

Algumas pesquisas foram realizadas na busca da elucidação de possíveis mecanismos de ação das antocianinas sobre o processo aterosclerótico, dando enfoque mais específico. Podemos citar os trabalhos de Xia *et al.* (2007)[51], Mauray *et al.* (2009)[52] e Miyazaki *et al.* (2008)[53] que analisaram os efeitos de extratos com alto teor de antocianinas em camundongos com aterosclerose: o extrato de arroz preto, de uvas e de batata doce roxa, respectivamente.

Xia *et al.* (2007)[51] investigaram a influência de dietas suplementadas com extrato de arroz preto com alto teor antocianina (300 mg/Kg/dia) e com sinvastatina (50 mg/Kg/dia) na vulnerabilidade de placas ateroscleróticas avançadas em camundongos deficientes na apoproteína E. Após 20 semanas de intervenção, o tamanho da placa aterosclerótica foi reduzido em 18% e 13% nos grupos de animais que receberam o extrato e a sinvastatina, respectivamente. Em ambos os grupos houve redução da frequência de núcleos necróticos grandes, da espessura da cápsula fibrosa e um aumento no conteúdo de colágeno 1, comparado ao grupo controle. Sabe-se que o aumento no conteúdo de colágeno é importante, pois contribui para a estabilização das placas ateroscleróticas. Nos grupos que receberam o extrato e a sinvastatina também houve decréscimo da expressão da iNOS (óxido nítrico sintase reduzida) e do fator tecidual, que são importantes fatores pró-inflamatórios durante o desenvolvimento e progressão das lesões ateroscleróticas. Em adição, a suplementação na dieta com o extrato de arroz preto melhorou o perfil lipídico plasmáticos dos camundongos, diminuindo os triglicerídeos, colesterol total e a fração não HDL, porém, também reduziu a fração HDL, comparado com o grupo controle. Comparado com o grupo do extrato, o grupo que recebeu sinvastatina apresentou níveis maiores de triglicerídeos e menores de HDL. Os autores atribuíram esses resultados benéficos do extrato ao seu alto conteúdo de antocianinas. Por meio de cromatografia líquida de alta eficiência (CLAE), foram identificas duas antocianinas majoritárias, a cianidina-3-glicosídeo e peonidina-3-glicosídeo, que representaram 43,2% do total de compostos presentes no extrato.

Mauray *et al.* (2009)[52] observaram efeito antiaterogênico da suplementação na dieta (0,02%) por 16 semanas com dois extratos ricos em antocianinas extraídos de uvas fermentadas e não fermentadas, em camundongos deficientes na apoproteína E. A suplementação na dieta com os extratos de uva não fermentada e fermentada reduziu as lesões ateroscleróticas em 15% e 36%, respectivamente. O melhor resultado foi observado com o extrato de uvas fermentadas, sugerindo que a fermentação gerou novos compostos bioativos mais eficientes na atenuação da progressão da aterosclerose. Entretanto, não foram observadas alterações na capacidade antioxidante no plasma, peroxidação lipídica hepática e perfil lipídico (colesterol total e triglicerídeos) plasmático e no fígado dos animais.

Miyazaki *et al.* (2008)[53] avaliaram o potencial antiaterogênico de antocianinas da batata doce roxa adicionadas por 4 semanas na dieta (1%) de camundongos deficientes na apoproteína E com 6 semanas de idade, alimentados com dieta enriquecida de colesterol e gorduras. *In vitro*, estas antocianinas foram capazes de aumentar a resistência da LDL à oxidação, comparado ao ácido L-ascórbico. Comparado ao grupo controle, os animais que receberam a dieta suplementada com antocianinas apresentaram uma redução nas lesões ateroscleróticas (45%), nos níveis de TBARS (substâncias que reagem com o ácido tiobarbitúrico) no fígado e nos níveis plasmáticos de VCAM-1 (molécula-1 de adesão da célula vascular). Entretanto, não foi observado efeito significativo no perfil lipídico no plasma e no fígado desses animais.

A constatação desses diferentes estudos nos estimula à continuação das interpretações, principalmente com o objetivo de buscar novos mecanismos de ação que possa fortalecer o envolvimento das antocianinas na redução do processo aterosclerótico.

Atividade anticarcinogênica

A ampla ação antioxidante dos compostos fenólicos, dentre eles as antocianinas, é fundamental na inibição de carcinogênese. Esses compostos podem eliminar as espécies reativas, estimular a expressão de enzimas de detoxificação da fase II (via de conjugação), facilitando a excreção de compostos tóxicos, podem impedir a formação de adultos com o DNA, diminuir danos oxidativos ao DNA como a formação de 8 OH-2'-deoxiguanosina, diminuir a peroxidação lipídica, inibir a mutagênese devido a toxinas e carcinógenos e reduzir a proliferação celular por meio da modulação de vias de sinalização[54].

O consumo de suco de uva por indivíduos saudáveis durante oito semanas contribuiu para a redução dos danos oxidativos ao DNA, proveniente de linfócitos e da formação de espécies reativas no plasma. Houve uma redução de 18% de danos oxidativos ao DNA de indivíduos não fumantes. Esses resultados demonstram que os polifenóis da uva podem exercer proteção contra o câncer em linfócitos por meio da ação antioxidante[55].

Outras possíveis ações anticancerígenas dos fenólicos podem ser a indução da apoptose de células pré-malígnas ou malignas; ação anti-inflamatória ao inibir o NFkB e a COX-2, reduzindo uma etapa importante na promoção de muitos tumores que é a inflamação; inibição da angiogênese e das metaloproteinases, enzimas que permitem a invasão de células tumorais a tecidos vizinhos ao tumor ao estimularem a degradação da matriz extracelular[54].

A angiogênese é o processo de formação de novos vasos sanguíneos a partir da rede vascular existente, e é um fator importante no crescimento tumoral e metástase. Inibir a angiogênese excessiva é fundamental para a prevenção ou tratamento do câncer. O VEGF é essencial para a vascularização dos tumores. O H_2O_2 e o TNF-a são indutores da expressão do VEGF. Várias fontes de antocianinas como o morango, mirtilo, cranberry e drupa foram capazes de inibir a expressão do VEGF em queranócitos devido ao H_2O_2 e o TNF-a, inibindo a angiogênese[56].

As antocianinas são eficazes quimioprotetoras para combater cânceres gastrointestinais[57]. Ingestão de casca de batata doce roxa e repolho roxo inibiram a carcinogênese colorretal induzida em ratos[58,59]. Em experimento *in vitro*, as antocianinas do morango foram capazes de inibir a proliferação de linhagens de células tumorais humanas do cólon, próstata e da cavidade oral[60].

O mecanismo para o efeito seletivo das antocianinas sobre o crescimento de células cancerosas versus células normais não é conhecido. No entanto, Wang e Stoner (2007)[54] recentemente demonstraram que um extrato de etanol de framboesas pretas inibia seletivamente o crescimento de células cancerígenas no esôfago de ratos e também estimulava a apoptose dessas células epiteliais altamente cancerígenas.

Um extrato de uva rico em antocianinas foi capaz de inibir a formação de adultos entre o carcinogênico benzopireno e o DNA, numa linhagem de células de mama humanas não cancerosas. Além disso, esse extrato estimulou o aumento da atividade da enzima detoxificante glutationa-S-transferase, demonstrando que o consumo de uva pode ocasionar proteção contra carcinogênese[61].

A cenoura roxa é rica em antocianinas aciladas, as quais, além de serem mais estáveis pode ter maior atividade antioxidante e biodisponibilidade do que as não aciladas. Em um experimento utilizando um extrato rico em antocianinas proveniente da cenoura roxa, foi verificado sua capacidade em inibir a proliferação de células humanas cancerosas do adenocarcinoma colorretal e da leucemia promielocítica. O extrato com dosagens variando de 0,0 - 2,0 mg/mL foi colocado nas culturas celulares e após 24 horas foram avaliadas as porcentagens de sobrevivência delas. A dose de 2,0 mg/mL suprimiu em cerca de 80% a proliferação de ambas as linhagens[62].

A degradação da membrana basal por proteólise é um evento precoce e importante na carcinogênese. As células tumorais e do estroma secretam enzimas proteolíticas para a degradação das barreiras da matriz extracelular para que ocorra a invasão de células cancerígenas. A degradação da membrana basal não é dependente apenas da quantidade de enzimas proteolíticas presentes, mas também do equilíbrio de proteases ativadas e seus inibidores que ocorrem naturalmente. As matrizes de metaloproteinases (MMP) e ativadores de plasminogênio são famílias que regulam a degradação da membrana basal[63].

Extratos de antocianina (2,5-100 µM) a partir de diferentes tipos de arroz, baga preto e berinjela foram avaliadas quanto à sua capacidade de inibir a invasão de vários tipos de células cancerígenas[64,65,66]. Os extratos foram preparados para inibir a invasão de células tumorosas por meio da redução da expressão de MMP e uroquinase-ativador de plasminogênio (u-PA), ambas as quais degradam matriz extracelular, como parte do processo invasivo e, estimulando a expressão de um inibidor de tecido da matriz metaloproteinase-2 (TIMP-2) e de um inibidor do ativador do plasminogênio (PAI), ambos os quais contraria a ação de MMP e de u-PA[63].

Stofer e Wan (2007)[67] compararam a capacidade de inibir células tumorosas em esôfagos de ratos pelas seguintes dietas: a) 5% framboesa preta em pó; b) fracção rica em antocianinas isoladas e framboesas pretas; c): água e um extrato de framboesas pretas. Todos as três dietas continham aproximadamente a mesma quantidade de antocianinas (3,5 µmol/g de dieta). Os resultados desse estudo indicam que todos as três dietas foram igualmente eficazes na prevenção do desenvolvimento de tumores esofágicos, a redução do número de tumores foi de aproximadamente 42-47%[67].

Em um estudo conduzido em ratos em que foram alimentados com um extrato rico em antocianina (375-3.000 mg/kg de ração) foi observado 74% menos tumores intestinais ($p < 0,05$) do que os ratos não tratado[68]. Em estudo subsequente utilizando um protocolo similar, foi observado que ratos alimentados com o extrato rico em antocianina de cereja (375-3000 mg/kg de dieta) mais a ingestão de um fármaco anti-inflamatório não esteroide (AINE), sulindac (100 mg/kg de dieta), reduziram significativamente ($p < 0,05$) os tumores do terço proximal e médio do intestino delgado, mas não no terço distal, quando comparados a ratos alimentados apenas com o fármaco sulindac[69].

Afaq e colaboradores (2006)[70] investigaram o efeito foto-quimiopreventivo de delfinidina, uma das principais antocianidinas presente em muitas frutas e vegetais pigmentados, em biomarcadores induzida por luz UVB no desenvolvimento de câncer de pele. A aplicação tópica de delfinidina (1 mg/ aplicação) na pele de ratos inibiu a apoptose e marcadores de danos no DNA, tais como dímeros de pirimidina ciclobutano e 8-OHdG. Estes resultados sugerem que a delfinidina inibiu o estresse oxidativo mediado por luz UVB e reduziu danos ao DNA, protegendo deste modo as células de apoptose induzida por UVB.

A aplicação tópica de um extrato de romã (2 mg/rato), contendo antocianinas e taninos, em peles de ratos inibiu significativamente o aumento de TPA (12- *O* tetradecanoilforbol-13-acetato) em edema da pele, hiperplasia, ornitina descarboxilase (ODC) e causou diminuição da atividade e expressão de proteínas tanto da ODC e COX-2 (Ding, *et al.*, 2006)[71]. O extrato inibiu a fosforilação induzida por TPA de ERK1/2, JNK1 e p38/2, assim como a ativação de NF-kB, e IKKα, e fosforilação e degradação de IκBα. Por fim, os extratos de fruta romã diminuíram significativamente

($p < 0,05$) a incidência do tumor induzido por TPA em peles de rato (redução de 70%) e a multiplicidade de tumores (redução de 64%) com 16 e 30 semanas de bioensaios, respectivamente.

Ao contrário dos estudos *in vivo* utilizando animais, os estudos epidemiológicos em humanos não forneceram evidências convincentes dos efeitos anticarcinogênico de antocianinas. Em um estudo na Itália para examinar a relação de antocianinas e o risco de câncer foram avaliados 805 pacientes com câncer de boca e faringe e 2.081 controles hospitalares sem neoplasia[72]. Os resultados não indicaram nenhuma associação significativa entre a ingestão antocianinas e risco de câncer de boca e faringe. Também na Itália, o papel das antocianidinas sobre o risco de câncer de próstata foi estudada usando dados de um estudo caso-controle multicêntrico[73]. Esse estudo foi realizado utilizando 1.294 casos de incidência de câncer de próstata e 1.451 controles hospitalares sem neoplasia. Os resultados não demonstraram um efeito protetor das antocianidinas sobre o câncer de próstata nessa população[73].

Embora os estudos epidemiológicos não tenham demonstrado que a ingestão de antocianinas reduz o risco de câncer em humanos, eles sugerem que a ingestão de antocianinas pode reduzir certos parâmetros de dano oxidativo. Um estudo realizado na Alemanha mostrou que os indivíduos que consumiam um suco de fruta rico em antocianinas apresentaram menor dano oxidativo ao DNA e aumento significativo na glutationa reduzida em relação aos controles [74].

Capacidade anti-inflamatória

A inflamação corresponde a uma série de reações que ocorrem nos tecidos vascularizados em resposta a um agente que ataca o organismo, sendo caracterizada morfologicamente pela saída de líquidos e de células sanguíneas para o interstício (espaço entre as células). Se a inflamação for prolongada, ela pode contribuir para o surgimento de doenças crônicas como diabetes, câncer e doenças neurodegenerativas. No processo inflamatório há a formação de espécies reativas, sendo os antioxidantes compostos fundamentais para evitar agressões aos tecidos vizinhos ao local inflamado[75].

As respostas inflamatórias crônicas, persistentes, podem resultar em danos às células e tecidos do próprio corpo. A inflamação crônica de baixo grau em pessoas com sobrepeso e obesas está relacionada a um risco maior de doenças como a diabetes tipo II e cardiovascular[76]. Os mecanismos de atuação dessas inflamações ainda não são claros, porém supõe-se que os ROS estão envolvidos. Eles são produtos intermediários da degradação do oxigênio e são produzidos à medida que respiramos. Os ROS englobam o superóxido ânion (O2 •-), o radical hidroxila (OH•) e peróxido hidrogênio (H_2O_2), entre outros. São altamente reativos, capazes de oxidar uma infinidade de moléculas, como proteínas, lipídios e até mesmo DNA[77].

As antocianinas podem desempenhar atividade anti-inflamatória. Com o objetivo de verificar essa atividade, Zhang *et al.* (2020)[78] pesquisaram e concluíram que a suplementação de antocianinas por 12 semanas melhorou positivamente a capacidade antioxidante e anti-inflamatória de forma dose-resposta em indivíduos com dislipidemia.

Alguns autores sugerem que os efeitos anti-inflamatórios das antocianinas podem ser explicados por diferentes mecanismos tais como os listados a seguir:

Inibição da ativação do Fator Nuclear Kappa B (NF-KB) em humanos

O fator de necrose tumoral kB (NFkB) controla a transcrição de genes envolvidos na resposta inflamatória. Ele é ativado pelo estresse oxidativo e pelo estímulo inflamatório. A excessiva produção de quimiocinas, citocinas pró-inflamatórias e proteínas de fase aguda está associada ao surgimento de doenças crônicas inflamatórias. A inibição da produção e ativação excessiva do NFkB limita a resposta inflamatória e é uma estratégia na prevenção dessas doenças. A ingestão de antocianinas por indivíduos saudáveis durante três semanas inibiu a produção e ativação de NFkB em monócitos, os quais foram incubados com lipopolissacarideose também diminuiu a produção de várias quimiocinas, citocinas e outros mediadores da resposta inflamatória no plasma desses indivíduos. Estes fatos sugerem que as antocianinas podem inibir a ativação do NFkB in vivo[79].

No estudo de Qiu *et al.* (2021)[80] as antocianinas de extratos de arroz preto processado de diferentes formas exerceram efeitos anti-inflamatórios por meio da supressão das vias de sinalização NF-κB/MAPKs em células RAW 264.7 induzidas por LPS. O extrato de arroz cru, seco em tambor e extrusado (400 µg/mL), inibiram significativamente a secreção de NO e PGE2 ($p<0,001$), regulando iNOS e COX-2 mRNA. A expressão de mRNA de citocinas pró-inflamatórias (TNF-α, IL-6 e IL-1β) também foi diminuída pelos extratos ricos em antocianinas. Dessa forma, os autores concluíram que as atividades anti-inflamatórias do extrato de antocianinas de arroz preto não foram afetadas pelo processo de secagem em tambor ou extrusão. A ativação das vias MAPK e NF-κB foi inibida pelo extrato de antocianinas de arroz preto, que influenciou a regulação da fosforilação de JNK, ERK, p65 e IκBα. Essas vias não foram afetadas pelo processo de secagem em tambor, mas foram significativamente aprimoradas pelo processo de extrusão.

No estudo de Vugic *et al.* (2020)[76] foi investigado as propriedades anti-inflamatórias da suplementação de antocianina em indivíduos magros, com sobrepeso e obesos. Os participantes consumiram antocianinas (320 mg/dia) por 28 dias junto à sua dieta habitual. A suplementação com antocianinas diminuiu significativamente, os níveis de CCL2 no plasma sanguíneo dos grupos magro, com sobrepeso e obeso e os níveis de IL-6 no grupo de obesos. Os resultados demonstram o potencial anti-inflamatório das antocianinase, sugerindo a suplementação como agente terapêutico complementar para redução da inflamação crônica em indivíduos obesos e com sobrepeso.

Inibição da produção de oxido nítrico e a expressão de inos (óxido nítrico sintase induzida) em células de animais

A iNOS é a enzima responsável pela produção de óxido nítrico em diferentes células, como macrófagos, células endoteliais e hepatócitos, após ativação por lipopolissacarídeos e citocinas. A utilização de agentes que inibem a atividade e/ou a indução da iNOS pode ser útil como ferramenta terapêutica na redução de processos inflamatórios em diferentes tecidos[81].

Matheus *et al.* (2006)[81] investigaram e evidenciaram efeito inibitório de *Euterpe oleracea* (açaí) na produção do óxido nítrico e na expressão da iNOS. Nesse trabalho foram investigados os efeitos de extratos etanólico, acetato de etila e butanólico obtido a partir de flores, frutos e casca do caule de *Euterpe oleracea* em cultura de células de monócitos e macrófagos de camundongos (RAW 264,7) estimuladas com lipopolissacarídeos e citocinas. As antocianinas predominantes nos extratos foram cianidina-3-glicosídeo e cianidina-3-raminosídeo, sendo encontradas em maiores concentrações no extrato etanólico dos frutos de *E. oleracea*. Os resultados mostraram que o extrato etanólico obtido a partir dos frutos foi o mais potente em inibir a produção de óxido nítrico e a expressão da iNOS, provavelmente devido seu maior conteúdo de antocianinas que as outras frações. A redução da viabilidade celular foi encontrada apenas em altas doses dos extratos (acima de 500μg/mL).

Inibição da enzima ciclooxigenase-2 (cox-2)

As propriedades anti-inflamatórias das antocianinas também têm sido atribuídas à sua capacidade de inibição da ciclo-oxigenase (COX), enzima que converte o ácido araquidônico à prostaglandina H2, a qual é posteriormente metabolizada a várias prostaglandinas, prostaciclina e tromboxano A2[82], compostos pró-inflamatórios. Seeram *et al.* (2006)[83] testaram a inibição da COX-2 a partir de várias frutas ricas em antocianinas como o morango, amora, cereja e framboesa, sendo essas duas últimas as mais eficazes na inibição.

Iniciação da agregação plaquetária

O efeito fisiológico da antocianina se relaciona também com a prevenção da fragilidade capilar. A maior parte dos trabalhos feitos nesta área foram realizados com preparados que continham extrato comercial de antocianinas de mirtilos (*Vaccinium myrtillus L.*), fruta usado de forma generalizada no tratamento de vários afeções micro-circulatórias. As antocianinas predominantes no mirtilo consistem em 3-glicosídeos, 3-galactosidioss e 3-arabinosas. De Oliveira (2004)[84] observou que a administração oral de antocianinas extraídas do *mirtilo* em ratos masculinos aumentou de forma considerável a atividade de PGI_2 do tecido arterial. Esse efeito *in vivo* é consistente com o anterior para mostrar que as antocianinas extraídas do *mirtilo* estimulam a emissão da prostaglandina vasodilatadora durante testes *in vitro* em tecidos vasculares isolados. Portanto, além da inibição da agregação de plaquetas, as antocianinas extraídas do *mirtilo* parecem melhorar o mecanismo fisiológico que impede a agregação, o que indica uma capacidade potencial para a prevenção da trombose.

Vários estudos demonstram que os compostos polifenólicos inibem os processos de inflamação vascular que contribuem para o aparecimento de doenças cardiovasculares. Sugere-se que esses efeitos sejam mediados pelas alterações na síntese dos eicosanoides celulares. Volp *et al.* (2008)[85]

citam um estudo feito para verificar os efeitos das proantocianinas do cacau na alteração da síntese dos eicosanoides em humanos e em células vasculares aórticas in vitro. Após uma noite em jejum, dez indivíduos (quatro homens e seis mulheres) saudáveis ingeriram 37 gramas de um chocolate pobre em proantocianinas (0,09 mg/g) e após uma semana do primeiro teste ingeriram 37 gramas de um chocolate rico em proantocianinas (4 mg/g). Os resultados demonstraram que os indivíduos que consumiram o chocolate rico em proantocianinas apresentaram um aumento de 32% nos níveis de prostaciclinas e uma diminuição de 29% nos níveis de leucotrienos. Além disso, as proantocianinas diminuíram em 58% a razão leucotrieno/prostaciclina das células in vitro e 52% das células in vivo. Isso indica que os alimentos que contêm quantidades significativas de flavonoides podem alterar favoravelmente a síntese de eicosanoides em humanos, fornecendo hipóteses plausíveis para o mecanismo que diminui a agregação plaquetária.

Rechner *et al.* (2005)[60] demonstraram que as antocianinas e metabólitos colônicos de polifenóis *in vivo* apresentam propriedades antitrombóticas, por inibir a agregação plaquetária. Os pesquisadores observaram que a ativação das plaquetas (expressão da P-seletina) estava significativamente reduzida por 10 a 40% das plaquetas em repouso, plaquetas advindas do estresse provocado por peróxido de hidrogênio e por plaquetas pré-ativadas pela epinefrina, relativo aos controles. Nesse estudo, os autores concluem que as antocianinas e metabólitos de polifenóis são promotores em potencial para a saúde cardiovascular.

Outro estudo feito por Rechner *et al.* (2005)[60] analisou a atividade antiplaquetária de concentrações fisiologicamente relevantes das antocianinas delfinidina-3-*O*-rutinoside, cianidina-3-*O*-Glicosídeo, cianidina-3-*O*-rutinoside, e Malvidina-3-*O*-glicosídeo e seus metabolitos do cólon putativos, ácido dihidroferulico, 3-(3-hidroxifenil) ácido propiônico, ácido 3-hidroxifenilacético e 3-metoxi-4-hydroxypheylacetic ácido, ambos separadamente e em combinação. Propriedades antitrombóticas foram exibidas por 10 µmol/L ácido dihidroferulico e 3-(3-hidroxifenil) ácido propiônico, 1 µmol/L delfinidina-3-*O*-rutinoside, e uma mistura de todos os compostos testados. Antocianinas também inibem o receptor de trombina ativando o peptídeo (TRAP)-induzido a agregação plaquetária, mas não influenciam a reatividade plaquetária quando confrontados com agonistas fortes tais como colágeno e ADP.

Atividade antidiabetônica

Diabetes mellitus (DM) é um distúrbio metabólico crônico caracterizado por altas concentrações de açúcar no sangue. Pode ocorre devido à deficiência de secreção de insulina, resistência às ações periféricas da insulina, ou ambos. O DM, em geral, é classificado em três tipos de etiologia e apresentação clínica, que são: diabetes tipo 1 (DM1), diabetes tipo 2 (DM2) e diabetes gestacional (GDM). Sendo o DM2 responsável por aproximadamente 90% de todos os casos de diabetes, nesse caso a resposta à insulina é diminuída e isso é definido como resistência à insulina. Sendo mais comumente visto em pessoas com mais de 45 anos. Porém, é cada vez mais visto em crianças, adolescentes, e adultos mais jovens, devido aos níveis crescentes de obesidade, sedentarismo e dietas com alta densidade energética[86].

A insulina é responsável pelo abaixamento da glicose sanguínea, inibindo a hiperglicemia. A fim de estudar o efeito de antocianinas e as antocianidinas na secreção de insulina por células betas pancreáticas, Jayaprakasam *et al.* (2005)[87] utilizaram roedores como cobaias. Os resultados demonstraram que as antocianinas e antocianidinas foram responsáveis por secreção de insulina, sendo algumas delas mais eficazes do que a glicose.

Guo *et al.* (2007)[88] forneceram uma dieta com alto teor de frutose a ratos, induzindo hiperglicemia e a hiperinsulinemia. Foi realizado um tratamento desses animais com um extrato rico em antocianinas, provenientes do arroz escuro. Esse extrato inibiu a produção de malonaldeído, a oxidação da glutationa, a hiperglicemia, hiperinsulinemia e hiperlipidemia, impedindo o excesso de triglicerídeos e ácidos graxos livres. Além disso, foi inibida a resistência à insulina, demonstrando o potencial desse alimento para a prevenção ou tratamento da diabetes.

Zhang *et al.* (2019)[86] ao investigar o efeito de 20 genótipos de milho roxo ricos em antocianinas na inflamação, adipogênese e diabetes *in vitro*, e ainda ao correlacionar suas propriedades com sua composição antociônica e fenólica, observaram que diferenças consideráveis existem entre os genótipos em termos de sua ação anti-inflamatória, antiadipogênica e propriedades antidiabéticas. Por meio de análise multivariada, concluiu-se que cianidina-3-glicosídeo, peonidina-3-glicosídeo e suas formas aciladas contribuíram para as atividades biológicas dos extratos aquosos dos milhos ricos em antocianina. Quercetina, luteolina e rutina foram os compostos anti-inflamatórios e antidiabéticos primários; enquanto vanílico ácido e ácido protocatecuico contribuíram para o potencial anti-adipogênico dos extratos.

Segundo Mojica *et al.* (2017)[89] as antocianinas presentes no feijão preto inibiram α-glucosidase (37,8%), α-amilase (35,6%), dipeptidil peptidase-IV (34,4%), e diminuíram a captação de glicose, apresentando potencial antidiabético.

Potencial antiobesidade

Takanori (2008)[90] fez uma publicação cujos resultados sugerem que as antocianinas podem ter um potencial muito interessante como agentes para reduzir o risco de obesidade, doença caracterizada pela acumulação do excesso de tecido adiposo e várias alterações nas funções metabólicas. Por outro lado, a disfunção dos adipócitos que compõem esse tecido está fortemente associadas com o desenvolvimento da resistência à insulina e ao quadro conhecido como Síndrome metabólica.

Um experimento *in vivo* consistiu na administração do milho roxo com concentração de 0,2% de cianidina-3-O-β-D-glicosídeo (C3G), a um grupo de ratos os quais foi administrado ao mesmo tempo uma dieta com alto conteúdo gorduroso (30% de gordura). Outro grupo de ratos receberam somente a dieta gordurosa. Depois de 12 semanas se comprovou que os ratos que ingeriram somente a dieta gordurosa demostraram uma diferença de peso corporal de 100% em média em relação aos que ingeriram a dieta mais a antocianina. Demostrou-se também que a administração do C3G suprimiu o depósito de gordura no tecido adiposo e evitou a hipertrofia do tecido adiposo ocorrida no grupo que recebeu apenas dieta gordurosa.

Por outra parte se realizou um experimento *in vitro* com pré-adipócitos humanos (células que se podem transformar em adipócitos se é estimulado adequadamente) que se incubaram com C3G durante 24h. Observou-se uma desregulação na expressão do inhibidor-1 do ativador de plasminogênio (PAI-1) que estaria associado tanto a obesidade como ao diabetes tipo 2. Isso implica que a expressão do PAI-1 deveria ser um dos alvos terapêuticos mais importantes na procura de drogas para combater a síndrome metabólica. Esse mesmo efeito foi observado com outras duas adipócitoquinas associadas à obesidade e a diabetes tipo-2.

A jamaica (*Hibiscus sabdariffa*) é um produto extensamente reconhecido por ter um alto valor nutracêutico devido as antocianinas presentes que são responsáveis por 51% da sua atividade antioxidante. Villalpando-Arteaga *et al.* (2010)[91] fez um estudo para avaliar o efeito do extrato aquoso de *Hibiscus sabdariffa* (EHS) com alta concentração de antocianinas sobre o peso corporal, os niveles de glicose e o perfil de lipídeos num modelo de obesidade induzida por dieta. EHS apresentou propriedades hipoglicemiantes ao diminuir os níveis de glicose pós-pandrial nos grupos de animais submetidos a uma dieta alta em gorduras. O EHS demonstrou a capacidade de manter o peso corporal dos ratos submetidos a uma dieta alta em gorduras, além de modificar o nível de glicose e lipídios plasmáticos. O EHS parece ser uma alternativa na prevenção de enfermidades crônicas degenerativas como a obesidade e diabetes.

Danos cerebrais

Vários estudos com animais mostraram que as antocianinas podem aumentar o desempenho cognitivo e proteger o cérebro ao reduzir danos e podem melhorar a memória[92,93]. Alta ingestão de antocianinas por meio de dietas ricas em frutas e vegetais pode inibir ou reverter alterações relacionadas à idade no cérebro e no comportamento.

Efeitos benéficos dos processos neurodegenerativos no Parkinson ou Doença de Alzheimer são provavelmente devidos à capacidade das antocianinas de reduzir a inflamação e o estresse oxidativo no cérebro[94,95].

Em comparação com outros flavonoides, antocianinas são mais poderosos antioxidantes dadores de hidrogênio devido à sua capacidade de deslocalização de eletros e de ressonância formação de estruturas[96,97]. As antocianinas também exibem propriedades neuroprotetoras. Tem sido relatado que frutos ricos em antocianinas são benéficos na redução do estresse oxidativo associado à idade (Zafra-Stone *et al.*, 2007)[97] e melhoram a função cognitiva do cérebro[56,98,99].

Estudos demonstram que as antocianinas melhoraram aprendizagem e memória de ratos com déficit de estrogênio (Varadinova *et al.* 2009)[100], reduzem o volume de enfarte cerebral e o número de células apoptóticas em quadro de isquemia cerebral em ratos[101]. As antocianinas fornecem proteção significativa contra a oxidação e peroxidação lipídica induzida pelo estresse e fragmentação de DNA em cérebro de ratos[102].

Estudos mostram que as antocianinas também são benéficas para o tratamento da toxicidade de etanol. O consumo de 6 meses de vinho tinto antagonizou a peroxidação lipídica induzida por etanol no hipocampo de ratos adultos[103]. Além disso, o consumo do vinho tinto diminuiu o declínio na perda de memória espacial dependente do hipocampo induzido por etano[112]. Usando regime semelhante, eles ainda demonstram que os flavonoides do vinho tinto podem proteger o cerebelo de rato da toxicidade por etanol por meio da modulação do estresse oxidativo[104].

As antocianinas parecem ser capazes de atravessar a barreira hematoencefálica e distribuir no cérebro os seus efeitos neuroprotetores, conforme foram documentados em ensaios *in vitro* e *in vivo*. Embora os estudos sobre a proteção contra a neurotoxicidade por antocianina estão limitados, as evidências disponíveis indicam que as antocianinas e os seus metabólitos são capazes de eliminar a produção de ROS induzidas por etanol e de melhorar o dano induzido por etanol no Sistema Nervoso Central. Elas aliviam os efeitos adversos de etanol, tal como a peroxidação lipídica, inibição da diferenciação neuronal e défices de memória espacial. As antocianinas representam um grupo seguro de antioxidantes naturais que podem ter um potencial terapêutico no tratamento de neurotoxicidade do etanol.

Em experimento com ratos, a ingestão do suco de uva, o qual é rico em antocianinas, preveniu os danos cerebrais causados por $CCl_{4.}$ Havendo redução na formação de MDA e de proteínas carboniladas. O suco de uva impediu a ocorrência do estresse oxidativo cerebral devido ao CCl_4[105].

Segundo Shin *et al.* (2006)[101], a AVC isquêmico resulta de uma redução transitória ou permanente no fluxo sanguíneo cerebral que fica restrito ao território de uma artéria cerebral importante. Os principais mecanismos patobiológicos da lesão de isquemia/reperfusão incluem excitotoxicidade, estresse oxidativo, inflamação e apoptose. Nesse artigo foi investigado os efeitos protetores das antocianinas contra lesão isquêmica cerebral focal em ratos. O pré-tratamento com antocianinas (300 mg/kg, po) reduziu significativamente o volume do infarto cerebral e um número de células positivas para TUNEL causadas pela oclusão e reperfusão da artéria cerebral média. Na observação imuno-histoquímica, as antocianinas reduziram notavelmente um número de quinase N-terminal fosfo-c-Jun (p-JNK) e células imunopositivas p53 na área do infarto. Além disso, a análise de Western blotting indicou que as antocianinas suprimiram a ativação de JNK e a regulação positiva de p53. Assim, os resultados obtidos, sugeriram que as antocianinas reduziram o dano neuronal induzido pela isquemia cerebral focal através do bloqueio da via de sinalização JNK e p53. Esses achados sugerem que o consumo de antocianinas pode ter a possibilidade de efeito protetor contra distúrbios neurológicos, como a isquemia cerebral.

Avaliando a neuroproteção por antocianinas em células neuronais humanas, Tarozzi *et al.* 2007[106] compararam a eficácia do pré-tratamento dessas células com cianidina-3-glicosídeo (C3G) e cianidina (Cy) contra os danos oxidativos induzidos pelo H_2O_2, verificando a produção de ROS, atividade antioxidante da membrana e citosol, eficiência mitocondrial e fragmentação do DNA dessas células. Tanto a C3G quanto a Cy diminuíram a produção de ROS, além disso, a C3G aumentou a capacidade antioxidante da membrana e a Cy aumentou a de ambos os compartimentos celulares. O pré-tratamento com cianidina minimizou a perda do funcionamento das mitocôndrias e inibiu com mais eficácia a fragmentação do DNA, eventos que podem estimular a apoptose. Como o H_2O_2 é gerado nas células cerebrais e pode estimular o estresse oxidativo, a inibição de seus efeitos deletérios, principalmente pela Cy, indica que as antocianinas e seus metabólitos podem ser considerados eficientes compostos neuroprotetores.

Colesterol

Antocianinas têm um efeito sobre a distribuição do colesterol, protegendo as células endoteliais da sinalização de pró-inflamação induzida por CD40[51].

Pela importância que têm os extratos antociânicos, Castañedo-Ovando *et al.* (2010)[107] fizeram um estudo que mostra os resultados obtidos de levar a cabo diversos experimentos entre a fase polar (extrato de antocianinas) e a fase não polar (colesterol em solução clorofórmica), realizando a determinação do colesterol pelo método de Liebermann-Burchard. Um dos testes feitos para determinar o conteúdo de colesterol que foi retido na fase das antocianinas. Para isso calculou-se a concentração do colesterol nas fases clorofórmicas correspondentes fazendo uma correção com uma amostra "em branco" (Tabela 1).

Tabela 1 – Porcentagem de colesterol retido na fase de antocianinas de cereja. Condições: [Antocianinas]= 2.5 x 10-6 mol L-1, [colesterol]= 2.59 x 10-4 mol L-1(100 mg L-1)

Tempo (minutos)	% Colesterol retida
10	68,82
20	63,98
30	63,98
40	62,90
50	61,83
60	58,60

Fonte: Castañedo-Ovando *et al.* (2010)[107]

Os resultados mostraram que o extrato de antocianinas é uma boa opção para a formulação de um produto orgânico que combate níveis de colesterol alto.

Hernándes-Pérez e Herrera-Arellano (2011)[108] fizeram um estudo para comparar a efetividade, seguridade e tolerabilidade de *Hibiscus sabadariffa* com *pravastatina* em condições hipercolesterolêmicas. O fito-medicamento elaborado a partir do extrato aquoso dos cálices da espécie vegetal *Hibiscus sabdariffa*, padronizado em 10mg de antocianinas, administrado por 12 semanas a pacientes com hipercolesterolêmica não diminuiu o colesterol total, LDL, VLDL nem fosfolipídios no porcentagem desejada, mas mostrou seguridade e tolerabilidade em 100% dos casos, além de 41,94% de efetividade terapêutica anti-hiper-trigliceridêmica, não diferente à obtida com *pravastatina*. Concluiu-se que o fito-medicamento de *Hibiscus sabdariffa*, em dose de 10 e 20mg de antocianinas mostrou-se com seguridade e tolerabilidade terapêuticas, e com menor efetividade terapêutica anti-hipercolesterolêmica e igual efetividade anti-hipertrigliceridêmica comparada a pravastatina.

Fotoenvelhecimento

Nas últimas décadas houve um aumento e envelhecimento da população mundial que juntamente com a busca por uma aparência mais jovem, tem despertado o interesse por estudos relacionados às propriedades antienvelhecimento das substâncias ativas. A aplicação de cosméticos tópicos com ativos antioxidantes reduz os danos oxidativos induzidos pela radiação UV e constituem uma boa alternativa na proteção da pele contra o fotoenvelhecimento. As cascas da jabuticaba possuem maior concentração de compostos fenólicos, maior atividade antioxidante e teor de antocianinas comparada com as outras frações. É uma fonte de estudos que precisa ser estudada para proteção da pele contra o fotoenvelhecimento[109].

Casos odontológicos

Os corantes sintéticos utilizados nos evidenciadores de placa existentes no mercado apresentam-se com vários efeitos colaterais que desagradam não só pacientes como também cirurgiões-dentistas, levando a restrições no seu uso. Atualmente, é grande a tendência à utilização de corantes naturais em substituição aos sintéticos, em todos os segmentos industriais, por oferecerem melhor qualidade ao consumidor.

Assim a pesquisa feita por Emmi e Barroso (2005)[110] foi realizada com o objetivo de analisar comparativamente a eficácia de evidenciadores de placa dental com corantes naturais (antioxidantes: açaí, e bixina/norbixina: urucum) e sintéticos (fucsina básica Replak®, e corante azul/vermelho alimentício Plakstesim®). Foram aplicadas com intervalo de 7 dias cada uma, em 42 alunos de graduação do Curso de Odontologia da Universidade Federal do Pará. A análise comparativa se deu por meio do índice de placa visível, antes da aplicação do evidenciador e o índice de placa com corante, após a aplicação da substância corante. Conseguiu-se verificar que o evidenciador com corante de açaí (antocianinas) apresentou eficácia superior na identificação da placa dental quando comparado com o evidenciador com corante de urucum, Replak® e Plakstesim®, tornando-se uma alternativa viável para a Odontologia, como substância evidenciadora do biofilme dental (Tabela 2).

Tabela 2 – Comparação entre quatro tipos de evidenciadores de placa dentária

IPC - IPV	t	Graus de liberdade	p-valor	I.C. (99%)
Açaí	10,391	41	0	(0,132; 0,225)
Urucum	0,905	41	0,371	(-0,028; 0,056)
Replak®	2,616	41	0,012	(-0,001; 0,083)
Plakstesim®	2,653	41	0,011	(-0,001; 0,123)

Teste T-Student pareado e intervalo de confiança (IC-99%) para as diferenças entre os corantes
Fonte: Emmi e Barroso (2005)[110]

Outros benefícios

As antocianinas reduziram a infiltração de leucócitos, a secreção de muco e a hiperplasia das células epiteliais nos pulmões de camundongos que foram submetidos à asma induzida pela inalação da ovoalbumina. Nesse experimento, as antocianinas também inibiram a expressão da COX-2, reduzindo o processo inflamatório[111].

O consumo de antocianinas está correlacionado à melhora da visão, principalmente noturna. Elas estão associadas à regeneração da rodopsina, proteína transmembranar que se encontra nos bastonetes (células encontradas no epitélio da retina). Além disso, esses pigmentos podem prevenir a degeneração macular e a catarata[93,112].

O bromato de potássio ($KBrO_3$) induz o estresse oxidativo renal como por exemplo a peroxidação lipídica, formação de $ONOO^-$ e danos oxidativos ao DNA. Além disso, ele induz ao aumento dos marcadores de danos renais a ureia e a creatinina. O consumo do extrato de mirtilo *(Vaccinium myrtillus L.)* foi responsável por inibir os danos renais causados pelo $KBrO_3$ em camundongos. Houve uma menor concentração de ureia e creatinina no soro. Associado a isso, estão a menor atividade da enzima formadora de radical superóxido, a xantina oxidase, o impedimento da produção excessiva de óxido nítrico, o qual ao reagir com o radical superóxido forma o danoso $ONOO^-$, diminuição da formação do MDA e aumento da capacidade antioxidante renal[113].

Um estudo verificou os efeitos das proantocianinas do cacau na alteração da síntese dos eicosanoides em humanos e em células vasculares aórticas in vitro. Após uma noite em jejum, dez indivíduos (quatro homens e seis mulheres) saudáveis ingeriram 37 gramas de um chocolate pobre em proantocianinas (0,09 mg/g) e após uma semana do primeiro teste ingeriram 37 gramas de um chocolate rico em proantocianinas (4 mg/g). Os resultados demonstraram que os indivíduos que consumiram o chocolate rico em proantocianinas apresentaram um aumento de 32% nos níveis de prostaciclinas e uma diminuição de 29% nos níveis de leucotrienos. Além disso, as proantocianinas diminuíram em 58% a razão leucotrieno/prostaciclina das células *in vitro* e 52% das células *in vivo*. Isso indica que os alimentos que contêm quantidades significativas de flavonoides podem alterar favoravelmente a síntese de eicosanoides em humanos, fornecendo hipóteses plausíveis para o mecanismo que diminui a agregação plaquetária[114].

Considerações finais

O grande interesse em estudos com antocianinas tem sido direcionado principalmente por estudos epidemiológicos que sugerem que dietas ricas em fitoquímicos são benéficas para a saúde humana. Contudo, por sua elevada capacidade antioxidante, principalmente ligada a redução de radicais livres, as antocianinas se mostram muito promissoras nos estudos relacionados aos benefícios para a saúde.

São muitos os estudos que mostraram os efeitos benéficos dos extratos de antocianinas *in vitro e in vivo* em experimentos com cobaias ligado ao seu poder antioxidante. Porém, ainda há falta de experimentos com seres humanos empregando o alimento integral, ou seja, a fruta ou o seu próprio suco.

No Brasil, não existe legislação que diz a respeito da funcionalidade da antocianina como composto bioativo em benefício a saúde humana. Pouco se sabe sobre o mecanismo de ação desse pigmento na prevenção de doenças. Dessa forma, mais pesquisas são necessárias para detectar e caracterizar cada vez mais as antocianinas, identificar a rota metabólica no ser humano com exatidão, bem como elucidar os mecanismos de ação em relação à manutenção de saúde e à prevenção de doenças.

Referências

1 MARTÍNEZ-FLÓREZ, S.; GONZÁLEZ-GALLEGO, J.; CULEBRAS, J. M.; TUÑÓN, M. J. Los flavonóides: propriedades y acciones antioxidantes. **Nutr Hosp**, v. 17, n. 6, p. 271-8, 2002.

2 DE PASCUAL-TERESA, S.; MORENO, D. A.; VIGUERA, C, G. Flavanols and Anthocyanins in Cardiovascular Health: A Review of Current Evidence. **Inerna-tional Journal of Molecular Science**, n. 11, p. 1679-1703, 2010.

3 CAVALCANTI, R. N.; SANTOS, D. T.; MEIRELES, M. A. A. Non-thermal stabilization mechanisms of anthocyanins in model and food systems: an overview. **Food Research International**,v. 44, p. 499-509, 2011.

4 GARZÓN, G, A. Las antocianinas como colorantes naturales y compuestos bioactivos: revisión. **Acta biol. Colomb**, v. 13, n. 3, p. 27-36, 2008.

5 HERTOG, M. G.; FESKENS, E. J. M.; KROMHOUT, D.; HOLLMAN, P. C. H.; KATAN, M. B. Dietary antioxidant flavonoids and risk of coronary heart disease: the Zutphen Elderly Study. **The Lancet,** v. 342, n. 8878, p. 1007-1011, 1993.

6 WALLACE, T. C. Anthocyanins in Cardiovascular Disease. **Advances in Nutrition**, p. 1-7, 2011.

7 CARNAÚBA, R. A. Estimativa da ingestão dietética de compostos bioativos pela população brasileira. Tese (Doutorado) – Faculdade de Ciências Farmacêu-ticas- Universidade de São Paulo, 2020.

8 FERNANDES, I.; FARIA, A.; CALHAU, C.; FREITAS, V.; MATEUS, N. Bioavailability of anthocyanins and derivatives. **Journal of Functional Foods**. v. 7, p. 54-66, 2014.

9 TALAVÉRA, S.; FELGINES, C.; TEXIER, O.; BESSON, C.; GIL-IZQUIERDO, A.; LAMAISON, J. L.; RÉMÉSY, C. Anthocyanin metabolism in rats and their distribution to digestive area, kidney, and brain. **J Agric Food Chem**, v. 53, 3902-3908, 2005.

10 ESPIN, J. C.; BARRIO, R. G.; CERDÁ, B.; LÓPEZ-BOTE, C.; REY, A.; TOMÁS--BARBERÁN, F. A. Iberian Pig as a Model To Clarify Obscure Points in the Bioavailability and Metabolism of Ellagitannins in Humans. **Journal of Agricultural and Food Chemistry**, v. 55, n. 25, p. 10476-10485, 2007.

11 BRAGA, A. R. C. *et al.* Bioavailability of anthocyanins: Gaps in knowledge, challenges and future research. **Journal of Food Composition and Analysis**, v. 68, p. 31-40, 2018.

12 NIELSEN, I. L. F.; DRAGSTED, L. O.; RAVN-HAREN, G.; FREESE, R.; RASMUSSEN, S. E. Absorption and excretion of black currant anthocyanins in humans and watanabe heritable hyperlipidemic rabbits. Journal Agricultural. **Food Chemistry**, v. 51, p. 2813-2820, 2003.

13 BITSCH, R. *et al.* Bioavailability and biokinetics of anthocyanins from red grape juice and red wine. **Journal of Biomedicine and Biotechnology**, v. 2004, n. 5, p. 293, 2004.

14 MANACH, C. W. G.; MORAND, C.; SCALBERT, A.; REMESY, C. Bioavailability and bioefficacy of polyphenols in humans. I. Review of 97 bioavailability studies. **Am. J. Clin. Nutr.**, v. 81, p. 230-242, 2005.

15 ALVAREZ-SUAREZ, J. M. *et al.* Novel approaches in anthocyanin research-Plant fortification and bioavailability issues. **Trends in Food Science & Technology Technology**, 2021.

16 LEE, J. Y. *et al.* Anthocyanin-fucoidan nanocomplex for preventing carcinogen induced cancer: Enhanced absorption and stability. **International Journal of Pharmaceutics**, v. 586, 2020.

17 SALAH, M. *et al.* Nanoencapsulação de nanopartículas de β-lactoglobulina carregadas com antocianinas: Caracterização, estabilidade e biodisponibilidade in vitro. **Food Research International**, v. 137, 2020.

18 BROUILLARD, R.; DELAPORTE, B. Chemistry of anthocyanin pigments. 2. Kinetic and thermodynamic study of proton transfer, hydration, and tautomeric reactions of malvidin 3-glucoside. **Journal of the American Chemical Society**, v. 99, n. 26, p. 8461-8468, 1977.

19 LEE, C.; NA, K. Anthocyanin-Loaded Liposomes Prepared by the pH-Gradient Loading Method to Enhance the Anthocyanin Stability, Antioxidation Effect and Skin Permeability. **Macromol Res.**, v. 28, n. 3, p. 289-97, 2020.

20 CARKEET, C.; CLEVIDENCE, B.A.; NOVOTNY, J.A. Anthocyanin Excretion by Humans Increases Linearly with Increasing Strawberry Dose. **The Journal of Nutrition**, v. 138, n. 5, p. 897-902, 2008.

21 GARCIA-ALONSO, M.; MINIHANE, A. M.; RIMBACH, G.; RIVAS-GONZALO, J. C.; DE PASCUAL-TERESA, S. Red wine anthocyanins are rapidly absorbed in humans and affect monocyte chemoattractant protein 1 levels and antioxidant capacity of plasma. **The Journal of Nutritional Biochemistry**, v. 20, n. 7, p. 521-529, 2009.

22 NETZEL, M.; STRASS, G.; HERBST, M.; DIETRICH, R.; BITSCH, R.; BITSCH, I.; FRANK, T. The excretion and biological activity of elderberry antioxidants in healthy humans. **Food Researche International**, v. 38, p. 905-910, 2005.

23 CHEN, S. *et al.* Characterization, antioxidant, and neuroprotective effects of anthocyanins from Nitraria tangutorum Bobr. fruit. **Food Chemistry**, v. 353, 2021.

24 SEERAM, N. P. Berry Fruits: Compositional Elements, Biochemical Activities, and the Impact of Their Intake on Human Health, Performance, and Disease. **Journal of Agricultural and Food Chemistry**, v. 56, p. 627-629, 2008.

25 GARCIA, C.; BLESSO, C. N. Antioxidant properties of anthocyanins and their mechanism of action in atherosclerosis. **Free Radical Biology and Medicine**, v. 172, p. 152-166, 2021.

26 YOUDIM, K. A.; MARTIN, A.; JOSEPH, J.A. Incorporation of the elderberry anthocyanins by endothelial cells increases protection against oxidative stress. **Free Radical Biology e Medicine,** v. 29, p. 51-60, 2000.

27 CASTILHOS, N. D. B. **Extração e quantificação de antocianinas na Uva Brasil.** 41 f. Trabalho de Conclusão de Curso (Bacharelado em Química) – Universidade Tecnológica Federal do Paraná, Pato Branco, 2011.

28 DAS, S.; SANTANI, D. D.; DHALLAN. S. Experimental evidence for the cardioprotective effects of red wine. **Experimental Clinic Cardiology,** v. 12, n. 1, p. 5-10, 2007.

29 STINTZING, F. C.; CARLE, R. Functional properties of anthocyanins and betalains in plants, food, and in human nutrition. **Trends in Food Science & Technology**, v. 15, p. 19-38.

30 PENG, Y. *et al.* Effects of long-term intake of anthocyanins from Lycium ruthenicum Murray on the organism health and gut microbiota in vivo. **Food Research International**, v. 130, 2020.

31 ROCHA, F. I. G. **Avaliação da cor da atividade antioxidante da polpa e extrato de mirtilo (Vacciniummyrtillus) em pó.** Dissertação (Mestrado) – Universidade Federal de Viçosa. Viçosa – MG, 2009.

32 ANGELO, P. M.; JORGE, N. Compostos fenólicos em alimentos – Uma breve revisão. **Revista Instituto Adolfo Lutz**, v. 66, n. 1, p. 232-240, 2007.

33 FERREIRA, R. M. A.; FERNANDES, P. L. O.; FONTES, L. O.; RODRIGUES, A. P. M. S.; SILVA, L. T. Antioxidantes e sua importância na alimentação. **Revista Verde**, v. 5, n. 5, p. 26-30, 2010.

34 KONG, J.; CHIA, L.; GOH, N.; CHIA, T; BROUILLARD, R. Analysis and biological activities of anthocyanins. **Phytochemistry**, p. 923-933, 2003.

35 YI, L.; CHEN, C.; JIN, X.; MI, M.; YU, B.; CHANG, H.; LING, W.; ZHANG, T. Structural requirements of anthocyanins in relation to inhibition of endothelial injury induced by oxidized low-density lipoprotein and correlation with radical scavenging activity. **Febs Letters**, v. 584, n. 3, p. 583-590, 2010.

36 AZEVEDO, C. M. **Efeito protetor das antocianinas na oxidação de LDL humanas; relação estrutura-atividade**. 2007. 96 f. Dissertação (Mestrado) – Faculdade de Farmácia, Universidade de Coimbra, 2007.

37 FUKUMOTO, L. R.; MAZZA, G. Assessing Antioxidant and Prooxidant Activities of Phenolic Compounds. **Journal of Agricultural and Food Chemistry**, v. 8, n. 48, p. 3597-3604, 2000.

38 HAN, K. H. *et al.* Effects of anthocyanin-rich purple potato flakes on antioxidant status in F344 rats fed a cholesterol-rich diet. **British J Nut**, v. 98, p. 914-921, 2007.

39 CASSIDY, A. Berry anthocyanin intake and cardiovascular health. **Molecular Aspects of Medicine**, v. 61, p. 76-82, 2018.

40 WALLACE, T. C. Anthocyanins in Cardiovascular Disease. **Advances in Nutrition**, p. 1-7, 2011.

41 KELLEY D. S.; HASOOLY, R.; JACOB, R. A.; KADER, A. A. Consumption of bing sweet cherries lowers circulating concentrations inflammation markers in healthy men and women. **J. Nut.,** v. 136, p. 981-986, 2006.

42 DE SOUZA, M. O.; SOUZA, E. S. L.; DE BRITO MAGALHAES, C. L.; DE FIGUEIREDO, B. B.; COSTA, D. C.; SILVA, M. E.; PEDROSA, M. L. The hypocholestero-

lemic activity of acai (Euterpe oleracea Mart.) is mediated by the enhanced expression of the ATP-binding cassette, subfamily G transporters 5 and 8 and low-density lipoprotein receptor genes in the rat. **Nutrition Research**, v. 32, n. 12, p. 976-984, 2012.

43 DO ROSARIO, V. A. *et al.* Anthocyanins attenuate vascular and inflammatory responses to a high fat high energy meal challenge in overweight older adults: A cross-over, randomized, double-blind clinical trial. **Clinical Nutrition**, v. 40, n. 3, p. 879-889, 2021.

44 KONG, J. M.; CHIA, L. S.; GOH, N. K.; CHIA, T. F.; BROUILLARD, R. Analysis and biological activities of anthocyanins. **Phytochemistry**, v. 64, p. 923-933, 2003.

45 MAZZA, G. J. Anthocyanins and heart health. **Ann Ist Super Sanità,** v. 43, p. 369-374, 2007.

46 CHEM, C. C.; LIU, L. K.; SHU, J. D.; HUANG, H. P.; YANG, M. Y.; WANG, C. J. Mulberry extract inhibits the development of atherosclerosis in cholesterol-fed rabbits. **Food Chemistry**, v. 91, p. 601-607, 2005.

47 KWON, S-H.; AHN, I-S.; KIM, S-O.; KONG, C-S.; DO, M-S.; CHUNG, H-Y.; PARK, K.Y, Anti-obesity and hypolipidemic effects of black soybean anthocyanins. **J Med Food**, v. 10, p. 552-556, 2007.

48 ERLUND, I.; KOLI, R.; MARNIEMI, J.; PUUKKA, M. Favorable effects of berry consumption on platelet function, blood pressure and HDL cholesterol. **Am J Clin Nutr.**, v. 87, 2003.

49 KIM, H. J. *et al.* Anthocyanins from soybean seed coat inhibit the expression of the TNF-α-induced genes associed with ischemia/reperfusion in endothelial by NF-κB-dependent pathway and reduce rat myocardial damages incurred by ischemia and reperfusion in vivo. **FEBS Letters**, v. 580, p. 1391-1397, 2006b.

50 OAK, M. H.; BEDOUI, J. E.; MADEIRA, S. V. F.; CHALUPSKY, K.; SCHINI--KERTH, V. B. Delphinidin and cyanidin inhibit PDGF-induced VEGF release in vascular smooth muscle cells by preventing activation of p38MAPK and JNK. **British J. Pharmacol,** v. 149, p. 283-290, 2006.

51 XIA, M.; LING, W.; ZHU, H.; WANG, Q.; MA, J.; HOU, M.; TANG, Z.; LI, L.; YE, Q. Anthocyanin prevents CD40-activated proinflammatory signaling in endothelial cells by regulating cholesterol distribution. **Arterioscler. Thromb. Vasc. Biol.**, v. 27, p. 519-524, 2007.

52 MAURAY, A.; MILENKOVIC, D.; BESSON, C.; CACCIA, N.; MORAND, C.; MICHEL, F.; MAZUR, A.; SCALBERT, A.; FELGINES, C. Atheroprotective effects of bilberry extracts in Apo E-deficient mice. **Journal of Agricultural and Food Chemistry**, v. 57, n. 23, p. 11106, 2009.

53 MIYAZARI, K.; MAKINO, K.: IWADATE, E.; DEGUCHI, Y.; ISHIKAWA, F. anthocyanins from purple sweet potato Ipomoea batatas cultivar Ayamurasaki suppress the development of atherosclerotic lesions and both enhancements of oxidative stress and soluble vascular cell adhesion molecule-1 in Apolipoprotein E-deficient mice. **Journal of Agricultural and Food Chemistry**, v. 56, n. 23, p. 11485, 2008.

54 WANG, L-S.; STONER, G. D. Anthocyanins and their role in cancer prevention. ***Cancer Letters***, v. 269, n. 2, p. 281-290, 2008.

55 PARK, Y. K.; PARK, E.; KIM, J. S.; KANG, M. H. Daily grape juice consumption reduces oxidative DNA damage and plasma free radical levels in healthy Koreans. ***Mut Res.***, v. 529, p. 77-86, 2003.

56 BAGCHI, D.; SEN, C.K.; BAGCHI, M.; ATALAY, M. Anti-angiogenic, antioxidant, and anti-carcinogenic properties of a novel anthocyanin-rich berry extract formula. **Biochemistry.,** v. 69, p. 75-80, 2004.

57 COOKE, D.; STEWARD, W. P.; GESCHER, A. J.; MARCZYLO, T. Anthocyanins from fruits and vegetables-Does bright colour signal cancer chemopreventive activity? **Eur J Cancer**., v. 41, p. 1931-1940, 2005.

58 HAGIWARA, A.; *et al.* Prevention by natural food anthocyanins, purple sweet potato color and red cabbage color, of 2-amino-1-methyl-6-phenylimidazo[4,5-b]pyridine (PhIP)-associated colorectal carcinogenesis in rats initiates with 1,2-dimethylhydrazine. **J Toxicological Sci,** v. 27, p. 57-68, 2002.

59 GALVANO, F.; FAUCI, L.L.; LAZZARINO, G.; FOGLIANO, V.; RITIENI, A *et al.* Cyanidins: metabolism and biological properties. **J Nut Bioch**., v. 15, p. 2-11, 2004.

60 ZHANG, Y.; SEERAM. N.P.; L, R.; FENG, L. Isolation and identification of strawberry phenolics with antioxidant and human cancer cell antiproliferative properties. **J Agric Food Chem**., v. 56, p. 670-675, 2008.

61 SINGLETARY, K. W.; JUNG, K. J.; GIUSTI, M. Anthocyanin-rich grape extract blocks breast cell DNA damage. **J Med Food**., v. 10, p. 244-251, 2007.

62 NETZEL, M.; NETZEL, G.; KAMMERER, D. R.; SCHIEBER, A.; CARLE, R.; SIMONS, L.; BITSCH, I.; BISCH, R. KONCZAK, I. Cancer cell antiproliferation activity and metabolism of black carrot anthocyanins. **Innovative Food Science & Emerging Technologies**, v. 8, p. 365-372, 2007.

63 BRANDSTETTER, H. F. *et al.*, The 1.8-A crystal structure of a matrix metallo-proteinase 8-barbiturate inhibitor complex reveals a previously unobserved mechanism for collagenase substrate recognition. **J. Biol. Chem.**, v. 276, p. 17405-17412, 2001.

64 NAGASE, H. K. *Et al.*, Inhibitory effect of delphinidin from Solanum melon-gena on human fibrosarcoma HT-1080 invasiveness in vitro. **Planta Med,** v. 64, p. 216-219, 1998.

65 CHEN, P. N. *et al.*, Black rice anthocyanins inhibit cancer cell invasion via repression of MMPs and u-PA expression. **Chem. Biol. Interact.,** v. 163, p. 218-229, 2006.

66 COATES, E. M. *et al.*, Colon-available raspberry polyphenols exhibit anti--cancer effects on in vitro models of colon cancer. **J. Carcinog.**, v. 6, n. 4, 2007.

67 STONER, G. D.; WANG, L. S.; CHEN, T. Chemoprevention of esophageal squamous cell carcinoma. **Toxicol Appl Pharmacol**, v. 224, p. 337-349, 2007.

68 KANG, S. Y.; SEERAM, N. P.; NAIR, M. G.; BOURQUIN, L. D. Antocianinas ácido cereja inibir o desenvolvimento do tumor na APC (MIN) ratos e reduzir a proliferação de células cancerígenas do cólon humano. **Cancer Lett.**, v. 194, p. 13-19, 2003.

69 BOBE, G. *et al.* Dietary extrato de cereja rico em antocianina inibe tumori-genesis intestinal em camundongos APC (Min) alimentados níveis subótimos de sulindac. **J Agric Food Chem**, v. 54, p. 9.322-9.328, 2006.

70 AFAQ, F. *et al.* Delphinidin, one anthocyanin in fruits and pigmented vegeta-bles, protects human keratinocytes HaCaT and mouse skin against UVB- mediated oxidative stress and apoptosis. **J Invest Dermatol**, v. 127, p. 222-232, 2007.

71 DING, M. R. *et al.* Cyanidin-3-glicosídeo, um produto natural derivado da amora-preta, exibe quimiopreventivo e atividade quimioterápico. **J *Biol Chem***, v. 17, p. 359-368, 2006.

72 ROSSI, M. W. *et al.*, Flavonoids and the risk of oral and pharyngeal cancer: a case-control study from Italy, Cancer Epidemiol. **Biomarkers Prev**, v. 16, p. 1621-1625, 2007.

73 BOSETTI, C. F. *et al.* Flavonoids and prostate cancer risk: a study in Italy. **Nutr. Cancer,** v. 56, p. 123-127, 2006.

74 WEISEL, T. M. *et al.*, An anthocyanin/polyphenolic-rich fruit juice reduces oxidative DNA damage and increases glutathione level in healthy probands, **Biotechnol. J.**, v. 1, p. 388-397, 2006.

75 KARLSEN, A.; RETTERSTOL, L.; LAAKE, P.; PAUR, I.; BOHN, S. K.; SANDVIK, L.; BLOMHOFF, R. Anthocyanins inhibit nuclear factor- κB activation in monocytes and reduce plasma concentrations of pro-inflammatory mediator in healthy adults. **Jounal Nutrition,** v. 137, p. 1951-1954, 2007.

76 VUGIC, L. *et al.* Anthocyanin supplementation inhibits secretion of pro-inflammatory cytokines in overweight and obese individuals. **Journal of Functional Foods**, v. 64, 2020.

77 INGRAM, S.; DIOTALLEVI, M. Reactive oxygen species: rapid fire in inflammation. **Biochemical Society**, p. 30-33, 2017.

78 ZHANG, H. *et al.* Anthocyanin supplementation improves anti-oxidative and anti-inflammatory capacity in a dose-response manner in subjects with dyslipidemia. **Redox Biology**, v. 32, 2020.

79 WINTHER, M. P. J.; KANTERS, E.; KRAAL, G.; HOFKER, M. H. Nuclear Factor κB Signaling in Atherogenesis. **AHA Journals - Arteriosclerosis, Thrombosis, and Vascular Biology**, v. 25, n. 5, p. 904-914, 2005.

80 QIU, T. *et al.* Drum drying- and extrusion-black rice anthocyanins exert anti--inflammatory effects via suppression of the NF-κB /MAPKs signaling pathways in LPS-induced RAW 264.7 cells. **Food Bioscience**, v. 41, 2021.

81 MATHEUS, M. E.; FERNANDES, S. B. O.; SILVEIRA, C. S.; RODRIGUES, V. R.; MENEZES, F. S.; FERNANDES, P. D. Inhibitory effects of Euterpe oleracea Mart. on nitric oxide production and iNOS expression. **Journal of Ethnopharmacology**, 2006.

82 SEERAM, M. P.; MOMIM, R. A.; NAIR, N. G.; BOURQUIN, L. D. Cyclooxigenase inhibitory and antioxidant cyanidin glycosides in cherries and berries. **Phytomedicine**, v. 08, p. 362-369, 2001.

83 SEERAM, N. P. *et al.* Blackberry, black raspberry, blueberry, cranberry, red raspberry, and strawberry extracts inhibit growth and stimulate apoptosis of human cancer cells in vitro. **Journal of Agriculture and Food Chemistry**, v. 54, n. 25, p. 9329- 9339, 2006.

84 DE OLIVEIRA, T. T.; NAGEM, T. J.; DA COSTA, M. R.; DA COSTA, L. M.; MAGALHÃES, N. M.; STRINGUETA, P. C.; DE LIMA, E. Q.; DE MORAES, G. H. K.; VIEIRA, H. Propiedades biológicas de los tintes naturales. **Ars Pharmaceutica**, v. 45, n. 1, p. 5-20, 2004.

85 VOLP, A. C. P.; RENHE, I. R. T.; BARRA, K.; STRINGHETA, P. C. Flavonóides antocianinas: características e propriedades na nutrição e saúde. **Rev Bras Nut Clin**, v. 23, p. 141-148, 2008.

86 ZHANG, Q.; MEJIAE, G.; LUNA-VITALD, T. TAO; CHANDRASEKARANS; CHATHAML; JUVIKJ; SINGHV; KUMARD. Relationship of phenolic composition of selected purple maize (Zea mays L.) genotypes with their anti-inflammatory, anti-adipogenic and anti-diabetic potential. **Food Chemistry,** p. 739-750, 2019.

87 JAYAPRAKASAM, B.; VAREED, S. K; OLSON, K.; MURALEEDHARAN, G. Secreção de insulina por antocianinas bioativas e antocianidinas presentes nas frutas. **Journal of Agricultural and Food Chemistry**, v. 52, p. 28-31, 2005.

88 GUO, H.; LING, W.; WANG, Q.; LIU, C.; HU, Y.; XIA, M.; FENG, X.; XIA, X. Effect of anthocyanin-rich extract from black rice (Oryza sativa L. indica) on hyperlipidemia and insulin resistance in fructose-fed rats. **Plant Foods for Human Nutrition**, v. 62, n. 1, p. 1-6, 2007.

89 MOJICA, L.; BERHOW, M.; GONZALEZ DE MEJIA, E. Black bean anthocyanin-rich extracts as food colorants: Physicochemical stability and antidiabetes potential. **Food Chemistry**, v. 229, p. 628-639, 2017.

90 TAKANORI, T. Regulation of Adipocyte Function by Anthocyanins; Possibility of Preventing the Metabolic Syndrome. **Journal of Agricultural and Food Chemistry**, v. 56, n. 3, p. 642-646, 2008.

91 VILLALPANDO-ARTEAGA, E.; CANALES-AGUIRRE, A.; GÁLVEZ-GASTÉLUM, J.; RODRÍGUEZ-GONZÁLEZ, J.; MATEOS-DÍAZ, J.; MÁRQUEZ-AGUIRRE, J. Evaluación de una variedad híbrida de jamaica con alta concentración de antocianinas en un modelo murino de obesidad inducida por dieta. *In:* **Anais [...]** XIV Congreso Nacional de Biotecnologia y Bioingenieria, 2010.

92 ESPÍN, J. C.; GARCÍA-CONESA, M. T.; TOMÁS-BARBERÁN. Nutraceuticals: facts and fiction. **Phytochemistry**, v. 68, p. 2896-3008. 2006.

93 LILA, M. A. Anthocyanins and human health: An in vitro investigative approach. J **Biomed Biotech.**, v. 5, p. 306-313, 2004.

94 JOSEPH, J. A.; DENISOVA, N. A.; ARENDASH, G. Blueberry supplementation enhances signaling and prevents behavioral deficits in an Alzheimer disease model. **Nutr. Neurosci.**, v. 6, p. 153-162, 2003.

95 LAU, F. C.; SHUKITT-HALE, B.; JOSEPH, J. A. **Subcell. Biochem.**, v. 42, n. 299, 2007.

96 GHOSH, D.; KONISHI, T. Anthocyanins and anthocyanin-rich extracts: role in diabetes and eye function. **Asia Pac J Clin Nutr,** v. 16, p. 200-208, 2007.

97 ZAFRA-STONE, S. *et al.* Berry anthocyanins as novel antioxidants in human health and disease prevention. **Mol Nutr Food Res,** v. 51, p. 675-683, 2007.

98 BARROS, D. *et al.* Behavioral and genoprotective effects of Vaccinium berries intake in mice. **Pharmacol Biochem Behav,** v. 84, p. 229-234, 2006.

99 HOU, F.; ZHANG, R.; ZHANG, M.; SU, D.; WEI, Z.; DENG, Y.; ZHANG, Y.; CHI, J.; TANG, X. Hepatoprotective and antioxidant activity of anthocyanins in black rice bran on carbon tetrachloride-induced liver injury in mice. **Journal of Functional Food,** v. 5, p. 1705-1713, 2013.

100 VARADINOVA, M. G.; DOCHEVA-DRENSKA, D. I.; BOYADJIEVA, N. I. Effects of anthocyanins on learning and memory of ovariectomized rats. **Menopause,** v. 16, p. 345-349, 2009.

101 SHIN, W. H.; PARK, S. J.; KIM, E. J. Protective effect of anthocyanins in middle cerebral artery occlusion and reperfusion model of cerebral ischemia in rats. **Life Sciences.**, v. 79, p. 130-137, 2006.

102 DANI, C.; OLIBONI, L. S.; PASQUALI, M. A. B.; OLIVEIRA, M. R.; UMEZU, F. M.; SALVADOR, M.; MOREIRA, J. C. F.; HENRIQUES, J. A. B. Intake of purple grape juice as a hepatoprotective agent in wistar rats. **J Med Food,** v. 11, p. 127-132, 2008.

103 ASSUNCAO, M. *et al.* Red wine antioxidants protect hippocampal neurons against ethanol-induced damage: a biochemical, morphological and behavioral study. **Neuroscience,** v. 146, p. 1581-1592, 2007b.

104 ASSUNCAO, M. *et al.* Modulation of rat cerebellum oxidative status by prolonged red wine consumption. **Addict Biol,** v. 13, p. 337-344, 2008.

105 DANI, C.; OLIBONI, L. S.; PASQUALI, M. A. B.; OLIVEIRA, M. R.; UMEZU, F. M.; SALVADOR, M.; MOREIRA, J. C. F.; HENRIQUES, J. A. B. Intake of purple grape juice as a hepatoprotective agent in wistar rats. **J Med Food,** v. 11, p. 127-132, 2008.

106 TAROZZI, A.; MORRONI, F.; HRELIA, S.; ANGELONI, C.; MARCHESI, A.; CANTELLI-FORTI, G.; HRELIA, P. Neuroprotective effects of anthocyanins and their in vivo metabolites in SH-SY5Y cells. **Neurosci Lett.**, v. 424, p. 36-50, 2007.

107 CASTAÑEDA-OVANDO, A.; CONTRERAS-LÓPEZ, E.; PIÑA-AGUILAR, F.; BARAJAS-GÓMEZ, J. J.; RAMÍREZ-GODÍNEZ, J. Efecto del extracto de la cereza en la reducción de colesterol. *In:* **Anais [...]** XII Congreso Nacional de Ciencia y Tecnología de Alimentos, Jueves 27 y Viernes 28 de Mayo de 2010. Guanajuato, México.

108 HERNÁNDEZ-PÉREZ, F.; HERRERA-ARELLAN, A.Tratamiento de la hipercolesterlemia con *Hibiscus sabadariffa* Ensayo clínico aleatorizado controlado. **Revista Medico Inst Mexico. Seguro Soc.**, v. 49, n. 5, p. 469-480, 2011.

109 MEIRA, Nicole de Almeida Nunes *et al.* FLAVONOIDS AND ANTHOCYANINS IN MYRCIARIA CAULIFLORA (JABOTICABA) AIMING TO COSMETIC APPLICABILITY. **Visão Acadêmica**, Curitiba, v. 17, n. 3, p. 50-65, set. 2016.

110 EMMI, D. T.; BARROSO, R. F. F. **A biodiversidade amazônica na promoção da saúde bucal:** elaboração de evidenciador de placa dental utilizando os corantes do açaí e urucum e a análise comparativa de sua eficácia em relação aos corantes sintéticos. Projeto de pesquisa da UFPA, Belém – Pará, 2005.

111 PARK, S. J.; SHIN W. H.; SEO, J. W.; KIM, E. J. Anthocyanins inhibit airway inflammation and hyper responsiveness in a murine asthma model. **Food and Chemical Technology**, v. 45, p. 1459-1467, 2007.

112 PASCUAL-TERESA, S.; SANCHES-BALLESTA, M.T.S. Anthocyanins: from plant to health. **Phytochem rev.,** v. 7, p. 281-299, 2008.

113 BAO, L.*et al.* . Protective effect of Bilberry (*Vaccinium myrtilus* L,) extract on $KBrO_3$ induced kidney damage in mice. **J Agric Food Chem.**, v. 56, p. 420-425, 2008.

114 SCHRAMM, D. D. *et al.* Chocolate procyanidins decrease the leukotriene--prostacyclin ratio in humans and human aortic endothelial cells. **Am J Clin Nutr**, v. 73, n. 1, p. 36-40, 2001.

9

ANTOCIANINAS E CAPACIDADE ANTIOXIDANTE

Introdução

A atividade antioxidante das antocianinas tem sido atribuída à sua estrutura química, que inclui grupos fenólicos e a presença de anéis cromofóricos. Essas características permitem que as antocianinas neutralizem os radicais livres, impedindo o dano oxidativo celular e a formação de espécies reativas de oxigênio (EROs). Além disso, as antocianinas também têm a capacidade de regenerar outras moléculas antioxidantes, como a vitamina C e a vitamina E, ampliando ainda mais seu efeito protetor.

Os estudos sobre a capacidade antioxidante das antocianinas têm mostrado resultados promissores em diversas áreas, como a prevenção de doenças crônicas, o combate ao envelhecimento e o aumento da longevidade. Por isso, esta pesquisa tem ganhado cada vez mais destaque na comunidade científica e na indústria alimentícia, impulsionando o desenvolvimento de novos produtos e tecnologias baseados nas antocianinas. Neste capítulo, iremos abordar os principais avanços e descobertas relacionadas à capacidade antioxidante das antocianinas, bem como suas aplicações em áreas como a nutrição e a medicina.

As antocianinas, por meio da sua capacidade antioxidante, apresentam efeitos positivos na redução do risco de desenvolvimento de doenças como obesidade, diabetes mellitus, doenças cardiovasculares, doenças neurológicas como mal de Alzheimer e demência, cânceres e doenças imunológicas, relacionadas ao estresse inflamatório e oxidativo nas células.

Vários estudos em modelos animais, células em cultura e ensaios clínicos em humanos, indicam o envolvimento de antocianinas (e suas formas agliconas) na proteção antioxidante, antimicrobiana, visual e neurológica[1]. Alguns estudos epidemiológicos destacaram uma correlação direta entre o consumo de vegetais coloridos e a prevenção/redução, por exemplo, de doenças cardiovasculares, inflamações e diabetes[2,3]. Na natureza é possível encontrar elevado número de diferentes antocianinas, estas são candidatas para a produção de alimentos funcionais, produtos farmacêuticos, cosméticos e suplementos alimentares[1,4].

De acordo com a revisão feita por Khan *et al.* (2020)[5] a ingestão natural de flavonoides, principalmente as antocianinas, pode anular o processo inflamatório induzido no intestino, a neuroinflamação e a patologia de Alzheimer, sendo necessário o desenvolvimento de estudos clínicos em humanos.

Apesar de diversos estudos atestarem potenciais benefícios das antocianinas à saúde humana, a eficácia da ação antioxidante e demais propriedades dos compostos s bioativos dcpende de sua estrutura química, da concentração destes fitoquímicos nos alimentos e da bioacessibilidade e biodisponibilidade dos compostos. O teor de fitoquímicos é amplamente influenciado por fatores genéticos, condições ambientais, grau de maturação, variedade da planta, entre outros[6]. Matrizes fenólicas com pronunciada atividade antioxidante *in vitro* podem não apresentar a mesma eficácia quando estudos *in vivo* são realizados. A possível eficácia dos compostos fenólicos, no corpo humano, por exemplo, é grandemente determinada pela bioacessibilidade (liberação da matriz e sua estabilidade durante o processo digestivo) e biodisponibilidade dessas moléculas bioativas (fração do composto ingerido que, por meio da circulação sistêmica, alcança alvos específicos)[7].

Conceitos básicos de capacidade antioxidante

Por definição, antioxidante é um composto que se opõe à oxidação ou inibe reações promovidas por oxigênio ou peróxidos[8]. Nos alimentos, os antioxidantes retardam, controlam ou inibem a oxidação e a deterioração da qualidade dos alimentos. *In vivo*, o aumento do consumo desses compostos pode diminuir a ocorrência de estresse oxidativo e danos celulares[9].

O aumento excessivo dos níveis intracelulares de espécies reativas de oxigênio (ERO) e nitrogênio (ERN) é um processo biológico conhecido como estresse oxidativo ou estresse nitrosativo, respectivamente. Os ERO e ERN são termos que descrevem coletivamente os radicais livres e outros derivados reativos não radicais, também chamados de oxidantes. As espécies reativas ou radicais livres são moléculas que contêm um ou mais elétrons desemparelhados, característica que os torna altamente reativos e instáveis, promovendo reações de oxidação em outras moléculas, tais como proteínas, lipídeos e DNA, a fim de se estabilizarem. As principais ERO formadas são os radicais superóxido ($O_2\bullet$), radical hidroxila ($OH\bullet$), hidroperoxil ($HO_2\bullet$), peroxil ($RO_2\bullet$), peróxido de hidrogênio (H_2O_2) e ácido hipocloroso (HOCl). As ERN principais são o óxido nítrico ($NO\bullet$), peroxinitrito ($ONOO^-$) e óxido de nitrogênio ($NO_2\bullet$)[10,11,12,13,14].

A produção de ERO/ERN ocorre em ambiente celular através de múltiplas vias metabólicas em reações enzimáticas e não enzimáticas. As mitocôndrias são um dos componentes celulares mais importantes e com maior potencial de produção de radicais livres[14]. As reações enzimáticas que geram radicais livres incluem aquelas envolvidas na cadeia respiratória, fagocitose, síntese de prostaglandinas e reações do citocromo P450. Os radicais livres podem ser produzidos também a partir de reações não enzimáticas de oxigênio com compostos orgânicos, bem como aquelas iniciadas por radiações ionizantes[11].

As espécies reativas são geradas também a partir de fontes exógenas. ERO/ERN exógenos resultam da produção destas espécies pela radiação UV, atividade física intensa, estresse emocional, hábitos de vida inadequados como tabagismo, alcoolismo e dieta rica em gorduras saturadas, além de agentes xenobióticos provenientes da poluição do ar ou substâncias químicas presentes em alimentos e bebidas tais como tetracloreto de carbono, resíduos de pesticidas e herbicidas, aditivos químicos, hormônios e toxinas microbianas[15,16]. Esses compostos são produzidas fisiologicamente e são importantes para o sistema imunológico, a sinalização celular, expressão gênica e muitas outras funções do corpo. No entanto, a geração excessiva destas espécies pode provocar um desbalanço entre os radicais livres e os mecanismos de defesa antioxidantes e promover um desequilíbrio na taxa de sua remoção, levando a modificações oxidativas em membranas celulares ou moléculas intracelulares que resultam na oxidação de constituintes de membranas, enzimas e DNA e acúmulo de peróxidos lipídicos[17]. O estresse oxidativo é considerado um dos principais fatores associados ao processo de desenvolvimento de doenças crônico-degenerativas como doenças cardiovasculares, doenças inflamatórias, catarata, câncer, diabetes tipo II e doenças neurodegenerativas, assim como ao processo de envelhecimento natural[18].

Para inibir e/ou reduzir a ação das ERO/RNS, os sistemas de defesa antioxidante desempenham um papel crucial. O corpo possui vários mecanismos para neutralizar o estresse oxidativo, produzindo antioxidantes, gerados naturalmente *in situ* (antioxidantes endógenos) ou fornecidos externamente por meio de alimentos (antioxidantes exógenos). As funções dos antioxidantes são neutralizar o excesso de radicais livres, proteger as células contra seus efeitos tóxicos e contribuir para a prevenção de doenças. Essa proteção pode ser alcançada por meio de sistemas enzimáticos e não-enzimáticos, que podem ter origem endógena ou dietética[19,20].

Dentre os antioxidantes produzidos pelo corpo envolvidos em processos não enzimáticos, destacam-se a glutationa reduzida (GSH), peptídeos de histidina, proteínas ligadas ao ferro (transferrina e ferritina), ácido dihidrolipoico (forma reduzida do ácido lipoico), ácido úrico, melatonina, bilirrubina, ubiquinol e coenzima Q reduzida[12]. As principais enzimas envolvidas no balanço redox são a superóxido dismutase (SOD), a catalase (CAT), a glutationa redutase (GR) e a glutationa peroxidase (GPx). Cada uma delas é responsável pela redução de uma espécie reativa diferente e estão localizadas em diferentes compartimentos celulares[13].

A capacidade antioxidante no interior de uma célula é atribuída principalmente ao sistema enzimático, enquanto no plasma a capacidade antioxidante está relacionada com moléculas de baixo peso molecular, algumas provenientes da dieta, como as vitaminas e os compostos bioativos, e outras consideradas produtos de vias metabólicas, como urato e glutationa[21]. Um antioxidante dietético pode eliminar espécies de reação de oxigênio/nitrogênio (ERO/ERN) para interromper as reações em cadeia de radicais, ou pode inibir a formação de oxidantes reativos, atuando de forma preventiva[14]. Dentre os antioxidantes de origem dietética, os compostos fenólicos em geral se destacam, pois os seus efeitos benéficos à saúde humana são comumente associados à sua capacidade antioxidante.

Os compostos fenólicos foram identificados como os principais antioxidantes das frutas e mais abundantes na dieta. A capacidade antioxidante pode estar relacionada ao conteúdo fenólico total, podendo ser proporcional a concentração destes, ou de algum composto individual[22]. Os polifenóis funcionam como antioxidantes ou podem influenciar a produção de outros compostos antioxidantes, no nosso corpo[23]. Destacam-se pelo poder redutor e o comportamento redox reversível, que os tornam capazes não apenas de neutralizar ERO, como também, de regenerar biomoléculas endógenas do sistema antioxidante[24]. Suas propriedades estão relacionadas com a estrutura química, em particular, à deslocação do núcleo aromático. Durante a reação desses compostos com os radicais livres, novas espécies de radicais são geradas e estabilizadas por ressonância[25].

Os flavonoides são um grupo de polifenóis amplamente estudado, incluindo as antocianinas, que possuem propriedades antioxidantes. Vários mecanismos de ação foram propostos para explicar como os flavonoides exercem essa atividade, incluindo a eliminação de espécies reativas de oxigênio (ERO), a supressão da geração de ERO através da inibição de enzimas e oligoelementos quelantes, e a regulação positiva das defesas antioxidantes.

Os flavonoides têm um baixo potencial redox, o que lhes permite doar prótons para reduzir radicais livres altamente oxidados, como os radicais superóxido, alcoxil, hidroxil e peroxil. Além disso, os flavonoides podem inibir a atividade de enzimas como a xantina oxidase e a proteína quinase C, que são responsáveis pela geração de ânions superóxido. Também foi relatado que os flavonoides são capazes de inibir outras enzimas geradoras de ERO, incluindo monooxigenase microssomal, lipoxigenase, succinoxidase mitocondrial e NADH oxidase[57]. Além disso, a capacidade dos flavonoides na quelação de metais desempenha um papel importante[25,26,27,28,29].

Em termos de processamento na indústria alimentícia, os antioxidantes usados em alimentos ou presentes nele podem ser de natureza primária ou secundária. Os antioxidantes primários são aqueles que neutralizam os radicais livres doando um átomo de hidrogênio ou por um mecanismo de transferência de um único elétron, convertendo-os em produtos mais estáveis termodinamicamente. Já os antioxidantes secundários são compostos que reduzem ou retardam a taxa de iniciação da oxidação, por decompor hidroperóxidos e/ou pela ação quelante de íons metálicos pró-oxidantes e desativação de espécies reativas como oxigênio singlete[9,30].

Os antioxidantes sintéticos como hidroxianisol butilado (BHA), hidroxitolueno butilado (BHT), galato de propila (PG) e terc-butil-hidroquinona (TBHQ) têm sido usados como antioxidantes primários para sequestrar os radicais livres e controlar a oxidação e o desenvolvimento de sabor indesejado nos alimentos. Essas substâncias tiveram seu uso aprovado em alimentos, após investigações que comprovaram sua segurança dentro de um limite de ingestão diária, sendo assim, estão sujeitas a legislações específicas de cada país ou por normas internacionais[31].

Apesar de serem amplamente utilizados, estudos relacionados à toxicologia dos compostos antioxidantes sintéticos têm demonstrado a possibilidade de apresentarem efeitos carcinogênicos em experimentos com animais. Esses resultados têm levado a restrições em relação ao uso desses compostos em alguns países. Nesse contexto, tem crescido o interesse no estudo de antioxidantes naturais. Inúmeras pesquisas têm sido desenvolvidas com o objetivo de encontrar produtos naturais para substituir e/ou reduzir o uso de antioxidantes sintéticos, com o intuito de diminuir a sua concentração nos alimentos. Os compostos fenólicos têm se destacado como um dos grupos mais promissores de compostos bioativos. Eles têm demonstrado resultados promissores na proteção contra a oxidação, tanto em sistemas biológicos quanto em alimentos[32,33,34].

As antocianinas e sua atividade antioxidante

As antocianinas são compostos vegetais coloridos que têm propriedades antioxidantes destacadas. Elas ajudam a prevenir a oxidação, eliminando radicais livres e reduz o estresse oxidativo. Estudos mostram que as antocianinas agem de diferentes formas, como capturando radicais livres, inibindo enzimas pró-oxidantes e sequestrando metais envolvidos na produção de radicais livres[35,36].

A atividade antioxidante das antocianinas é explicada por dois mecanismos diferentes: a transferência de átomos de hidrogênio (HAT – Hydrogen Atom Transfer) e a transferência de um único elétron (SET – Single Electron Transfer). No mecanismo HAT, o antioxidante doa um átomo de hidrogênio (próton e elétron) ao radical livre, convertendo-o em um produto mais estável. Essa reação converte o antioxidante em um radical em si, mas muito menos reativo do que o radical livre inicial, inibindo o processo de oxidação em geral. No mecanismo SET, o radical livre é estabilizado por meio da aceitação de um elétron do antioxidante, com a própria molécula antioxidante tornando-se um radical cation intermediário. Semelhante ao mecanismo HAT, o radical antioxidante recém-gerado é mais estável que o radical livre inicial. A atividade antioxidante das antocianinas é resultado do déficit de elétrons em sua estrutura química e da estrutura conjugada, que permite a deslocalização eletrônica e a obtenção de produtos radicais mais estáveis[36,37,38].

A atividade antioxidante das antocianinas depende em grande parte de sua estrutura química: número e posição dos grupos hidroxila e das duplas ligações conjugadas, do grau de glicosilação, bem como da presença de doadores de elétrons no anel estrutural[36]. As posições 3' e 4' dos grupos hidroxila do anel B são fundamentais para a capacidade antioxidante desses compostos, pois confere uma alta estabilidade ao radical formado. As agliconas com hidroxilação idêntica nos anéis A e C, e um único grupo OH no anel B (4'-OH), incluindo pelargonidina, malvidina e peonidina, apresentam menor atividade antioxidante quando comparadas aos compostos com grupos 3', 4' di-OH substituído como a cianidina. Além disso, têm sido relatado na literatura que a acilação das antocianinas com um ou mais ácidos fenólicos já demonstrou um aumento significativo na atividade antioxidante[66,87], mas a glicosilação aparenta levar a uma redução na atividade antioxidante das antocianinas[35,39,40,41].

Vários estudos reportaram atividades antioxidantes significativas de fontes ricas em antocianinas. A maioria desses trabalhos descreve a eliminação de radicais livres por antocianinas, usando diferentes métodos baseados em mecanismos de transferência de um único elétron ou transferência de átomos de hidrogênio ou por sua combinação. Os ensaios antioxidantes DPPH• e ABTS+• são dois exemplos de ensaios antioxidantes comumente empregados. Valores significantes de atividade antioxidante *in vitro* foram verificados para mirtilo[42], amora[43,44], morango[45], uva[46], repolho roxo, hibisco[47], jabuticaba[48], entre outros.

Wiczkowski, Szawara-Nowak e Romaszko (2016)[49] estudaram o efeito da fermentação de repolho roxo, na biodisponibilidade de antocianina e na sua capacidade antioxidante, utilizando o plasma de seres humanos que consumiram repolho vermelho fresco e fermentado. As amostras de sangue e urina foram coletadas antes e após o consumo. As análises de antocianinas por HPLC-MS/MS e a capacidade antioxidante do plasma por meio de ensaio de foto-quimiluminescência foram conduzidos. Produtos do repolho roxo continham 20 diferentes antocianinas aciladas e não aciladas. As antocianinas ingeridas estavam presentes em fluidos fisiológicos em forma de antocianinas nativas e 12 metabolitos. Entre os metabolitos identificados, formas metiladas foram predominantes. Após o consumo do repolho fresco, os plasmas dos voluntários mostraram capacidade antioxidante maior do que daqueles que o consumiram fermentado.

Crizel *et al.* (2016)[50] secaram o bagaço de mirtilo (*Vaccinium* spp.) e encontraram um teor de compostos fenólicos de 23,59 mg de AGE/g de amostra seca. A análise DPPH com base no IC50 revelou bons resultados. O pó do resíduo de mirtilo exibiu um teor de antocianinas de 2063,4 mg/100 g de amostra seca, e foram identificadas e quantificadas a delfinidina 3-glicosídeo, encontrada em maior concentração (824,9 mg/100 g), seguida da malvidina3-glicosídeo (513,2 mg/100 g), cianidina-3-glicosídeo (303 mg/100 g), pelargonidina-3-glicosídeo (222,7 mg/100 g), as agliconas cianidina (112,8 mg/ 100 g), delfinidina (47,8 mg/100 g) e malvidina (38,9 mg/100 g). De acordo com os autores o elevado teor de antocianina no pó de mirtilo contribuiu para sua alta capacidade antioxidante.

O perfil fenólico do bagaço de uva (*Vitis vinifera* L.) (casca, sementes e sua mistura, subprodutos da indústria vinícola) foi avaliado por Peixoto *et al.* (2018)[51]. As cascas apresentaram os mais altos níveis de antocianinas (7,9 µg/g de extrato), seguidos das misturas e por último das sementes. As sementes apresentaram a maior capacidade antioxidante, seguida da mistura e da casca. Vinte e oito compostos fenólicos (não antociânicos e antociânicos) foram identificados na mistura de bagaço de uva, sementes e casca, dentre eles sete antocianinas.

Extratos aquosos de três batatas de polpa vermelha, três de polpa roxa e uma de polpa mármore foram avaliados quanto ao teor de antocianinas, atividades biológicas *in vitro*, propriedades de coloração e seu potencial de aplicação na indústria de alimentos. Os extratos apresentaram um teor de antocianinas de 478,3 a 886,2 mg/100g entre as variedades de batatas, atividades biológicas antifúngicas, *atividade* antioxidante *in vitro* e antibacteriana e nenhum efeito tóxico foi detectado. Em relação à aplicação na indústria de alimentos, dois extratos de batatas foram selecionados e testadas como corantes em uma formulação de refrigerante e apresentaram perfis sensoriais adequados, bem como alta estabilidade de cor durante 30 dias quando comparados com o corante comercial E163[52].

Métodos analíticos para determinação da capacidade antioxidante

Os métodos usados para avaliar a atividade antioxidante avançaram consideravelmente nos últimos anos. Até o momento, vários ensaios químicos acoplados a tecnologias de detecção altamente sensíveis e automatizadas são empregados para avaliação da atividade antioxidante por meio de mecanismos específicos, como atividade de eliminação contra certos tipos de radicais livres, poder redutor e quelação de metais, entre outros. Uma vasta gama de métodos e protocolos de ensaios têm sido propostos, a destacar os métodos espectrométricos.

Diversos métodos estão disponíveis para avaliação da capacidade dos compostos de estabilizar radicais livres pela transferência de átomos de hidrogênio ou transferência de um único elétron. Esses métodos podem empregar espécies radicais, algumas das quais podem ser artificiais e biologicamente irrelevantes. Portanto, eles têm sido criticados por não refletirem um alimento oxidante ou uma situação *in vivo*. No entanto, os dados da capacidade de doação de átomos de hidrogênio ou capacidade doadora de elétrons obtidos por esses métodos fornecem informações importantes sobre o potencial antioxidante intrínseco de amostras[53].

A capacidade dos antioxidantes sequestrarem os radicais livres *in vitro* tem sido avaliada por diversos métodos, sob diferentes condições. Dessa forma, faz-se necessária a padronização de um método atendendo a alguns critérios como: utilizar uma fonte radical biologicamente relevante; ser tecnicamente simples; usar um método com ponto final e mecanismo químico bem definidos; apresentar instrumentação e reagentes facilmente disponíveis; ter boa repetibilidade e reprodutibilidade; ser adaptável para ensaios de antioxidantes hidrofílicos e lipofílicos e para o uso de diferentes fontes radicais[54].

Os métodos baseados na transferência de átomos de hidrogênio medem a capacidade de um antioxidante (AH) em sequestrar radicais livres (R•) pela doação de um átomo de hidrogênio (H•), sendo está uma reação simples e direta[55], apresentada pela equação a seguir:

$$R\bullet + AH \rightarrow RH + A\bullet$$

Os métodos baseados na transferência de um único elétron medem a habilidade de um antioxidante (AH) em transferir um elétron para reduzir íons metálicos, grupos carbonila e radicais livres, medindo diretamente a capacidade redutora da substância[56]. Os mecanismos SET de ação antio-xidante podem ser resumidos pelas seguintes reações:

$$R\bullet + AH \rightarrow R^{-} + AH\bullet+$$
$$AH\bullet+ + H_2O \rightarrow A\bullet + H_3O +$$
$$R^{-} + H_3O + \rightarrow RH + H_2O$$
$$AH + M^{3+} \rightarrow AH+ + M^{2+}$$

Os métodos baseados no mecanismo de transferência de hidrogênio incluem a capacidade de absorção do radical oxigênio (ORAC – *Oxygen Radical Absorbance Capacity*); capacidade Antioxidante Total (TRAP – *Total Radical-Trapping Antioxidant Parameter*); capacidade de inibição da peroxidação lipídica; sequestro de peróxido de hidrogênio; capacidade de absorção de radicais de oxigênio; sequestro de óxido nítrico e eliminação do ácido tiobarbitúrico (TBARS)[57].

Enquanto os tipos de ensaios baseados em transferência de elétron incluem: ensaio de poder antioxidante redutor de íons férricos (FRAP); capacidade de redução de cobre (II); antioxidante redutor de íon cúprico (CUPRAC – Cupric ion reducing antioxidant capacity); inibição da xantina oxidase; eliminação de tiocianato férrico, atividade sequestradora de radicais peroxinitrito e atividade sequestradora do radical N,N-dimetil-p-fenilenediamina[57].

Os ensaios de atividade sequestradora do radical 2,2'-Azino-bis-(-3-etilbenzotiazolina-6-ácido sulfônico) (ABTS•+) e ensaio de eliminação de radicais 2,2-difenil-1-picrilhidrazil (DPPH•) são referidos como testes mistos. Esses dois radicais, podem ser desativados pelo mecanismo de transferência de hidrogênio ou por redução direta por meio de mecanismos de transferência de elétron[58].

Os principais métodos atualmente empregados na determinação da capacidade antioxidante de componentes alimentares, assim como seus princípios, foram sintetizados por Arruda (2015)[59] e são sintetizados na Tabela 1.

As metodologias disponíveis para a determinação da capacidade antioxidantes são numerosas e podem estar sujeitas a interferências, diferem em relação ao mecanismo de ação, às espécies-alvo, às condições reacionais e na forma como os resultados são expressos, não existindo um procedimento metodológico universal para avaliar a capacidade antioxidante. Por isso, atualmente preconiza-se a realização de diferentes ensaios, com fundamentos e mecanismos de ação distintos, já que, nenhum método usado isoladamente refletirá exatamente a capacidade antioxidante total de uma amostra[60,61].

Já foram observadas divergências nos resultados dos métodos antioxidantes empregados para a avaliação do potencial antioxidante de compostos bioativos do fruto Physalis (*P. peruviana*). Todos os compostos bioativos (antocianinas, flavonoides, carotenoides, compostos fenólicos) e capacidade antioxidante apresentaram degradação com o incremento da temperatura de secagem de 40°C para 70°C. A capacidade antioxidante medida pelo método utilizando o radical DPPH apresentou maior atividade quando comparado com o método utilizando o radical ABTS. A capacidade antioxidante de antocianinas extraídas de manjericão roxo também diferiu entre os métodos empregando o DPPH e ABTS como radicais livres. Maior atividade antioxidante também foi verificada no ensaio com o radical DPPH[62,63].

Lima *et al.* (2020)[64] avaliaram a capacidade antioxidante de uma geleia mista de carnaúba com uva, bem como compararam com as geleias dos frutos feitas separadamente, pelos métodos de FRAP e ABTS, e observaram que a junção da carnaúba com a uva intensificou a capacidade antioxidante pelo método ABTS, enquanto para a FRAP não houve diferença significativa, em comparação com a geleia de uva. Esse resultado reforça a necessidade de que a análise seja feita por mais de uma metodologia.

Além dos métodos químicos utilizados para determinar a atividade antioxidante, existem também os ensaios celulares de atividade antioxidante (CAA). Esses ensaios são realizados no interior das células e são considerados biologicamente mais apropriados do que os ensaios químicos, pois avaliam a capacidade de um composto ou mistura de compostos de exercer uma resposta antioxidante a nível celular, reduzindo o estresse oxidativo intracelular. Diferentemente dos ensaios químicos, os ensaios celulares levam em conta não apenas a capacidade do composto como agente redutor ou a sua habilidade para eliminar radicais livres, mas também a sua capacidade de afetar a expressão gênica, a modulação da sinalização celular redox e a regulação positiva de enzimas desintoxicantes ou antioxidantes[65]. A atividade antioxidante a nível celular não se limita apenas à eliminação de espécies reativas, mas também inclui outros mecanismos celulares importantes.

Em relação aos métodos *in vivo*, o potencial antioxidante do material em estudo é determinado nos tecidos medindo diferentes parâmetros, incluindo capacidade antioxidante total, capacidade redutora férrica do plasma, níveis séricos e teciduais de ERO, malondialdeído (MDA), substâncias reativas ao ácido tiobarbitúrico (TBARs), lipoproteína de baixa densidade oxidada (ox-LDL) e glutationa (total, reduzida, e oxidado), bem como a expressão/níveis/atividades séricas e teciduais de enzimas antioxidantes como glutationa-s-transferase, catalase e superóxido dismutase (SOD)[57].

Os principais métodos atualmente empregados na determinação da capacidade antioxidante de componentes alimentares, assim como seus princípios, foram sintetizados por Arruda (2015)[59] e são apresentados a seguir:

Tabela 1 – Diferentes métodos e seus princípios de ação utilizados na determinação da capacidade antioxidante de componentes alimentares

Método	Princípio	Referências
Capacidade de Absorção do Radical Oxigênio (ORAC – *Oxygen Radical Absorbance Capacity*)	Este método mede a habilidade de um antioxidante contra o radical peroxila, onde o antioxidante e um marcador fluorescente (geralmente fluoresceína) competem cineticamente por radicais peroxila gerados por meio da decomposição de compostos nitrogenados tais como AAPH (2,2'-azobis-(2-metilpropionamidina)-dihidroclorado) a 37°C. A atividade antioxidante pode ser determinada calculando a curva de decaimento da fluorescência de um indicador na presença e ausência de antioxidantes, integrando a área sob essas curvas.	Apak *et al.* (2007)[55]
Capacidade Antioxidante Total (TRAP – Total Radical-Trapping antioxidant Parameter)	Este método monitora a habilidade de compostos antioxidantes em interferir na reação entre radicais peroxila (gerados por meio do AAPH) e um indicador alvo. O TRAP é baseado no aumento da quimiluminescência do luminol, no qual os radicais peroxila gerados a partir do AAPH oxidam o luminol levando à formação de radicais luminol que emitem luz. A atividade antioxidante é determinada através da duração do período de tempo (tempo de indução) no qual a amostra bloqueia o sinal de quimiluminescência, devido à presença de antioxidantes, sendo que o tempo é proporcional à quantidade de antioxidantes presentes na amostra.	Somogyi *et al.* (2007); Pisoschi & Negulescu (2011)[66,67]
Capacidade de Inibição da Peroxidação Lipídica (*The lipid peroxidation inhibition Assay*)	O método fundamenta-se no decaimento da fluorescência emitida por uma sonda acoplada ao lipossomo provocada pelo ataque de uma espécie reativa. Após a adição de uma espécie redutora, ou seja, o antioxidante, observa-se um menor decaimento da fluorescência. Isso significa que a membrana dos lipossomos foi protegida e o antioxidante foi atacado pelas espécies reativas presentes no meio.	Oliveira *et al.* (2009)[60]

Método	Princípio	Referências
Método do Tiocianato Férrico (FTC – Ferric Thiocyanate Assay)	O método tiocianato é utilizado para medir o nível de peróxido durante o estágio inicial de oxidação lipídica. Este ensaio é baseado na formação de peróxidos durante a oxidação do ácido linoleico, que oxida o Fe^{2+} a Fe^{3+}. O Fe^{3+} forma um complexo colorido com o tiocianato (SCN^-) com máxima absorção a 500 nm. Na presença de antioxidantes, a oxidação do ácido linoleico é lenta. Assim, o desenvolvimento da cor, pela formação dos complexos Fe^{3+}- tiocianato, também será lenta. Portanto, elevados valores de absorbância indicam altos níveis de ácido linoleico oxidado e, consequentemente, baixa atividade antioxidante dos compostos em questão.	Moon & Shibamoto (2009); Nile, Khobragade & Park (2012)[68,69]
Capacidade Antioxidante Equivalente ao *Trolox* (TEAC – *Trolox Equivalence Antioxidant Capacity*)	Neste ensaio, o ABTS é oxidado por oxidantes (geralmente $K_2S_2O_8$) à sua correspondente forma radical cátion ($ABTS^{\bullet+}$), que absorve a 734 nm (coloração verde-azulado), por meio da perda de um elétron pelo átomo de nitrogênio do ABTS. Na presença de antioxidantes, o radical é neutralizado, promovendo uma descoloração da solução acompanhada pelo decréscimo da absorbância que é proporcional à concentração de sequestradores de radicais adicionados à solução reagente de ABTS.	Gülçin (2012); Thatoi, Patra & Das (2013)[70,71]
Poder Antioxidante de Redução do Íon Férrico (Fe^{3+}) (FRAP – *Ferric Ion Reducing Antioxidant Power*)	O ensaio FRAP mede a habilidade de antioxidantes em reduzir o complexo férrico 2,4,6- tripiridil-s-triazina $[Fe^{3+}\text{-}(TPTZ)_2]^{3+}$ (amarelo), ao complexo ferroso de coloração azul-intenso $[Fe^{2+}\text{-}(TPTZ)_2]^{2+}$ em meio ácido (pH 3,6). A atividade antioxidante é determinada medindo o aumento da absorbância a 593 nm que é proporcional à concentração de antioxidantes presentes na amostra.	Somogyi *et al.* (2007)[66]

Método	Princípio	Referências
Poder Antioxidante de Redução do Íon Cúprico (Cu^{2+}) (CUPRAC – *Cupric Ions Reducing Antioxidant Power*)	Este ensaio é baseado na redução de Cu^{2+} a Cu^{+} em meio hidroetanólico pela ação de agentes redutores (pH 7,0) na presença de neocuproína (2,9-dimetil-1,10-fenantrolina) que forma complexos com o Cu^{+} com pico de máxima absorção a 450 nm. O aumento da absorbância a 450 nm é proporcional à concentração de antioxidantes presentes na amostra.	Gülçin (2012)[70]
Atividade Sequestradora do Radical N,N-dimetil-p- fenilenediamina (DMPD•+)	Neste ensaio, o DMPD é oxidado por oxidantes (geralmente $FeCl_3$) ou em pH ácido à sua correspondente forma radical cátion ($DMPD^{\bullet+}$), que absorve a 505 nm (coloração púrpura). Na presença de qualquer antioxidante doador de hidrogênio, o radical cátion ($DMPD^{\bullet+}$) sequestra um átomo de hidrogênio, promovendo uma descoloração da solução acompanhada pelo decréscimo da absorbância que é proporcional à concentração de sequestradores de radicais adicionados à solução reagente de DMPD.	Fogliano *et al.* (1999); Gülçin (2012)[70,72]
Sequestro de Radical Ânion Superóxido (*Superoxide Anion Radical Scavenging Assay*)	Este método é baseado na geração de radical ânion superóxido ($O_2\bullet^-$) usando um sistema xantina-xantina oxidase a pH 7,4. Os $O_2\bullet^-$ podem reduzir nitroazul de tetrazólio (NBT) em formazana (complexo colorido), que é espectrofotometricamente monitorado a 560 nm.	Oliveira *et al.* (2009); Gülçin (2012)[60,70]
Valor de Ácido Tiobarbitúrico (TBA – *Thiobarbituric Acid Assay*)	Este método é baseado na formação de malonaldeído (MDA) a partir da oxidação de ácidos graxos poli-insaturados com no mínimo três ligações duplas (Qualquer tipo de óleo que contenha ácido linolênico, ácido araquidônico ou ácidos graxos ω- 3). Neste ensaio, o MDA produzido reage com o ácido tiobarbitúrico (TBA) formando produtos de condensação vermelho que absorvem a 532 nm. A ação dos antioxidantes presentes na amostra retarda a formação do MDA reduzido a intensidade da coloração do meio reacional. Assim, uma baixa absorbância indica uma elevada atividade antioxidante.	Moon & Shibamoto (2009); Nile, Khobragade & Park (2012)[68,69]

Método	Princípio	Referências
Sequestro de Peróxido de Hidrogênio (H_2O_2) (*Hydrogen peroxide scavenging*)	Este método se baseia na absorção intrínseca do H_2O_2 na região UV (230 nm), uma vez que a concentração de H_2O_2 diminui pela ação dos compostos sequestradores, havendo uma consequente redução da absorbância do meio reacional a 230 nm.	Gülçin (2012); Thatoi, Patra & Das (2013)[70,71]
Capacidade de Quelar Metais (Metal-chelating Assay)	A determinação da atividade queladora de metais de um antioxidante é baseada na medida da absorbância do complexo vermelho Fe^{2+}-ferrozina após tratamento prévio de uma solução ferrosa com o material teste. A ferrozina forma um complexo com os íons Fe^{2+} livres, mas não com íons Fe^{2+} ligados a outros agentes queladores, resultando em uma redução na coloração vermelha do complexo que pode ser monitorada a 562 nm. Assim, baixa absorbância indica elevada atividade quelante de metais por parte dos antioxidantes da amostra.	Gülçin (2012); Thatoi, Patra & Das (2013)[70,71]
Capacidade Sequestradora de Radical Óxido Nítrico (NO•) (Nitric Oxide Radical Scavenging Capacity Assay)	Este método é baseado na formação de coloração rósea-avermelhada pelo tratamento de uma amostra contendo nitrito com o reagente de Griess. Neste ensaio, o ácido sulfanílico é convertido pelo nitrito a um sal diazônio sob condições ácidas, o qual se complexa instantaneamente com a N-(1-naftil)-etilenediamina formando um produto azo altamente colorido (coloração róseo-avermelhada) que pode ser detectado a 548 nm.	Gülçin (2012)[70]
Ensaio Baseado na Dicloro-fluorescina-Diacetato (DCFH-DA-Dichloroflu-orescin-Diacetate-Based Assay)	Este ensaio usa AAPH para gerar radicais peroxila e DCFH-DA como substrato oxidável para os radicais peroxila. A oxidação da DCFH-DA pelos radicais peroxila converte DCFH-DA em diclorofluoresceína (DCF). A DCF é altamente fluorescente (Excitação: 480 nm; Emissão: 526 nm) e também absorve em comprimento de onda de 504 nm. Portanto, a DCF produzida pode ser monitorada tanto fluorometricamente quanto espectrofotometricamente.	Somogyi *et al.* (2007); Thatoi, Patra & Das (2013)[66,71]

Método	Princípio	Referências
Atividade Sequestradora do Radical 2,2-difenil-1-picril-hidrazil (DPPH•)	Este método é baseado na redução do radical DPPH• em solução alcoólica na presença de um antioxidante, devido à formação da forma não radical DPPH-H na reação. Neste ensaio, o radical cromogênio púrpura (DPPH•), que absorve em um comprimento de onda de 516 nm, é reduzido por compostos sequestradores de radicais (antioxidantes) à sua correspondente forma reduzida (DPPH-H), de coloração amarela, com consequente desaparecimento da banda de absorção, sendo a mesma acompanhada pelo decréscimo da absorbância que é proporcional à concentração de sequestradores de radicais adicionados à solução reagente de DPPH.	Haminiuk *et al.* (2012); Thatoi, Patra & Das (2013)[71,73]

Fonte: adaptado de Arruda (2015)[59]

Processos de extração de compostos antioxidantes

O processo de extração de antioxidantes naturais constitui um mecanismo complexo. Não existe um único método de extração ideal, além de que os parâmetros empregados originam efeitos diferenciados, sendo um desafio encontrar a técnica e as condições mais adequadas. Durante a extração ocorre a separação dos compostos antioxidantes, obtendo assim um extrato rico e útil para diversas aplicações. As técnicas de extração afetam significativamente os compostos bioativos e a capacidade antioxidante dos extratos obtidos, elas devem ser rápidas, de baixo custo, com menor gasto de soluções extratoras e menor uso de calor

Existem diversas técnicas de extração, como os métodos convencionais de extração por solventes ou não convencionais, como extração supercrítica de fluídos, extração assistida por micro-ondas, extração ultrassônica e extração assistida por enzimas

Os métodos convencionais de extração por solvente apresentam boa recuperação dos compostos fenólicos com capacidade antioxidante. Existem diferentes procedimentos de extração, baseados na maceração das partes vegetais em diferentes tempos, concentrações de soluções extratoras e pH[81]. Vários parâmetros afetam a eficiência de extração, incluindo tempo, temperatura, razão amostra/solvente, tipo de solvente, influenciando a composição, que por sua vez determina as características dos extratos.

A extração de substâncias antioxidantes com solventes orgânicos é o principal método usado para extrair compostos fenólicos. Sendo eficiente para alguns casos, porém torna-se agressiva ao ambiente devido aos resíduos gerados quando se usa substâncias como metanol, etanol, acetona e suas misturas com água[74,75,85,86]

A extração supercrítica é caracterizada pelo uso de dióxido de carbono () que é incolor, inodoro, não tóxico, não inflamável, seguro, altamente puro e facilmente removível. Oferece bom rendimento de extração, proporciona baixa degradação térmica de compostos bioativos devido ao controle da pressão e da temperatura, preservando assim as propriedades antioxidantes. Obtêm extratos livres de solvente e possui seletividade variável na recuperação dos compostos. Por outro lado, como o é não polar o método torna-se ineficiente para substâncias com alta polaridade, tornando-se necessária adição de cossolventes orgânicos como etanol, metanol, acetona para aumentar o poder de solvatação do e o rendimento da extração desses compostos. Seu alto custo dificulta a aplicação industrial, portanto estudos devem ser realizados com a finalidade de otimizar esses processos e reduzir seus custos[78,79,80].

A extração assistida por ultrassom leva a uma melhor recuperação dos compostos bioativos do conteúdo celular vegetal e qualidade do extrato obtido, reduz o tempo e aumenta o rendimento da extração. Durante a sonicação, o processo de cavitação provoca altas forças de cisalhamento no meio e provoca a implosão de bolhas, levando ao inchaço das células e à quebra das paredes celulares, o que proporciona altas taxas de difusão. Para melhores resultados as condições de extração (tempo, temperatura e potência ultrassônica) devem ser otimizadas[76,77, 87 88, 89].

Há uma demanda crescente nos últimos anos por alternativas mais baratas, seguras e ecológicas à extração com solventes orgânicos. Como alternativas surgiram a extração baseada em ciclodextrinas[90] e a extração assistida por micro-ondas[91], que usa baixas temperaturas, pouco tempo e é livre de solventes , e a extração assistida por enzimas usada para extrair compostos bioativos lipofílicos e hidrofílicos de resíduo de frutas[82, 83, 84].

Darra *et al.* (2018)[90] investigaram um método ecológico usando a β-ciclodextrina, para a recuperação de polifenóis de bagaço de pêssego (*Prunus persica* L.), comparado à extração convencional com etanol. O extrato obtido pela extração com 50 mg/mL de β-ciclodextrina apresentou as maiores concentrações de polifenóis, taninos, β-caroteno, flavonoides e capacidade antioxidante DPPH. Foi evidenciado, portanto, que a utilização de β-ciclodextrina se apresenta como um método alternativo verde para a extração fenólica de resíduos de alimentos.

A extração incompleta de antocianinas durante os processos industriais transforma o bagaço de uva em uma fonte barata de compostos fenólicos. Os efeitos da temperatura e da porcentagem de preparação enzimática (% E/S) na recuperação de antocianinas de oito variedades de uvas foram avaliados. Foi constatado que a menor temperatura de extração testada (40°C) e a porcentagem de preparação enzimática (0,25% E/S) promoveram maior extração de antocianinas da variedade *Cabernet Sauvignon*, resultando em um corante natural de alimentos com 2,67 g de antocianinas/100 g em base seca de pele de uva[92].

Considerações finais

A avaliação da capacidade antioxidante de determinado produto alimentar apresenta particularidades diversas e pouco conclusivas. Há uma gama de métodos, com mecanismos distintos, dos mais elementares aos mais avançados tecnologicamente sendo aplicados nas pesquisas. Esse fato pode ser, em parte, atribuído a biodisponibilidade e bioacessibilidade dos diversos compostos antioxidantes presentes nos alimentos e devido à presença de diferentes tipos de radicais livres e suas formas de atuação nos organismos vivos.

A busca por testes mais rápidos e eficientes tem estimulado a procura por métodos mais efetivos para avaliar a capacidade antioxidantes. No entanto, tais métodos diferem um dos outros em termos de substratos, condições de reação, quantificação e expressão de resultados. Por isso, não se recomenda comparar os resultados a partir de ensaios diferentes, por grupos de pesquisadores diferentes e indústrias alimentícias. Observa-se a necessidade de aplicação de múltiplas técnicas de avaliação.

Além de todas as contradições intrínsecas que envolvem os diferentes procedimentos já publicados, tais como diversos processos de extração e os respectivos solventes utilizados, tempo de reação, fatores ambientais, interferentes sinérgicos e antagônicos, deve-se ainda considerar: a forma de consumo, a quantidade consumida e os hábitos alimentares, para validar um método. Qualquer análise de produtos alimentícios deve considerar as questões relacionadas a produção, posição geográfica, técnicas agrícolas e acesso aos produtos. Assim para que sejam feitas alegações sobre a funcionalidade das antocianinas como antioxidantes naturais em alimentos, deve-se primar pela busca de informações confiáveis e coerentes.

Referências

1 CALDERARO, A. *et al.* Colored phytonutrients: role and applications in the functional foods of anthocyanins. **Phytonutrients in food:** from traditional to rational usage. Elsevier inc., 2019.

2 AREND, G. D. *et al.* Concentration of phenolic compounds from strawberry (fragaria x ananassa duch) juice by nanofiltration membrane. **J. Food eng.**, v. 201, p. 36-41, 2017.

3 GUINE, R. P. F. *et al.* Effect of drying temperature on the physical-chemical and sensorial properties of eggplant (solanum melongena l.). **Curr. Nutr. Food sci.**, v. 14, p. 28-39, 2017.

4 WALLACE, T. C.; GIUSTI, M. M. Anthocyanins in health and disease. **J. Nutr. Educ. Behav.**, v. 47, n. 368, 2013.

5 KHAN, M. S.; IKRAM, M.; PARK, J. S.; PARK, T. J.; KIM, M. O. Gut microbiota, its role in induction of alzheimer's disease pathology, and possible therapeutic interventions: special focus on anthocyanins. **Cells,** v. 9, 2020.

6 MELO, E. A.; MACIEL, M. I. S.; LIMA, V. L. A. G.; SANTANA, A. P. M. Antioxidant capacity of vegetables submitted to thermal treatment. **Nutr. Rev. Soc. Bras. Alim. Nutr.= j. Brazilian soc. Food nutr,** v. 34, p. 85-95, 2009.

7 MARTINS, N.; BARROS, L.; FERREIRA, I. C. F. R. In vivo antioxidant activity of phenolic compounds: facts and gaps. Trends food sci. Technol., v. 48, p. 1-12, 2016.

8 GUPTA, D. Methods for determination of antioxidant capacity: a review. **Int. J. Pharm. Sci. Res.**, v. 6, p. 546-566, 2015.

9 SHAHIDI, F. Antioxidants: principles and applications. **Handbook of Antioxidants for Food Preservation.** Elsevier, 2015. p. 1-14 .

10 TAYSI, S.; DEMIR, M. Radicals, Oxidative/Nitrosative Stress and Preeclampsia. **Mini-reviews Med. Chem.**, v. 19, p. 178-193, 2019.

11 TYIHÁK, E.; MÓRICZ, Á. M. BioArena system for studying key molecules as well as ingredients in biological samples. **Forced-Flow Layer Chromatography**. Ed. Tyihák, E. Elsevier, 2016. p. 397-485.

12 SITTA, A. *et al.* Neurological damage in MSUD: The role of oxidative stress. **Cell. Mol. Neurobiol.**, v. 34, p. 157-165, 2014.

13 GOMES, E. C.; SILVA, A. N.; OLIVEIRA, M. R. De. Oxidants, antioxidants, and the beneficial roles of exercise-induced production of reactive species. **Oxid. Med. Cell. Longev.,** 2012.

14 GUPTA, P.; LAKES, A.; DZIUBLA, T. A Free Radical Primer. **Oxidative Stress and Biomaterials**. Elsevier, 2016. p. 1-34.

15 ELSAYED, N. M. Antioxidant mobilization in response to oxidative stress: A dynamic environmental-nutritional interaction. **Nutrition,** v. 17, p. 828-834, 2001.

16 MÁRQUEZ, A.; BUSTAMANTE, S. **Evaluación de capacidad antioxidante Y determinación De Fenoles Totales para frutos**. 2009. p. 1-15.

17 CARTEA, M. E.; FRANCISCO, M.; SOENGAS, P.; VELASCO, P. Phenolic compounds in Brassica vegetables. **Molecules,** v. 16, p. 251-280, 2011.

18 SRINIVASAN, K. Antioxidant Potential of Spices and Their Active Constituents. **Crit. Rev. Food Sci. Nutr.**, v. 54, p. 352-372, 2014.

19 AGUILAR, T. A. F.; NAVARRO, B. C. H.; PÉREZ, J. A. M. Endogenous Antioxidants: A Review of their Role in Oxidative Stress. **A Master Regulator of Oxidative Stress** - The Transcription Factor Nrf2. Ed. Morales-Gonzalez, A. IntechOpen, 2016. p. 3-20.

20 NEHA, K.; HAIDER, M. R.; PATHAK, A.; YAR, M. S. Medicinal prospects of antioxidants: A review. **Eur. J. Med. Chem.**, v. 178, p. 687-704, 2019.

21 HUANG, D.; BOXIN, O. U.; PRIOR, R. L. The chemistry behind antioxidant capacity assays. **J. Agric. Food Chem.**, v. 53, p. 1841-1856, 2005.

22 BOUAYED, J.; HOFFMANN, L.; BOHN, T. Total phenolics, flavonoids, anthocyanins and antioxidant activity following simulated gastro-intestinal digestion and dialysis of apple varieties: Bioaccessibility and potential uptake. **Food Chem.**, v. 128, p. 14-21, 2011.

23 SHIRAISHI, M.; SHINOMIYA, R.; CHIJIWA, H. Varietal differences in polyphenol contents, antioxidant activities and their correlations in table grape cultivars bred in Japan. **Sci. Hortic. (Amsterdam)**,v. 227, p. 272-277, 2018.

24 LI, S. *et al.* Antioxidant capacities and total phenolic contents of infusions from 223 medicinal plants. **Ind. Crops Prod.**, v. 51, p. 289-298, 2013.

25 SHOKOOHINIA, Y.; RASHIDI, M.; HOSSEINZADEH, L.; JELODARIAN, Z. Quercetin-3-O-β-d-glucopyranoside, a dietary flavonoid, protects PC12 cells from H2O2-induced cytotoxicity through inhibition of reactive oxygen species. **Food Chem.**, v. 167, p. 162-167, 2015.

26 NILE, S. H.; KO, E. Y.; KIM, D. H.; KEUM, Y. S. Screening of ferulic acid related compounds as inhibitors of xanthine oxidase and cyclooxygenase-2 with anti-inflammatory activity. **Rev. Bras. Farmacogn.**, v. 26, p. 50-55, 2016.

27 CATAPANO, M. C. *et al.* The stoichiometry of isoquercitrin complex with iron or copper is highly dependent on experimental conditions. **Nutrients,** v. 9, p. 1-14, 2017.

28 MAURYA, A. K.; VINAYAK, M. Anticarcinogenic action of quercetin by downregulation of phosphatidylinositol 3-kinase (PI3K) and protein kinase C (PKC) via induction of p53 in hepatocellular carcinoma (HepG2) cell line. **Mol. Biol. Rep.**, v. 42, p. 1419-1429, 2015.

29 PIETTA, P. G. Flavonoids as antioxidants. **J. Nat. Prod.**, v. 63, p. 1035-1042, 2000.

30 ARAUJO, J. **Química de Alimentos** – teoria e prática. 2011.

31 ANDRADE, M. A.; DAS GRAÇAS CARDOSO, M.; BATISTA, L. R.; MALLET, A. C. T.; MACHADO, S. M. F. Essential oils of Cinnamomum zeylanicum, Cymbopogon nardus and Zingiber officinale: Composition, antioxidant and antibacterial activities. **Rev. Cienc. Agron.**, v. 43, p. 399-408, 2012.

32 RUBERTO, G.; BARATTA, M. T. Antioxidant activity of selected essential oil components in two lipid model systems. **Food Chem.**, v. 69, p. 167-174, 2000.

33 MENEGALI, B. S. **Incorporação de antioxidante natural em hambúrguer de frango**: estabilidade oxidativa e percepção sensorial temporal descritiva e hedônica. 2020.

34 THILAKARATHNA, S. H.; VASANTHA RUPASINGHE, H. P. Anti-atherosclerotic effects of fruit bioactive compounds: A review of current scientific evidence. **Can. J. Plant Sci.**, v. 92, p. 407-419, 2012.

35 TENA, N.; MART, J. State of the Art of Anthocyanins : Antioxidant Activity, Sources, Bioavailability, and Therapeutic E ff ect in Human Health. **Antioxidants,** v. 9, p. 1-28, 2020.

36 REIS, J. F. *et al.* Action mechanism and cardiovascular effect of anthocyanins: a systematic review of animal and human studies. **J. Transl. Med.**, v. 14, p. 1-16, 2016.

37 M., S. A. A.; NORIHAM, A.; MANSHOOR, N. Anthocyanin content in relation to the antioxidant activity and colour properties of Garcinia mangostana peel, Syzigium cumini and Clitoria ternatea extracts Anthocyanin content in relation to the antioxidant activity and colour properties of Garcinia ma. **Int. Food Res. J.,** v. 21, p. 2369-2375, 2014.

38 GARCIA, C.; BLESSO, C. N. Free Radical Biology and Medicine Antioxidant properties of anthocyanins and their mechanism of action in atherosclerosis. **Free Radic. Biol. Med.**, v. 172, p. 152-166, 2021.

39 LIMA, A. DE J. B.; CORRÊA, A. D.; SACZK, A. A.; MARTINS, M. P.; CASTILHO, R. O. Anthocyanins, pigment stability and antioxidant activity in jabuticaba [Myrciaria cauliflora (Mart.) O. Berg]. **Rev. Bras. Frutic.**, v. 33, p. 877-887, 2011.

40 MARTÍN, J.; KUSKOSKI, E. M.; NAVAS, M. J.; ASUERO, A. G. Antioxidant Capacity of Anthocyanin Pigments. **Flavonoids** - From Biosynthesis to Human Health more. Ed. Justino, G. IntechOpen, 2017. p. 205-255.

41 MATERA, R. *et al.* Acylated anthocyanins from sprouts of Raphanus sativus cv. Sango: Isolation, structure elucidation and antioxidant activity. **Food Chem.**, v. 166, p. 397-406, 2015.

42 RODRIGUES, E. *et al.* Phenolic compounds and antioxidant activity of blueberry cultivars grown in Brazil. **Food Sci. Technol.**, v. 31, p. 911-917, 2011.

43 SCHULZ, M. *et al.* Blackberry (Rubus ulmifolius Schott): Chemical composition, phenolic compounds and antioxidant capacity in two edible stages. **Food Res. Int.**, v. 122, p. 627-634, 2019.

44 SOETHE, C.; STEFFENS, C. A.; DO AMARANTE, C. V. T.; DE MARTIN, M. S.; BORTOLINI, A. J. Qualidade, compostos fenólicos e atividade antioxidante de amoras-pretas 'Tupy' e 'Guarani' armazenadas a diferentes temperaturas. **Pesqui. Agropecu. Bras.**, v. 51, p. 950-957, 2016.

45 NOWICKA, A.; KUCHARSKA, A. Z.; SOKÓŁ-ŁĘTOWSKA, A.; FECKA, I. Comparison of polyphenol content and antioxidant capacity of strawberry fruit from 90 cultivars of Fragaria × ananassa Duch. **Food Chem.**, v. 270, p. 32-46, 2019.

46 ZEGHAD, N.; AHMED, E.; BELKHIRI, A.; HEYDEN, Y.; VANDER; DEMEYER, K. Antioxidant activity of Vitis vinifera, Punica granatum, Citrus aurantium and Opuntia ficus indica fruits cultivated in Algeria. **Heliyon,** v. 5, p. 1-19, 2019.

47 WICZKOWSKI, W.; TOPOLSKA, J.; HONKE, J. Anthocyanins profile and antioxidant capacity of red cabbages are influenced by genotype and vegetation period. **J. Funct. Foods,** v. 7, p. 201-211, 2014.

48 INADA, K. O. P. *et al.* Screening of the chemical composition and occurring antioxidants in jabuticaba (Myrciaria jaboticaba) and jussara (Euterpe edulis) fruits and their fractions. **J. Funct. Foods,** v. 17, p. 422-433, 2015.

49 WICZKOWSKI, W.; SZAWARA-NOWAK, D.; ROMASZKO, J. The impact of red cabbage fermentation on bioavailability of anthocyanins and antioxidant capacity of human plasma. **Food Chem.**, v. 190, p. 730-40, 2016.

50 CRIZEL, T. D. M.; HERMES, V. S.; RIOS, A. DE O.; FLORES, S. H. Evaluation of bioactive compounds, chemical and technological properties of fruits byproducts powder. **J. Food Sci. Technol.**, v. 53, p. 4067-4075, 2016.

51 PEIXOTO, C. M. *et al.* Grape pomace as a source of phenolic compounds and diverse bioactive properties. **Food Chem.**, v. 253, p. 132-138, 2018.

52 SAMPAIO, S. L. *et al.* Anthocyanin-rich extracts from purple and red potatoes as natural colourants: Bioactive properties, application in a soft drink formulation and sensory analysis. **Food Chem.**, v. 342, p. 128526, 2021.

53 ZHONG, Y.; SHAHIDI, F. Methods for the assessment of antioxidant activity in foods fn11. **Handbook of Antioxidants for Food Preservation.** Ed. Shahidi, F. Elsevier, 2015. p. 285-333.

54 PRIOR, R. L.; WU, X.; SCHAICH, K. Standardized Methods for the Determination of Antioxidant Capacity and Phenolics in Foods and Dietary Supplements. **J. Agric. Food Chem.**, v. 53, p. 4290-4302, 2005.

55 APAK, R. *et al.* Comparative evaluation of various total antioxidant capacity assays applied to phenolic compounds with the CUPRAC assay. **Molecules,** v. 12, p. 1496-1547, 2007.

56 FIRUZI, O.; LACANNA, A.; PETRUCCI, R., MARROSU, G.; SASO, L. Evaluation of the antioxidant activity of flavonoids by 'ferric reducing antioxidant power' assay and cyclic voltammetry. **Biochim. Biophys. Acta - Gen. Subj.**, v. 1721, p. 174-184, 2005.

57 SIDDEEG, A.; ALKEHAYEZ, N. M.; ABU-HIAMED, H. A.; AL-SANEA, E. A.; AL-FARGA, A. M. Mode of action and determination of antioxidant activity in the dietary sources : An overview. **Saudi J. Biol. Sci.**, v. 28, p. 1633-1644, 2021.

58 MUNTEANU, I. G.; APETREI, C. Analytical Methods Used in Determining Antioxidant Activity: A Review. **Int. J. Mol. Sci.**, v. 22, p. 1-30, 2021.

59 ARRUDA, H. S. **Avaliação da atividade antioxidante e da presença de oligossacarídeos na polpa de araticum (Annona crassiflora Mart.).** Dissertation, 2015.

60 DE OLIVEIRA, A. C. *et al.* Total phenolic content and free radical scavenging activities of methanolic extract powders of tropical fruit residues. **Food Chem.,** v. 115, p. 469-475, 2009.

61 REZENDE, Y. R. R. S.; NOGUEIRA, J. P.; NARAIN, N. Microencapsulation of extracts of bioactive compounds obtained from acerola (Malpighia emarginata DC) pulp and residue by spray and freeze drying : Chemical, morphological and chemometric characterization. **Food Chem.**, v. 254, p. 281-291, 2018.

62 SANTOS, N. C. *et al.* Evaluation Degradation of Bioactive Compounds of Fruit Physalis (P. peruviana) During the Drying Process. **Soc. Dev.**, v. 9, p. 1-21, 2020.

63 SZYMANOWSKA, U.; ZŁOTEK, U.; KARAŠ, M.; BARANIAK, B. Anti-inflammatory and antioxidative activity of anthocyanins from purple basil leaves induced by selected abiotic elicitors. **Food Chem,** v. 172, p. 71-77, 2015.

64 DOS SANTOS LIMA, J. Elaboration and Evaluation of the Antioxidant Capacity of Isabel Grape Jelly with Carnauba. **Soc. Dev.**, v. 9, p. 1-10, 2020.

65 DANET, A. F. Recent Advances in Antioxidant Capacity Assays. Antioxidants. Ed. Waisundara, V. IntechOpen, 2021. p. 518.

66 Somogyi, A., Rosta, K., Pusztai, P., Tulassay, Z. & Nagy, G. Antioxidant measurements. *Physiol. Meas.* 28, (2007).

67 Pisoschi, A. M. & Negulescu, G. P. Methods for Total Antioxidant Activity Determination: A Review. *Biochem. Anal. Biochem.* 01, 1–10 (2012). 67

68 Moon, J.-K. & Shibamoto, T. Antioxidant assays for plant and food components. J Agric Food Chem. *Bioact. Food Proteins Pept. Appl. Hum. Heal.* 57, 1655–1666 (2009).

69 Hariram Nile, S. & Won Park, S. Optimized Methods for In Vitro and In Vivo Anti-Inflammatory Assays and Its Applications in Herbal and Synthetic Drug Analysis. *Mini-Reviews Med. Chem.* 13, 95–100 (2012).

70 Gülçin, I. Antioxidant activity of food constituents: An overview. *Arch. Toxicol.* 86, 345–391 (2012).

71 Thatoi, H. N., Patra, J. K. & Das, S. K. Free radical scavenging and antioxidant potential of mangrove plants: A review. *Acta Physiol. Plant.* 36, 561–579 (2014).

72 Fogliano, V., Verde, V., Randazzo, G. & Ritieni, A. Method for measuring antioxidant activity and its application to monitoring the antioxidant capacity of wines. *J. Agric. Food Chem.* 47, 1035–1040 (1999).

73 Haminiuk, C. W. I., Maciel, G. M., Plata-Oviedo, M. S. V. & Peralta, R. M. Phenolic compounds in fruits - an overview. *Int. J. Food Sci. Technol.* 47, 2023–2044 (2012).

74 Pinela, J. *et al.* Maximização da extração de antocianinas de Hibiscus sabdariffa por diferentes metodos para obtenção de corantes alimentares. *XIV Encontro de Química dos Alimentos* (2018).

75 Andreo, D. & Jorge, N. Antioxidantes Naturais: Técnicas De Extração. *Bol. do Cent. Pesqui. Process. Aliment.* 24, (2006).

76 Medina-Torres, N., Ayora-Talavera, T., Espinosa-Andrews, H., Sánchez-Contreras, A. & Pacheco, N. Ultrasound Assisted Extraction for the Recovery of Phenolic Compounds from Vegetable Sources. *Agronomy* 7, 19 (2017).

77 Yuniati, Y., Elim, P. E., Alfanaar, R., Kusuma, H. S. & Mahfud. Extraction of anthocyanin pigment from hibiscus sabdariffa l. By ultrasonic-assisted extraction. *IOP Conf. Ser. Mater. Sci. Eng.* 1010, 0–6 (2021).

78 Castro-vargas, H. I., Baumann, W., Ferreira, S. R. S. & Parada-Alfonso, F. Valorization of papaya (Carica papaya L .) agroindustrial waste through the recovery of phenolic antioxidants by supercritical fluid extraction. *J. Food Sci. Technol.* 56, 3055–3066 (2019).

79 Ferrentino, G., Morozova, K., Mosibo, O. K., Ramezani, M. & Scampicchio, M. Biorecovery of antioxidants from apple pomace by supercritical fl uid extraction. *J. Clean. Prod.* 186, 253–261 (2018).

80 Okur, İ., Baltacıoğlu, C., Ağçam, E., Baltacıoğlu, H. & Alpas, H. Evaluation of the Effect of Different Extraction Techniques on Sour Cherry Pomace Phenolic Content and Antioxidant Activity and Determination of Phenolic Compounds by FTIR and HPLC. *Waste and Biomass Valorization* 10, 3545–3555 (2019).

81 Kurek, M., Hlupi, L., Scetar, M., Bosiljkov, T. & Gali, K. Comparison of Two pH Responsive Color Changing Bio-Based Films Containing Wasted Fruit Pomace as a Source of Colorants. *J. Food Sci.* 00, (2019).

82 Persic, M., Mikulic-Petkovsek, M., Slatnar, A. & Veberic, R. LWT - Food Science and Technology Chemical composition of apple fruit , juice and pomace and the correlation between phenolic content, enzymatic activity and browning. *LWT - Food Sci. Technol.* 82, 23–31 (2017).

83 Macedo, M., Robrigues, R. D. P., Pinto, G. A. S. & Brito, E. S. de. Influence of pectinolyttic and celluloyc enzyme complexes on cashew bagasse maceration in order to obtain carotenoids. *J. Food Sci. Technol.* 52, 3689–3693 (2015).

84 Saad, N. *et al.* Enzyme-Assisted Extraction of Bioactive Compounds from Raspberry (Rubus idaeus L.) Pomace. *J. Food Sci.* 84, 1371–1381 (2019).

85 Wijngaard, H. H. & Brunton, N. The optimisation of solid-liquid extraction of antioxidants from apple pomace by response surface methodology. *J. Food Eng.* 96, 134–140 (2010).

86 Papoutsis, K. *et al.* Impact of different solvents on the recovery of bioactive compounds and antioxidant properties from lemon (Citrus limon L .) pomace waste. *Food Sci. Biotechnol.* 25, 971–977 (2016).

87 Chemat, F., Zill-E-Huma & Khan, M. K. Applications of ultrasound in food technology: Processing, preservation and extraction. *Ultrason. Sonochem.* 18, 813–835 (2011).

88 Vinatoru, M. An overview of the ultrasonically assisted extraction of bioactive principles from herbs. *Ultrason. Sonochem.* 8, 303–313 (2001).

89 Papoutsis, K. *et al.* Optimizing a sustainable ultrasound-assisted extraction method for the recovery of polyphenols from lemon by-products : comparison with hot water and organic solvent extractions. *Eur. Food Res. Technol.* 244, 1353–1365 (2018).

90 Darra, N. El *et al.* Comparative Study between Ethanolic and ? -Cyclodextrin Assisted Extraction of Polyphenols from Peach Pomace. *Int. J. Food Sci.* 2018, (2018).

91 Cassol, L. Extração de compostos bioativos do hibisco (Hibiscus sabdariffa L.) por micro-ondas e seu encapsulamento por atomização e liofilização. 55 (2018).

92 Montibeller, M. J. *et al.* Improvement of Enzymatic Assisted Extraction Conditions on Anthocyanin Recovery from Different Varieties of V. vinifera and V. labrusca Grape Pomaces. *Food Anal. Methods*12, 2056–2068 (2019).

10

USOS DAS ANTOCIANINAS

Introdução

As antocianinas são pigmentos coloridos naturais extraídos das plantas, que têm um tom atraente, além disso se destacam pela baixa ou nenhuma toxicidade. Os corantes naturais são seguros para serem consumidos, mesmo em doses mais altas. As antocianinas, como corantes naturais, têm propriedades de valor agregado como antioxidantes, como nutracêuticos e muitos benefícios à saúde, como efeito antimicrobiano e prevenção de doenças crônicas. Ultimamente, as indústrias têm buscado alternativas e vem considerando o uso de corantes naturais em substituição aos sintéticos. No entanto, a disponibilidade de fontes desses pigmentos, assim como sua extração, concentração e estabilidade, deve ser levada em consideração para a produção desses corantes[1].

Seu uso em diversos segmentos como na indústria de alimentos, farmacêutica e de cosméticos, por exemplo, vem crescendo, devido à difícil ocorrência de corantes vermelhos na natureza. Vale ressaltar que além de apresentarem diversas colorações, possuem baixa toxicidade[2].

Antocianinas como compostos bioativos

Considera-se que os novos hábitos alimentares bem como o novo estilo de vida da população vêm expondo-a a diversos riscos à saúde, dentre eles destacam-se o desenvolvimento das doenças crônicas não transmissíveis (DCNT). Geralmente, esses fatores de risco estão associados ao consumo desequilibrado de alguns alimentos, sendo estes, ricos em gorduras saturadas, gorduras trans e açúcares simples; alimentos refinados deficientes em carboidratos complexos e fibras, além de uma vida estressada e sedentária, que pode ser agravada ainda mais, quando associada ao tabagismo, alcoolismo e uso de contraceptivos[3].

Desse modo, a ênfase na procura por alimentos que contribuem para uma saúde, denominados bioativos, tem aumentado significativamente em todo o mundo. Uma alimentação variada, colorida, equilibrada em quantidade e qualidade é a garantia de ingestão de todos os nutrientes essenciais necessários e recomendados, bem como os nãos nutrientes, a exemplo dos corantes naturais.

Os compostos bioativos são metabólitos secundários sintetizados por plantas em condições normais de desenvolvimento. São encontrados em todas as plantas, e constituem um grupo diversificado de fitoquímicos que possuem como uma das principais funções a atividade antioxidante. Esses compostos trazem benefícios quando ingeridos de forma regular através da dieta[4].

Nesse sentido, as evidências vêm demonstrando a existência de uma ampla categoria de compostos bioativos capazes de produzir efeitos benéficos à saúde humana, variando extensamente em estrutura química e função biológica. Diversos trabalhos têm demonstrado que os pigmentos das plantas não apenas facilitam a aceitabilidade dos produtos, conferindo cor, mas também são eficazes como antioxidantes.

As antocianinas têm apresentado uma maior atividade antioxidante quando comparadas a algumas vitaminas, como as do complexo C e E. Tem sido relatada uma relação linear entre os valores da capacidade antioxidante e o teor de antocianinas em amoras vermelhas, framboesas, morangos, framboesas pretas e que seus extratos possuem uma elevada atividade de limpeza para as espécies reativas de oxigênio quimicamente geradas[5].

Muitos pesquisadores estão investigando os potenciais benefícios das antocianinas à saúde. A maioria dos bioensaios tem sido realizada utilizando extratos brutos de antocianinas a partir de frutas e vegetais, que além das antocianinas, contém outros compostos potencialmente bioativos como os fenólicos, com efeitos biológicos, podendo interferir e dificultar a interpretação dos resultados dos ensaios. Assim, a explicação da bioatividade de antocianinas pode ser vaga, e os resultados de diferentes laboratórios são difíceis de comparar, devido aos diferentes métodos de isolamento utilizados[6].

Sabe-se que o isolamento de antocianinas de células vegetais vem se tornando uma tarefa importante, sobretudo, devido à necessidade de preservação da sua bioatividade. Desse modo, considera-se que para obter-se uma estratégia de isolamento adequada, são necessárias várias etapas, tais como a redução do tamanho da amostra, extração apropriada, caracterização físico-química, bem como estudos *in vitro* de atividade biológica específica. Além de uma seleção de técnicas apropriadas para cada passo, o que é de fato, essencial para o estabelecimento da relação estrutura-atividade, e otimização da composição dos extratos mistos a serem utilizados na indústria alimentar, farmacêutica ou cosmética[7].

Atualmente, os estudos estão sendo focados em encontrar novas fontes vegetais com alto rendimento de antocianinas de forma mais estável, bem como a seleção de antocianinas específicas com maior bioatividade para aplicação em alimentos funcionais precisa ser estudada. Além disso, a biotecnologia oferece uma oportunidade para a produção contínua de fitoquímicos selecionados para aplicação em indústrias farmacêuticas, de cosméticos ou alimentos. Nos alimentos, elas podem ser utilizadas como corantes, e além de atribuírem cor ao produto, também irá contribuir para um alimento potencialmente bioativo.

Uso de antocianinas como corante em alimentos

Os corantes alimentares desempenham um papel importante na alteração ou conferência de cores aos alimentos, a fim de aumentar sua atratividade para os consumidores. Nesse sentido, é fato conhecido que a cor é um atributo importante na definição da preferência do consumidor ao adquirir determinado alimento, além de ser considerado um forte indicador de qualidade[8]. Muitos alimentos industrializados não apresentam cor original, com isso o uso de corantes para suplementar ou realçar a coloração perdida, além de assegurar a uniformidade para a rápida identificação e aceitação final do produto frente ao consumidor[9,10]. Quando a cor é perdida durante as etapas de processamento dos alimentos, corantes são adicionados aos mesmos com as finalidades de restituir a cor original[11,12]. Nesse contexto, tem-se notado uma necessidade de substituição dos corantes artificiais utilizados na indústria de alimentos por corantes naturais, devido à toxicidade geralmente apresentada pelos corantes artificiais, tornando-os indesejáveis para consumo humano[13]. O uso desses pigmentos em produtos alimentícios é um fator essencial para a funcionalidade, bem como para a agregação de valor à imagem final do produto[14].

Dessa forma, as indústrias verificaram que o uso de corantes de origem natural pode ser uma alternativa viável além de uma resposta à crescente demanda dos consumidores por produtos naturais. No entanto, a disponibilidade das fontes de pigmentos naturais, a extração, o processo de concentração e a estabilidade dos corantes devem ser levados em consideração na produção desses corantes[15].

O uso de antocianinas como corante é mais indicado para alimentos que não sejam submetidos a temperaturas elevadas durante o processamento. Também é desejável que eles possuam tempo curto de armazenamento e sejam embalados de forma que a exposição à luz, ao oxigênio e à umidade seja minimizada. Por isso, muitas pesquisas têm sido efetuadas com o intuito de superar tais dificuldades e muitos avanços têm sido alcançados, mostrando que o emprego de antocianinas em diversos sistemas alimentícios é possível[16].

A pigmentação das antocianinas pode ser alterada dependendo do pH do meio em que elas se encontram. As mudanças estruturais que ocorrem com a variação do pH são responsáveis pelo aparecimento das espécies com colorações diferentes, incluindo o amarelo em meio fortemente alcalino[17].

Giusti e Wrolstad (2003)[18] verificaram que o uso de antocianinas de rabanete ou cenoura preta é viável em produtos lácteos como iogurte. Além do potencial de aplicação como corantes, as antocianinas podem ser utilizadas na elaboração de alimentos funcionais e suplementos dietéticos.

O grão de milho roxo é uma importante fonte de antocianinas com características peculiares sobre a coloração de alimentos. Em países como a China, as antocianinas do milho roxo vêm sendo utilizadas como corante natural em bebidas, geleias, doces, dentre outros. Em seus estudos, Yang e Zhai (2010)[19] demonstraram que os extratos de milho roxo continham uma grande quantidade de antocianinas. Os resultados forneceram informações pertinentes sobre as atividades farmacológicas associadas com os radicais livres dessa cultura, sendo útil para a sua aplicação como corantes ou antioxidantes em alimentos.

Em estudo sobre a caracterização tecnológica de jabuticabas sabará, provenientes de diferentes regiões de cultivo, Oliveira *et al.* (2003)[20] observaram que um dos pomares de jabuticaba se destacou dos demais, apresentando melhor potencial tanto para o consumo *in natura*, como para conservação e industrialização. Em relação às perdas da coloração das antocianinas, estas podem ser evitadas por meio do controle restrito de oxigênio durante o processamento ou mediante a estabilização física das antocianinas por meio da adição de cofatores antociânicos exógenos, formando copigmentos mais estáveis ao processamento, melhorando atributos de cor, estabilidade e até mesmo incremento das propriedades antioxidantes.

Em uma breve revisão a respeito de embalagens ativas e inteligentes, observou-se que as antocianinas presentes, por exemplo, no repolho roxo, já estão sendo utilizadas como indicadoras de qualidade dos alimentos. Em pH alcalino, esses filmes apresentam coloração levemente rósea, enquanto em pH ácido, tornam-se amarelados. Um sinal claro para o consumidor de que o produto, muitas vezes ainda no prazo de validade, já apresenta início de deterioração[21].

Cipriano (2011)[22] concluiu que tanto a casca de jabuticaba, quanto a polpa de açaí e seus extratos são fontes ricas em compostos fenólicos e antocianinas. Esses compostos apresentam grande capacidade antioxidante e são fontes alternativas para obtenção de corantes naturais. Além disso, a adição de extratos de antocianinas na fabricação de bebidas isotônicas pode proporcionar tonalidades de cores claras, vivas com tendência ao vermelho caracterizando a presença de antocianinas.

Quelatos de antocianina férrica extraídas de sabugueiro e de cenoura roxa, bem como extratos de suco de repolho vermelho foram aplicados à diferentes matrizes de gel para confirmar o seu potencial como corantes naturais alimentares azuis.

A propriedade das antocianinas apresentarem cores diferentes, dependendo do pH do meio em que elas se encontram, faz com que estes pigmentos possam ser utilizados como indicadores naturais de pH. As mudanças estruturais que ocorrem com a variação do pH são responsáveis pelo aparecimento das espécies com colorações diferentes, incluindo o amarelo em meio fortemente alcalino[23]. No entanto, pesquisas estão sendo realizadas no intuito de diminuir a ação de fatores externos na degradação do tempo de meia vida das antocianinas, tal como a ação de luz, ação do pH, temperatura de estocagem, dentre outras, para que esse produto possa ser comercializado com melhor confiabilidade e padronização. Dentre essas pesquisas se encontra o processo de microencapsulação com efeito protetor diminuindo o processo de degradação das antocianinas[24].

Aplicações na indústria de alimentos

Sabe-se que os procedimentos em que os alimentos serão submetidos ao serem elaborados são de grande importância, em especial, visando à qualidade nutricional final do produto. Nesse contexto, é importante levar em consideração alguns fatores, como o tempo de contato com a casca do alimento, visto que os pigmentos estão concentrados nesta parte; o tempo e o nível de cada operação como desintegração e/ou prensagem, pois após a desintegração ocorre liberação celular das enzimas polifenoloxidases; e as condições de armazenamento do alimento. Assim, novas combinações de fatores dentro do processamento têm sido testadas a fim de melhorar a preservação de antocianinas[21].

Normalmente, a aplicação de compostos antociânicos em produtos alimentícios é dificultada por sua instabilidade, porém é de fácil incorporação por ser altamente hidrossolúvel. Além disso, apresenta propriedades químico-sensoriais desejáveis e agregam valor à imagem final do produto. A utilização da goma xantana é uma opção viável na busca pela preservação de antocianinas, pois esta atua como agente encapsulante de diversos compostos reduzindo danos proporcionados por calor, frio, variações de pH, atividade de água, entre outros[25].

A primeira aplicação em produtos alimentícios em que largamente se utilizou antocianinas foi na indústria de bebidas, principalmente nos chamados *soft drinks* (carbonatados, refrescos, isotônicos, águas aromatizadas, entre outros). Em virtude das novas tendências nas formulações de bebidas, como a utilização de ácido ascórbico em altos níveis para evitar a oxidação, tratamentos térmicos elevados para aumentar a validade do produto, adição de vitaminas e minerais, entre outros fatores nas fórmulas das bebidas, se tornaram cada vez mais complexas e, por sua vez, mais agressivas para as antocianinas, podendo desestabilizá-las[26]. As aplicações típicas seriam sucos ou sistemas à base de água com pH inferior a três. Entretanto, outros alimentos foram coloridos com sucesso com corantes à base de antocianinas. Por exemplo, as cerejas marasquino (pH 3,5) com cor vermelha brilhante atrativa e estável, obtida com extrato de rabanete.

Moser (2016)[27] desenvolveu um trabalho a partir obtenção do suco de uva em pó pelo processo de atomização, utilizando misturas de maltodextrina e proteínas de soja ou de soro de leite como agentes carreadores, visando proteger as antocianinas e obter um produto com boa estabilidade em relação às alterações físicas e químicas. Foram avaliados diferentes carreadores – misturas de proteína isolada de soja e maltodextrina (SM) e misturas de proteína concentrada de soro de leite e maltodextrina (WM) – no rendimento de processo, solubilidade, retenção de antocianinas, eficiência de encapsulação (EE), cor e morfologia das microcápsulas. No estudo da estabilidade frente à luz, verificou-se que o tratamento 1SM foi o que apresentou a melhor proteção das antocianinas. As micropartículas formuladas com 1SM, que possuíam maior CAC (g de carreador / g de sólidos solúveis), foram mais efetivas na proteção das antocianinas, enquanto o tratamento 1WM, que possuía menor CAC, não apresentou boa proteção. Com exceção do 1SM, os tratamentos aumentaram a sua proporção de antocianinas p-cumariladas com o tempo de armazenamento.

O mirtilo (*Vaccinium* sp.) é uma das frutas mais ricas em antocianinas já estudadas, elas estão concentradas principalmente nas cascas desse fruto. Seu cultivo vem aumentando nas regiões Sul e Sudeste do Brasil. Além disso, essa fruta se destaca dos demais frutos e vegetais por sua elevada atividade antioxidante e sua polpa é uma intermediária utilizada em diversos alimentos como sorvetes, bebidas, geleias, coberturas e é muito comum em *mousses*. Essas por serem perecíveis são armazenadas sobre refrigeração, o que favorece a preservação das antocianinas[21].

Rosa (2017)[28], realizou um estudo sobre microencapsulação de compostos antociânicos extraídos do mirtilo pelo método de *spray dryer* com a utilização de maltodextrina DE20 e hi-meize em diferentes concentrações, como agentes encapsulantes. Foi analisada a estabilidade do composto antociânicos frente às condições gastrointestinais simuladas. Por meio dos resultados, foi possível observar que a técnica foi efetiva para os compostos antociânicos em todas as temperaturas testadas, nas formulações em que continham maltodextrina DE20 e hi-meize, entretanto a formulação padrão que continha somente DE20, mostrou-se inferior às demais, apresentando uma degradação maior dos compostos.

Kuck (2012)[21] obteve polpas de mirtilo de boa qualidade, onde a formulação utilizando frutos desintegrados sem adição de xantana teve os melhores percentuais antociânicos em 90 dias de armazenamento e, a formulação com adição de xantana teve os melhores resultados em relação à cor. A aplicação dessa polpa na elaboração de *mousses* sem adição de produtos de origem animal, foi positiva, foi possível obter um produto sensorialmente bem aceito mesmo após cinco dias de armazenamento.

Foram desenvolvidos topping de mirtilo com alto potencial para inserção no mercado[29]. Outros autores avaliaram a formulação de barra de cereais com adição de néctar de mirtilo[30] e Kechinski *et al.* (2010)[31] e Kechinski *et al.* (2011)[32] avaliaram a degradação cinética das antocianinas em suco de mirtilo e a adição de xantana e frutose em purê de mirtilo.

O uso de polpa fresca ou processada de café também tem sido objeto de numerosos estudos. Em geral, levam à conclusão de que os subprodutos e detritos do café podem ser usados de maneiras variadas para a produção de rações, bebidas, vinagre, biogás, cafeína, pectina, enzimas pécticas, proteína e adubo orgânico. A partir dos detritos obtêm-se diversos tipos de matéria em diferentes estados de pureza, tais como, compostos antioxidantes e flavonoides; entre esses se destacam as antocianinas, por serem de grande interesse para o setor de alimentos naturais; proantocianinas incolores, como base de recursos para a fabricação de outros alimentos ou, talvez, para a síntese mais sofisticada de outras substâncias químicas[33].

Constant (2003)[34] aplicou corante antociânico em pó, extraído de açaí e capim-gordura em várias matrizes alimentares. O iogurte, o queijo tipo *petit suisse* e a bebida isotônica em pó apresentaram resultado satisfatório, não ocorrendo variação de cor ao longo do período de armazenamento. Entretanto, a aplicação desse colorau em bebida isotônica líquida não se demonstrou apropriada, devido às condições desfavoráveis para a manutenção da estabilidade do pigmento, que ocorreu em função do alto teor de água e embalagens de armazenamento que permitiram a exposição à luz. Desse modo, fica evidente que para se obter sucesso em empregar as antocianinas como corante natural, será preciso ter sob controle variáveis como pH, temperatura de armazenamento e incidência de luz no meio.

Abrão *et al.* (2011)[35]relacionaram a utilização de uma calda de uva em bolos comuns como uma fonte de incorporação de antocianinas em uma porção barata, e conseguiram obter uma boa aceitabilidade sensorial.

A produção de queijo tipo *petit suisse* foi avaliada usando soro de leite, betalaínas e antocianinas como corantes. As betalaínas foram obtidas de beterraba e as antocianinas de uvas *Cabernet sauvignon*. Os valores obtidos para tempo de meia-vida e o percentual de retenção da cor das antocianinas e betalaínas adicionadas aos queijos *petit suisse*, com ou sem soro de queijo, indicam que estes pigmentos naturais poderiam ser aplicados a estes alimentos. Devido às propriedades funcionais atribuídas às antocianinas e às betalaínas, sua aplicação em queijos *petit suisse* é justificada[36].

A estabilidade dos extratos de nove antocianinas de acerola e de açaí em sistema simulador de bebida isotônica comparando-o com uma solução tampão foi avaliada em estudo realizado por Rosso e Mercadante (2007)[37]. As autoras observaram que a presença de açúcares e sais apresentou efeito negativo na estabilidade das antocianinas de acerola e de açaí, tendo em vista que os valores da constante de degradação (kobs) do sistema simulador de bebida isotônica foram maiores que os valores obtidos para o sistema tampão citrato-fosfato na ausência e na presença de luz. Em relação às duas fontes empregadas, a estabilidade das antocianinas de acerola em ausência de luz foi 82 vezes menor que a das antocianinas de açaí nas mesmas condições. A maior estabilidade do sistema que utilizou o extrato de açaí pode ser atribuída à ausência de ácido ascórbico, que promove a degradação de antocianinas e que foi encontrado em grande quantidade na acerola; e ao efeito protetor exercido pelos flavonoides, que promove copigmentação intermolecular; em que o teor de flavonoides apresentou uma concentração 10 vezes superior no açaí.

Moreno *et al.* (2005)[38] utilizaram pigmentos obtidos de grão de milho ricos em antocianinas como corantes em iogurte, obtendo de forma desejável, durante cinco dias uma coloração avermelhada de alta intensidade. No entanto, do sexto até o décimo dia a cor vermelha tornou-se amarela, provavelmente, devido a variações na tonalidade.

Fukumoto e Mazza (2000)[39] demonstraram que o poder antioxidante de antocianinas foi duas vezes mais efetivo que antioxidantes comercialmente disponíveis, como BHA e alfa-tocoferol (vitamina E), comprovando o potencial dessas moléculas como ingrediente em alimentos funcionais e produtos farmacêuticos.

Em um estudo sobre a fabricação de geleias a partir da casca de jabuticaba, Dessimoni-Pinto e colaboradores (2011)[40] observaram que a casca de jabuticaba apresentou maiores teores de nutrientes que a polpa, destacando-se como fonte de fibras, carboidratos e pigmentos naturais. Os resultados indicaram a viabilidade do aproveitamento tecnológico e nutricional da casca de jabuticaba para a obtenção de geleia. Os resultados também incidiram boas características sensoriais, nutritivas, aceitabilidade, e propriedades antioxidantes de pigmentos naturais. Apesar de a jabuticaba ser um fruto de alto valor nutricional, devido a seu alto teor de carboidratos, fibras, vitaminas, flavonoides e carotenoides e, ainda, sais minerais como ferro, cálcio e fósforo, Ascheri *et al.* (2006)[41] relataram que grande parte dos resíduos das cascas desse fruto é normalmente descartada pela indústria de bebidas e sucos, não sendo, portanto, utilizado para outros fins produtivos. No entanto, acredita-se que a casca desse fruto possa vir a ser utilizada na elaboração de produtos manufaturados de caráter dietético, como na fabricação de biscoitos de baixo teor calórico, devido seu alto teor em fibras e outros constituintes alimentícios.

Estudos relataram que extratos de sementes de uva e suas frações exerciam uma atividade antibacteriana contra *Campylobacter* spp. Os extratos continham, principalmente, ácidos fenólicos, flavonoides, catequinas e proantocianidinas, e antocianinas. A análise da atividade antibacteriana contra a *C. jejuni* das frações recolhidas mostrou que os ácidos fenólicos, catequinas e proantocianidinas foram os principais responsáveis pelo comportamento observado. Esses resultados mostraram que a identificação e quantificação dos compostos fenólicos individuais de extratos de semente de uva pode ser viável no processo de produção para se obter e padronizar um extrato potencialmente enriquecido, útil para controlar *Campylobacter* na cadeia alimentar[42].

Vários extratos de plantas foram estudados por Raudsepp *et al.* (2013)[43], entre elas ruibarbo siberiano (*Rheum rhaponticum* L.), madressilva azul (*Lonicera caerulea* L.), tomate (*Lycopersicon esculentum* Mill.), mirtilo (*Vaccinium myrtillus* L.), mar-espinheiro (*Hippophae rhamnoides* L.) e groselha preta (*Ribes nigrum* L.). Os autores observaram que a madressilva azul apresentou o maior teor de antocianinas e mostrou, continuamente, um bom efeito antioxidante em água e em solução de etanol, bem como a atividade antibacteriana. Já a mesma infusão de água não apresentou atividade antibacteriana contra as bactérias probióticas, o que torna a madressilva azul um candidato promissor a ser utilizado como ingrediente funcional em alimentos probióticos. Os resultados mostraram que as propriedades antioxidantes das plantas dependem do solvente utilizado e no teor de vitamina C e antocianinas.

Prudêncio *et al.* (2008)[36] avaliaram a produção de queijo tipo *petit suisse* usando soro de leite, betalaínas e antocianinas como corantes. As betalaínas foram obtidas de beterraba e as antocianinas de uvas *Cabernet sauvignon*. Os valores obtidos para tempo de meia-vida e o percentual de retenção da cor das antocianinas e betalaínas adicionadas aos queijos *petit suisse*, com ou sem soro de queijo, indicam que esses pigmentos naturais poderiam ser aplicados a estes alimentos. Devido às propriedades funcionais atribuídas às antocianinas e betalaínas, sua aplicação em queijos *petit suisse* é justificada.

Rosso e Mercadante (2007)[37] avaliaram a estabilidade dos extratos de antocianinas de acerola e de açaí em sistema simulador de bebida isotônica comparando-o com uma solução tampão. As autoras observaram que a presença de açúcares e sais apresentou efeito negativo na estabilidade das antocianinas de acerola e de açaí, tendo em vista que os valores da constante de degradação (kobs) dos sistemas simuladores de bebida isotônica foram maiores que os valores obtidos para o sistema tampão citrato-fosfato na ausência e na presença de luz. Em relação às duas fontes empregadas, a estabilidade das antocianinas de acerola no sistema simulador de bebida isotônica em ausência de luz foi 82 vezes menor que a das antocianinas de açaí nas mesmas condições. A maior estabilidade do sistema que utilizou o extrato de açaí pode ser atribuída à ausência de ácido ascórbico (que promove a degradação de antocianinas e que foi encontrado em grande quantidade na acerola) e ao efeito protetor exercido pelos flavonoides (que promove copigmentação intermolecular; em que o teor de flavonoides apresentou uma concentração 10 vezes superior no açaí). A solubilidade das antocianinas em água facilita sua incorporação em vários sistemas aquosos de alimentos, o que faz das antocianinas corante naturais atrativos[44].

A estabilidade da cor das antocianinas é afetada por diversos fatores como pH, copigmentação, luz, temperatura, metais, oxigênio, fatores esses que devem ser monitorados após processamento para garantir uma melhor conservação do aspecto sensorial dos produtos. As antocianinas sofrem mudança de cor em função do pH sendo que a baixa estabilidade está relacionada a valores de pH alto, restringindo o seu uso em produtos como sorvetes, geleias, vinhos etc.[16]. A aplicação de corantes à base de antocianinas é recomendada para alimentos ácidos, conservados e armazenados ao abrigo de luz[16,18,44]. O cátion flavilium é altamente reativo em decorrência da deficiência de elétrons, sendo susceptível a ataques por agentes nucleofílicos como água, peróxidos e dióxido de enxofre[45].

As reações, em geral, resultam na descoloração do pigmento e quase são indesejáveis no processamento de frutas e hortaliças. O branqueamento também é um dos principais responsáveis pela perda das antocianinas nos alimentos, principalmente se acompanhado da adição de sulfitos ou dióxido de enxofre. A adição dessas substâncias resulta em descoloração rápida das antocianinas que se tornam amareladas, e, portanto, descaracterizadas[46].

A indústria alimentícia promove constante apelação ao propagandear nos rótulos as propriedades bioativas dos corantes naturais aplicados, vinculados aos alimentos de origem. No entanto, as alegações funcionais e nutracêuticas dos alimentos distribuídos nacionalmente apenas são garantidas após aprovação dos órgãos competentes fundamentados em suas respectivas resoluções. No Brasil, os procedimentos e diretrizes para esse fim são amparados pelas resoluções 16/1999, 17/1999, 18/1999 e 19/1999, estabelecidas pelo Ministério da Saúde e Agência Nacional de Vigilância Sanitária. Assim, de acordo com a legislação, a antocianina pode ser considerada substância biologicamente ativa, e sua aplicação na indústria alimentícia nem sempre tornará o produto um alimento funcional[34].

Produção de cosméticos

Além de serem aplicadas em produtos alimentícios, as antocianinas podem ser utilizadas na fabricação de diversos cosméticos, como em esmaltes, maquiagens, tintas para cabelo, cremes, dentre outros com o objetivo de conferir coloração a esses produtos. Para tintura do cabelo, as antocianinas podem ser uma alternativa em sistemas sintéticos existentes, gerando assim novos corantes, como, por exemplo, os corantes catiônicos[47].

Nessa linha, Souza e Ferreira (2010)[48] desenvolveram cosméticas de uso tópico (emulsões) contendo 5% e 10% de extratos do bagaço da uva Isabel (*Vitis labrusca* L.) e géis contendo 10% de sementes trituradas, avaliando suas estabilidades por meio de estudos acelerados, visando possíveis estudos futuros na aplicação dessas formulações *in vivo* para avaliação da atividade antioxidante e do poder esfoliante. Esses pesquisadores destacam que os cremes possuem os componentes ativos flavonoides e proantocianidinas, que atuam como sequestradores de radicais livres, promovem a vasodilatação e inibem enzimas como fosfolipase, cicloxigenase e lipoxigenase, além de reduzir a peroxidação lipídica.

Pesquisas têm sido feitas para utilização de antocianinas em cosméticos, Costa e Golçalvez (2011)[49] pesquisaram diferentes métodos de extração de antocianinas de açaí para utilização em cosméticos. Eles utilizaram dois métodos de extração alcoólica contendo 0,1% de ácido clorídrico, 0,1% de bissulfito de sódio.

Aplicações das antocianinas na agricultura

Escribano-Bailón *et al.* (2004)[4] em seu artigo de revisão sobre antocianinas de cereais apontam que as antocianinas parecem estar envolvidas na resistência do milho e arroz a diversos patógenos. Os autores comentam que a presença de antocianinas e seus precursores poderiam inibir a produção de aflatoxinas, o que tornaria interessante para representar o desenvolvimento de linhagens de milho rico em antocianinas, que poderia ser bem resistente à infecção por *Aspergilus flavus* ou inibir a produção de aflatoxinas. Em relação ao arroz, a cultura pigmentada inibiu o crescimento de um dos principais patógenos de arroz, *Xanthomonas oryzae pv. Oryzae*. Isso levou à proposta da utilização de engenharia metabólica, com o objetivo de favorecer, na planta, determinadas rotas biossintéticas, que dão origem à síntese de moléculas, tais como antocianinas, que servem como defesa química contra o ataque de patógenos.

A principal função das antocianinas nas plantas é conferir a cor vermelha, azul ou roxa ao fruto, flores e folhas, além disso, podem neutralizar os efeitos dos radicais livres ou dissipar energia quando outros sistemas detoxificantes têm sido superados em condições graves de estresse na planta, também foi proposto que os vegetais sacrificam as antocianinas para proteger aos tecidos clorofílicos. Outro aspecto importante é que o perfil de antocianinas permite diferenciar entre cultivares de aparência similar, como no caso de "Tempranillo" e "Cabernet Sauvignon". Isso pode ser usado como ferramenta para corroborar a autenticidade e identidade dos vinhos derivados deste ou outros cultivares, mas é preciso pesquisar com vinhos que vêm de distintas regiões geográficas e de diferentes safras[50].

A eficácia da ação antioxidante dos componentes bioativos depende de sua estrutura química e da concentração desses fitoconstituintes. Por sua vez, o teor desses fitoquímicos em vegetais é amplamente influenciado por fatores genéticos, adubação, condições ambientais, além do grau de maturação e variedade da planta, entre outros. A nutrição das plantas é afetada diretamente pela composição do substrato utilizado, pelos níveis de nutrientes disponíveis e conforme a quantidade de adubo adicionado[51].

Aplicações das antocianinas no ensino escolar

Diversos educadores têm chamado atenção, nas tendências recentes do ensino, que a utilização de itens presentes no cotidiano dos alunos é reconhecidamente uma estratégia adequada para transmissão e fixação de conceitos envolvidos no ensino médio e que essas estratégias são priorizadas no texto da Lei das Diretrizes e Bases da Educação (LDB)[52].

VF tem sido, por isso, bastante explorado em experimentos de química para ensino médio o conceito de pH por meio do uso de soluções de antocianinas. Interessantemente, a característica química da molécula de antocianina de variação colorimétrica em função do pH do meio também propôs a utilização desta como alternativa simples e de baixo custo para experimentos didáticos. Os extratos brutos de antocianina apresentaram potencialidade enquanto reagente colorimétrico e indicador de titulação ácido-base[53].

Aplicações desses corantes no ensino de Química são eficientes na demonstração de conceitos de acidez e basicidade, pois suas soluções têm várias cores dependendo do pH e servem como indicadores naturais de pH (Shimamoto; Rossi, 2010)[54] que demonstraram por meio de experiências didáticas que as antocianinas podem ser utilizadas no aprendizado de química. Foi desenvolvido uma tinta para carimbos, obtida a partir da imersão de frutas em etanol (94% v/v), e a outra aplicação foi obtida pela utilização de soluções de pH e extrato de juçara. A tinta e o papel indicador de pH desenvolvidos no projeto mostraram-se adequados para serem utilizados em sala de aula e servirem como ferramentas para a introdução da discussão de diversos conceitos da química como acidez, basicidade, indicadores de pH, dentre outros. O fácil preparo e o baixo custo envolvido representam vantagens nas suas utilizações.

Santos (2017)[55] realizou um estudo teórico e experimental baseado nas características das antocianinas presentes em espécies vegetais (amendoim, batata doce, beringela, cebola roxa, feijão preto e feijão vermelho), que possuam características de indicadores ácido-base, utilizando materiais disponíveis no comércio, a fim de fornecer opções de materiais acessíveis aos professores do ensino médio para uso em aulas experimentais de química, potencializando o ensino de química por meio da experimentação. Com base nos dados discutidos verificou que as seis espécies vegetais servem como indicadores ácido-base, ressaltando que três dessas, feijão preto, cebola roxa e beringela, possuem maior potencial devido à sua variação na escala de cores e pH.

As variações de cores em três equilíbrios principais ocorrem quando se eleva o pH de uma solução ácida contendo uma antocianina. Na primeira reação, ocorre o equilíbrio ácido-base de protonação do cátion flavílium, muito rápido, com uma constante de equilíbrio Ka. Em seguida forma-se um carbinol pseudobase, por meio de um equilíbrio rápido, com constante Kb. Finalmente estabelece-se lentamente um equilíbrio tautomérico, com formação de uma pseudobase chalcona, incolor, com constante de equilíbrio KT[56].

Ramos *et al.* (2000)[51] realizaram um estudo no qual procurou oferecer uma nova alternativa, simples e de baixo custo, para o ensino de química utilizando os corantes contidos nos frutos de um vegetal facilmente encontrado no Brasil. A espécie utilizada foi a *Solanum nigrum L* (maria-preta), com frutos de coloração escura, cujo extrato é vermelho, evidenciando a presença de antocianinas. Os autores destacaram que o corante além de permitir demonstrar aos estudantes alguns conceitos associados ao pH, como explorado por outros autores, também possibilita a discussão de aspectos relacionados ao equilíbrio químico de reação, embora eles abordem o tema com alguns erros conceituais associados. Os autores investigaram ainda a possibilidade de se utilizar o extrato obtido a partir dos frutos de maria-preta na demonstração da Lei de Lambert-Beer em aulas de química analítica instrumental, além de terem demonstrado a característica de o extrato poder ser utilizado como um indicador ácido-base em titulações de ácido com uma base forte.

Aplicação das antocianinas em dispositivos fotoelétricos

Uma aplicação interessante das antocianinas refere-se à utilização destas no desenvolvimento de células solares sensibilizadas por corantes. Células solares sensibilizadas por corantes, também denominadas células-corantes, são dispositivos capazes de converter luz visível em eletricidade por meio de um semicondutor altamente sensível. O processo de sensibilização desses semicondutores baseia-se na adsorção de moléculas corantes absorvedoras de luz sobre a estrutura deles. O uso de corantes tais como as antocianinas nesse tipo de dispositivo é interessante, pois são compostos naturais que podem contribuir para o desenvolvimento de dispositivos ambientalmente amigáveis, além de baratos[57].

Patrocínio *et al.* (2009)[58] têm avaliado a eficiência e estabilidade desse tipo de dispositivo formado da combinação de antocianinas provenientes de diferentes fontes – mirtilo (*Vaccinium myrtillus Lam*), amora (*Morus alba Lam*) e casca de jabuticaba (*Mirtus cauliflora Mart*) com semicondutores de dióxido de titânio (TiO_2). Os autores verificaram que as células-corantes sensibilizadas com extrato de amora exibiram o melhor desempenho entre os extratos investigados, indicando que as antocianinas nessa fruta transferem elétrons com mais facilidade que as antocianinas das outras frutas. Os dispositivos utilizando amora como fonte de antocianinas mostraram-se operantes por 36 semanas, apresentando grande viabilidade comercial. Os diferentes resultados obtidos para os diferentes extratos estudados têm sido justificados não só pela distinção na eficiência de injeção eletrônica das diferentes antocianinas presentes em cada fruta, mas também pela influência da presença de outros compostos nos extratos.

Patrocínio e Iha (2010)[59] voltaram a verificar a eficiência de células-corantes formadas por óxido de titânio e antocianinas, procurando racionalizar o desempenho desses dispositivos em função da composição e das propriedades espectrais dos extratos analisados. Os autores avaliaram neste trabalho antocianinas provenientes de amora (*Morus Alba L.*), mirtilo (*Vaccinium myrtillus L.*) e framboesa (*Rubus Idaeus L.*) e demonstraram que a eficiência das células solares sensibilizadas por extratos naturais é dependente da fruta utilizada. Extratos com alto conteúdo de antocianinas contendo o flavonoide cianidina foram capazes de se adsorverem fortemente à superfície do semicondutor de TiO_2, mas a eficiência de injeção de elétrons e geração de fotocorrente mostrou-se dependente principalmente dos grupos glicosídeos ligados aos flavonoides. Dentre as frutas investigadas, o extrato de amora apresentou a maior eficiência como sensibilizador e o dispositivo preparado com ele permaneceu estável no mínimo por 20 semanas. A boa estabilidade e o baixo custo de produção colocam as células solares sensibilizadas por extratos naturais como uma opção para geração de energia de forma limpa e sustentável.

Os diferentes resultados obtidos para os diferentes extratos estudados têm sido justificados não só pela distinção na eficiência de injeção eletrônica das diferentes antocianinas presentes em cada fruta, mas também pela influência da presença de outros compostos nos extratos.

Legislação e limitações do uso de antocianinas

De acordo com a Organização das Nações Unidas para Alimentação (FAO)[60], aditivo alimentar é toda substância ou misturas de substâncias dotadas ou não de valor nutritivo, que é adicionada aos alimentos com a finalidade de impedir alterações e manter, conferir e/ou intensificar seu aroma, cor, sabor, assim como modificar ou manter seu estado físico geral ou exercer qualquer ação exigida para uma boa tecnologia de fabricação do alimento. Para se autorizar o uso de aditivos em alimentos, é necessária, inicialmente, uma extensa avaliação toxicológica, considerando as propriedades específicas de cada aditivo, seus efeitos cumulativos e colaterais e interações no organismo. Além do mais, deve-se monitorar e reavaliar constantemente a sua utilização.

No ano de 1962 foi criado o *Joint FAO/WHO Expert Committee on Food Additives* (JECFA). Esse comitê objetivou avaliar sistematicamente o potencial tóxico, a mutagenicidade e carcinogenicidade dos aditivos alimentares. É ele quem determina a quantidade diária a ser ingerida (IDA – Ingestão

Diária Aceitável) que não apresenta riscos à saúde humana, dentro dos conhecimentos atuais[61]. A partir desse comitê, foi possível determinar a quantidade diária a ser ingerida (IDA – Ingestão Diária Aceitável) dos aditivos, visando principalmente não oferecer riscos à saúde humana, dentro dos conhecimentos atuais. Segundo a legislação vigente, a utilização de aditivos em produtos alimentícios deve manter certa restrição, para isso, ela estabelece que o seu uso deva limitar-se a alimentos específicos, em condições específicas e no nível mínimo para obter-se o efeito desejado.

Segundo a Portaria n.º 540 SVS/MS, de 27 de outubro de 1997 (ANVISA, 1997)[62], aditivo alimentar deve ser considerado como sendo qualquer ingrediente adicionado intencionalmente aos alimentos, sem propósito de nutrir, com o objetivo de modificar as características físicas, químicas, biológicas ou sensoriais, durante a fabricação, processamento, preparação, tratamento, embalagem, acondicionamento, armazenagem, transporte ou manipulação de um alimento. Ao agregar-se poderá resultar em que o próprio aditivo ou seus derivados se convertam em um componente de tal alimento. Essa definição não inclui os contaminantes ou substâncias nutritivas que sejam incorporadas ao alimento para manter ou melhorar suas propriedades nutricionais. Ainda segundo essa mesma Portaria, os aditivos alimentares podem ter as seguintes funções: agente de massa, antiespumante, antiumectante, antioxidante, corante, conservador, edulcorante, espessante, geleificante, estabilizante, aromatizante, umectante, regulador de acidez, acidulante, emulsionante/emulsificante, melhorador de farinha, realçador de sabor, fermento químico, glaceante, agente de firmeza, sequestrante, estabilizante de cor e espumante.

Dentre os corantes naturais utilizados no Brasil, se destacam as antocianinas por serem comumente empregadas em alimentos. No entanto, é importante que o uso desse composto fenólico esteja veiculado às boas práticas de fabricação (BPF), e ainda seguir os parâmetros determinados pela resolução vigente (RDC n.º 34, de 9 de março de 2001). Essa legislação regulamenta que não possui limite máximo para aplicação de antocianinas em alimentos e cosméticos, pois elas são destituídas de toxicidade[63]. Porém, devido à sua instabilidade, vários estudos vêm sendo desenvolvidos, buscando avaliar a estabilidade de corantes naturais em situações que "imitam" a composição dos alimentos, visando observar as condições limitantes de sua aplicação.

As antocianinas foram autorizadas como aditivos alimentares no Regulamento da União Europeia após terem sido previamente avaliados pelo comitê JECFA, em 1982, e pelo Comitê Científico para alimentos

(SCF) em 1975. A regulamentação do uso de aditivos nos Estados Unidos é realizada pela *Food and Drug Administration* (FDA)[64] e no Brasil pela Agência Nacional de Vigilância Sanitária (Anvisa).

A antocianina, INS 163i, segundo Resolução – Comissão Nacional de Normas e Padrões para Alimentos n.º 44, de 1977 (Anvisa, 1977)[62] –, é considerada um corante orgânico natural de uso tolerado em alimentos e bebidas. A Resolução GMC n.º 11 de 2006 (Mercosul, 2006)[65] e o Regulamento (UE) n.º 1129/2011 da União Europeia (Comissão Europeia, 2011)[66] também autorizam o uso da antocianina como corante em alimentos e bebidas.

Na Tabela 1 é apresentada a listagem de alimentos autorizados a receberem a antocianina como corante, a quantidade máxima autorizada e a legislação relacionada.

Tabela 1 – Consolidado da legislação brasileira de aditivos alimentares organizada por aditivo alimentar

INS 163i	**Antocianinas (de frutas e hortaliças)**	
Função: Corante IDA: não possui referência Alimentos	Limite máximo g/100g ou g/100mL	Legislação
Amargos e aperitivos (somente corantes naturais)	q.s.p.	R 04/88
Queijos (exclusivamente na crosta)	q.s.p.	
Iogurtes aromatizados	q.s.p.	
Leites aromatizados	q.s.p.	
Leites gelificados aromatizados	q.s.p.	
Néctares de frutas (somente corante natural)	q.s.p.	
Óleos vegetais (somente para reconstituição da cor perdida durante o processamento)	q.s.p.	
Vinhos licorosos (somente corante natural)	q.s.p.	
Vinhos compostos (somente corantes naturais)	q.s.p.	
Balas e caramelos	q.s.p.	
Pastilhas	q.s.p.	
Confeitos	q.s.p.	

INS 163i	Antocianinas (de frutas e hortaliças)	
Balas de goma e balas de gelatina	q.s.p.	R 387/99
Goma de mascar ou chicle	q.s.p.	
Torrones, marzipans, pasta de sementes comestíveis com, ou sem açúcar (exceto para pastas de sementes com ou sem açúcar)	q.s.p.	
Outros bombons (sem chocolate)	q.s.p.	
Coberturas e xaropes para produtos de panificação e biscoitos, produtos de confeitaria, sobremesas, gelados comestíveis, balas, confeitos, bombons, chocolates e similares e banhos de confeitaria prontos para o consumo	q.s.p.	
Pós para preparo de cobertura e xaropes para produtos de panificação e biscoitos, produtos de confeitaria, sobremesas, gelados comestíveis, balas, confeitos, bombons, chocolates e similares e banhos de confeitaria	q.s.p.	
Recheios para produtos de panificação e biscoitos, produtos de confeitaria, sobremesas, gelados comestíveis, balas, confeitos, bombons, chocolates e similares e banhos de confeitaria pronto para o consumo	q.s.p.	
Pós para preparo de recheios para produtos de panificação e biscoitos, produtos de confeitaria, sobremesas, gelados comestíveis, balas, confeitos, bombons, chocolates e similares e banhos de confeitaria	q.s.p.	
Sobremesas de gelatina prontas para o consumo	q.s.p.	
Pós para o preparo de sobremesas de gelatina	q.s.p.	
Outras sobremesas (com ou sem gelatina, com ou sem amidos, com ou sem gelificantes) prontas para o consumo	q.s.p.	
Pós para o preparo de sobremesas de gelatina e outras sobremesas (com ou sem gelatina, com ou sem amidos, com ou sem gelificantes)	q.s.p.	R 388/99
Sopas e caldos prontos para o consumo	q.s.p.	
Sopas e caldos concentrados	q.s.p.	
Sopas e caldos desidratados	q.s.p.	

INS 163i	Antocianinas (de frutas e hortaliças)	
Preparações culinárias industriais prontas para o consumo, congeladas ou não, à base de ingredientes de origem vegetal e/ou animal processadas, ou não, não incluídas em outras categorias	q.s.p.	R 33/01
Suplementos vitamínicos e ou de minerais (líquidos)	q.s.p.	
Suplementos vitamínicos e ou de minerais (sólidos)	q.s.p.	
Bebidas não alcoólicas a base de soja pronta para o consumo	q.s.p.	R 34/01
Preparados líquidos não alcoólicos para bebidas com soja	q.s.p.	R 24/05
Pós para o preparo de bebidas não alcoólicas a base de soja	q.s.p.	
Gelados comestíveis prontos para o consumo	q.s.p.	R 25/05
Misturas para o preparo de gelados comestíveis	q.s.p.	
Pós para o preparo de gelados comestíveis	q.s.p.	
Molhos emulsionados (incluindo molhos a base de maionese)	q.s.p.	R 03/07
Molhos não emulsionados (exceto para produtos cuja denominação inclui a palavra tomate)	q.s.p.	
Mostarda de mesa	q.s.p.	
Molhos desidratados	q.s.p.	R 04/07
Condimentos preparados	q.s.p.	
Bebidas não alcoólicas gaseificadas ou não gaseificadas prontas para o consumo	q.s.p.	
Preparados líquidos para bebidas gaseificadas e não gaseificadas	q.s.p.	
Pós para o preparo de bebidas gaseificadas e não gaseificadas	q.s.p.	

INS 163i	Antocianinas (de frutas e hortaliças)	
Cereais matinais, para lanches ou outros, alimentos à base de cereais, frios ou quentes	q.s.p.	R 05/07
Massas alimentícias secas sem ovos, com ou sem vegetais, tomate, pimentão ou outros (exceto para massas com vegetais)	q.s.p.	
Massas alimentícias secas instantâneas sem ovos, com ou sem vegetais verdes, tomate, pimentão ou outros (exceto para massas com vegetais)	q.s.p.	
Massas alimentícias secas sem ovos, com recheio	0,02	R 60/07
Massas alimentícias frescas de curta duração (até 48 h), sem ovos, com ou sem vegetais, recheadas ou não (exceto para massas com vegetais)	q.s.p.	
Massas alimentícias frescas de longa duração (mais de 48h), sem ovos, com ou sem vegetais, recheadas ou não (exceto para massas com vegetais)	q.s.p.	
Queijos petit suisse	q.s.p.	
Cooler	q.s.p.	
Mistela composta	q.s.p.	
Geleia de fruta e geleia de mocotó	q.s.p.	R 56/11
Suco, néctar, polpa de fruta, suco tropical e água de coco	q.s.p.	R 5/13
Preparações de frutas e/ou de sementes (incluindo coberturas e recheios) para uso em outros produtos alimentícios (exceto polpa de fruta)	q.s.p.	

Fonte: Anvisa (2018)[67]

Cada vez mais os corantes naturais como a antocianina vêm ganhando espaço no mercado, sendo que grande parte dessa tendência está relacionada aos problemas relacionados a corantes sintéticos. A Agência "Food Standard" do Reino Unido, por exemplo, recomendou a eliminação de 6 corantes sintéticos em comidas e bebidas, são eles: amarelo sunset (E110), amarelo de quinoleína (E104), carmosina (E122), vermelho allura (E129), tartrazina (E102) e ponceau 4R (E124), capazes de aumentar o comportamento hiperativo de crianças em idade escolar. A agência fornece recomendações para a substituição dos corantes artificiais por corantes naturais oriundos, por exemplo, de beterraba vermelha, antocianinas, luteína, curcumina, carmim, betacaroteno e outros (Food Standards Agency, 2011)[68].

Aspectos toxicológicos

Conforme mostrado nos tópicos anteriores a antocianina possui muitas aplicações relevantes para a sociedade, entretanto é de vital importância confirmar cientificamente o nível de toxicidade dela para garantir a segurança durante sua utilização. Assim sendo, neste tópico serão mostrados diversos estudos que abordam aspectos toxicológicos das antocianinas.

Pourrat *et al.* (1967)[69]determinaram a dose letal (DL_{50}) de antocianinas (mistura de cianidina, petunidina e delfinidina extraídas de groselha, mirtilo e baga de sabugueiro), conforme mostrado na Tabela 2. Esse autor testou doses de 0 a 25.000 mg/kg em ratos e doses de 0 a 20.000 mg/kg de peso corporal em camundongos, por diferentes vias de aplicação. Concluiu haver ausência de toxicidade por via oral, relatando que doses tóxicas por via intravenosa ou intraperitonial produziram sedação, convulsão e, finalmente, morte.

Tabela 2 – DL_{50} das antocianinas obtidas por diferentes vias de administração em camundongos e ratos

ANIMAL	VIA DE ADMINISTRAÇÃO	DL_{50} (g/Kg peso corporal)
Camundongos	Intraperitonial	4,11
	Intravenosa	0,84
	Oral	25
Ratos	Intraperitonial	2,35
	Intravenosa	0,24
	Oral	20

Fonte: Pourrat *et al.* (1967)[69]

Ainda em estudo realizado por Pourrat *et al.* (1967)[69], utilizando antocianinas de diferentes fontes (extrato de groselha, mirtilo e baga de sabugueiro), constatou-se a não ocorrência de efeito teratogênico em ratos, camundongos e coelhos quando foram administradas doses de 1,5; 3 ou 9 g/kg por três gerações sucessivas.

Para avaliação de toxicidade crônica em estudo de 90 dias, foram utilizados ratos de linhagem Wistar, de ambos os sexos, com seis semanas de idades e doses de antocianinas de 1,2 a 3 g/dia. Não foram observadas alterações hematológicas ou lesões anatomopatológicas acentuadas e o comportamento e crescimento dos animais apresentaram-se normais. Em cobaias, doses de antocianinas 3 g/dia, durante 15 dias, foram perfeitamente toleradas. Assim sendo, nota-se que em tal estudo a toxicidade encontrada estava consideravelmente baixa[60].

Hallagan *et al.* (1995)[70], ao estudarem o efeito toxicológico da antocianina da uva em pó utilizando-se cães como cobaias durante 13 semanas, observaram que não houve efeitos tóxicos significativos, não havendo também efeitos adversos na reprodução ou efeitos mutagênicos em ratos que receberam 15% desse corante em dietas.

Segundo Ribeiro *et al.* (2006)[71], diversos trabalhos têm atribuído aos flavonoides inúmeras propriedades farmacológicas. Dentre esses flavonoides a antocianina (extraída da uva roxa) e a naringenina (extraída da laranja) demonstraram redução dos níveis sanguíneos de glicose e triacilglicerol em coelhos diabéticos. Apesar de, segundo relatos na literatura, a toxicidade em relação flavonoides parecer rara, citam-se reações adversas, quando são usadas doses farmacológicas crônicas, como hepatite e perda de peso de alguns órgãos como o fígado. O ensaio teve como objetivo investigar se as substâncias testadas nessas doses terapêuticas ocasionavam algum efeito adverso no metabolismo hepático de coelhos normais. O experimento teve 30 dias de duração, sendo as medidas de peso e dosagens dos constituintes do sangue (proteínas totais, alanina aminotransferase, aspartato aminotransferase, gama-glutamiltranspeptidase) realizadas a 0, 15 e 30 dias. Os resultados indicaram que de modo geral as substâncias-teste não ocasionaram alterações relevantes no metabolismo desses animais saudáveis.

Bagchi *et al.* (2006)[72] testaram a segurança do extrato de antocianinas conhecido como OptiBerry e avaliaram sua capacidade de proteger contra a oxidação *in vivo*. A dose média letal (LD_{50}) do OptiBerry depois da administração oral em rato fêmea Sprague Dawley foi mostrada ser maior que 5000 mg/kg do peso corporal. O LD_{50} dérmico agudo do OptiBerry foi maior que 2000 mg/kg do peso corporal em ratos. O potencial de irritação primário do corpo foi determinado em 0,3; classificando o OptiBerry como levemente irritante ao corpo. O Optiberry foi também pouco irritante ao olho de coelho. Assim, os resultados demonstraram a segurança do Optiberry. Também empregaram uma exposição clinicamente relevante a um sistema HBO (oxigênio hiperbárico), terapia com o qual propõe risco de toxicidade, para investigar as propriedades antioxidantes do OptiBerry. OptiBerry alimentado por 8 semanas significativamente preveniu a oxidação GSH induzida por HBO no pulmão e fígado de ratos Sprague Dawley deficientes em vitamina E. Além disso, ratos alimentados com OptiBerry, quando expostos ao HBO, demonstraram proteção do corpo inteiro à oxidação induzida pelo HBO comparado ao controle não alimentado. Assim sendo, segundo Bagchi *et al.* (2006)[72] esses resultados indicam que OptiBerry é razoavelmente seguro e possui propriedades antioxidantes.

Hallagan *et al.* (1995)[70] citados por Chagas (2002)[73], ao estudarem o efeito toxicológico da antocianina da uva em pó utilizando-se cães como cobaias durante 13 semanas, observaram que não houve efeitos tóxicos significativos, não havendo também efeitos adversos na reprodução ou efeitos mutagênicos em ratos que receberam 15% desse corante em dietas. Assim os resultados dos estudos mostrados supra evidenciam níveis interessantes de segurança das antocianinas para uso oral.

Considerações finais

As antocianinas apresentam relevante potencial de aplicação em diversos segmentos, sendo que na indústria de alimentos ela pode ser utilizada em substituição aos corantes sintéticos. Elas são uma importante alternativa para a substituição gradativa dos corantes sintéticos, pois são abundantes na natureza e possuem um amplo espectro de cores. Além da função de colorir, as antocianinas possuem inúmeras propriedades funcionais no organismo.

Estudos diversos também mostraram que as antocianinas podem ser utilizadas em diversos segmentos, como, por exemplo, na área alimentícia como corante; no segmento cosmético também como agente de coloração bem como sequestrante de radicais livres e inibidor enzimático; no ensino escolar como indicador de pH e também no segmento energético pelo mecanismo de sensibilização de células solares por corantes.

Tendo em vista as inúmeras aplicações das antocianinas e as funções que elas desempenham no organismo humano, é importante o desenvolvimento de mais estudos nessa linha, visando ao esclarecimento das vias pelas quais esses compostos atuam no organismo, para que assim haja o incentivo e segurança da população ao se utilizar esse pigmento nos diversos segmentos.

Em relação aos aspectos legais nota-se que tal composto possui autorização para uso como corante em diversas matrizes alimentícias tendo em vista os resultados satisfatórios decorrentes do uso, bem como pela elevada segurança ao decorrente do consumo por via oral.

Acredita-se que com o avanço das pesquisas, haverá mais investimentos nessa área e esses alimentos futuramente poderão estar mais acessíveis para o consumo, permitindo assim uma melhoria na qualidade de vida da população em geral.

Referências

1 KHOO, H. E.; AZLAN, A.; TANG, S. T.; LIM, S. M. Anthocyanidins and anthocyanins: colored pigments as food, pharmaceutical ingredients, and the potential health benefits. **Food & nutrition research**, v. 61, n. 1, p. 1361779, 2017.

2 FAVARO, M. M. A. **Extração, estabilidade e quantificação de antocianinas de frutas típicas brasileiras para aplicação industrial como corantes.** 2008. 105f. Dissertação (Mestrado em Química na área de Química Analítica) – Instituto de Química, Universidade Estadual de Campinas, Campinas, 2008.

3 VOLP, A. C. P.; RENHE, I. R. T.; STRINGUETA, P. C. Pigmentos naturais bioativos. **Alimentos e Nutrição Araraquara**, v. 20, n. 1, p. 157-166, 2009.

4 ESCRIBANO-BAILÓN, M. T.; SANTOS-BUELGA, C.; RIVAS-GONZALO, J. C. Anthocyanins in cereals. **Journal of Chromatography A,** v. 1054, p. 129-141, 2004.

5 ESCRIBANO-BAILÓN, M. T.; SANTOS-BUELGA, C.; RIVAS-GONZALO, J. C. Anthocyanins in cereals. **Journal of Chromatography A,** v. 1054, p. 129-141, 2004.

6 HE, J.; GIUSTI, M. M. Anthocyanins: natural colorants with health-promoting properties. **Annual Review of Food Science Technology**, v. 1, p. 163-187, 2010.

7 OANCEA, S.; STOIA, M.; COMAN, D. Effects of extraction conditions on bioactive anthocyanin content of *Vaccinium corymbosum* in the perspective of food applications. **Procedia Engineering,** v. 42, p. 489-495, 2012.

8 BARROS, F. A. R.; STRINGHETA, P. C. Microencapsulamento de antocianinas**. Biotecnologia Ciência & Desenvolvimento,** v. 36, p. 273-279, 2006.

9 GIUSTI, M. M.; WROLSTAD, R. E. Acylated anthocyanins from edible sources and their applications in food systems. **Biochemical Engineering Journal,** v. 14, p. 217-225, 2003.

10 PRADO, M.; GODOY, A. Determinação de corantes artificiais por cromatografia líquida de alta eficiência (CLAE) em pó para gelatinas. **Revista: Química Nova**, v. 17, n. 1, p. 22-26, 2004.

11 CONSTANT, P. B. L; STRINGHETA, P. C.; SANDI, D. Corantes alimentícios. **B.CEPPA**, Curitiba, v. 20, n. 2, p. 203-220, 2002.

12 SILVA, P. R. Mercado e Comercialização de Amora, Mirtilo e Framboesa. **Análises e Indicadores do Agronegócio**, v. 2, n. 12, p. 1-6, 2007.

13 OZELA, E. F.; STRINGHETA, P. C.; CHAUCA, M. C. Stability of anthocyanin in spinach vine (*Basella rubra*) fruits. **Ciencia e Investigación Agraria**, v. 34, n. 2, p. 115-120, 2007.

14 FALCÃO, A. P.;CHAVES, E. S.; KUSKOSKI, E. M.; FETT, R.; FALCÃO, L. D.; FETT, R.; KUSKOSKI, E. M.; ASUERO, A. G.; PARILLA, M. C. G.; TRONCOSO, A. M. Atividade antioxidante de pigmentos antocianicos. **Ciência e Tecnologia de Alimentos**, v. 24, p. 691-693, 2004.

15 PATIL, G.; MADHUSUDHAN, M. C.; BABU, B. R.; RAGHAVARAO, K. S. M. S. Extraction, dealcoholization and concentration of anthocyanin from red radish. **Chemical Engineering and Processing**, v. 48, p. 364-369, 2009.

16 CONSTANT, P. B. L. **Extração, caracterização e aplicação de antocianinas de açaí (*Euterpe oleracea* Mart.).** 183f. Tese (Doutorado em Ciência e Tecnologia de Alimentos) – Departamento de Ciência e Tecnologia de Alimentos, Universidade Federal de Viçosa, Viçosa, MG, 2003.

17 TERCI, D. B. L.; ROSSI, A. V. Indicadores naturais de pH: Usar papel ou solução. **Química Nova**, v. 25, n. 4, p. 684-688, 2002.

18 GIUSTI, M. M.; WROLSTAD, R. E. Acylated anthocyanins from edible sources and their applications in food systems. **Biochemical Engineering Journal,** v. 14, p. 217-225, 2003.

19 YANG, Z.; ZHAI, W. Identification and antioxidant activity of anthocyanins extracted from the seed and cob of purple corn (*Zea mays L.*). **Innovative Food Science and Emerging Technologies,** v. 11, p. 169-176, 2010.

20 OLIVEIRA, A. L. D.; BRUNINI, M. A.; SALANDINI, C. A. R.; BAZZO, F. R. Caracterização Tecnológica de jabuticabas 'Sabará' provenientes de diferentes regiões de cultivo. **Revista Brasileira de Fruticultura**, v. 25, n. 3, p. 397-400, 2003.

21 REBELLO, F. D. F. P. Novas tecnologias aplicadas às embalagens de alimentos. **Revista Agrogeoambiental**, v. 1, n. 3, 2009.

22 CIPRIANO, P. A. **Antocianinas de Açaí (Euterpe oleracea Mart.) e Casca de Jabuticaba (Myrciaria jaboticaba) na Formulação de Bebidas Isotônicas.** (Dissertação) – Mestrado em Ciência e Tecnologia de Alimentos, Universidade Federal de Viçosa, 2011.

23 TERCI, D. B. L.; ROSSI, A. V. Indicadores naturais de pH: Usar papel ou solução? **Química Nova**, v. 25, n. 4, p. 684-688, 2002.

24 BARROS, F. A. R.; STRINGHETA, P. C. Microencapsulamento de antocianinas. **Biotecnologia Ciência & Desenvolvimento,** v. 36, p. 273-279, 2006.

25 ADITIVOS & Ingredientes na Indústria de Bebidas. **Aditivos e Ingredientes,** p. 81-89. Disponível em: http://www.insumos.com.br/aditivos_ingredientes_/materias230.pdf. Acesso em: 10 maio 2020.

26 MOSER, P. **Secagem por atomização do suco de uva:** microencapsulação das antocianinas. 2016.

27 ROSA, J. R. **Microencapsulação de compostos antociânicos extraídos do mirtilo (Vaccinum spp.) por spray dryer:** caracterização, estudo da estabilidade e condições gastrointestinais simuladas. 2017.

28 RODRIGUES, S. A. **Efeito de acidulantes, espessantes e cultivares nas características físico-químicas e estruturais de *topping* de mirtilo.** 2006. 92f. Dissertação (Mestrado em Ciência e Tecnologia Agroindustrial) – Faculdade de Agronomia Eliseu Maciel, Universidade Federal de Pelotas, Pelotas, RS, 2006.

29 MORAES, J. O.; PERTUZATTI, P. B.; CORRÊA, F. V.; SALAS-MELLADO, M. L. M. Estudo do mirtilo (*Vaccinium ashei* Reade) no processamento de produtos alimentícios. **Ciência e Tecnologia de Alimentos,** v. 27, p. 18-22, 2007.

30 KECHINSKI, C. P.; GUIMARÃES, P. V. R.; NOREÑA, C. P. Z.; TESSARO, I. C.; MARCZAK, L. D. F. Degradation kinetics of anthocyanin in blueberry juice during thermal treatment. **Journal of Food Science,** v. 75, n. 2, p. 173-176, 2010.

31 KECHINSKI, C. P.; SCHUMACHER, A. B.; MARCZAK, L. G. F.; TESSARO, I. C.; CARDOZO, N. S. M. Rheological behavior of blueberry (Vaccinium ashei) purees containing xanthan gum and fructose as ingredients. **Food Hydrocolloids,** v. 25, p. 299-306, 2011.

32 RATHINAVELU, R.; GRAZIOSI, G. **Uso alternativo potencial de detritos e subprodutos do café.** International Coffee Organization. Universidade de Trieste, Itália, 2005.

33 CONSTANT, P. B. L. **Extração, caracterização e aplicação de antocianinas de açaí (*Euterpe oleracea* Mart.).** 183f. Tese (Doutorado em Ciência e Tecnologia de Alimentos) – Departamento de Ciência e Tecnologia de Alimentos, Universidade Federal de Viçosa, Viçosa, MG, 2003.

34 ABRÃO, D. H.; MAYRINK, A. L.; REIS, R. S.; MAGALHÃES, T. C.; CASTRO, F. A. **Bolo simples com vinho tinto.** Disponível em: http://www.leea.ufv.br/

docs/11%20BOLO%20SIMPLES%20COM%20VINHO%20TINTO.pdf. Acesso em: 10 maio 2020.

35 PRUDÊNCIO, I. D.; PRUDÊNCIO, E. S.; GRIS, E. F.; TOMAZI, T.; BORDIGNON-LUIZ, M. T. Petit suisse manufactured with cheese whey retentate and application of betalains and anthocyanins. **LWT**, v. 41, p. 905-910, 2008.

36 ROSSO, V. V.; MERCADANTE, A. Z. Evaluation of colour and stability of anthocyanins from tropical fruits in an isotonic soft drink system. **Innovative Food Science and Emerging Technologies**, v. 8, p. 347-352, 2007.

37 MORENO, S.; HERNANDEZ, D. R.; VELAZQUEZ, A. D. Extracción y uso de pigmentos del grano de maíz (ZEA MAYS l.) como colorantes en yogur. **Archivos latinoamericanos de nutricion**, v. 55, n. 3, p. 293-298, 2005.

38 FUKUMOTO, L. R.; MAZZA, G. Assessing Antioxidant and Prooxidant Activities of Phenolic Compounds. **Journal of Agricultural and Food Chemistry**, v. 8, n. 48, p. 3597-3604, 2000.

39 DESSIMONI-PINTO, N. A. V.; MOREIRA, W. A; CARDOSO, L. M.; PANTOJA, L. A. Jaboticaba peel for jelly preparation: an alternative technology. **Ciênc. Tecnol. Aliment.**, v. 31, n. 4, p. 864-869, 2011.

40 ASCHERI, D. P.; ANDRADE, C. T.; CARVALHO, C. W.; ASCHERI, J. L. R. Efeito da extrusão sobre a adsorção de água de farinhas mistas pré-gelatinizadas de arroz e bagaço de jabuticaba. **Ciência e Tecnologia de Alimentos**, v. 26, n. 2, p. 325-335, 2006.

41 SILVÁN, J. M.; MINGO, E.; HIDALGO, M.; DE PASCUAL-TERESA, S.; CARRASCOSA, A. V.; MARTINEZ-RODRIGUEZ, A. J. Antibacterial activity of a grape seed extract and its fractions against *Campylobacter* spp. **Food Control**, v. 29, p. 25-31, 2013.

42 RAUDSEPP, P.; ANTON, D.; ROASTO, M.; MEREMÄE, K.; PEDASTSAAR, P.; MÄESAAR, M.; PÜSSA, T. The antioxidative and antimicrobial properties of the blue honeysuckle (*Lonicera caerulea* L.), Siberian rhubarb (*Rheum rhaponticum* L.) and some other plants, compared to ascorbic acid and sodium nitrite. **Food Control**, v. 31, p. 129-135, 2013.

43 GARCIA-VIGUERA, C.; BRIDLE, P. Influence of structure on colour stability of anthocyanins and flavylium salts with ascorbic acid. **Food Chemistry**, v. 64, p. 21-26, 1999.

44 DEGÁSPARI, C. H.; WASZCZYNSKYJ, N. Propriedades Antioxidantes de Compostos Fenólicos. **Visão Acadêmica**, v. 5, n. 1, p. 33-40, 2004.

45 SOUZA, G. C. E. **Efeito de Bixina sobre os parâmetros bioquímicos séricos em ratos**. Tese (Doutorado) – Universidade Federal de Viçosa, Viçosa, 2001.

46 SOUZA, V. B.; FERREIRA, J. R. N. Desenvolvimento e estudos de estabilidade de cremes e géis contendo sementes e extratos do bagaço da uva Isabel (Vitis labrusca L.). **Revista de Ciências Farmacêutica Básica e Aplicada**, v. 31, n. 3, p. 217-222, 2010.

47 COSTA, L. M.; GONÇALVES, G. M. Aprimoramento do método de extração de *Euterpe oleracea* para utilização em formulações cosméticas antienvelhecimento. *In:* **Anais [...]** XVI Encontro de Iniciação Científica e I Encontro de Iniciação em Desenvolvimento Tecnológico e Inovação da PUC-Campinas, 2011.

48 DEL VALLE, L. G.; GONZALES, L. A.; BÁES, S. R. Antocianinas en uva (vitis vinifera l.) Y su relación con el color. **Revista Fitotecnia Mexicana,** v. 28, n. 4, p. 359-368, 2005.

49 RAMOS, D. D.;CARNEVALI, T. O. Atividade antioxidante de *Hibiscus sabdarifa* L. em função do espaçamento entre plantas e da adubação orgânica. **Ciência Rural**, v. 41, n. 8, ago. 2011.

50 RAMOS, L. H.; LUPETTI, K. O.; CAVALHEIRO, E. T. G; FATIBELLO-FILHO, O.; Utilização do extrato bruto de frutos de *Solanum nigrum* l no ensino de química. **Eclética Química**, v. 25, 2000.

51 CAVALHEIRO, E. T. G.; COUTO, A. B.; RAMOS,.L. A. Aplicação de pigmentos de flores no ensino de química. **Química Nova**, v. 21, 1998.

52 SHIMAMOTO, G. G.; ROSSI, A. V. Aplicações didáticas de extrato de antocianinas: tinta para impressões simples e papel indicador de pH. *In:* **Anais [...]** XV Encontro Nacional de Ensino de Química (XV ENEQ), Brasília, Distrito Federal. Jul. 2010.

53 SANTOS, G. S. **Antocianinas como indicadores ácido-base com potencial aplicação no espaço escolar**. TCC. Universidade Federal do Pampa. Bajé, RS 2017.

54 COUTO, A. B.; RAMOS, L. A.; CAVALHEIRO, T. G. Aplicação de pigmentos de flores no ensino de química. **Química Nova,** v. 2, n. 21, 1998.

55 LAI, W. H.; SU, Y. H.; TEOH, L. G.; HON, H. M. Commercial and natural dyes as photosensitizers for a water-based dye-sensitized solar cell loaded with gold nanoparticles, **Journal of Photochemistry and Photobiology A:** Chemistry, v. 195, p. 307-313, 2008.

56 PATROCÍNIO, A. O. T.; MIZOGUCHI, S. K.; PATERNO, L. G.; GARCIA, C. G.; MURAKAMI IHA, N. Y. Efficient and low cost devices for solar energy conversion: efficiency and stability of some natural-dye-sensitized solar cells. **Synthetic Metals**, v. 159, p. 2342-2344, 2009.

57 PATROCÍNIO, A. O. T.; IHA, N. Y. M. Em busca da sustentabilidade: células solares sensibilizadas por extratos naturais. **Química Nova**, v. 33, p. 574-578, 2010.

58 FAO/WHO. **Toxicological evaluation of certain food additives.** International Programme on Chemical safety. Roma: Expert Commitee on Food Additives, 1982. 65p.

59 TONETTO, A.; HUANG, A.; YOKO, J.; GONÇALVES, R. **Uso de Aditivos de Cor e Sabor em Produtos Alimentícios.** Disciplina FBT 201, Universidade de São Paulo, 2008.

60 ANVISA Agência Nacional de Vigilância Sanitária. **Aprova o Regulamento Técnico:** Aditivos Alimentares - definições, classificação e emprego. Portaria nº 540, de 27 de outubro de 1997.

61 BRASIL; ANVISA. **Resolução RDC n° 34, de 09 de março de 2001.** Aprova o regulamento técnico sobre uso de aditivos alimentares. Diário Oficial [da] República Federativa do Brasil, 2001.

62 U. S. **FOOD and Drug Administration**: FDA/IFIC Brochure: january 1992.

63 MERCOSUL. **Lista Geral Harmonizada de Aditivos Alimentares e suas Classes Funcionais.** Resolução GMC nº 11, de 2006.

64 COMISSÃO EUROPEIA. **Lista da União dos aditivos alimentares autorizados para utilização nos géneros alimentícios e condições de utilização.** Regulamento (UE) n° 1129/2011 da comissão de 11 de novembro de 2011.

65 ANVISA – Agência Nacional de Vigilância Sanitária. **Consolidado de aditivos alimentares**. Disponível em: http://portal.anvisa.gov.br/alimentos/consolidado-de-aditivos-alimentares. Acesso em: 15 jul. 2018.

66 FOOD STANDARDS AGENCY. Guidelines on approaches to the replacement of Tartrazine, Allura Red, Ponceau 4R, Quinoline Yellow, Sunset Yellow and Carmoisine in food and beverages. **FSA Report No. FMT/21810/1**. Aberdeen, 2011.

67 POURRAT, H.; BASTIDE, P.; DORIER, P.; POURRAT, A.; TRONCHE, P.; Préparation et activité thérapeutique de quelques glycosides d'anthocyanes. **Chimie Thérapeutique,** v. 2, n. 1, p. 33-38, 1967.

68 HALLAGAN, J. B.; ALLEN, D. C.; BORZELLECA, J. F. S. **Food chemistry toxicology**, v. 33, n. 6, p. 515-518, 1995.

69 RIBEIRO, J. N.; OLIVEIRA, T. T.; NAGEM, T. J.; FERREIRA JÚNIOR, D. B.; PINTO, A. S. Avaliação dos parâmetros sangüíneos de hepatotoxicidade em coelhos normais submetidos a tratamentos com antocianina e antocianina + naringenina. **RBAC**, v. 38, n. 1, p. 23-27, 2006.

70 BAGCHI, D.; ROY, S.; PATEL, V.; HE, G.; KHANNA, S.; OJHA, N.; PHILLIPS, C.; GHOSH, S.; BAGCHI, M.; SEN, C. K. Safety and whole-body antioxidant potential of a novel anthocyanin-rich formulation of edible berries. **Molecular and Cellular Biochemistry**, n. 281, p. 197-209, 2006.

71 CHAGAS, C. M. **Avaliação de Parâmetros Bioquímicos e de Aspectos Toxicológicos De Antocianina Em Coelhos Nova Zelândia.** Tese (Doutorado) – Universidade Federal de Viçosa, 2002.

72 BAGCHI, D.; ROY, S.; PATEL, V.; HE, G.; KHANNA, S.; OJHA, N.; PHILLIPS, C.; GHOSH, S.; BAGCHI, M.; SEN, C. K. Safety and whole-body antioxidant potential of a novel anthocyanin-rich formulation of edible berries. **Molecular and Cellular Biochemistry**, n. 281, p. 197-209, 2006.

73 CHAGAS, C. M. **Avaliação de Parâmetros Bioquímicos e de Aspectos Toxicológicos De Antocianina Em Coelhos Nova Zelândia.** Tese (Doutorado) – Universidade Federal de Viçosa, 2002.